"十二五"职业教育国家规划教材

经全国职业教育教材审定委员会审定

化 学 基 础

第二版

李素婷　　陈　怡　主编

周立雪　　主审

U0243660

化学工业出版社

·北京·

本书是根据全国化工高职高专教学指导委员会基础化学教学指导委员会制定的"化学基础"课程标准编写的。全书共分为 5 章，包括化学实验基础、典型无机物质与性质、物质的聚集状态、化学反应、化学基本原理等。每章前有摘要，介绍本章的主要内容；每节前有学习目标，节后有拓展思考；章后有自测题和新视野。在内容叙述上充分体现了"基于问题式学习"的理念。

　　本书可作为高职高专化工类专业基础化学教学教材，也可以作为相关职业培训、进修等的参考书，同时还可以用作厂矿企业技术及管理人员的参考书。

图书在版编目（CIP）数据

化学基础/李素婷，陈怡主编 . —2 版 . —北京：化学
工业出版社，2014.3（2023.9重印）
"十二五"职业教育国家规划教材
ISBN 978-7-122-19731-3

Ⅰ. ①化… Ⅱ. ①李… ②陈… Ⅲ. ①化学-教材 Ⅳ. ①06

中国版本图书馆 CIP 数据核字（2014）第 023399 号

责任编辑：陈有华　旷英姿　　　　　　　　　　装帧设计：王晓宇
责任校对：王　静

出版发行：化学工业出版社（北京市东城区青年湖南街 13 号　邮政编码 100011）
印　　装：北京捷迅佳彩印刷有限公司
787mm×1092mm　1/16　印张 17　彩插 1　字数 424 千字　2023 年 9 月北京第 2 版第 5 次印刷

购书咨询：010-64518888　　　　　　　售后服务：010-64518899
网　　址：http://www.cip.com.cn
凡购买本书，如有缺损质量问题，本社销售中心负责调换。

定　　价：39.00 元

序

　　改革,伴随我国高等职业教育的发展,始终没有停止过前行的步伐。教育部对高等职业教育不同的发展阶段提出了相应的改革要求,高等职业院校在经历了各自建校和规模发展后,也都将自身发展的重点转移到质量和内涵的提升上来。

　　内涵要发展,质量要提高,专业建设无疑是核心。许多学校都确立了以培养高端技能型专门人才为己任的宗旨,紧扣高职教育改革发展的脉搏,按照教育部提出的高职专业建设要实现专业与产业对接、课程内容与职业标准对接、教学过程与生产过程对接、学历证书与职业资格证书对接、职业教育与终身学习对接的目标,大力推进专业建设改革,极力满足经济社会发展对专业人才的需求。

　　专业的建设总是要落实到课程教学上来,专业建设的成效必然要由课程教学来支撑。回顾我国高职课程改革,主要经历了基于实践本位→基于能力本位→基于工作过程本位的三次改革浪潮,分别体现了三个改革阶段的明显特征,即从理论课程必需、够用,加强实践教学的重职业技能训练→课程强调能力本位、任务训练、学生主体的重职业适应能力的培养→课程开发以工作过程六要素选取教学内容,以工作过程为参照序化教学内容的重职业整体行动能力培养的课程结构质变形态。当专业课程改革推进到打破学科体系,以工作过程系统化进行解构和重构之际,迫切呼唤公共课和专业基础课程冲破传统体系的樊笼。但囿于专业课程体系的架构基础尚不完善,教育工作者对改革深层次的认识及实践经验跟不上当前阶段课程改革的要求,导致课程改革在地区间、专业间、课程间不同步、不合拍的现状。

　　正是源于来自高职教育自身发展的内在动力和专业建设对课程改革的必然需求,全国化工高职基础化学教指委在主任袁红兰教授的组织下,从深入调研着手,广泛、全面地掌握全国化工高职基础化学教学的现状,紧密跟踪化工技术大类专业课程改革的进展,系统地把握各专业改革对基础化学教学的总体要求和期望,从而确立了基础化学改革的目标和定位。方针既定,基础化学教指委数次召开全体委员会议,邀请有关专家讲学指导,组织专题研讨,进一步提高和统一对教学改革的认识,将基础化学的改革彻底化于专业改革之中,强调了基础化学为专业课程服务的基础功能,确保基础化学改革的方向性。

　　经过学习和研讨,教指委提出彻底打破基础化学传统学科体系,以工作过程为导向,以任务、案例、项目等为载体,将课程教学内容与职业标准要求结合起来,将教学过程与工作过程结合起来,形成理论与实践相结合、知识传授与能力训练相结合,做中学,将基础化学教学深度融合到专业教学中去的改革思路,改造原有四大化学课程,重构整合成《化学基础》、《有机化学基础》、《物质分析基础》三大课程,明晰三大课程的边界,从而开启了基础化学改革的大闸。

　　教指委决定首先从制定课程标准开始,对制定课程标准的指导思想、基本原则、框架体系作了统一的要求。三门课程标准经过多次修改和审议,由教指委在全体委员会议上正式公布,奠定了基础化学改革的坚实基础。围绕标准,教指委部署了新一轮教材编写工作,制定教材编写方案,广泛动员,征集主、参编人员,并在化学工业出版社的大力支持下,顺利完成了教材招标。历经艰难,在全国化工基础化学教学工作者的共同努力下,新的一套基础化学教材终于要与广大读者见面了。

这套教材是在高职教育教学改革逐渐迈向深水区的历史时期编辑出版的,我们力求其能与化工类专业教学改革相伴而行,能将基础化学改革意图贯彻其中,并能在坚持改革的基础上体现以下几大特征:

一是实践性。作为一门经典学科,化学的知识体系比较成熟。但是面向高等职业院校的教学,要体现教学的职业性、工作性、实践性。我们在教材中突出了任务驱动、项目导向,依照学生一般认知规律,由实践上升到理论,由个别推绎到一般,引导学生做中学,在实践中实现知识、能力和素质目标。

二是开放性。基础化学是化工技术大类专业重要的基础平台课程,在课程架构上,我们充分尊重各专业教指委意见,十分注重与相关专业其他核心课程的逻辑联系,坚持本课程乃专业课程体系中不可或缺部分的大局观念,为不同专业的教学预留了个性化的接口,促进了本课程在专业课程体系中的融合,同时也为本课程自身进一步的改革与发展留下了广阔的空间。

三是系统性。在满足专业教学改革要求、秉承高职教学知识适度够用原则的前提下,我们仍然没有放弃本课程的系统性。编写中坚持教育部提出的"把促进人的全面发展和适应社会需要作为衡量人才培养水平的根本标准"的要求,从培养学生可持续发展的目标出发,将本课程涉及的知识、能力要素进行有机统筹排布,为构建学生终身学习体系进行了铺垫。

四是创新性。通过前期的学习、交流,广大编写人员切实转变了职业教育观念,掌握了现代职业教育理念和先进的教学方法,在选编内容上实现了与专业课程内容的对接、与相关职业标准的对接,在选编形式上为施教者采取先进的教学方法、促进教学过程与生产过程的对接提供了较好的范例和引导。

五是服务性。本教材突出服务的理念,主要体现在三个方面:(1)为专业服务,只有将本课程置于专业课程体系中,为专业人才的培养提供基础的支撑,才能真正体现本课程的价值;(2)为学生服务,课程学习的主体是学生,我们在本课程中贯穿了人本思想,以有利于学生学习掌握为出发点,突出知识性、实践性和趣味性的统一;(3)为教师服务,教师是教学过程的引导者,由于各院校教学改革的基础不一,为了追求一致的教学效果,达到课程标准设置的基本要求,我们在教材内容的选编上尽可能提供更多的教学项目或任务,供广大教师选用。

本轮教材从筹划到出版历时三年多,整体设计期间得到了各专业教指委专家的启发与指导,编写过程中得到过许多行业、企业一线专家的指点和帮助,今天能顺利编辑出版,更是凝聚了广大基础化学教学工作者的创新智慧和实践经验,在此一并表示衷心的感谢!

由于基础化学改革尚处于开创阶段,要满足我国化工行业高端技能型人才培养的战略需要,我们还有很长的路要走。真诚地希望大家一如既往地关心、支持基础化学的改革,对我们在改革中存在的问题提出更多的批评和帮助。

改革创新,是高等职业教育永恒的主题,我们愿携手投身于化工职业教育的工作者们,共同将改革创新的旋律奏响、将化工行业的未来点亮!

全国化工高等职业教育
基础化学教学指导委员会
2012 年 5 月

▌前　言▌

《化学基础》教材承蒙许多兄弟院校化工类专业的青睐，选用为教材或教学参考书，并给予了恳切的评价，我们对此表示诚挚的感谢！在教材建设中考虑到能源、环境、生态、维护地球气温、支持人类社会可持续发展等世界科技发展形势，我们广泛征求了使用学校的意见和汇总我们近年来的教学实践经验，对此书进行修订。本次修订主要做了以下几方面的完善。

1. 增加、更改了教材中的部分"案例"、"问题"的内容。内容涉及能源、环保以及可持续发展等举世注意的焦点问题，目的是使读者通过对相关问题的解决过程，在学到知识和技能的同时也了解环保问题，增强环保和可持续发展意识。这也是学习化学基础的任务之一。

2. 在部分案例后面增加"想一想、查一查"的内容。主要是在"第一章化学实验基础"中的每一个案例后加上需要读者去查阅，例如化学化工词典、环保标准法规等资料，了解案例中涉及的化学物质的危害程度等。目的是不断增进读者对化学物质的了解，养成查阅物质性质和危害的习惯，为实验知识的学习、技能的掌握和素质的形成奠定基础。同时在部分内容中加设了"小窍门"、"小常识"等内容，主要是对实验操作过程中的一些常见问题给出我们的经验和常识，例如，"如何防止玻璃仪器瓶塞打不开"、"磷肥产品标号的含义"等。

3. 对部分"拓展思考"内容进行调整。增加了相关知识在生产、生活中的应用等问题，使读者在学习一节的内容后能通过对思考题的思考和相关资料查阅等过程，对知识的理解更深，对知识的应用了解更透彻，从而达到拓展、提高的目的。例如，在"稀溶液"一节后补充了人体细胞渗透压与医用点滴用葡萄糖、生理盐水浓度的关系，汽车冷冻液的防冻原理，海水淡化原理等拓展思考问题。

4. 对部分章节的标题以及相关内容重新梳理，使得读者能"一目了然"。例如，将"第三章　物质的聚集状态"分为"物质的相态"、"气体"、"稀溶液"、"理想溶液"、"实际溶液"和"胶体"。

在上述修改的基础上，对书中部分内容的语言叙述方式进行修改，使条理更清楚，叙述更准确；对书中部分内容的顺序进行了调整，例如，将"电解"内容调整后放到"氧化还原反应"部分中。

本书在修订过程中，得到徐州工业职业技术学院领导、老师的大力支持和帮助，化学工业出版社对本书的出版也给予了大力的支持，在此表示诚挚的感谢。

修订后书中难免还存在不当之处，恳请同行、读者批评指正！

编者
2014 年 5 月

第一版前言

本教材是本着"教材要为学生的学习活动提供基本线索,是实现课程目标、实施教学的重要资源"的原则进行编写的。力求突出以下特点。

1. 以化工类职业岗位群所需化学素养为依据设置内容,突出职业教育特色。

在教材内容选取和设置上主要依据化工类职业岗位群所需化学素养:控制生产环境、控制生产过程、保护生产设备、熟练操作技术、核算生产效率、判断产品质量等。教材内容注重与生活和生产实际的紧密联系。

以化工类职业岗位群的职业标准为学习目标。充分考虑到各岗位标准对基本知识、专业知识、相关知识(安全环保等)、操作技能(包括应变和事故处理能力)和其他能力(计算能力、管理能力、使用文献以及语言文字表达能力等)的要求。

教材编写中,力求融入职业核心能力的内容。把自我学习、与人交流、与人合作、解决问题、创新应用等职业核心能力有机地嵌入教材中,突出高职教育的能力目标。

2. 教材注重教学改革的实施,将理论和实验融为一体,案例力求更贴近生活、生产。教学目标具体,更符合高职培养目标。教材采取基于问题式学习等方式编写,使学生通过本门课程的学习能达到知识灵活应用、化学实验技能不断提高,学习能力不断提升的目的。

3. 在教材结构编排上力求目标明确。每章前有"摘要",每节前有关于知识、技能、态度等具体的"学习目标"。每节后有"拓展思考",便于学生课后拓展学习,丰富知识应用,以拓展调研手段实现进一步提高学习能力的目标。每章自测题融入了化工总控工、化学检验工等学生技能竞赛中对学生化学基础知识的要求。每章后面设有"新视野",体现趣味性、实用性和拓展性。

该教材适用于高职应用化工技术、精细化学品生产技术、安全管理技术、化学制药技术、环境监测与治理、环境监测与评价、食品营养与检测、食品加工等专业基础化学教学。

本教材由李素婷(徐州工业职业技术学院)、陈怡(贵州工业职业技术学院)主编,李素婷编写绪论、第二章、第三章以及全书拓展思考题目等;陈怡编写第四章;白志明(甘肃工业职业技术学院)编写第一章;刘金(山西吕梁学院)、任列香(山西吕梁学院)合作编写第五章以及相应自测题。全书由李素婷统稿,徐州工业职业技术学院周立雪教授主审。

本教材在编写过程中得到了化学工业出版社、全国化工高等职业基础化学教学指导委员会同仁的大力支持,得到徐州工业职业技术学院周立雪教授的多次指导,同时教材也参考了有关的专著、期刊和书籍,在此一并表示感谢!

由于编者水平有限,加之时间仓促,书中有不当之处,恳请专家和读者批评指正,编者不胜感激。

编者
2012 年 6 月

目录
CONTENTS

化 学 基 础

第三章　物质的聚集状态

第四章　化学反应

绪　论

"化学发展到今天，已经成为人类认识物质自然界，改造物质自然界，并从物质和自然界的相互作用得到自由的一种极为重要的武器。就人类的生活而言，农轻重，吃穿用，无不密切地依赖化学。在新的技术革命浪潮中，化学更是引人瞩目的弄潮儿。"——卢嘉锡

化学研究物质的组成、结构、性质以及化学变化的规律。现代化的科学文明和美好生活几乎都不能缺少"化学"这块"基石"。

一、化学的作用

我们的一生离不开化学，化学在为人类提供食物，提供穿衣住房，提供必要的能源和开发新能源，研制开发新材料，保护人类的生存环境，帮助人类战胜疾病、延年益寿，以及增强国防力量，保障国家安全等方面起着极其关键的作用。我们通过化学揭开无数奥秘、获得众多新产品、新能源来提高我们的生活水平；我们也利用化学解决许多对人类造成危害的问题：环境污染、自然灾害等。目前全球关注的四大热点问题：环境的保护、能源的开发利用、新材料的研制、生命过程奥秘的探索都是与化学密切相关的。

1. 化学与能源

化学在能源开发和利用方面扮演着重要的角色。例如，要使得煤、石油、天然气等化石能源能够高效洁净转化，就要研究它们的组成、结构以及转化过程中的反应，寻找能够促进其转化的高效催化剂以及如何优化反应条件的方法等都离不开化学。在开发利用新能源方面，核能、氢能、太阳能以及环保化学电源的利用，生物质能源的开发等都离不开化学。

2. 化学与环境

人类经过 100 多年的工业大发展之后，渐渐明白了一件事实：生产和生活的不当会反过来影响人类的安全。其中最引人注意的是天然资源的滥采和化学品的滥用所引起的负面作用。一时间合成化学品被当作"定时炸弹"，或者当作污染物的代名词。

社会的发展离不开化学，化学科学的快速发展，加快了社会发展的步伐。然而，在促进社会发展的同时，由于化学药品的被滥用、处置不当，或者是由于科学认知的水平不够，给人类赖以生存的环境带来了极大的压力。酸雨、光化学烟雾、臭氧空洞、温室效应、土地沙漠化等环境问题成为当今社会发展的亟待解决的问题。环境污染与环境保护都与化学紧密相关。大气环境化学主要通过对大气中发生的光化学反应的研究起到防治和治理污染的目的；水环境化学主要通过研究水中污染物的存在状态和迁移转化规律，利用化学方法测定水中污染物的含量，再利用化学方法对其进行环保处理等。可见，化学是把双刃剑！因此现在提倡绿色化学。

3. 化学与材料

生活中使用的物品都是由各种各样的材料制成的，例如日常生活中使用的各种塑料、陶

瓷制品、金属制品等。化学是材料科学发展的基础，对各种材料性质的研究、新材料的研制等都离不开化学。有了化学就有了颜色鲜艳、质地各异的各种衣物（纤维）；有了化学就有了性能越来越好的汽车轮胎（橡胶）；有了化学就有了既轻便又方便使用的各种塑料袋等。

4. 化学与日用品

用化学方法合成的洗涤用品：香皂、肥皂、洗衣粉、洗涤剂等已经是人们生活的必需品，它们的去污作用是与其化学结构密切相关的。肥皂是羧酸盐类阴离子表面活性剂、洗涤剂是烷基聚氧乙烯醚硫酸酯盐、洗衣粉的主要活性成分是直链十二烷基苯磺酸钠等。对洗涤剂配方研究的研制都离不开化学。

5. 化学与健康

碳水化合物（淀粉、糖类）、脂肪、蛋白质是生物体维持生命活动的营养素。碳水化合物是由碳、氢、氧三种元素组成的，人们通过食用米、面、土豆等主要获取碳水化合物，碳水化合物在人体内发生分解为机体活动提供能量。脂肪也是机体细胞建成、转化和生长不可缺少的物质，又是含热量最高的营养物质，1g脂肪在体内分解成二氧化碳和水会产生38kJ的能量，比1g蛋白质或1g碳水化合物分解产生的能量高。

维生素和矿物质是机体所需的微量营养素。人体犹如一座极为复杂的化工厂，不断地进行着各种生化反应。这些反应与酶的催化作用有密切关系，许多维生素是酶的组成分子或是酶的辅酶。矿物质则构成骨骼和牙齿，在维持细胞内外液的平衡、机体的酸碱平衡、保持神经肌肉的兴奋性等方面起着关键性的作用。

可以说没有食品添加剂就没有现代食品工业。在粮油加工、畜禽产品加工、水产品加工、果蔬保鲜与加工、酿造等方面都离不开食品添加剂。食品添加剂给食品工业带来许多益处，但食品添加剂的使用也要遵循严格的规定。过量的使用或不科学的使用食品添加剂会造成严重的食品安全问题。食品添加剂的研制、开发和使用离不开化学，食品中添加剂的量多少也要靠化学方法检验。

在饮食方面，我们知道通过化学反应生产出各种化肥和杀虫剂等，大大提高了粮食的产量，使得我们今天不必为粮食不够吃而发愁。

总之，人类离不开化学。但是化学不是独立的学科，在不同的领域化学有着不一样的应用。

二、化学的发展

随着自然科学的发展，化学与其他科学之间的联系也变得日益密切。化学同物理学、数学、生物学、地质学等学科之间不断的相互渗透有增无减，这种相互渗透对于各门学科的发展都起到了推动作用。

现在及今后的一段时期，化学发展的主要方向可以归纳为三个方面。

（1）深入地研究化学反应理论，经过电子计算机的运算，设计出具有指定结构和性能的化合物，如催化剂、高分子等复杂材料，达到人们向往已久的分子工程水平。

（2）化学与生物学相互渗透进入高潮阶段，光合作用、酶的化学模拟及生物膜的模拟将有重大进展，人工合成新的生命成为可能。

（3）太阳能和化学电源以及一些新概念、新技术的采用，有可能使催化过程和化工分离出现一些革命性的突破，这些突破将会改变人们的生活方式并给人们带来幸福。

总之，化学与国民经济的各方面密切相关。特别是对于化学工业、农业、环境保护、能源、新材料开发等领域更是至关重要。相信未来的化学世界必然会是一个更加繁荣昌盛的世界，呈现出一派百花齐放、生机盎然的景象。

通过高中化学知识的学习，对于常见的化学物质的物理和化学性质我们已经基本掌握，但对于学习化学化工类专业的学生来说，还要进一步学习化学的基本知识、掌握基本化学实验技能和基本原理，为后续的各专业课程学习以及将来从事化工生产操作奠定基础。

 ## 三、化学基础的任务和作用

化学基础主要介绍学习后续专业课程及从事化工生产所需要的各类物质及其性质、用途和生产；化学实验的安全、环保等基础知识和基本操作技能；气体、溶液、胶体等不同聚集状态的物质的特点；酸碱、沉淀、氧化还原、配位等化学反应的特点和应用；化学反应能量、速率、平衡、方向等化学基本原理。化学基础肩负着为化工单元操作、化工工艺以及化学品检验等课程打好基础，为从事各种化工生产所需的化学素养的形成奠定基础的任务。

扎实的化学及其他理工科基础是从事化工生产操作、研究所必需的。学习化学基础的目的并不是单纯的为后续课程作铺垫，而是作为整体知识系统的基本积累，从化学角度进行科学思维和科学研究的基本手段和方法的综合素质训练，是从中学到大学转变和适应的过程中知识、能力和素质的共同提高。

 ## 四、化学基础学习指南

化学基础的知识较多，涉及后续的许多专业和生产，因此对化学基础的学习绝对不能像高中学习化学一样为了"应试"而学习，而是要以能够灵活应用化学知识为最终目的。要学好化学基础，需要多思考、勤操作、善总结。

1. 多思考

在学习化学基础的过程中，要前后联系，多思考为什么，多给自己找问题，在解决问题的过程中学习知识。因为化学基础涉及传统的无机化学和物理化学等知识，有许多物质性质的应用和定律的应用是解决生产实际问题的关键，因此，只有通过解决问题式的学习方式才能很好地掌握相关知识的应用。

另外，在应用化学知识解决问题的同时还要多思考为什么。例如，物质的物理性质或化学性质是由其结构决定的，只有了解了物质的结构特性，才能更好地掌握物质性质的应用，从而才能够做到举一反三、触类旁通，学到更多的知识和应用。思考是学习的根本，切忌死记硬背。

2. 勤操作

化学是自然科学的分支，是以实验为基础的。因此学习化学必须熟练掌握两种技能：一是规范熟练的化学实验操作技能和科学探究的基本方法；二是查阅相关文献、调查了解生产实际解决化学问题的学习能力。能力是在反复操作中锻炼出来的，要掌握好这两种能力首先是要反复练习化学实验基本操作，在操作过程中做到准备充分、操作熟练、结果明显。例如在做某项实验操作前要认真准备所需化学药品（用量、规格等）、使用的仪器（功能、规格等），查阅所用化学试剂的物理化学性质及毒害作用等，对操作方案精心设计，对记录表格进行设计，对实验结果做出估计等。唯有这样才能做到"胸有成竹"。其次在学习过程中要紧密联系生产或生活实际，对教材中设置的问题要动手查阅相关资料，必要的时候要到企业一线调查了解，然后对查阅和调查的资料进行整理和分析理解，对教师进行"报告"。只有这样才能不断提高学习能力。这样的学习好像从教师那里得到了"渔"而不是"鱼"，学到的知识和技能将终生受用。

3. 善总结

学习要善于总结，对学过的知识及时梳理回顾。"温故而知新"永远是学习知识的最好的方法。总结要做到三点：一是对学习过的知识再次回顾，达到深入的理解灵活应用的程度；二是对相关知识间的联系有更深刻的理解，随着学习的不断深入，知识会越来越丰富；三是对自己学习过程中的"经验"进行总结，达到不断提高的目的。

总之，学无定法，但无论采取什么样的方法学习，勤奋是必须做到的。只要做到不断思考、勤于操作、善于总结，才能达到事半功倍的效果的。

第一章
化学实验基础

摘　要

　　火灾、爆炸、中毒和化学灼伤是化学实验过程中主要的安全问题，了解化学实验安全问题的产生原理能够很好地预防安全问题的产生，同时一旦发生安全问题也要能够采取有效的措施及时处理。

　　化学实验室环保常识是进行化学实验工作必须掌握的，实验室废气、废液、废渣都要经过科学处理之后方能排放到环境中，废弃物的排放都有相应的标准。

　　学习化学要掌握科学探究方法，只有进行科学的探究方能得到正确的结论。化学实验操作技能包括化学药品的选择和取用、溶液的过滤、萃取、蒸馏等。

　　在化学实验室进行实验，要遵从实验室的管理要求。化学实验室在安全、规范、环保以及素质形成方面都有严格的要求。

　　合成无机物质一般通过溶液间的反应生产目标产物，根据目标产物的溶解特性等进行分离。也有其他方法合成无机物。

　　实验是创新之本，许多科学家的大发明都是来自实验，化学的许多规律和成果是建立在实验结果之上，同时化学实验是检验化学理论正确与否的唯一标准。化学实验的学习以培养化学实验基本操作技能、开拓智能和形成良好的实验素养为主线，提高动手能力和独立工作能力为目的。通过学习化学实验基础知识、基本操作技能能够获得化学实验基本素养，掌握实验综合技能，提高分析问题和解决问题的能力，为后续专业操作能力的培养打下坚实的基础。本章主要介绍化学实验室安全、环保等基本常识，介绍化学实验室管理和要求，叙述化学实验的基本操作，并介绍简单的无机物合成和组成检验等知识。

第一节
化学实验工作

学习目标

　　1. 理解火灾、爆炸、中毒、化学灼伤产生的原因；能够在化学实验过程中有效预防火灾爆炸、中毒和化学灼伤等安全问题；建立安全防范意识。

　　2. 对化学实验室突发的火灾、爆炸、中毒和化学灼伤等问题，能够在第一时间采取有效措施进行处理。

　　3. 能够对根据不同化学实验产生的废液、废气、废渣的特点进行适当的环保处理后排放；了解环保标准和要求，建立环保意识，养成良好习惯。

4. 了解化学实验室管理要求，能够根据标准对化学实验室进行规范的管理和使用；形成良好的职业素养。

化学和化工生产一线的工作人员必须能够了解化学实验的类型，具备化学实验常识，正确选择和使用常用的实验仪器设备；全面观察实验现象，测量并记录实验数据；养成实事求是的科学态度和科学的思维方法，养成细致、准确、节约、整洁的良好工作习惯。化学素养的形成首先要了解化学实验室常识。

一、化学实验室安全常识

化学实验室是进行教学、科研工作的重要场所，实验室的安全与环境卫生是确保实验顺利进行的重要保障。化学实验室存在的主要安全问题是火灾与爆炸、化学灼伤和化学药品中毒等。

1. 火灾与爆炸

案例 1-1　1993 年 8 月 5 日 13 时 26 分，深圳市某危险物品储运公司的化学危险品仓库发生特大爆炸事故。爆炸引起大火，1 小时后着火区又发生第二次强烈爆炸，造成更大范围的破坏和火灾。这起事故造成 15 人死亡，200 多人受伤，其中重伤 25 人，直接经济损失 2.5 亿元。

通过调查发现，该公司 4 号仓内东北角处的“过硫酸钠”首先冒烟起火。调查组对“过硫酸钠”提出怀疑和异议。经追查确证 4 号仓东北角存放的是过硫酸铵而不是过硫酸钠。根据过硫酸铵的特性，它先起火是可能的。

想一想　查一查

过硫酸铵有哪些性质？其危险性如何？

经现场勘察发现 4 号仓电线为穿管导线，调查组认为 4 号仓内货物自燃、电火花引燃、明火引燃和叉车摩擦撞击引燃的可能性很小，而忌混物品混存接触反应放热引起危险物品燃烧的可能性很大，理由如下。

① 经反复查证，4 号仓存放了大量氧化剂高锰酸钾、过硫酸铵、硝酸铵、硝酸钾等与强还原剂硫化碱（硫化钠）、可燃物樟脑精等混存在 4 号仓内。此外，仓内还有数千箱火柴，为火灾爆炸提供了物质条件。

② 仓中货物堆放密集，周转频繁。

③ 4 号仓内多处存放袋装硫化碱，有的码在氧化剂旁边。

④ 仓库区总体布局不合理，易燃、易爆、剧毒化学危险品仓库，牲畜和食物仓库以及液化石油气储罐等设施，集中设置在与居民点和交通道路不符合安全距离规定的区域。

分析说明：4 号仓内强氧化剂和强还原剂混存、接触，发生激烈氧化还原反应，形成热积累，导致起火燃烧。这是发生事故的直接原因。

众所周知，火灾给人类造成的危害是不容忽视的。在实验室里，要预防火灾与爆炸事件的发生，必须了解火灾发生的原理、原因等相关知识。

易燃物质达到着火温度或遇到明火即会燃烧，在人们意料之外的燃烧就是火灾。而爆炸是由于局部压力和大气压力产生很大差别，器壁承受不住气体的压力而发生的。有时是由于化学药品发生剧烈放热反应，骤然放出大量气体或细粒状物而产生的。

　　易燃物质包括易燃气体、易燃液体、易燃固体。可燃性气体在空气中都有一定的爆炸极限，当它们在空气中的浓度达到爆炸极限时，遇到明火立即发生爆炸。例如，苯的爆炸极限是 $1.4\%\sim8.0\%$（体积分数），也就是说苯蒸气在空气中的体积分数超过 1.4%，一旦遇到明火就会立刻爆炸；当苯在空气中的体积分数超过 8.0% 时反而不会爆炸。常见物质的爆炸极限可以通过化学化工手册查得。

　　易燃性液体容易挥发，与易燃性气体一样，它们的蒸气在空气中遇到明火甚至电火花即会发生燃烧或爆炸。易燃性固体如磷、木炭、硫等，当温度达到其着火点或遇明火时，即发生燃烧或爆炸。

　　（1）化学实验室产生火灾或爆炸的原因

　　① 易燃、易爆等危险品储存、使用和处理不当。例如，储存易燃性物质时，储存温度升高到燃点；银氨溶液（硝酸银的氨溶液）在受光、热等外界条件作用下，易分解放热而引起爆炸。使用乙炔银、三硝基甲苯等易爆炸品时操作不慎，使其受到摩擦、碰撞或震动；将遇水能发生燃烧和爆炸的钾、钠等存放在潮湿的地方或不慎与水接触；储存白磷的瓶口封闭不严密，长久放置，水分蒸发而使白磷外露等都可能引起燃烧和爆炸。

　　案例 1-1 就是危险化学品储存不当，强氧化剂和强还原剂存放在一起，并且堆积密集。

　　② 加热、蒸馏、制气等装置安装不正确、不稳妥、不严密，产生蒸气泄漏，或由于操作不规范产生迸溅现象，遇到加热的火源极易发生爆炸。例如，用油浴加热蒸馏或回流有机物时，经常会发生通水的乳胶管被冲出来，冷凝水溅到油浴中，将油外溅到热源上引起火灾。

　　③ 对实验室火源管理不严，违反操作规则。火源主要是明火，如未熄灭的火柴梗、电气设备因接触不良引起的电火花等。在使用煤气、液化气、酒精灯、煤气喷灯、电炉等加热设备时，违反操作规程。例如，使用煤气灯、液化气时用明火试漏，气源离炉具太近；酒精灯、酒精喷灯的酒精加得过多等都容易引起燃烧和爆炸。

　　④ 强氧化剂与还原剂或某些有机物接触混合。例如，高氯酸及其盐、硝酸、硝酸钴或亚硝酸与有机物混合，磷与硝酸混合，活性炭与硝酸混合，抹布与浓硫酸接触，木材或织物与浓硝酸接触，铝与有机氯化物混合，液氧与有机物混合等都容易引起火灾或爆炸。案例1-1中强氧化剂与火柴一起存放，为火灾提供了物质基础。

　　⑤ 电气设备使用不当。例如，使用的电气设备的功率过大；电线接头外漏；电线老化；随意更换保险丝；随意加大负荷等不规范操作都容易烧坏仪器引起火灾。

　　⑥ 易燃性气体或液体的蒸气在空气中达到了爆炸极限，与明火接触时，容易发生爆炸或火灾。

　　化学实验室发生火灾的原因尽管很多，但火源是引起燃烧或火灾的重要条件之一，所以，必须对火源严格控制、科学管理，有效地预防火灾发生。

　　（2）化学实验室防火、防爆的措施

　　① 易燃、易爆品要妥善保存，放在通风、阴凉和远离火源、电源及热源的位置，并且储存量不宜过大。易燃性物质应保存在加盖容器内，切勿放置在敞口容器内。

　　② 蒸馏或回流易燃、低沸点液体时应注意：

　　a. 加热前在烧瓶内放沸石或毛细管，以防止形成过热液体（该沸腾而不沸腾的液体），液体因过热暴沸冲出；

b. 严禁用明火直接加热烧瓶，应根据加热液体沸点的高低选用石棉网、水浴、油浴或砂浴；

c. 蒸馏烧瓶内的液体量，不得超过烧瓶的 1/3，加热时温度不宜升高太快，以免因局部过热而引起蒸馏液暴沸而冲出；

d. 蒸馏前应先开冷凝水，然后加热，而且冷凝水要保证畅通；

e. 蒸馏或回流有机溶剂时，必须远离火源，并应先将酒精等易燃、易爆危险品移走。

③ 在处理大量的可燃性液体时，应在通风橱或指定地方进行，室内应没有火源。防止可燃性有机溶剂挥发在空气中聚集浓度达到爆炸极限而引起火灾。

④ 加热易燃性有机物时，不能将有机物放在敞口容器内直接加热；加热必须在水浴中进行，切勿使容器密闭，否则会造成爆炸。

⑤ 制取或使用易燃、易爆气体（例如，氢气、乙炔）时，要保持室内空气畅通，严禁明火，防止一切火星、火花产生。

⑥ 强氧化剂（例如氯酸钾、过氧化物、浓硝酸、高氯酸钾等）不能与有机物、还原剂接触。沾有氧化剂的工作服应立即洗净。

⑦ 对具有爆炸性的危险品，如干燥的重氮盐、硝酸酯、金属炔化物、三硝基甲苯、氯酸盐等，使用时必须严格遵守操作规则，不能使其受到高热、重压、碰撞或震动，以免引起严重的爆炸事故。

⑧ 白磷应保存在水中；金属钾、金属钠等应保存在煤油中；过氧化物存在封盖的铁盒里，切勿沾水。

⑨ 使用乙醚时，必须检查有无过氧化物存在，应用还原剂（如硫酸亚铁等）还原除去后才能使用。蒸馏乙醚时，切勿蒸干，否则会发生爆炸或燃烧事故。

⑩ 银氨溶液久置后极易爆炸，所以不能长期保存。各种化学药品不能任意混合，特别是某种强氧化剂如氯酸钾、高锰酸钾、硝酸盐、高氯酸盐等绝对不能任意混在一起研磨，否则将会引起爆炸。

可见，只要我们了解化学物质的性质，对化学物质规范使用和管理；实验操作规范严格认真，就能够避免火灾和爆炸的发生。

 小常识

突遇火灾，面对浓烟和烈火时，要保持镇静，迅速判断危险地点和安全地点，决定逃生的办法，尽快撤离险地。千万不要盲目地跟从人流和相互拥挤、乱冲乱窜。如发现身上着了火，千万不可惊慌而四处乱跑，更不可用手扑打而加速氧气的补充，让火势更旺，应是赶紧设法脱掉衣服，或就地打滚，压灭火苗。

2. 中毒

化学实验离不开化学试剂，而大多数化学试剂是有毒或有腐蚀性的。但这并不意味着实验不能做，化学试剂不能碰。只要我们了解所用试剂的性质，掌握正确的使用方法，就完全可以避免中毒。

案例 1-2　硫化氢中毒

2002 年 7 月 25 日下午 1:30 左右，某大厦 3 名设备机修人员在维修污水处理池加药泵阀门，打开处理池顶盖时，3 名机修工人相继落入处理池内，被送往医院后抢救无效死亡。

该污水处理房建在地下室，面积约 $10m^2$，层高 2.5m。污水处理房内的污水处理池（长

2.5m、宽 2m、高 4.8m）池内属分隔型。当时池内水深约 3m。处理池上方有盖板 4 块（维修时打开 1 块），泵房有房门 1 扇，四周墙壁无排气窗口与机械通风。事发后的现场充满臭鸡蛋气味。事故发生 2.5h 后对现场进行了硫化氢浓度测定，为 2000mg/m³，超过国家允许浓度（10mg/m³）200 倍。

想一想　查一查

硫化氢和"三苯"有哪些性质，其危害性如何？

本次事故是由加药泵房污水处理池顶盖打开后蓄积的高浓度硫化氢气体逸出所致。维修工在从事这项工作时缺乏预防硫化氢中毒的知识，未严格执行操作规程，进入现场未佩戴空气呼吸器，职业安全生产意识淡薄。当泵房的门打开后，在缺乏机械通风和送风以及室内无新鲜空气流通的情况下，立即打开污水处理池顶盖，个人又无任何防护措施是导致本次事故发生的重要原因。

案例 1-3　混苯中毒

2007 年 5 月 3 日 15 时，某防腐公司劳务队 3 名油漆工在某造船集团责任有限公司 7.6 万吨货船大舱进行喷漆作业（自述均佩戴防毒面罩），17:30 左右其中一人首先出现头晕、胸闷症状，另两人也相继出现类似症状。这 3 人相继被监护人员发现后救出，于 18:55 分被送入医院急诊救治。该船甲板至舱底有五层楼深。发生中毒的 3 名工人当时就在舱底处喷漆作业，调查人员在距舱底 3 层半楼的高处（由于晚间无照明设施）设点采样（采样时间 21:50～22:10）。采样结果为苯 3.1mg/m³、3.4mg/m³，甲苯 13.8mg/m³、13.3mg/m³，二甲苯 161.0mg/m³、150.3mg/m³。根据现场调查与专家会诊结果，初步诊断本次中毒为一起急性职业性混苯中毒事件。三苯（苯、甲苯和二甲苯）属于芳香烃类化合物，是有特殊芳香气味的无色油状液体，极易挥发。造船业常用作溶剂、稀释剂。

调查发现事故现场二甲苯浓度超标（检测结果二甲苯 161.0mg/m³、150.3mg/m³，最高允许浓度<100mg/m³），事故发生当日气温 27℃，相对湿度 65%，气压较低，天气预报预测傍晚有雷雨。工人从中午 12:30 进入舱底进行喷漆作业，至事故发生时已在舱底作业近 5h，此时作业已近尾声，正准备打扫现场撤离。因此，长时间作业造成的疲劳也是发生这次事故的间接原因之一。此外，由于该船舱上方（甲板处）有一块面积为 600m² 活动盖板，原先涂料作业时盖板处于开放状态，但由于当日天气预报有雷雨，有关部门为了保证涂料质量，关闭了活动盖板。作业工人是从不到 1m² 的垂直梯进入 18m 深的舱内作业，而这个口也成了唯一的通风口。因此，通风换气不良是发生这次事故的主要原因。长时间处于近封闭状态的船舱内喷漆作业，必须加强机械通风，加强个人防护，避免今后再次发生类似事故。

分析以上事故有如下特点：①以上案例虽然不是在密闭空间作业，但由于没有通风装置和天气原因，相当于在半密闭空间作业环境作业；②用人单位对密闭空间可能存在的职业危害及其特点意识模糊，缺乏可能存在的职业危害产生的意识；③用人单位对密闭空间环境作业人员操作规程和自身管理程序体制建立不全，没有进行密闭空间作业评估、告知、分类管理，对作业人员未进行职业安全教育，无有效职业危害防护用品；④个人防护用品应严格按照我国劳动防护用品分类使用，发生事故的单位都没能按要求执行；⑤用人单位对本部门职业危害作业未制订应急救援预案，一旦发生中毒事故后手忙脚乱，发生多人中毒现象。

（1）常见有毒化学物质

中毒是指有毒化学物质侵入人体，使人体的正常生理机能受到损伤或功能障碍的现象。有毒化学药品按照其存在的状态分为三类，即有毒气体、有毒液体、有毒固体。部分常见的有毒化学药品见表1-1。

表 1-1　常见的有毒化学药品

类型	名　称
有毒气体	一氧化碳、氯气、硫化氢、氮的氧化物、二氧化硫、三氧化硫等
有毒液体	汞、溴、硫酸、盐酸、高氯酸、氢氟酸、有机酚类、苯及其衍生物、氯仿、四氯化碳、乙醚、甲醇等
有毒固体	汞盐、砷化物、氢氧化物（钠或钾）、氰化物等

（2）常见有毒化学物质的毒性

化学实验室中常见的有毒化学药品较多，不同的有毒化学药品对人体的危害因其性质不同而不同。一些常见的有毒化学药品及其毒性见表1-2。

表 1-2　部分常见有毒化学药品及其毒性

序号	名称	主要毒性
1	一氧化碳（CO）	无色、无味气体，低浓度时使人头痛、恶心、四肢无力，高浓度时使人人事不省、窒息死亡。主要是因为一氧化碳与人体血红蛋白结合能力比氧气与血红蛋白结合能力强
2	氯气（Cl_2）	有刺激性气味气体。对呼吸道及肺部有刺激和损伤作用，严重者因肺内化学灼烧而立即死亡
3	硫化氢（H_2S）	有臭鸡蛋臭味的气体。低浓度时使人头痛、昏迷，刺激眼睛及呼吸道，吸入高浓度时会使人突然中毒、虚脱而昏迷不醒
4	氮的氧化物（NO_x）	多为刺激性气味气体。损伤呼吸道及深部呼吸器官，中毒初期咳嗽、气喘，吸入高浓度时迅速出现窒息、痉挛而死亡（偶有不出现症状，潜伏2～10h）
5	二氧化硫（SO_2）三氧化硫（SO_3）	有刺激性气味的气体。刺激黏膜或呼吸道，低浓度时使人头痛、有刺激性气味气体，吸入使人呼吸急促；高浓度刺激眼睛，能引起结膜炎、气管炎和支气管炎直至死亡
6	硫酸（H_2SO_4）硝酸（HNO_3）盐酸（HCl）	蒸气剧烈刺激眼睛黏膜和呼吸系统，浓溶液可使眼睛和皮肤严重烧伤
7	氢氟酸（HF）高氯酸（$HClO_4$）	使眼睛和皮肤严重烧伤，溶液能灼伤所有组织、产生剧痛
8	氢氧化钠（NaOH）氢氧化钾（KOH）	能灼伤皮肤，重者可引起糜烂，误服可使口腔、食道、胃黏膜糜烂
9	氨气（NH_3）	其液体极易挥发，有强烈刺激性气味，刺激眼睛、呼吸道及黏膜
10	氰化物（如 KCN）氢氰酸（HCN）	剧毒且作用较快，少量吸入人体就会唇舌麻木、乏力、头昏、呼吸加快、意识丧失甚至死亡
11	砷化物（如 As_2O_3）	剧毒且作用较快，吸入少量会剧烈刺激鼻、咽部黏膜，因其咳嗽气喘、呼吸困难及黄疸、肝硬化、肝脾肿大，侵入皮肤会使皮肤脱落且不易愈合
12	汞及其化合物（如 $HgCl_2$，Hg_2Cl_2）	剧毒品，损伤消化系统和呼吸系统且不能复原，有些化合物使肾损伤，有的导致皮炎

续表

序号	名称	主要毒性
13	铅及其化合物（如 $PbCl_2$ 等）	吸入粉尘或吞入使体内产生严重损伤，是体内可长期积累的剧毒品
14	氯仿（$CHCl_3$）	具有强麻醉性，吸入会出现催眠、呕吐、神志不清，液体及气体都刺激眼睛，吞入损害心脏、肾、肝
15	四氯化碳（CCl_4）	吸入气体时使人头痛、神经紊乱，液体及气体都刺激眼、鼻，损害心脏、肝、肾及神经系统，能导致肝炎
16	乙醚（$CH_3CH_2OCH_2CH_3$）	蒸气是强麻醉剂，使人失去知觉，低浓度时使人头昏
17	甲醇（CH_3OH）	吸入少量时，刺激黏膜，使人头昏、呼吸短促；吸入高浓度气体或吞入液体时，使神经损伤，特别是视神经，严重时会导致失明
18	苯及其同系物（$Ar,ArCH_3$ 等）	引起神经系统、呼吸系统等损伤，损害造血器官，扰乱人体内部生理过程
19	苯酚（$ArOH$）	刺激皮肤神经系统及黏膜，吸入出现恶心、呕吐、心悸、昏迷甚至死亡，固体灼伤皮肤会使皮肤变白
20	苯胺（$ArNH_2$）硝基苯（$ArNO_2$）	血中毒，嘴唇发绀，毒害神经
21	甲醛（$HCHO$）	刺激眼、鼻、肺，有时头痛

（3）中毒及其分类

根据中毒者显示的症状及中毒时间，中毒可分为急性中毒、亚急性中毒和慢性中毒三类。

① 急性中毒　指大量的毒物突然进入人体内，迅速中毒。其特征是毒物量多，作用时间短，反应剧烈，很快引起全身症状甚至造成死亡。例如，氰化物中毒、一氧化碳中毒等。

② 亚急性中毒　毒物进入人体后症状不如急性中毒症状明显，并且在较短的时间内会逐渐出现中毒症状的中毒现象。例如，有机酚类的中毒。

③ 慢性中毒　长期受毒物的作用，日积月累，毒物逐渐侵入人体而引起的中毒或感染其他疾病。例如，重金属汞、铅及其盐类的中毒。

（4）影响中毒的因素

影响中毒的因素很多，主要与毒物的物理化学性质、侵入人体的数量、作用时间及侵入人体的部位等有关。同时与被害人本身的生理情况也有密切关系。

（5）有毒化学药品侵入人体的主要途径

① 通过呼吸道侵入人体　呼吸系统是气体有毒化学药品进入人体的主要途径。有毒气体随人的呼吸进入人的肺部，通过肺部的毛细血管被人体吸收，随血液分布到全身各个器官而造成中毒。这类有毒化学药品常见的有挥发性的有机溶剂、各种有毒气体、蒸气、烟雾及粉尘等。

② 通过消化系统侵入人体　消化系统一般是固体有毒化学品和液体有毒化学品侵入人体的主要途径。除误食毒物外，使用储存或处理剧毒品时不遵守安全操作规则，不戴防护手套，手上沾染上毒物，工作结束后没能认真洗手便饮食，使毒物侵入人体内而中毒。用被污染的仪器作为饮水、进食的餐具而引起中毒。这类有毒化学品如汞盐、氰化物、砷化物、有机磷等。

③ 通过皮肤及黏膜吸收侵入人体有毒化学品沾染在皮肤或黏膜上，易被皮肤及黏膜表

面的汗水所溶解并由毛孔进入人体，随毛细血管流向人体各个器官，引起中毒；或毒物溶解皮肤脂肪层，随皮脂腺渗入人体。被损伤的皮肤是有毒化学品侵入人体的最好途径，各类有毒化学品只要触及患处，都可以侵入人体。属于这类的有毒化学品有二硫化碳、汞、苯胺、硝基苯等。

有毒化学品无论以何种途径进入人体，都是随血液流入人体的各种器官而中毒。一般有毒化学品通过呼吸系统和消化系统侵入人体引起的中毒症状明显，发作较快；而由皮肤及黏膜侵入人体而引起的中毒症状时间较长，发作较慢。

有毒化学品在人体内经过各种物理、化学等复杂变化并经过肝脏的解毒作用后，大部分通过肾脏随尿液排出体外。挥发性气体通过呼吸道排出体外。还有些有毒化学品随皮肤汗腺、皮脂腺、唾液、乳汁等排出。没有或不能排出的有毒化学品，在人体内会造成不同程度的中毒，甚至死亡。

（6）中毒的防范措施

使用有毒气体或能产生有毒气体的一切操作都应该在通风橱中进行，操作人员要戴口罩。如发现有大量毒气逸至室内，应立即关闭气体发生器，打开门窗使空气畅通，并停止一切实验，停水、停电并离开现场。

汞在常温下易挥发，其蒸气毒性很强。在使用、提纯或处理汞时必须在通风橱中进行。防止将汞洒落在台面和地面上，一旦洒落，立即用硫黄粉盖在洒落的地方，使其转化为不挥发的硫化汞。

使用煤气、天然气的实验室应注意检查管道、开关是否漏气，用完后立即关闭，以免煤气等散入室内而引起中毒。检查漏气的方法是用肥皂水涂在可疑处，如有气泡就说明漏气。

使用和储存剧毒化学品时的注意事项如下。

① 剧毒药品应指定专人负责收发与保管，密闭保存，并建立严格的领用与保管制度。

② 取用剧毒药品必须做好安全防护工作。穿好工作服，戴防护眼镜和橡胶手套，切勿让毒物粘及五官或伤口。

③ 剧毒药品的使用应严格遵守操作规则。

④ 使用过剧毒药品的仪器、台面均应用水清洗干净。手和脸更应仔细洗净，污染了的工作服也需及时换洗。

⑤ 对有毒药品的残渣必须进行有效处理。例如，含有氰化物的残渣可用亚铁盐在碱性介质中销毁，不得乱丢乱放，不得随意倒入废液缸、水槽或下水道。

使用强酸、强碱等具有强腐蚀性的药品，应注意以下事项：

① 取用时必须戴好防护眼镜和防护手套。配制强酸、强碱溶液必须在烧杯中进行，不能在小口瓶或量筒中进行，以防骤热破裂或液体外溅出现事故。

② 移取酸或碱液时，必须用移液管、滴管吸取或用量筒量取，绝不能用口吸取。

③ 强酸或强碱等强腐蚀性药品若不慎洒落在实验台面上或地面上，可用沙土吸取，然后再用水冲洗。且不可用纸、木屑、抹布等去清除。

④ 开启氨水瓶时，须事先用自来水冷却，然后在通风橱内慢慢旋开瓶盖，瓶口不要对准人。

禁止用实验室容器作饮食工具。

（7）中毒后的应急措施

一旦通过呼吸中毒后马上用湿毛巾捂住口、鼻，立即打开门窗使空气流通，尽快离开中毒环境，按逆风方向跑到上风地带。

呼呼吸困难时，迅速解开衣扣、腰带等，保持呼吸的顺畅。衣服被污染时，脱去污染衣服，迅速用大量清水清洗污染的皮肤，同时要注意保暖。眼内污染者，用清水至少持续冲洗 10min。

不要哭喊，哭喊会增加有毒气体的吸入量，提高中毒的危险性。

中毒严重的情况下，立即拨打 120 电话，等待医生的救援。

 小常识

进入化学实验室首要任务是打开窗户通风，在实验条件允许情况下，开窗是最好的防止中毒的方法。

3. 化学灼伤

腐蚀性化学药品是指对人体的皮肤、黏膜、眼睛、呼吸器官等有腐蚀性的物质，一般为液体或固体。例如，硫酸（H_2SO_4）、硝酸（HNO_3）、盐酸（HCl）、磷酸（H_3PO_4）、氢氟酸（HF）、苯酚（$ArOH$）、甲酸（$HCOOH$）、氢氧化钠（$NaOH$）、氢氧化钾（KOH）、硫化钠（Na_2S）、碳酸钠（Na_2CO_3）、无水氯化铝（$AlCl_3$）、苯及其同系物、氰化物（如KCN）、磷化物（如P_2O_5）、溴（Br_2）、钾（K）、钠（Na）、磷（P）、重金属化合物等。

（1）腐蚀性化学药品的类型

腐蚀性化学药品的类型见表 1-3。

表 1-3　腐蚀性化学药品的类型

类型	常见药品
酸类	硫酸、硝酸、盐酸、磷酸、氢氟酸、甲酸、乙酸、草酸等
碱类	氢氧化钠、氢氧化钾、氢氧化钙、氨等
盐类	碳酸钠、碳酸钾、硫化钠、无水氯化铝、氰化物、磷化物、铬化物、重金属盐等
单质	溴、钾、钠、磷等
有机物	苯及其同系物、苯酚、卤代烃、乙酸酐、无水肼、水合肼等

（2）常见腐蚀性化学药品对人体的危害

化学灼伤是由化学试剂对人体引起的伤害，因为不同物质的性质和腐蚀性不同，所引起的化学灼伤症状和腐蚀机理也不同。

常见腐蚀性化学药品灼伤的机理及症状见表 1-4。

表 1-4　常见腐蚀性化学药品灼伤的机理及症状

化学药品名称	灼伤的机理及症状
硫酸、硝酸、盐酸、磷酸、氢氟酸、甲酸、乙酸、草酸等	主要是对皮肤、黏膜的刺激与腐蚀，轻者出现红斑、黄斑、红肿等，重者会出现水泡、皮肤糜烂、脱皮等，有时会伤及骨骼
氢氧化钠、氢氧化钾、氢氧化钙、氨等	主要是对皮肤、黏膜的腐蚀，腐蚀症状一般是皮肤逐渐发干、紧皱、发痒、红肿、疼痛、脱皮、起泡，重者会逐渐糜烂
有机物	一般是通过皮肤、黏膜渗透到皮下组织，引起发红或起泡。其一般症状是起初疼痛不明显，皮肤慢慢变红，随后疼痛加剧，皮肤组织深度糜烂，同时伴有肌肉痉挛、抽搐等
氢氟酸及氟化物	主要由皮肤、黏膜侵入人体，作用于骨骼，使骨骼疏松变脆、变黑。主要症状是起初疼痛不显著，数小时后剧痛，透入组织形成深度糜烂

续表

化学药品名称	灼伤的机理及症状
氢氰酸及氰化物	刺激皮肤、黏膜,并由皮肤的汗腺及毛细孔渗入,被皮肤吸收,使细胞坏死,造成皮肤溃烂和灼伤
溴	直接侵入皮肤、黏膜并渗入皮下,产生剧痛,使皮肤或黏膜红肿,继而脱皮、溃烂
磷及含磷化合物	直接接触皮肤黏膜时,渗入并溶于皮下组织,使皮肤变红、起水泡,有灼热疼痛感,并引起深度糜烂
苯酚	作用于皮肤、黏膜时,能与皮肤及皮下组织中的蛋白质作用,使蛋白质变性,从而破坏皮肤的组织结构组成,使细胞急剧坏死,造成皮肤糜烂

（3）化学灼伤的防范措施

在化学实验室中造成化学灼伤的原因有很多,所以在实验前要认真做好各种准备,操作时要严格按照操作规程进行,才能防止灼伤事故的发生,化学实验室中化学药品的储存和使用过程中都应严格遵守有关规定及操作规范。

① 化学灼伤的预防

a. 进入实验室应穿工作服,取用化学药品应戴防护手套,用药匙或镊子,切忌用手去拿。取强酸强碱等强腐蚀性药品时,除戴防护手套外,还应戴防护眼镜、口罩。从大瓶中取浓硫酸应用虹吸法。

b. 打开氨水、盐酸、硝酸、乙醚等药品瓶封口时,应先盖上湿布,用冷水冷却后,再开动瓶塞,以防溅出引发灼伤事故。

c. 无标签的药品不能使用,否则可能造成灼伤事故。

d. 稀释浓硫酸时,应将浓硫酸缓慢倒入水中,同时搅拌。切忌将水倒入浓硫酸中,以免骤热使酸溅出灼伤皮肤和眼睛。

e. 使用过氧化钠或氢氧化钠进行熔融时,注意使坩埚口朝向无人的方向,而且不得把坩埚放在潮湿的地方,以免黏附的水珠滴入坩埚内发生爆炸而造成灼伤,桌上要垫石棉板。

f. 在进行蒸馏等操作时,应将蒸馏等装置安装牢固,酸、碱及其他试剂的量应严格按要求加入,且要规范操作。

g. 实验用过的废液应专门处理,特别是能对人体产生危害的废液,更不能随意乱倒。

② 化学灼伤的急救　化学灼伤是由化学试剂对人体引起的损伤,急救应根据灼伤的原因不同分别进行处理。发生化学灼伤时,应迅速解开衣服,清除衣服上的化学药品,用大量的水清洗,再以适合于清除这种化学药品的特种试剂、溶剂或药剂仔细处理伤处。化学实验室常见化学灼伤的急救办法见表1-5。

表1-5 化学实验室常见化学灼伤的一般急救办法

引起灼伤的化学药品名称	急救方法
硫酸、硝酸、盐酸、磷酸、甲酸、乙酸、草酸	先用大量水冲洗患处,然后用2%～5%的碳酸氢钠洗涤,最后再用水冲洗,擦干后消毒,涂上烫伤油膏,用消毒纱布包扎好
氢氧化钠、氢氧化钾、氨、氧化钙、碳酸钠、碳酸钾	立即用大量水清洗,然后用2%乙酸冲洗或洒以硼酸粉,最后再用水冲洗,擦干、消毒后涂上烫伤油膏,再用消毒纱布包扎好。氧化钙灼伤时可以用任一种植物油洗涤烫伤处
碱金属、氢氟酸、氰化物	立即用大量水冲洗,再用高锰酸钾溶液洗,之后用硫化铵洗

续表

引起灼伤的化学药品名称	急救方法
氢氟酸	先用大量清水冲洗或将伤处浸入3％氨水或10％碳酸铵溶液中,再以甘油(2＋1)及氧化镁悬浮乳剂涂抹,或用冰冷的饱和硫酸镁溶液洗
溴	先用水洗,再用1体积浓氨水加1体积的松节油加10体积95％的乙醇混合溶液处理,也可用酒精擦至无溴存在为止,再涂上甘油或烫伤油膏
磷	不可将创面暴露于空气或用油质类涂抹,应先以10g/L的硫酸铜洗净残余的磷,再用0.1％的高锰酸钾溶液湿敷,外涂以保护剂,用绷带包扎
苯酚	先用大量水清洗,再用4体积70％乙醇和1体积27％氯化铁的混合液洗涤,用消毒纱布包扎。或用10％硫代硫酸钠注射,内服和注射大量维生素
氯化锌、硝酸银	先用大量水清洗,再用50g/L的碳酸氢钠漂洗,涂油膏及磺胺粉

 二、化学实验环保常识

在化学实验中会产生各种有毒的废气、废液和废渣,其中有些是剧毒物质和致癌物质,如果直接排放,就会污染环境,造成公害,而且"三废"中的贵重和有用的成分没能回收,在经济上也是损失。所以尽管实验过程中产生的废液、废气、废渣少,仍须经过必要的处理才能排放。此外,读者应树立环境保护观念,重视对"三废"的处理问题。

1. 废液

 案例1-4　**以邻为壑投毒液**

2011年,某企业为了节约环保处理和运输成本,将近600t的废液经短途运输倾倒到邻近地区某城市的城市排水管网,然后进入城市污水处理厂。导致厂内生物菌种全部死亡、设备严重受损,处理厂因此瘫痪两个多月。污水处理厂停运后,市区生产生活污水倒灌至护城河,导致河水变黑,臭不可闻。这些废液最终进入某大型渔场,一个月就有大约400t鱼和5亿颗人工孵化鱼卵死亡。此次污染还影响到周边的生活环境,一些人出现皮肤瘙痒甚至蜕皮。经调查,污染物从该市开发区一处隐蔽的空场院排出,不断流进院外下水道。罪魁祸首是强腐蚀性有毒有害的四氯化硅废液。经过多方侦查,最终肇事企业得到了惩罚,但教训是值得汲取的。

 想一想　查一查

四氯化硅的危害性如何?

可见,化工生产产生的废液是要经过处理,达到环保要求方能排放。不同的化工生产产生的废液不同,处理方法也不尽相同,要"对症下药"。从化学实验室的废液处理方法可以了解化工生产中对废水处理的基本原理。

化学实验室的废液在排入下水道之前,也要经过中和及净化处理。

(1) 废酸和废碱溶液

经过中和处理,使pH在6～8范围内,并用大量水稀释后方可排放。

（2）含镉废液

加入消石灰［$Ca(OH)_2$］等碱性试剂，使所含的金属离子形成氢氧化物沉淀而除去。

（3）含六价铬化合物的废液

在铬酸废液中，加入 $FeSO_4$、Na_2SO_3，使其变成三价铬后，再加入 NaOH（或 Na_2CO_3）等碱性试剂，调节溶液 pH 为 $6\sim8$，使三价铬形成 $Cr(OH)_3$ 沉淀除去。

（4）含氰化物的废液

加入 NaOH 使废液呈碱性（pH＞10）后，再加入 NaClO，使氰化物分解成 CO_2 和 N_2 而除去；也可在含氰化物的废液中加入 $FeSO_4$ 溶液，使其变成 $Fe(CN)_2$ 沉淀除去。

（5）汞及含汞的化合物废液

若不小心将汞散落在实验室内，必须立即用吸管、毛笔或硝酸汞酸性溶液浸过的薄铜片将所有的汞滴收起，收集于适当的瓶中，用水覆盖起来。散落过汞的地面应撒上硫黄粉，覆盖一段时间，使生成硫化汞后，再设法扫净，也可喷上 20％ 的 $FeCl_3$ 溶液，让其自行干燥后再清扫干净。处理少量含汞废液时，可在含汞废液中加入 Na_2S，使其生成难溶的 HgS 沉淀，再加入 $FeSO_4$ 作为共沉淀剂，清液可以排放，残渣可用焙烧法回收汞，或再制成汞盐。

（6）含铅盐及重金属的废液

可在废液中加入 Na_2S 或 NaOH，使铅离子及重金属离子生成难溶性的硫化物或氢氧化物而除去。

（7）含砷及其化合物的废液

可在含砷废液中加入 $FeSO_4$，然后用 NaOH 调节溶液 pH 至 9，$Fe(OH)_3$ 与难溶性的 Na_2AsO_3 或 Na_2AsO_4 产生共沉淀，经过滤除去。另外，还可在废液中加入 H_2S 或 Na_2S，使其生成 As_2S_3 沉淀而除去。

（8）酚

高浓度的酚可用己酸丁酯萃取，蒸馏回收。低浓度的含酚废液可加入 NaClO 或漂白粉使酚氧化为 CO_2 和 H_2O。

在化工生产中，经常会有废液排出。国际上以及我国都有对相应污染物的排放标准规定。表 1-6 是第一类污染物最高允许排放浓度。

表 1-6　第一类污染物最高允许排放浓度　　　　　　　单位：mg/L

序号	污染物	一级标准	二级标准
1	总汞	0.005	0.01
2	烷基汞	不得检出	不得检出
3	总镉	0.05	0.05
4	总铬	0.5	1.0
5	六价铬	0.2	0.5
6	总砷	0.5	0.5
7	总铅	0.5	0.5
8	总镍	0.5	1.0
9	苯并[a]芘	0.00003	0.00003
10	总铍(按 Be 计)	0.005	0.005
11	总银(按 Ag 计)	0.5	0.5
12	总 α 放射性	1Bq/L	1Bq/L
13	总 β 放射性	10Bq/L	10Bq/L

2. 废渣

 案例1-5　某地，有不法之徒趁夜将焦油状和棕黄色颗粒状的工业废渣倾倒在乡村公

路两侧。这些工业废渣散发出刺鼻气味，不到三天的时间，周围十几米内的农作物和草木纷纷枯萎，并且有 6 棵 10 多米高的杨树也先后枯萎。人接近废渣时，明显感觉到头晕、皮肤有刺痛感。经有关部门组织化验，发现该废渣中含有二氯苯、甲基苯和苯并噁唑。经查实为某农药厂的生产废渣。后经有关部门对该废渣进行了科学处理，对倾倒废渣的企业及法人进行了严肃处理。

 想一想　查一查

二氯苯、甲基苯和苯并恶唑的性质如何，对环境有哪些危害?

工业废渣产量很大，约为城市垃圾的 10 倍以上，其有害成分约占 10%。有害工业废渣种类繁多，危害性质各异。如果处理不当，污染环境，破坏生态平衡，引起人畜中毒。其处理措施主要有以下几种。

（1）安全土地填埋

安全土地填埋亦称安全化学土地填埋，是一种改进的卫生填埋方法。对场地的建造技术比卫生填埋更为严格。如衬里的渗透系数要小于 10cm/s，浸出液要加以收集和处理，地面径流要加以控制，要控制和处理产生的气体。此法是一种完全的、最终的处理，最为经济，不受工业废渣种类限制，适于处理大量的工业废渣，填埋后的土地可用作绿化地和停车场等。但场址必须远离居民区。

（2）焚烧法

焚烧法是高温分解和深度氧化的综合过程。通过焚烧使可燃性的工业废渣氧化分解，达到减少容积，去除毒性，回收能量及副产品的目的。此法适合于有机性工业废渣的处理医学教育网搜集整理。对于无机和有机混合性的工业废渣，若有机废渣是有毒有害物质，一般也最好用焚烧法处理，尚可回收无机物。本法能迅速而大量减少可燃性工业废渣的容积，达到杀灭病原菌或解毒的目的，还能提供热能可用供热和发电。要防止固体废物会产生大量的酸性气体和未完全燃烧的有机组分及炉渣的二次污染。

（3）固化法

固化法是将水泥、塑料、水玻璃等凝固剂同有害工业废渣加以混合进行固化。我国主要用于处理放射性废物。它能降低废物的渗透性，并将其制成具有高应变能力的最终产品，从而使有害废物变成无害废物。

（4）化学法

化学法是一种利用有害工业废渣的化学性质，通过酸碱中和、氧化还原等方式，将有害工业废渣转化为无害的最终产物。

（5）生物法

许多有害工业废渣可以通过生物降解毒性，解除毒性的废物可以被土壤和水体接纳。目前常用的生物法有活性污泥法、气化池法、氧化塘法等。

（6）有毒工业废渣的回收处理与利用

化学工业生产中排除的许多废渣具有毒性，须经过资源化处理加以回收和利用。例如：砷矿一般与铜、铅、锌、锑、钴、钨、金等有色金属矿共生。用含砷矿废渣可以提取白砷和回收有色金属。氰盐生产中排出的废渣含有剧毒的氰化物，可以采用高温水解-气化法处理，得到二氧化氮气体等有用的资源。

HG 20504—92《化工废渣填埋场设计规定》对化工废渣填埋场设计提出了较为明确的要求。在危险废物的环境管理方面，制定了 GB 4284—84《农用污泥中污染物控制标准》、GB 6763—2000《建筑材料用工业废渣放射性物质限制标准》、GB 8173—87《农用粉煤灰中污染物控制标准》、GB 12502—90《含氰废物污染控制标准》、GB 13015—91《含多氯联苯废物污染控制标准》等。

3. 废气

案例 1-6 某村 99 户农民靠种植葡萄为业，由于附近的硫酸生产厂家排放废气，造成葡萄大量叶片枯黄、脱落，葡萄产量大大减产，以至于生产的葡萄不敢投放市场。由此引起了经济纠纷。

想一想 查一查

硫酸生产产生的废气主要化学成分是什么？从化学的角度分析该废气要经过怎样的处理才能排放到大气？

分析：生产硫酸的厂家排放的废气主要是硫的氧化物，这些废气的主要危害是会随着降水而形成"酸雨"，这些"酸雨"就是使葡萄叶片枯黄、脱落的主要原因。

案例 1-7 某企业黏胶短纤生产线投产后产生了工艺废气，主要污染物为硫化氢和二硫化碳，废气经冷凝回收装置处理达标后，通过 120m 高排气塔排入大气。但由于该类废气中仍含有一定量的硫化氢和二硫化碳，致使厂区周围空气带有异味。因此，该企业曾遭到当地群众的投诉。

想一想 查一查

二硫化碳的性质和危害如何？

为进一步减少大气污染物排放量，减少对当地群众的影响，该企业两年年投资 500 余万元，为其黏胶短纤生产线配套建设了废气燃烧处理设施，并经环保部门验收后投入运行。通过将硫化氢和二硫化碳气体收集燃烧后用碱液吸收，此举进一步减少了硫化氢和二硫化碳的排放。

当做有少量有毒气体产生的实验时，可以在通风橱中进行。通过排风设备把有毒废气排到室外，利用室外的大量空气来稀释有毒废气。

如果做有较大量有毒气体产生的实验时，应该安装气体吸收装置来吸收这些气体，然后进行处理。例如，HF、SO_2、H_2S、NO_2、Cl_2 等酸性气体，可以用 NaOH 水溶液吸收后排放；碱性气体如 NH_3 等用酸溶液吸收后排放；CO 可点燃转化为 CO_2 气体后排放。

对于个别毒性很大或排放量大的废气，可参考工业废气处理方法，用吸附、吸收、氧化、分解等方法进行处理。

三、化学实验室管理

化学实验室是进行化学实验的场所，有许多玻璃仪器和化学药品。化学实验室的管理问题非常重要：化学药品要分类存放保管，玻璃仪器要清洗干燥等。管理混乱的化学实验室会存在很大的安全隐患，管理规范的化学实验室会提高工作效率。

> **案例 1-8** 某实验室工作人员用丙酮洗涤烧瓶，然后置于干燥箱中进行干燥时，引起爆炸。干燥箱的门被炸坏飞至远处。

分析：丙酮是有机溶剂，能够很好地洗去烧瓶中残留的有机试剂。但是用丙酮洗过的烧瓶是不能够直接放到烘箱中烘干的，因为丙酮容易挥发，一旦加热会造成压力过大而引起爆炸。上例就是残留的丙酮急剧蒸发造成的爆炸。

1. 玻璃仪器的洗涤与存放

化学实验尤其在分析工作中，洗涤玻璃仪器不仅是一项必须做的实验前的准备工作，也是一项技术性的工作。仪器洗涤是否符合要求，对检验结果的准确度和精密度均有影响。不同的分析工作有不同的仪器洗净要求，我们以一般定量化学分析为主介绍仪器的洗涤方法。

（1）洁净剂及使用范围

最常用的洁净剂是肥皂、肥皂液（特制商品）、洗衣粉、去污粉、洗液、有机溶剂等。

肥皂、肥皂液、洗衣粉、去污粉用于可以用刷子直接刷洗的仪器，如烧杯、锥形瓶、试剂瓶等；洗液多用于不便用于刷子洗刷的仪器，如滴定管、移液管、容量瓶、蒸馏烧瓶等特殊形状的仪器，也用于洗涤长久不用的杯皿器具和刷子刷不下的结垢。用洗液洗涤仪器，是利用洗液本身与污物起化学反应的作用，将污物去除。因此需要浸泡一定的时间充分作用；有机溶剂是借助能溶解油脂的作用，或借助某些有机溶剂能与水混合而又挥发快的特殊性，冲洗一下带水的仪器将其洗去。如甲苯、二甲苯、汽油等可以洗油垢，酒精、乙醚、丙酮可以冲洗刚洗净而带水的仪器。

（2）洗涤液的制备及使用注意事项

洗涤液简称洗液，根据不同的要求有各种不同的洗液，介绍几种常用的洗液如下。

① 强酸氧化剂洗液　强酸氧化剂洗液是用重铬酸甲（$K_2Cr_2O_7$）和浓硫酸（H_2SO_4）配成。$K_2Cr_2O_7$ 在酸性溶液中，有很强的氧化能力，对玻璃仪器又及少有侵蚀作用。所以这种洗液在实验室内使用最广泛。

配制浓度各有不同，从 5％～12％ 的各种浓度都有。配制方法大致相同：取一定量的 $K_2Cr_2O_7$（工业品即可），先用 1～2 倍的水加热溶解，稍冷后，将工业品浓 H_2SO_4 所需体积数缓慢加入 $K_2Cr_2O_7$ 溶液中（千万不能将水或溶液加入 H_2SO_4 中），边倒边用玻璃棒搅拌，并注意不要溅出，混合均匀，等冷却后，装入洗液瓶备用。新配制的洗液为红褐色，氧化能力很强。当洗液用久后变为黑绿色，即说明洗液无氧化洗涤力。

例如，配制 12％ 的洗液 500mL。取 60g 工业品 $K_2Cr_2O_7$ 置于 100mL 水中（加水量不是固定不变的，以能溶解为度），加热溶解，冷却，慢慢加入浓 H_2SO_4 340mL，边加边搅拌，冷后装瓶备用。

这种洗液在使用时要切实注意不能溅到身上，以防"烧"破衣服和损伤皮肤。洗液倒入要洗的仪器中，应使仪器周壁全浸洗后稍停一会再倒回洗液瓶。第一次用少量水冲洗刚浸洗过的仪器后，废水不要倒在水池里和下水道里，长久会腐蚀水池和下水道；应倒在废液缸中。

② 碱性洗液　碱性洗液用于洗涤有油污物的仪器，此洗液是采用长时间（24h 以上）浸泡法，或者浸煮法。从碱洗液中捞取仪器时，要戴乳胶手套，以免烧伤皮肤。

常用的碱洗液有：碳酸钠（Na_2CO_3，即纯碱）液、碳酸氢钠（$NaHCO_3$，即小苏打）

液、磷酸钠（Na₃PO₄）液、磷酸氢二钠（Na₂HPO₄）液等。

③ 碱性高锰酸钾洗液　用碱性高锰酸钾作洗液，作用缓慢，适合用于洗涤有油污的器皿。配制方法：取高锰酸钾（KMnO₄）4g加少量水溶解后，再加入10%氢氧化钠（NaOH）100mL。

④ 纯酸纯碱洗液　根据器皿污垢的性质，直接用浓盐酸（HCl）或浓硫酸（H₂SO₄）、浓硝酸（HNO₃）浸泡或浸煮器皿（温度不宜太高，否则浓酸挥发）。纯碱洗液多采用10%以上的浓烧碱（NaOH）、氢氧化钾（KOH）或碳酸钠（Na₂CO₃）液浸泡或浸煮器皿（可以煮沸）。

⑤ 有机溶剂　带有油脂污物的器皿，可以用汽油、甲苯、二甲苯、丙酮、酒精、三氯甲烷、乙醚等有机溶剂擦洗或浸泡。但用有机溶剂作为洗液浪费较大，能用刷子洗刷的大件仪器尽量采用碱性洗液。只有无法使用刷子的小件或特殊形状的仪器才使用有机溶剂洗涤，如活塞内孔、移液管尖头、滴定管尖头、滴定管活塞孔、滴管等。

⑥ 洗消液　检验致癌性化学物质的器皿，为了防止对人体的侵害，在洗刷之前应使用对这些致癌性物质有破坏分解作用的洗消液进行浸泡，然后再进行洗涤。

食品检验中经常使用的洗消液有1%或5%次氯酸钠（NaClO）溶液、20% HNO₃和2% KMnO₄溶液。

1%或5% NaClO溶液对黄曲霉毒素存在破坏作用。用1% NaClO溶液对污染的玻璃仪器浸泡半天或用5% NaClO溶液浸泡片刻后，即可达到破坏黄曲霉毒素的作用。配制方法：取漂白粉100g，加水500mL，搅拌均匀，另将工业用Na₂CO₃ 80g溶于温水500mL中，再将两液混合、搅拌、澄清后过滤，此滤液含NaClO为2.5%；若用漂粉精配制，则Na₂CO₃的质量应加倍，所得溶液浓度约为5%。如需要1% NaClO溶液，可将上述溶液按比例进行稀释。

20% HNO₃溶液和2% KMnO₄溶液对苯并[a]芘有破坏作用，被苯并[a]芘污染的玻璃仪器可用20% HNO₃浸泡24h，取出后用自来水冲去残存酸液，再进行洗涤。被苯并[a]芘污染的乳胶手套及微量注射器等可用2%KMnO₄溶液浸泡2h后，再进行洗涤。

（3）洗涤玻璃仪器的步骤与要求

① 常法洗涤仪器　洗刷仪器时，应首先将手用肥皂洗净，以免手上的油污附在仪器上，增加洗刷的困难。如仪器长久存放附有尘灰，先用清水冲去，再按要求选用洁净剂洗刷或洗涤。如用去污粉，将刷子蘸上少量去污粉，将仪器内外全刷一遍，再边用水冲边刷洗至肉眼看不见有去污粉时，用自来水洗3～6次，再用去离子水冲3次以上。

② 做痕量金属分析的玻璃仪器，使用（1：9）～（1：1）的HNO₃溶液浸泡，然后进行常法洗涤。

③ 进行荧光分析时，玻璃仪器应避免使用洗衣粉洗涤（因洗衣粉中含有荧光增白剂，会给分析结果带来误差）。

④ 分析致癌物质时，应选用适当洗消液浸泡，然后再按常法洗涤。

（4）玻璃仪器的干燥

化学实验作用仪器应在每次实验完毕后洗净干燥备用。不同实验对干燥有不同的要求，一般定量分析用的烧杯、锥形瓶等仪器洗净即可使用；而用于食品分析的仪器很多要求是干燥的，有的要求无水痕，有的要求无水。应根据不同要求进行仪器干燥。

① 晾干　不急等用的仪器，可在去离子水冲洗后在无尘处倒置控去水分，然后自然干燥。可用安有木钉的架子或带有透气孔的玻璃柜放置仪器。

② 烘干　洗净的仪器控去水分，放在烘箱内烘干，烘箱温度为 $105\sim110℃$ 烘 1h 左右。也可放在红外灯干燥箱中烘干。此法适用于一般仪器。称量瓶等在烘干后要放在干燥器中冷却和保存。带实心玻璃塞的及厚壁仪器烘干时要注意慢慢升温并且温度不可过高，以免破裂。量器不可放于烘箱中烘。

硬质试管可用酒精灯加热烘干，要从底部烤起，把管口向下，以免水珠倒流把试管炸裂，烘到无水珠后把试管口向上赶净水汽。

③ 热（冷）风吹干　急于干燥的仪器或不适于放入烘箱的较大的仪器可用吹干的办法。通常用少量乙醇、丙酮（或最后再用乙醚）倒入已控去水分的仪器中摇洗，然后用电吹风机吹，开始用冷风吹 $1\sim2min$，当大部分溶剂挥发后吹入热风至完全干燥，再用冷风吹去残余蒸汽，使其不冷凝在容器内。

（5）洗涤方法

① 对于针头、磨口玻璃塞或活塞、导管等仪器，用有机溶剂直接洗涤后，晾干，放回原处备用。

② 一般的玻璃仪器（如烧瓶、烧杯、锥形瓶、抽滤瓶等）从碱缸中捞出后，先用自来水冲洗，然后去污粉擦洗，再用自来水清洗，最后用适量的去离子水冲洗 3 次。

③ 精密或难洗的仪器（滴定管、移液管、容量瓶、注射器等）先用有机溶剂或自来水洗涤后，沥干，再用合适的洗液处理一段时间（一般放置过夜），然后用自来水清洗，最后用去离子水冲洗 3 次。

④ 砂芯玻璃滤器的洗涤。新的滤器使用前应以热的盐酸或重铬酸钾洗液边抽滤边清洗，再用去离子水洗净。针对不同的沉淀物采用适当的洗涤剂先溶解沉淀，或反复用水抽洗沉淀物，再用去离子水冲洗干净，在 110℃ 烘箱中烘干，然后保存在无尘的柜内或有盖的容器内。

（6）洗涤要求

刷洗仪器时，应先将手用肥皂洗净或戴上手套，以免手上的油污黏附在仪器壁上，增加洗刷的困难。洗净后的玻璃仪器应不沾油腻、不挂水珠。

用去离子水冲洗，应顺壁冲并充分振荡，以提高洗涤效果。如洗涤后的玻璃仪器仍能挂住水珠，则需将仪器重复洗涤。

实验后，应将所有仪器洗净并整齐地放回柜内。实验台及试剂架必须擦净，最后关好电闸、水和煤气开关。实验柜内仪器应存放有序，清洁整齐。

2. 实验室安全与环境卫生

实验室是进行教学、科研工作的重要场所，实验室的安全与环境卫生是确保教学、科研工作顺利进行的重要保障，实验室的安全工作坚持"预防为主，责任到人"的原则，建立健全实验室安全管理规章制度。

在化学实验中，经常使用易破碎的玻璃仪器，易燃、易爆、具有腐蚀性或毒性（甚至有剧毒）的化学药品，电器设备及煤气等。若不严格按照一定的规则使用，容易造成触电、火灾、爆炸以及其他伤害性事故。因此，必须严格遵守实验室安全规则。

① 必须了解实验环境，充分熟悉实验室中水、电、天然气的开关、消防器材、急救药箱等的位置和使用方法，一旦遇到意外事故，即可采取相应措施。

② 严禁任意混合各种化学药品，以免发生意外事故。

③ 倾注试剂，开启易挥发的试剂瓶（如乙醚、丙酮、浓盐酸、硝酸、氨水等试剂瓶）及加热液体时，不要俯视容器口，以防液体溅出或气体冲出伤人。加热试管中的液体时，切

不可将管口对着自己或他人。不可用鼻孔直接对着瓶口或试管嗅闻气体的气味，而应用手把少量气体轻轻煽向鼻孔进行嗅闻。

④ 使用浓酸、浓碱、溴、铬酸洗液等具有强腐蚀性的试剂时，切勿溅在皮肤和衣服上。如溅到身上应立即用水冲洗，溅到实验台上或地上时，要先用抹布或拖把擦净，再用水冲洗干净。更要注意保护眼睛，必要时应戴上防护眼镜。

⑤ 使用 HNO_3、HCl、$HClO_4$、H_2SO_4 等浓酸的操作及能产生刺激性气体和有毒气体（如 HCN、H_2S、SO_2、Cl_2、Br_2、NO_2、CO、NH_3 等）的实验，均应在通风橱内进行。

⑥ 使用乙醚、乙醇、丙酮、苯等易燃性有机试剂时，要远离火源，用后盖紧瓶塞，置阴凉处保存。加热易燃试剂时，必须使用水浴、油浴、砂浴或电热套等。绝不能使用明火！若加热温度有可能达到被加热物质的沸点、回流或蒸馏液体时，必须加入沸石或碎瓷片，以防液体爆沸而冲出伤人或引起火灾。要防止易燃有机物的蒸气外逸，切勿将易燃有机溶剂倒入废液缸中，更不能用开口容器（如烧杯等）盛放有机溶剂。钾、钠和白磷等在空气中易燃的物质，应隔绝空气存放。钾、钠要保存在煤油中，白磷要保存在水中，取用时应使用镊子。

⑦ 一切有毒药品（如氰化物、砷化物、汞盐、铅盐、钡盐、六价铬盐等），使用时应格外小心！严防进入口内或接触伤口，剩余的药品或废液切不可倒入下水道或废液桶中，要倒入回收瓶中，并及时加以处理。处理有毒药品时，应戴护目镜和橡皮手套。

⑧ 某些容易爆炸的试剂如浓高氯酸、有机过氧化物、芳香族化合物、多硝基化合物、硝酸酯、干燥的重氮盐等要防止受热和敲击。实验中，必须严格遵守操作规程，以防爆炸。

⑨ 用电应遵守安全用电规程。

⑩ 高压钢瓶、电器设备、精密仪器等，在使用前必须熟悉使用方法和注意事项，严格按要求使用。

⑪ 使用天然气时，应特别注意正确使用，严防泄漏！燃气阀门应经常检查，保持完好。天然气灯和橡皮管在使用前也要仔细检查。发现漏气，立即熄灭室内所有火源，打开门窗。使用天然气灯加热时，火源应远离其他物品，操作人员不得离开，以防熄火漏气。用毕应关闭燃气管道上的小阀门，离开实验室时还应再检查一遍，以确保安全。

⑫ 实验室严禁饮食、吸烟或存放餐具，不可用实验仪器盛放食物，也不可用茶杯、食具盛放药品，一切化学药品禁止入口。实验室中药品或器材不得随便带出实验室。实验完毕要洗手。离开实验室时，要关好水、电、天然气、门窗等。

3. 化学实验室"5S"管理

"5S"是一种起源于日本的优秀现场管理方法，其含义是指在现场中对人员、材料、机器、方法等生产要素进行有效的管理。

"5S"管理作为一种倡导从小事做起，力求使员工养成事事"讲究"好习惯的独特管理方法，不仅对改善生产现场环境、提升生产效率、保障产品质量、创建良好的企业文化等方面具有显著效果，同样适用于学校的实验室管理。将"5S"管理理念融入化学实验室管理中，有利于改善实验室环境和提高相关人员的职业素质，实现环境育人的目标。

（1）"5S"管理内涵

"5S"是指 Seiri（整理）、Seiton（整顿）、Seiso（清扫）、Seiketsu（清洁）、Shitsuke（素养）5 个单词首字母都是"S"，所以统称为"5S"。其具体含义如下。

① 整理　整理是将工作场所的物品区分为必要的和不必要的，同时将不必要的东西移出现场或者处理掉。其目的在于把空间腾出来，营造干净清爽的工作环境。

② 整顿　整顿是把留下的必要的东西根据使用状况分门别类，依规定的位置摆放整齐，明确数量，同时进行有效标识。其目的在于使物品摆放一目了然，以便在最快速的情况下取得所要之物，在最简洁有效的规章、制度、流程下完成事务。

③ 清扫　清扫是将工作场所打扫干净，同时对出现的异常的设备立刻进行修理，使之恢复正常，创造一个明快、舒适的工作环境，以保证安全、优质、高效率的工作。清扫过程是根据整理、整顿的结果，将不需要的部分清除或者标示出来放入仓库。通过清扫，可以发现隐患，培养全员讲卫生的习惯，使员工保持良好的工作状态。

④ 清洁　清洁是将前面"整理、整顿、清扫"的做法标准化、制度化，以维持"整理、整顿、清扫"的成果，同时不断进行持续改进，使之达到更高境界。清洁是对前 3 项活动的坚持和深入，整理、整顿、清扫之后要认真维护，使现场保持完美和最佳状态，以利于提高工作效率、改善整体绩效。

⑤ 素养　素养是养成良好的工作习惯，按规章制度行事。其目的是要遵守规定，养成认真对待每件事的工作作风，以及积极工作、主动负责和爱岗敬业的品质，并营造良好的团队协作精神。素养是"5S"管理的核心，没有员工素质的提高，各项活动就不能顺利开展，也不能持续下去。

整理、整顿、清扫、清洁、素养 5 个部分相辅相成，缺一不可。整理是整顿的基础，整顿是整理的巩固，清扫是显现整理、整顿的效果，清洁是整理、整顿、清扫所取得成效的持续保养与巩固，而对以上环节持续地宣传和实施，总结与改进，使之上升为一种习惯则是素养。"5S"管理，使实验室管理规范、高效进入良性循环。

(2) 化学实验室的"5S"管理

"5S"管理主要针对企业的生产、操作现场。化学实验室与企业操作现场一样需要定期清扫、清洁，保持环境卫生，并形成制度化管理。但化学实验室也有与企业生产现场不尽相同的地方，一是化学实验室要有少量的化学药品、仪器设备的存放，要规范、安全管理；二是一般学校化学实验室还肩负着对学生进行技能和素质的培养任务。因此，化学实验室实施"5S"管理不但能够起到促进安全使用、环境清洁卫生的作用，同时还是培养学生养成良好职业素养的载体。

不同的化学实验室可以根据"5S"管理内涵制定仪器设备定制存放制度，化学药品规范存放和取用制度等，制定检查评比标准。

仪器设备定制存放制度主要针对实验仪器设备管理。根据具体的化学实验室在某段时间（例如某学期）的需要分别制定仪器存放清单，使用者在使用前和使用后都要按照清单清点、洗涤、整理仪器，检查者也可以按照清单检查仪器设备的存放是否规范和齐全。一般这种定制存放表要在一定时期根据实验室的功能进行更换和调整。仪器设备定制管理可以使实验室仪器设备状况一目了然，便于及时清点和更换。

化学药品规范存放制度主要是针对安全、规范管理。制度的主要内容应该是化学药品分类分级、摆放整齐和上锁保管、取用有数、使用安全等。规范管理的化学实验室，化学药品的使用更安全、用量更节约。是促进管理者和使用者素质和技能养成的良好渠道。

制定检查评比标准是为了更好地促进实验室管理工作，也是为了更好地提高管理使用者的素养。

实施"5S"管理，可以解决化学实验室现场管理中的各种问题，例如，仪器设备存放问题、安全问题、药品使用规范问题等；实施"5S"管理，通过规范管理的加强，大大提高实验室使用效率；实施"5S"管理，可以减少浪费；实施"5S"管理可以降低事故发生率；实施"5S"管理，可以让人心情愉快，提高工作效率。

拓展思考

1. 请查阅常用的灭火器有哪些？不同种类的灭火器使用方法如何？

2. 请注意观察你的化学实验室有哪些防火措施？

3. 请查阅化验员手册，了解化学实验中意外事故的紧急处理措施。

4. 资源的回收利用现在已经形成产业，请调查了解相应地区再生资源的回收利用情况，并对其前景进行分析。

5. 请调查了解企业"5S"管理的内涵和执行标准。

第二节
科学探究方法与技能

学习目标

1. 了解科学探究方法的建立，能够初步运用科学探究方法进行探究实验，培养严谨认真的工作作风。

2. 能够说出化学实验室常用玻璃仪器的用途，能够根据实验需要正确选择不同规格的玻璃仪器，能够正确使用常见玻璃仪器，养成良好习惯。

3. 了解常见化学药品的性质等，能正确区分、选用不同种类、纯度、性质的化学药品。

4. 学会计算配制化学试剂所需化学药品的量，能够按照要求配制化学试剂并正确稀释。

5. 理解化学实验基本操作的原理，能够规范地进行重结晶、过滤、萃取等基本操作；提高动手能力，养成良好的操作习惯。

学习化学记住知识不是最重要的，学会应用知识、学会自主探究和创新的方法是最重要的。"实践是检验真理的唯一标准"在生活和化工生产中会有许多化学问题需要我们去探索和解决。

 一、科学探究方法的建立

 案例 1-9 诺贝尔与火药

无烟火药的发明者诺贝尔，在对炸药的研究道路上，真是荆棘丛生。由于在运输、储存等过程中经常发生爆炸，人们对他发明的硝酸甘油失去信心。为了解决这些问题，诺贝尔反复进行试验，后来发现：用一些多孔的木炭粉、锯木屑、硅藻土等能吸收硝酸甘油，并且能减少爆炸的危险。最后，他用一份重的硅藻土，去吸收三份重的硝酸甘油，第一次制成了运输和使用都很安全的硝酸甘油工业炸药。这就是诺贝尔安全炸药。但是安全炸药还存在爆炸力没有纯粹的硝酸甘油大的问题。怎样找到兼有硝酸甘油的爆炸力、又有安全炸药的安全性能的新炸药，一时成为许多发明家努力寻求的目标。

后来诺贝尔从敷料能够吸收血液这件事得到了启发，忽然想到能不能用含氮量较低的硝酸纤维素，来同硝酸甘油混合呢？他把大约一份重的火棉，溶于九份重的硝酸甘油中，得到一种爆炸力很强的胶状物——炸胶。经过长年累月的测试，1887 年，诺贝尔把少量的樟脑加到硝酸甘油和火棉炸胶中,发明了无烟火药。直到今天,在军事工业中普遍使用的火药,都属于这一类型。无烟火药比黑色火药的爆炸力大得多,而且爆炸时燃烧充分、烟雾很少,所以人们称它为无烟火药。制造炸药,一要爆炸力强,二要安全可靠,三要按照人的要求随时爆炸。诺贝尔制成了安全炸药、无烟火药,又制成了引爆用的雷管,很好地解决了这三大难题。

 想一想　查一查

在科学探究的道路上是不断会有新问题产生的,为了解决一个个新问题,要根据问题存在的原因和所要实现的目标设计科学的实验计划,不断的反复的实验,最终找到规律得出结论,达到解决问题的目的。

1. 科学探究方法建立的过程

从许多的科学探究事实可以总结出科学探究方法的建立过程见图1-1。

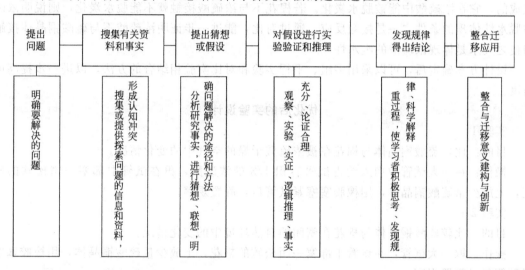

图 1-1 　科学探究方法建立过程示意图

2. 科学探究方法的运用

问题 1-1 探究浓硫酸的吸水性和脱水性

浓硫酸具有脱水性和吸水性,也是非常容易混淆的两个概念。在中学教学中常以"吸收现成的水,发生的是物理变化"作为浓硫酸吸水性的判据。以"能按水的组成比脱去有机物中碳和氢元素,使有机物炭化,发生的是化学变化"作为浓硫酸脱水性的判据,如浓硫酸洒在衣服上,衣服变黑。于是就有这样一个问题:浓硫酸使硫酸铜晶体($CuSO_4 \cdot 5H_2O$)失水,硫酸铜晶体发生了化学变化,而浓硫酸吸收的是水分子,这体现了浓硫酸的吸水性,还是脱水性?

（1）提出问题

浓硫酸使硫酸铜晶体($CuSO_4 \cdot 5H_2O$)失水,硫酸铜晶体发生了化学变化,而浓硫酸吸收的是水分子,这体现了浓硫酸的吸水性,还是脱水性?要通过实验验证这个问题。

（2）搜集资料,分析问题

在查阅大量资料的基础上,讨论实验方案。认为,$CuSO_4 \cdot 5H_2O$是纯净物,将该晶体加入浓硫酸中失水变白,有可能是浓硫酸直接夺取晶体中的结晶水,这是一个化学过程,有体现浓硫酸脱水性的可能。

（3）提出假想问题

假设浓硫酸吸收硫酸铜的结晶水是吸水性，让晶体不与浓硫酸接触，观察 $CuSO_4 \cdot 5H_2O$ 能否失水。因为 $CuSO_4 \cdot 5H_2O$ 是配合物，它在常温下也可能存在着 $CuSO_4 \cdot 5H_2O$、$CuSO_4 \cdot 4H_2O + H_2O$、$CuSO_4 \cdot 4H_2O$、$CuSO_4 \cdot 3H_2O + H_2O$ 等的动态平衡。若能证明浓硫酸吸收的是 $CuSO_4 \cdot 5H_2O$ 解离出来的水分子，那么，浓硫酸是 $CuSO_4 \cdot 5H_2O$ 解离平衡正向移动的促进者，而并非是 $CuSO_4 \cdot 5H_2O$ 失去结晶水反应的直接参与者，浓硫酸体现的只是吸水性。

（4）实验方案设计

实验目的：观察硫酸铜晶体在与浓硫酸不直接接触条件下的变化情况。

实验操作：在一大试管中加入约占试管容积 1/3 的浓硫酸，再在试管中悬挂一块硫酸铜晶体，用橡胶塞塞紧试管口，静置观察。

用什么悬挂硫酸铜晶体？采用棉花。因棉花的主要成分是纤维素，是由碳、氢、氧元素组成的。它在浓硫酸中能被脱水炭化。若棉花不与浓硫酸接触就不能脱水炭化，则说明浓硫酸脱水性体现的条件之一是接触反应。通过对比，能进一步证明浓硫酸不与硫酸铜晶体接触却使之失水是体现浓硫酸的吸水性。

设计方案确定后，可以采用多组、平行实验和对比实验相结合的方法，以进一步提高可信度。

优化后的实验设计

实验 1

目的：比较硫酸铜晶体与棉花在被浓硫酸干燥的空气中的变化情况。

操作：在一大试管中加入约占试管容积 1/3 的浓硫酸，再在试管中部塞一团松软的棉花，上放少量硫酸铜晶体，用橡胶塞塞紧试管口，静置观察。

实验 2

目的：比较硫酸铜晶体与棉花在密闭的自然环境中的变化情况。

操作：取一大试管，在试管中部塞一团松软的棉花，上放少量硫酸铜晶体，用橡胶塞塞紧试管口，静置观察。

（5）实验现象和结论

在实验室分组进行对比实验。实验装置放置两天后，观察到实验 1 试管中的硫酸铜晶体颜色明显变白，棉花没有明显变化。实验 2 试管中的硫酸铜晶体颜色和棉花均没有明显变化。

放置 10d 后，观察到实验 1 试管中的硫酸铜晶体颜色变白，棉花没有明显变化。实验 2 试管中的硫酸铜晶体颜色和棉花均没有明显变化。

由此可以说明浓硫酸吸取的是 $CuSO_4 \cdot 5H_2O$ 解离出来的水分子，浓硫酸不是 $CuSO_4 \cdot 5H_2O$ 发生化学变化的直接原因。浓硫酸在该过程中只体现了吸水性。

（6）实验反思和讨论拓展

在"浓硫酸使硫酸铜晶体脱水了吗？"实验探究活动中，不但就实验本身得出了较为合理的结论，还对浓硫酸的性质应用，进行了深入的思考。

 二、化学药品

化学实验离不开化学药品，化学药品有不同的纯度和规格，学习化学要了解化学药品的分类情况，学会正确取用化学药品等技能。

在化学实验室安全常识中"案例 1-1"，某危险物品储运公司的化学危险品仓库发生特大爆炸事故。4 号仓内强氧化剂和强还原剂混存，发生激烈氧化还原反应，形成热积累，导致起火燃烧。这是发生事故的直接原因。

可见，化学试剂是要规范分类、妥善保管的。对于化学试剂不但要了解不同化学试剂的性质（氧化性、还原性、见光分解等）、危险性和保管常识，还要了解化学试剂的规格和纯度。

1. 化学药品分类

化学试剂是具有一定纯度标准的各种单质和化合物。它的种类繁多，在化学实验中应根据实验要求合理选择、正确使用、妥善保管。

化学试剂根据用途可分为一般化学试剂和特殊化学试剂。在化学实验室拿出几瓶化学试剂，从标签的颜色以及标签的标注内容即可了解化学试剂的分类情况。

根据国家标准（GB），一般化学试剂按其纯度和杂质含量的高低可分为四级，其规格及使用范围见表 1-7。

表 1-7　化学试剂的规格及适用范围

试剂级别	名称	英文名称	符号	标签颜色	适用范围
一级品	优级纯	Guaranteed reagent	G. R.	绿色	纯度很高，适用于精密分析及科学研究工作
二级品	分析纯	Analytical reagent	A. R.	红色	纯度仅次于一级品，主要用于一般分析检测、科学探究及教学实验工作
三级品	化学纯	Chemical pure	C. P.	蓝色	纯度较二级品差，适用于教学或精度要求不高的分析测试工作和化学实验
四级品	实验试剂	Laboratorial reagent	L. R.	棕色或黄色	纯度较低，只能用于一般性的化学实验及教学工作

此外，指示剂属于一般试剂。

特殊化学试剂如高纯试剂、色谱试剂与制剂、生化试剂等大多只有一个级别。一些高纯试剂常常还有专门的名称，如基准试剂、光谱纯试剂、分光光度纯试剂、色谱纯试剂等。

基准试剂的纯度相当于（或高于）一级品，是滴定分析中标定标准溶液的基准物质，也可直接用于配制标准溶液。

光谱纯试剂（符号 S. P.）杂质的含量低于某一限度用光谱分析法已检测不出，主要用作光谱分析中的标准物质。

分光光度纯试剂要求在一定波长范围内没有或很少有干扰物质，用作分光光度法的标准物质。

色谱试剂与制剂包括色谱用固体吸附剂、固定液、载体、标样等。要注意，"色谱试剂"和"色谱纯试剂"是不同概念的两类试剂。前者是指使用范围，即色谱中使用的试剂，后者是指其纯度高，杂质含量用色谱分析法测不出或低于某一限度，用作色谱分析的标准物质。

生化试剂用于各种生物化学实验。

按规定，试剂瓶的标签上应标示试剂的名称、化学式、摩尔质量、级别、技术规格、产品标准号、生产许可证号（部分常用试剂）、生产批号、厂名等，危险品和有毒化学品还应给出相应的标志。

 小常识

有时为了防止化学试剂瓶的标签被腐蚀，在试剂瓶的标签及周围瓶体上涂上石蜡以防止模糊不清。

试剂的纯度愈高其价格愈高，应根据实验要求，本着节约的原则，合理选用不同级别的试剂。不可盲目追求高纯度而造成浪费，也不能随意降低规格而影响测定结果的准确度。在能满足实验要求的前提下，尽量选用低价位的化学试剂。

化学试剂应保存在通风、干燥、洁净的房间里，防止污染或变质。氧化剂、还原剂应密封、避光保存。易挥发和低沸点化学试剂应放置在低温阴暗处。易侵蚀玻璃的化学试剂应保存于塑料瓶内。易燃易爆化学试剂应有安全措施。剧毒化学试剂应由专人妥善保管，取用严格登记。

化学试剂有时需要分装，固体试剂一般盛放在易于取用的广口瓶中。液体试剂和配制的溶液则盛放在易于倒取的细口瓶中，一些用量小而使用频繁的试剂可盛放在滴瓶中。见光易分解的试剂用棕色试剂瓶，盛有化学试剂的试剂瓶都要贴标签，注明试剂名称、规格、制备日期、浓度等，标签外面涂上一层薄蜡或用透明胶带等保护。

 小常识

盛装液体氢氧化钠试剂的玻璃试剂瓶要把玻璃塞换成橡胶塞，防止时间长玻璃塞与试剂瓶口粘在一起（氢氧化钠和玻璃中的二氧化硅会反应生成硅酸钠胶）打不开。

 小窍门

盛装液体试剂的试剂瓶放置一段时间后往往出现瓶塞打不开的现象，为了防止这样的现象发生，化学教师往往在试剂瓶口垫一小纸片，纸片伸到瓶外，即可防止瓶塞打不开。洗过存放的空试剂瓶更应该垫一张小纸片。

2. 化学药品的取用

问题 1-2 ①利用实验室的浓盐酸配制 0.1mol/L 的盐酸溶液 500mL；②利用实验室的固体氢氧化钠配制 0.1mol/L 的氢氧化钠溶液 500mL。

 想一想　查一查

浓盐酸和固体氢氧化钠试剂规格、性质如何？取用时要注意什么？配制溶液时如何计算试剂用量？

要完成上述任务，首先要进行试剂用量计算：需浓盐酸多少毫升、需氢氧化钠多少克。然后进行化学药品取用：浓盐酸如何量取、氢氧化钠如何称取。最后进行化学药品的溶解、稀释、转移再贴标签。

化学药品在取用前要核对标签，确认无误后才能取用。各种试剂瓶的瓶盖取下后不能乱放，一般应倒立仰放在实验台上，如果瓶盖顶不是平顶而是扁平的则用食指和中指夹住瓶盖（或放在清洁干燥的表面皿上），绝不能横置实验台上受到污染。取用试剂后要及时盖好瓶盖，注意不要盖错，并将试剂瓶放回原处，以免影响他人使用。试剂取量要合适，多余的试剂不可倒回原试剂瓶中，以免污染试剂。有回收价值的，可收集于回收瓶中。不得用手直接接触化学试剂。

（1）固体试剂的取用

① 取固体试剂要用洁净干燥的药匙，它的两端分别是大小两个匙，取较多试剂时用大匙，取少量试剂或所取试剂要加入到小试管中时，则用小匙。应专匙专用，用过的药匙必须及时洗净，晾干存放在干净的容器中。

② 往试管特别是未干燥的试管中加入固体试剂时，可将试管倾斜至近水平，再把药品放在药匙里或干净光滑的纸（例如称量用的硫酸纸）对折成的纸槽中，伸进试管约 2/3 处（如图 1-2、图 1-3 所示），然后直立试管和药匙或纸槽，让药品全部落到试管底部。

图 1-2　用药匙往试管里倒入固体试剂　　　　　图 1-3　用纸槽往试管里倒入固体试剂

取用块状固体时，应先将试管横放，然后用镊子把药品颗粒放入试管口，再把试管慢慢地竖立起来，使药品沿管壁缓缓滑到底部。若垂直悬空投入，则会击破试管底部。

③ 颗粒较大的固体，应放入洁净而干燥的研钵中研碎后再取用。研磨时研钵中所盛固体的量不得超过研钵容量的 1/3（如图 1-4 所示）。

④ 取用一定质量的固体试剂时，可用托盘天平或分析天平等进行称量。

托盘天平又称台秤。其操作简便快速，称量质量范围较大，但称量精度不高，一般能称准到 0.1g，也有能称准到 0.01g 的托盘天平，可用于精确度要求不高的称量。

托盘天平的构造如图 1-5 所示。它是由天平横梁、支承横梁的天平座、分别放置称量物和砝码的两个秤盘、平衡螺杆、平衡

图 1-4　块状固体的研磨

螺母、指针、刻度盘、刻度标尺及游码等部件组成。刻度标上的每一大格为 1g，一大格又分为若干小格，每一小格为 0.1g 或 0.2g。托盘天平的规格其最大载荷，可分为：100g、200g、500g、1000g、2000g。

托盘天平在使用前，应先将游码拨至刻度尺"0"处，观察指针的摆动情况。若指针在刻度左右两边摆动的格数几乎相等，或者停止摆动时指针指在刻度盘的中线上，则表示天平处于平衡状态（此时指针的休止点叫零点），即天平可以使用。若指针在刻度尺左右摆动的格数相差很大，则应用调零螺丝调准零点后方可使用。

称量时，被称的物品放在左盘，砝码放在右盘。加砝码时，先加大砝码，若偏大，再换小砝码，最后用游码调节，至指针在刻度盘左右两端摆动的格数几乎相等为止（此时指针休止点叫停点或平衡点）。把砝码和游码的数值加在一起，就是托盘中物品的质量（读准至 0.1g）。

但要注意，不可把药品直接放在托盘上（而应放在称量纸上）称量，潮湿或具有腐蚀性

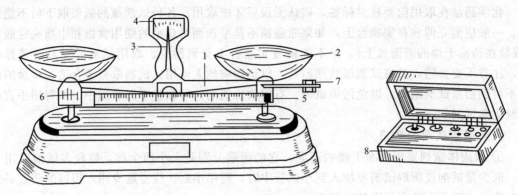

图 1-5 托盘天平

1—横梁；2—秤盘；3—指针；4—刻度盘；5—游码标尺；6—游码；7—调零螺母；8—砝码盒

的药品应放在已称量过的洁净干燥的容器（如表面皿、小烧杯等）中称量。不可以把热的物品放在托盘天平上称量。称量完毕，要把砝码放回砝码盒中，将游码退到刻度"0"处，将托盘天平清扫干净。

⑤ 有毒药品要在教师指导下取用。

（2）液体试剂的取用

① 从滴瓶中取用液体试剂 从滴瓶中取用液体试剂时，提取滴管使管口离开液面，用中指和无名指夹住玻璃管与胶帽重叠处，用拇指和食指紧捏胶帽（如图 1-6 所示），排出管中空气，然后插入试剂中，放松捏胶帽手指吸入试液。再提取滴管垂直地放在试管口或承接容器的上方，将试剂逐滴滴下。注意，试管应垂直不要倾斜。切不可将滴管伸入试管中或与接收器的器壁接触，以免污染滴管。滴管不能倒置，更不可随意乱放，用毕立即插回原瓶，要专管专用，以免污染试剂。用毕还要将滴管中剩余试剂挤回原滴瓶，不能将装有试剂的滴管放置在滴瓶中。

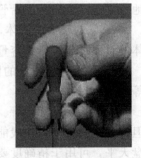

图 1-6 滴管的握持方法

② 用倾注法从细口瓶中取用液体试剂 手心握持贴有标签的一面，逐渐倾斜试剂瓶，让试剂沿着洁净的试管内壁流下（如图 1-7 所示）。取出所需量后，应将试剂瓶口在容器口边靠一下，再逐渐使试剂瓶竖直，这样可使试剂瓶口残留的试剂顺着试管内壁流入试管内而不致沿试剂瓶外壁流下。如盛接容器是烧杯，则应左手持洁净的玻璃棒，玻璃棒下端靠在烧杯内壁上，而试剂瓶口靠在玻璃棒上，使溶液沿玻璃棒及烧杯壁流入烧杯（如图 1-8 所示）。取完试剂后，应将瓶口顺玻璃棒向上提一下再离开玻璃棒，使瓶口残留的溶液沿着玻璃棒流入烧杯。使试剂悬空而倒入试管或烧杯中是错误的。

图 1-7 向试管中倾倒液体试剂

图 1-8 向烧杯中倾倒液体试剂

③ 定量取用液体试剂 定量取用液体试剂时，可以使用规格适当的量筒（杯）或移液

管。用量筒量取液体试剂时，应按照图 1-9 所示要求量取。对于浸润玻璃的透明液体（如水溶液）视线与量筒（杯）内的液体凹液面最低点水平相切而读数（如图 1-10 所示）。对浸润玻璃的有色不透明液体或不浸润玻璃的液体如水银等，则要看凹液面的上部或凸液面的上部而读数。

 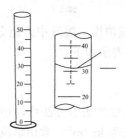

图 1-9　用量筒量取液体　　　　　　图 1-10　对量筒内液体体积的读数

> 有些化学试剂的用量通常不要求十分准确，不必称量或量取，估量即可。所以，要学会对于液体试剂的估计，一般滴管的 20～25 滴约为 1mL；10mL 的试管中试液约占 1/5 时，则试液约为 2mL。不同的滴管，滴出的每滴液体的体积也不相同。可用滴管将液体（如水）滴入干燥的量筒，测量滴至 1mL 的滴数，即可求算出 1 滴液体的体积。

对于固体试剂，常要求取少量，可用药匙的小头取一平匙即可。有时要求取米粒、绿豆粒或黄豆粒大小等，所取量与之相当即可。

在手持试管、烧杯、量筒等容器时要注意，一般情况下，手要握持在容器上部没有溶液的地方、尽量不要全手掌握持。一是从安全的角度考虑，一旦容器破裂，溶液洒落时不会对手造成灼伤；二是从量的变化角度考虑，人手的温度高于室温，握持时间长会使溶液的温度与人体体温接近，造成体积变化，量取不够准确。如果是滴定管、容量瓶等要求精确量取体积的量器更应该注意。另外，观看溶液颜色、量筒刻度的时候要将容器提起来观看，不能将容器放在实验台面上，人蹲下观看，一旦容器破裂，对人体会造成灼伤。

（3）溶液浓度换算及液体稀释

现在我们来解决"问题 1-2"中的计算问题：①配制 0.1mol/L 的盐酸溶液 500mL，需要量取浓盐酸多少毫升？②配制 0.1mol/L 的氢氧化钠溶液 500mL，需要称取氢氧化钠固体多少克？

首先要了解化学药品的浓度表示方法和换算方法，计算出所需试剂的体积或质量。

化学中溶液组成的表示方法有多种，常用的有以下四种。

① 摩尔分数　指溶液中某种组分的物质的量与溶液中总物质的量之比。用公式表示如下：

$$x_i = \frac{n_i}{\sum n} \tag{1-1}$$

通常用 x_i 表示液相组成；用 y_i 表示气相组成。

② 质量分数　溶液中某组分 B 的质量占溶液总质量的百分数。用公式表示为：

$$w_B = \frac{m_B}{\sum m} \times 100\% \tag{1-2}$$

例如，25％的葡萄糖注射液就是指 100g 注射液中含葡萄糖 25g。

③ 质量摩尔浓度　溶液中某组分 B 的物质的量（n_B）与溶剂的质量（m_A）之比。单位为 mol/kg，用公式表示如下。

$$b_B = \frac{n_B}{m_A} \tag{1-3}$$

④ 物质的量浓度　溶液中某组分 B 的物质的量（n_B）与溶液体积（V）的比。单位为 mol/L，用公式表示如下：

$$c_B = \frac{n_B}{V} \tag{1-4}$$

上述各种浓度的表示方法可以相互换算，换算过程中会涉及相对密度。值得一提的是，密度的国际单位为 kg/m³，常用单位为 g/mL。

例题 1-1　将 0.023kg 的乙醇溶于 0.5kg 水中形成的溶液，其密度为 $0.992 \times 10^3 kg/m^3$，试用：①摩尔分数；②质量分数；③质量摩尔浓度；④物质的量浓度分别来表示该溶液的组成。已知乙醇的摩尔质量为 $46 \times 10^{-3} kg/mol$。

解　① 摩尔分数

$$x_{乙醇} = \frac{n_{乙醇}}{n_{乙醇} + n_{水}} = \frac{\frac{0.023}{0.046}}{\frac{0.023}{0.046} + \frac{0.5}{0.018}} = 0.018$$

② 质量分数

$$w_{乙醇} = \frac{m_{乙醇}}{m_{乙醇} + m_{水}} \times 100\% = \frac{0.023}{0.023 + 0.5} \times 100\% = 4.4\%$$

$$w_{水} = \frac{m_{水}}{m_{乙醇} + m_{水}} \times 100\% = \frac{0.5}{0.023 + 0.5} \times 100\% = 95.6\%$$

③ 质量摩尔浓度

$$b_{乙醇} = \frac{n_{乙醇}}{m_{水}} = \frac{0.023/0.046}{0.5} = 1.00(mol/kg)$$

④ 物质的量浓度

$$c_{乙醇} = \frac{n_{乙醇}}{V} = \frac{n_{乙醇}}{(m_{乙醇} + m_{水})/\rho}$$

$$= \frac{0.023/0.046}{(0.5 + 0.023)/(0.992 \times 10^3)} = 948.3(mol/m^3)$$

现在解决"问题 1-2"中的计算问题：配制 0.1mol/L 的氢氧化钠溶液 500mL，需要称取氢氧化钠固体多少克？

$$n(NaOH) = cV = 0.1mol/L \times 0.5L = 0.05mol$$

$$m(NaOH) = n(NaOH) \, M(NaOH) = 0.05mol \times 40g/mol = 2.0g$$

配制 0.1mol/L 的盐酸溶液 500mL，需要量取浓盐酸多少毫升？

首先从浓盐酸试剂瓶标签查得浓盐酸的质量分数 36.5％，密度为 1.12g/mL。现在将其浓度换算成物质的量浓度：

$$c = \frac{n(HCl)}{V} = \frac{m(HCl)/M(HCl)}{m_{溶液}/\rho} = \frac{36.5g/36.5(g/mol)}{100g/1.12(g/mL)} = 11.2(mol/L)$$

然后根据溶液在稀释前后所含溶质的质量不变的原则，计算所需量取浓盐酸的体积：

$$c_1V_1 = c_2V_2$$
$$0.1\text{mol/L} \times 0.5\text{L} = 11.2\text{mol/L} \times V$$
$$V = 0.045\text{L} = 4.5\text{mL}$$

计算出所需称取氢氧化钠固体的质量和所需量取浓盐酸的体积，如何配制"问题 1-3"中的两种溶液呢？请读者列出所需要的玻璃仪器，写出详细的操作步骤和需要注意的事项。

 三、化学实验基本技能

化学实验操作是要按照规范的要求进行的，通常化学实验会涉及固体溶解、过滤、蒸发、萃取、蒸馏等操作技能。

 问题 1-3　**提纯粗食盐**

粗食盐中可能含有 SiO_2 等不溶性杂质，还含有可溶性的 SO_4^{2-}、Ca^{2+}、Mg^{2+}、Ba^{2+} 等离子的盐。现想将这种粗食盐进行提纯，该如何提纯？

 想一想　查一查

上述分析中的几个化学反应如何？所用到的试剂性质如何？有没有危害性？

分析：SiO_2 等不溶性杂质可以将粗食盐溶于水中，在加热（避免氯化钠结晶）的情况下过滤除去；SO_4^{2-} 可以加入 $BaCl_2$ 溶液生成 $BaSO_4$ 沉淀，然后过滤除去；Ca^{2+}、Mg^{2+}、Ba^{2+}（包括为沉淀 SO_4^{2-} 而加入的 Ba^{2+}）等离子可以加入 Na_2CO_3 生成 $CaCO_3$、$MgCO_3$、$BaCO_3$ 沉淀，然后过滤除去；过滤后的滤液即为 NaCl 溶液；该溶液需要浓缩、结晶才能得到精制后的食盐。

这里涉及固体溶解、加热、热过滤、冷却、抽滤等操作，每一步操作要规范到位，方能保证效果。

1. 固体的溶解

固体的颗粒较小，可用适量水直接溶解。固体的颗粒较大时，先用研钵进行粉碎。实验室常用瓷研钵（其他还有铁制或玛瑙制），用前洗净、晾干。

为了加快固体的溶解，可以加热，同时搅拌。搅拌时，手持玻璃棒在容器内均匀地转圈。注意：搅拌时，搅棒不要碰击或摩擦容器，也不要用力过猛，以防溶液飞溅。

 小常识

固体在水中溶解完全的标志不是容器底部没有固体存在，而是容器中没有固体，溶液呈透明状。

2. 蒸发（浓缩）

在无机物的提纯、制备过程中，通常需要将稀溶液进行蒸发、浓缩以便获得结晶。蒸发操作通常在蒸发皿中进行，皿内所盛溶液不应超过容积的 2/3，余下溶液可以随时添加，但切不可蒸干，以便使少量杂质留在母液中除去。在蒸发过程中，必要时可适当搅拌以防爆溅。

3. 结晶与干燥

当溶液蒸发到一定程度后，经冷却即有晶体析出。一般情况如溶液蒸发后不是太浓，同时缓慢冷却且不加搅拌，会得到颗粒较大的晶体。反之，溶液较浓，在搅拌下迅速冷却，则得到细小晶体。有些物质的溶液易出现比较稳定的过饱和状态，无晶体析出，这时，需加入少量该物质的晶体，促使该过饱和溶液析出结晶。

制得晶体后，通常将其放在表面皿中置恒温箱内烘干（烘干温度要根据具体物质而定），也可置于蒸发皿中加热烘干。对于某些易失去结晶水的晶体，可以放在两层滤纸之间，用手轻压，用滤纸将水分吸干。

 小窍门

当溶液冷却结晶不析出晶体时，有时可以用一根棉线一端绕在玻璃棒中部并将玻璃棒横放烧杯口上，将棉线另一端放到溶液中等待晶体析出。过一会儿会看到棉线上有晶体析出，如果是白色晶体，棉线会像北方冬天的雾凇一样析出晶体，不妨试试看。

4. 沉淀的分离和洗涤

从溶液中分离出沉淀可用过滤法和离心分离法，在这些操作过程中同时进行洗涤。当沉淀的密度较大时，在静置过程中就能沉降到容器的底部，此时，小心将上层清液倾出，另加少量去离子水或其他试剂，充分搅拌后静置，再倾出上层清液。采用这种倾析法反复洗涤后再过滤，效果更佳。

（1）过滤法

实验室常采用的过滤方法有常压过滤和减压过滤，分述如下。

① 常压过滤　过滤前先将普通滤纸按图 1-11 虚线对折两次，展开后呈圆锥形（一边三层），正好与 60°角的标准漏斗相吻合。如果漏斗的角度不标准，可适当改变折叠滤纸的角度，使之和漏斗密合，滤纸的上缘应低于漏斗约 0.5cm。将滤纸放入漏斗后，用食指按住，同时用去离子水润湿，然后用食指轻压滤纸四周，挤压出滤纸和漏斗壁之间的气泡，在漏斗中注入去离子水，此时漏斗的颈部可形成一连续的水柱，它会加快过滤速率。过滤的操作步骤如下。

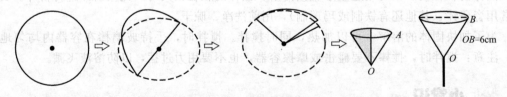

图 1-11　滤纸的折叠法

将漏斗放在漏斗架或铁圈上，漏斗颈下尖端应紧靠在滤液接收器的壁上（见图 1-12），以使滤液沿器壁顺流而下，避免滤液溅出。

手持玻璃棒，让它立在漏斗中的三层滤纸一边，但勿触及滤纸以免戳破。然后将烧杯口紧靠玻璃棒，让溶液沿玻璃棒缓慢倒入漏斗中，每次倒入溶液的量不能超过滤纸的 2/3。倒毕，让玻璃棒沿烧杯嘴稍向上提起至杯嘴，再将烧杯慢慢竖直，以免溶液流到烧杯外壁。

过滤时，一般是先倒出上层清液，后转入沉淀。转移时用洗瓶挤出少量水，均匀冲洗烧杯壁，让沉淀集中于烧杯底部，再将沉淀搅起并立即转到滤纸上。如此反复多次，最后残留部分可用洗瓶挤出少量水将其全部冲洗到滤纸上（见图 1-13）。在漏斗内的沉淀应距滤纸上缘 0.5cm。

　　洗涤沉淀时，一般用洗瓶挤出去离子水进行洗涤（见图 1-14），并且应采取每次用水少、洗涤次数多、两次之间应尽量滤干的方法，这样才能获得较好的洗涤效果。

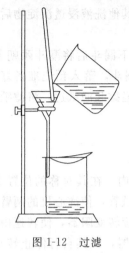
图 1-12　过滤

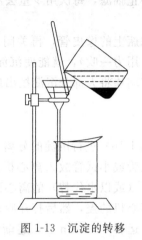
图 1-13　沉淀的转移

图 1-14　沉淀的洗涤

 小窍门

　　如果进行普通过滤时遇到滤液在漏斗中不向下流的情况时，最好不要拿玻璃棒去"捣"沉淀，以免将滤纸弄破使过滤失败。而是用手将漏斗中滤纸三层重叠的位置边缘稍稍翘起，让空气进入即可。

　　② 减压过滤　减压过滤也称抽滤，装置见图 1-15，减压过滤的原理是由真空泵或水循环式多用真空泵将吸滤瓶内的空气抽出，降低瓶内气压而促成过滤加速。抽滤的操作步骤如下。

　　安装仪器。漏斗下边的橡皮塞塞进瓶内的部分一般不超过塞子高度的 1/2，布氏漏斗颈端的斜口应朝向吸滤瓶的支管，使抽滤效果更好。

　　安全瓶是防止在关闭抽气管或水压突然降低时，自来水倒吸入吸滤瓶中污染滤液而加入的安全装置。安装时，安全瓶的短管连接吸滤瓶，长管连接抽气管（见图 1-15）。

　　在布氏漏斗中贴好滤纸，滤纸应比漏斗的内径略小，以恰好盖上瓷板上的小孔为度。然后用洗瓶挤出少量去离子水将其润湿，再开启自来水或真空泵，让滤纸紧贴在瓷板上。

　　过滤前先开水龙头或真空泵，再缓慢倾倒溶液。过滤操作近似于普通过滤，漏斗中

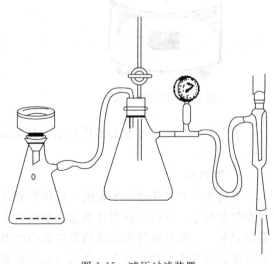
图 1-15　减压过滤装置

滤液一般不要超过 2/3，待上部清液滤完后再将沉淀倒入漏斗的中间部分。在过滤过程中，留心观察，当滤液快上升至吸滤瓶的支管处时，立即拔去吸滤瓶上的橡皮管，再取下漏斗，将吸滤瓶上的支管朝上倒出滤液后再继续吸滤。必须指出，过滤过程中切勿突然关闭水泵，

防止自来水倒流入安全瓶中。如果中途需要停止过滤，应先拔去吸滤瓶支管上的橡皮塞，再停水泵。

在布氏漏斗上洗涤沉淀时应终止抽滤，每次用少量去离子水或其他洗液浸透沉淀物后再尽量抽干。

过滤完毕，同样应先拔去吸滤瓶上的橡皮管，再关闭水泵。取下漏斗后将漏斗颈朝上，轻轻敲打漏斗边缘（或向漏斗颈口用力一吹），就能使沉淀物脱离漏斗，落入预先准备好的滤纸或容器中。沉淀量大时可用玻璃棒将大部分沉淀挖出后，再轻轻掀起滤纸边，将滤纸和沉淀一起取出。

（2）**离心分离法**

实验室常用电动离心机（见图 1-16）进行沉淀的分离。

使用时将盛有待分离的离心试管或小试管放入离心机的试管套内。在其对称的位置上，必须放入一支装有相近质量分离物（或以水代替）的离心试管或小试管，使离心机的两臂呈平衡状态，放好离心管后，盖好离心机的盖，然后打开旋钮并逐渐旋转变阻器，使转速由小到大，一般调至 2000r/min 左右。运转 2~3min 后，逐渐恢复变阻器，让其自行停止转动，切不可施加外力强行停止。待其停转后，打开盖子，取出离心试管。注意，千万不能在离心机高速旋转时打开盖子，以免发生事故。

在离心试管中进行固液分离时，用一根带有毛细管的长滴管，先用拇指和食指挤出橡皮乳头中的空气，随即伸入液面下，慢慢放松橡皮乳头，溶液被缓缓吸入滴管，滴管应随着液面下降而深入，但切勿触及沉淀，见图 1-17。当沉淀上面留存的少量溶液吸不出时，可将毛细管尖端轻轻触及液面，利用毛细作用，可将溶液基本吸尽。

图 1-16　电动离心机　　　　图 1-17　用滴管吸出沉淀上方的清液

若需洗涤沉淀，可加入少量的水，用玻璃棒充分搅拌后，再进行离心分离。通常洗涤 1~2 次即可。

5. 重结晶

有时为了对晶体进一步提纯，往往需要将晶体再次溶解于溶剂中，然后再结晶，以使部分杂质被除去。一般会利用待重结晶物质在不同温度下溶解度的不同，分离提纯待重结晶物质的过程。一般是使待重结晶物质在较高的温度（接近溶剂沸点）下溶于合适的溶剂里；趁热过滤以除去不溶物质和有色杂质（加活性炭煮沸脱色）；将滤液冷却，使晶体从过饱和溶液里析出，而可溶性杂质仍留在溶液中；然后进行减压过滤，把晶体从母液中分离出来；洗涤晶体除去吸附在晶体表面上的母液。

正确地选择溶剂对重结晶操作很重要。选择溶剂的条件：不与重结晶的物质发生化学反应；高温时重结晶物质在溶剂中的溶解度较大，低温则反之；杂质的溶解度或是很大或是很小；容易和重结晶物质分离。

6. 蒸馏

蒸馏是分离提纯有机化合物的常用手段之一。其方法包括常压蒸馏、水蒸气蒸馏、分馏、减压蒸馏等。可根据有机化合物的性质合理选用。

问题 1-4 合成乙酸乙酯

乙酸和乙醇在浓硫酸催化作用下，进行催化反应，生成乙酸乙酯和水。

$$CH_3COOH + HOC_2H_5 \xrightarrow[H_2SO_4]{115\sim120℃} CH_3COOC_2H_5 + H_2O$$

首先，这个反应要连续在 115～120℃加热 1h，同时要防止乙醇和乙酸以及产物乙酸乙酯的挥发流失。其次，通过将产物乙酸乙酯不断"移出"，以使反应向右方进行，提高酯的产率。生成的乙酸乙酯中可能有未反应的反应物乙醇、乙酸、产物水等，要采取相应的方法去除，得到纯度较高的乙酸乙酯。

分析：反应需要连续加热，但又不能够使反应物和产物挥发出去，初步想到采用密闭容器，但密闭容器随反应进行会造成内部压力过高，不够安全。同时考虑到产物还要不断"移出"，所以采用"蒸馏"装置：即采用烧瓶和"冷凝管"，使得反应连续进行，产物乙酸乙酯不断被加热至沸，然后被冷凝液化流出。

想一想　查一查

乙酸乙酯、乙酸、乙醇和浓硫酸的性质如何？使用过程中要注意哪些问题发生？

从乙酸乙酯的合成过程看，蒸馏的作用是什么？

(1) 常压蒸馏

常压蒸馏简称为蒸馏，是分离混合物和提纯有机液体化合物的重要方法之一。

① 常压蒸馏的原理　蒸馏是在常压下加热液体至沸腾使之汽化，再将蒸气冷凝成液体，将冷凝液收集下来的操作过程。

当液体混合物受热时，蒸馏瓶内的混合液不断汽化，当液体的饱和蒸气压与施加给液体表面的外压相等时，液体沸腾，此时的温度称为该液体的沸点。液体混合物之所以能用蒸馏的方法加以分离，是因为组成混合液的各组分具有不同的挥发度。当被蒸馏的液体混合物的沸点差别较大时，在溶液上方，蒸气的组成与液相的组成不同。蒸气中低沸点组分的相对含量较大，而其在液相中的含量则较小，当蒸气冷凝时，就可得到低沸点组分含量高的馏出液，沸点较高者随后蒸出，不挥发的物质留在蒸馏器中。一般情况下，当两种液体的沸点差大于 30℃时，就可以利用普通蒸馏法进行分离。当混合溶液中各组分的沸点相差较小，若要分离混合物中的各组分，必须采用其他蒸馏方法。

常压蒸馏主要用于沸点在 40～150℃之间化合物的分离。温度高于 150℃时，多数化合物会分解或由于温度高而操作不方便。

一种纯净的液态化合物在一定大气压下具有固定的沸点，沸程一般在 0.5～1℃，不纯的物质的沸程较长，因此蒸馏也可以判断有机化合物的纯度。但是，有些有机化合物常常和其他组分形成二元或三元共沸混合物，这种混合物有固定的沸点，其沸点低于或高于混合物中任何一个组分的沸点。共沸混合物所形成的气相与液相有相同的组成，因而不能用蒸馏的方法进行分离。

② 常压蒸馏装置及其操作　常压蒸馏装置主要是由蒸馏瓶（长颈或短颈圆底烧瓶）、蒸馏头、温度计套管、温度计、直形冷凝管、接引管、接收瓶等组装而成（见图 1-18）。

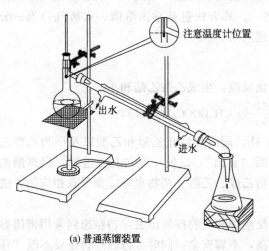

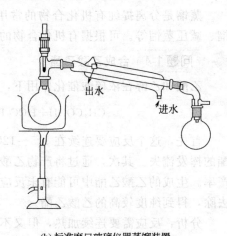

(a) 普通蒸馏装置　　　　(b) 标准磨口玻璃仪器蒸馏装置

图 1-18　常压蒸馏装置

汽化部分是由圆底烧瓶、蒸馏头和温度计组成的。蒸馏瓶的选择以蒸馏液占蒸馏瓶容积的 1/3～2/3 为宜。

一般不选用球形冷凝管，因球形冷凝管的凹进部分会积存流出液。当液体温度高于 140℃时选用空气冷凝管。冷凝水从冷凝管的下端流进，从上端流出，且上端的出水口应当向上，使冷凝管内充满水。

接收部分是由接引管和接收瓶组成的。注意接引管、接收瓶应与大气相通。图 1-18(a) 为普通蒸馏装置，价格低廉，但装配麻烦，需用打孔的橡皮塞与玻璃管连接仪器。图 1-18 (b) 为标准磨口玻璃仪器装配的蒸馏装置，装配灵活简单。表 1-8 列出了常见蒸馏装置的种类及用途。

表 1-8　常见蒸馏的种类和用途

装置	用途
常压蒸馏装置(见图 1-18)	用于易挥发、低沸点样品的蒸馏
加干燥管的蒸馏装置(见图 1-19)	用于产物易潮解样品的蒸馏
易燃、有毒物质的蒸馏装置(见图 1-20)	用于易挥发、易燃或有毒物质的蒸馏
连续蒸馏装置(见图 1-21)	可随时加入样品,可用于易挥发、易燃液体的蒸馏
高沸点液体物质蒸馏装置(见图 1-22)	用于高沸点(高于 140℃)物质的蒸馏

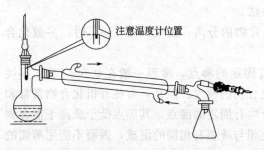

图 1-19　加干燥管的蒸馏装置

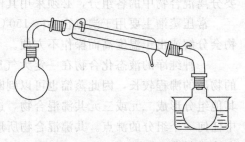

图 1-20　易燃、有毒物质的蒸馏装置

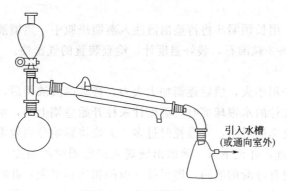

图 1-21　连续蒸馏装置

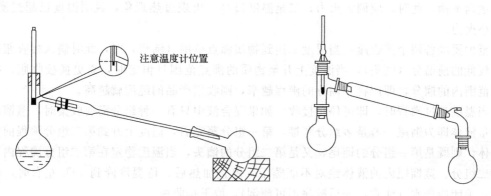

图 1-22　高沸点液体物质蒸馏装置

③ 蒸馏装置的安装　蒸馏仪器的安装应本着自下而上，由左向右的顺序，从侧面观察，整套仪器的轴线，应在同一个平面内，所有铁夹和铁架整齐地放在仪器背后。安装前，检查所使用的磨口仪器是否洁净。若沾有固体物质，会使磨口对接不紧密或损坏磨口。温度计的量度应与液体沸点相近，必要时，应对温度计进行校正。一般温度计的偏差较小，可忽略不计。

安装圆底蒸馏烧瓶。以热源的高度为准固定圆底烧瓶下的铁圈位置，然后将圆底烧瓶用铁夹固定在架台上，并使圆底烧瓶在铁圈上方。铁夹不宜夹得太紧或太松，稍用力能转动烧瓶即可（其他仪器也如此）。铁夹不应直接和玻璃仪器接触，应套上橡皮管。铁圈上应垫有石棉网（见图 1-18）。在调整装配其他部分时，不可再改变烧瓶的位置。

安装蒸馏头。将温度计插入温度计套管中，并使温度计的水银球上缘与蒸馏支管的下缘在同一水平线上。如图 1-19 所示，水银球位置偏高，测量的温度则偏高，反之，则偏低。

冷凝管的安装。用另一铁架台上的铁夹固定冷凝管，调整冷凝管的位置和角度，使蒸馏头支管与冷凝管，以同一轴心线相连接，铁夹应固定在冷凝管的中部。冷凝管应按下入上出的顺序连接冷却水，不应倒装。

检查。检查烧瓶与冷凝管是否在同一轴线上，并注意各连接部位是不是装配紧密、稳固、不漏气。

安装接引管和接收瓶。接引管支管不得封闭，否则会引起爆炸。对于蒸馏易挥发、易燃、有毒的液体时，应在接引管的支管上接一根长橡皮管，并将其通入水中或室外。对于沸点较低的馏出物，可把接收瓶放置在冷水浴或冰水浴中。

④ 蒸馏操作　根据蒸馏物的沸点选择热源，沸点低于 80℃，可选用水浴，高于 80℃ 应

使用油浴或电热套。

取下温度计套管，用长颈漏斗将待蒸馏液注入蒸馏烧瓶中，蒸馏液体积不得超过蒸馏烧瓶体积的 2/3，加入 2~3 粒沸石，装好温度计。检查装置的气密性。

缓慢通入冷却水。

加热。开始时应先用小火，然后逐渐加大火力，待蒸馏液沸腾后，注意观察液体汽化情况。当蒸气上升到温度计的水银球部时，温度计汞柱开始急剧上升，水银球部出现液滴，再调整加热速率。蒸馏速率应适当，太慢耗时过多，太快将影响分离效果，通常以流出液流出速率为每秒 1~2 滴为宜，并记下第一滴馏出液滴入接收器时的温度。要注意，在蒸馏过程中温度计水银球上应附有冷凝的液滴，即保持气液两相达到平衡，此时的温度即为馏出液的沸点。如果温度计水银球上没有液滴，说明可能有两种情况：一是温度低于沸点，体系内气液未达到平衡，此时，应调大火力；二是温度过高，出现过热现象，说明温度已超过沸点，应调小火力。

至少要准备两个接收瓶，当温度未达到物质沸点范围（沸程）时，此时滴入接收瓶的是沸点较低的前馏分（馏头），当温度上升至物质的沸点范围且恒定时，需更换接收瓶，收集温度范围内的馏分，即产物。馏分的沸程越窄，则收集产品的纯度就越高。

当温度超过沸程时，即可停止接收。如果混合液中只有一种组分需要收集时，蒸馏瓶内的少量液体即为馏尾。若是多组分蒸馏，第一组分蒸完后，温度上升到第二组分沸程前流出的液体，则既是第一组分的馏尾，又是第二组分的馏头，当温度稳定在第二组分沸程内，接收第二组分。蒸馏瓶内的液体绝对不能蒸干。停止加热后，待温度降到 40℃ 左右时，移去热源，关闭冷却水（注意：先后顺序不可颠倒），取下接收瓶。

⑤ 仪器的拆卸顺序与安装相反　取下接引管，松开固定冷凝管的铁夹，将冷凝管与蒸馏头接口旋松，取下冷凝管，并拆下冷凝管上、下水管。

取下温度计套管，将温度计拔出、放好，将蒸馏头与烧瓶连接旋松，取下蒸馏头，最后旋松铁夹取下烧瓶。

及时清洗和干燥仪器。

⑥ 蒸馏操作注意事项　蒸馏前应根据待蒸馏的液体体积选择合适的蒸馏瓶。蒸馏瓶也不可过大，因蒸馏瓶越大，产品损失就越多，一般液体体积占蒸馏瓶容积的 1/3~2/3 即可。

加热前，要加入沸石，若已经加热，发现未加入沸石，要待液体稍冷（低于沸腾温度）后再加入沸石，切忌在沸腾时或接近沸腾的溶液中加入沸石，这样会引起暴沸。如加热中断，再加热时，应重新加入新的沸石，因原来的沸石的小孔已被液体充满，不能再起汽化中心的作用。

当蒸馏挥发性和易燃性的液体时，不能用明火加热，以免引起火灾。在接引管的支管上接一根长橡皮管，将橡皮管的尾部引入水中或室外。

蒸馏乙醚等易生成过氧化物的液体时，蒸馏前应检验过氧化物是否存在，若含有过氧化物，应将其除去后再蒸馏。

想一想　查一查

如何检验乙醚中是否存在过氧化物？如果存在过氧化物应如何除去？

在蒸馏过程中需要加入液体时，必须停止加热，但不能停止通冷凝水。

当冷凝管处于热的状态而要通入冷却水时，应注意缓慢通入，以免冷凝管因骤冷而破裂。

蒸馏体系绝对不能密封，当接收的产品易受潮，需要在接液管安装干燥管或其他吸收管时，更应引起注意。

无论进行任何操作，蒸馏瓶内的液体都不应蒸干，以防止蒸馏瓶过热或有过氧化物存在而发生爆炸。

（2）减压蒸馏

▷ 问题 1-5　乙二醇的沸点是 198℃，若采用普通蒸馏的办法对其粗品进行提纯，需要在近 200℃的温度下蒸馏出乙二醇。这样蒸馏的温度较高，乙二醇容易分解。能否采取其他办法对其蒸馏（提示：若将压力降低到 1.33kPa，则乙二醇的沸点将降低到 76℃）？

想一想　查一查

物质的沸点和外压之间是什么关系？

减压蒸馏适用于分离提纯高沸点（＞150℃）有机化合物或在常压下蒸馏易发生分解、氧化或聚合等反应的有机化合物。减压蒸馏是在低于大气压力下的蒸馏，通常把低于大气压的气态空间，称为真空，所以也称为真空蒸馏。

液体的沸点与施加于液体表面的压力有关。当液体的蒸气压等于外界大气压时，液体沸腾，在此温度下的蒸馏为常压蒸馏。当蒸馏系统的压力降低时，液体的沸点也随之降低，于是高沸点液体就在较低的温度下沸腾而被蒸馏出来。由此可见，液体的沸点与外界压力有关，随着外界施加于液体表面压力的降低，液体沸点下降。表 1-9 列出了部分有机化合物沸点与压力的关系。

表 1-9　部分有机化合物的沸点与压力的关系

压力/kPa	化合物及沸点/℃					
	水	氯苯	苯甲醛	乙二醇	甘油	蒽
101.325	100	132	178	197	290	354
6.665	38	54	95	101	204	225
3.999	30	43	84	92	192	207
3.332	26	39	79	86	188	201
2.666	22	34.5	75	82	182	194
1.999	17.5	29	69	75	175	186
1.333	11	22	62	67	167	175
0.666	1	10	50	55	156	159

减压蒸馏需要在蒸馏装置的基础上增加减压设备，根据物质性质的不同选择不同的真空度。读者若感兴趣可参看其他化学实验或有机化学实验的相关书籍。

（3）水蒸气蒸馏

▷ 问题 1-6　苯甲酸乙酯难溶于水，其沸点是 213℃。若不采用减压蒸馏，还有其他办法对其蒸馏提纯吗（提示：若将苯甲酸乙酯与水混合，则在低于 100℃的温度下即可沸腾）？

想一想　查一查

　　日常生活中油与水混合后加热会怎样？为什么会这样？苯甲酸乙酯物理性质如何？使用时采取哪些防护措施？

　　水蒸气蒸馏用于蒸馏难溶或不溶于水，并具有一定挥发性（一般在 100℃ 时，蒸气压不少于 667Pa 的有机化合物）。水蒸气蒸馏广泛应用于在常压蒸馏时达到沸点后容易分解物质的提纯和从天然原料中分离出液体和固体物质。

　　① 水蒸气蒸馏原理　水蒸气蒸馏的特点是能使有机物在较低的温度下随水蒸气一起蒸馏出来，而与混合物分离。在一定温度下，每种液体都有各自的蒸气压，对于互不相溶的两液体，蒸气压是相互不受影响的。液体的分压只与其纯物质的饱和蒸气压有关，与组分在液相的比例无关。根据分压定律，整个体系的蒸气压总压应等于该温度下各组分单独存在时的蒸气压总和，对于水蒸气蒸馏，则有：

$$p_{总} = p_{水} + p_{有机物}$$

式中　$p_{总}$——混合物的总蒸气压；

　　　$p_{有机物}$——难溶或不溶于水的有机物的蒸气压；

　　　$p_{水}$——水的饱和蒸气压。

　　由此可以看出，混合物的沸点将比其中任何单一组分的沸点都要低。在常压下，用水蒸气（或水）作为其中的一相，当 $p_{总}$ 等于外界的大气压时，该混合物开始沸腾，这样有机物可在比其沸点低得多的温度下与水一起蒸出，此时的温度即为该体系的沸点。可见，不互溶的液体组成的混合物，将在比其任一组分的沸点都低的温度下沸腾。

　　在用水蒸气蒸馏法蒸馏时要注意：被蒸馏的物质，在水的沸点温度下（100℃）具有超过 667Pa 的蒸气压；能随水蒸气一同蒸出而不与水反应；其他干扰物质不被蒸出。

　　水蒸气蒸馏法适用于如下的蒸馏。

　　在常压下蒸馏容易发生分解的高沸点有机化合物，或混合物中含有大量树脂状、焦油状等非挥发性杂质，采用一般蒸馏、萃取或过滤等方法不能分离的混合物。

　　② 水蒸气蒸馏装置　水蒸气蒸馏装置由水蒸气发生器和简易蒸馏装置两部分组成（见图 1-23）。图 1-23(a) 装置由圆底烧瓶、克氏蒸馏头组成。不能使用普通蒸馏头，否则会由于液体跳动而从导管冲出。图 1-23(b) 装置由水蒸气发生器和简单蒸馏装置组成。

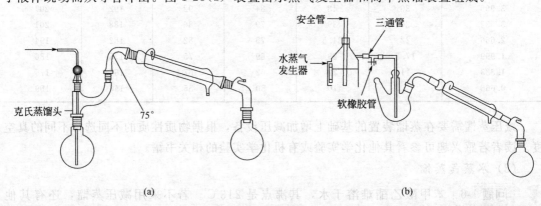

图 1-23　水蒸气蒸馏装置

　　水蒸气发生器是由金属（铜或铁板）制成的，也可用圆底烧瓶代替。在金属水蒸气发生器的侧面有一个水位计，水位最高不超过 2/3，以免水沸腾时冲进烧瓶（最好加入一些沸石），最低不低于 1/3。瓶口插入一根长约 1m、内径 5mm 的玻璃管作安全管，插入到距发生器底部 1～2cm 处，其作用是调节体系内部的压力并防止系统堵塞时发生危险。当发生器的压力增大或发生堵塞时，水柱沿安全玻璃管上升或溢出（见图 1-24）。

发生器蒸气的出口通过三通管（冷阱）蒸馏部分的三口烧瓶上的蒸气导入管相连，这段管应尽可能短，以减少水蒸气变冷，影响蒸馏效果。在三通管的下支管套有段软的短橡皮管，用螺旋夹夹住，用于调蒸汽量。图 1-24（a）为简单的水蒸气发生器，图 1-24（b）为微型水蒸气发生器，是由蒸馏瓶（500mL）组装成的。

③ 水蒸气蒸馏操作　将蒸馏物倒入三口烧瓶（或圆底烧瓶）中，液体加入量不得超过蒸馏瓶的 1/3。检查各个接口是否严密。打开三通管的螺旋夹。

加热水蒸气发生器至水沸腾，当蒸汽从三通管下面冲出时，用螺旋夹夹紧三通管的橡皮管，让蒸气进入蒸馏瓶中，调节进气量，保证蒸气在冷凝管中全部冷凝下来。此时，烧瓶内的混合物翻动激烈，不久会有有机物和水的混合物馏出。

在水蒸气进入蒸馏瓶过程中，由于部分水蒸气的冷凝而使蒸馏瓶中的液体增加时，可用小火温和地加热蒸馏瓶。同时，还应随时从三通管中放出冷凝水，以防水堵塞三通管。当馏出物的熔点较高、易析出固体时，应将冷凝水流量调小，也可暂时关掉冷凝水，待固体熔化后，再通入冷凝水。必要时，可用电吹风加热冷凝管，使冷凝的固体熔化。

控制冷凝的乳浊液的流出速率，一般控制在 2～3 滴/s，可通过调节冷凝水流量或通过调节加热水蒸气发生器的火焰控制流出速率。

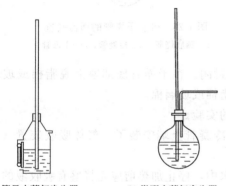

(a) 简易水蒸气发生器　　(b) 微型水蒸气发生器

图 1-24　水蒸气发生器装置

在蒸馏过程中，若插入水蒸气发生器的玻璃管内出现蒸汽突然上升而喷出时，说明系统内压升高，可能发生了堵塞，应立即打开螺旋夹，移走热源，停止蒸馏，待排除故障后再继续蒸馏。另一种情况是蒸馏瓶内的压力大于水蒸气发生器内的压力时，会发生液体倒吸现象，此时，应打开螺旋夹（也可对蒸馏瓶进行保温）。

蒸馏要到流出液体不再浑浊、看不出有油珠状的有机物为止。

停止加热时，应首先打开三通管的螺旋夹，再移走热源，以避免蒸馏瓶中的液体倒吸而进入水蒸气发生器中。

（4）回流

许多制备反应或精制操作（如重结晶）中，为防止加热过程中液体的挥发损失，确保产物产率，常常在反应烧瓶上竖直地安装冷凝管。反应过程中产生的蒸气经冷凝管冷却，又流回到原来的反应器中，这种连续不断地沸腾汽化与冷凝回流的过程叫做回流。

① 回流装置　回流装置主要由反应器和冷凝管组成。反应器有锥形瓶、圆底烧瓶、双口瓶或三口瓶等，根据反应的需要选择所需反应器。冷凝管分为球形冷凝管、直形冷凝管和蛇形冷凝管等。根据反应混合物沸点高低选择冷凝管。一般选择球形冷凝管，因为球形冷凝管的冷凝面积大、冷凝效果好。通常用自来水冷却，当被加热的液体沸点超过 140℃ 时，用空气冷凝管。普通回流装置由圆底烧瓶和冷凝管组成（见图 1-25）。

带有干燥管的回流装置是在普通回流装置的冷凝管上端装配有干燥管，以防止空气中的水汽进入反应瓶（见图1-26）。

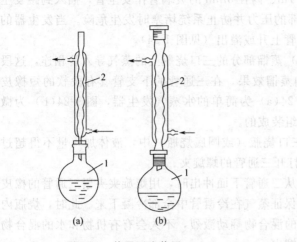
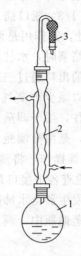

图1-25 普通回流装置
1—圆底烧瓶；2—冷凝管

图1-26 带有干燥管的回流装置
1—圆底烧瓶；2—冷凝管；3—干燥管

干燥管内不得填充粉末状干燥剂，以免体系被封闭。在干燥管底部塞上脱脂棉或玻璃棉，然后加入颗粒状或块状的干燥剂，最后塞上脱脂棉或玻璃棉。

此种回流装置适用于水汽的存在影响反应进行的实验。

带有气体吸收的回流装置是在普通回流装置的冷凝管上端安装了一气体吸收装置（见图1-27）。

在使用此种回流装置时，漏斗口不得完全浸入水中，停止加热前应先将盛有吸收液的容器移去，以防倒吸。

此种装置使用于反应时有水溶性有害气体的实验。

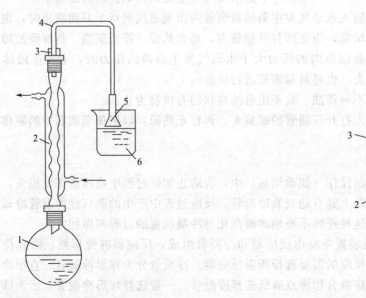
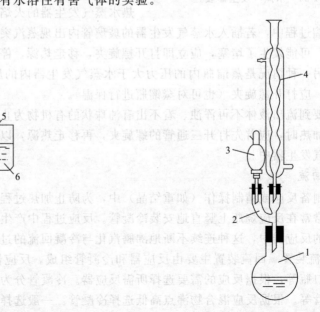

图1-27 带有气体吸收的回流装置
1—圆底烧瓶；2—冷凝管；3—单孔管；
4—导气管；5—漏斗；6—烧杯

图1-28 能滴加液体的回流装置
1—圆底烧瓶；2—Y形双口接管；
3—滴液漏斗；4—冷凝管

能滴加液体的回流装置是在圆底烧瓶上安装 Y 形双口接管，用于安装冷凝管和滴液漏斗（见图 1-28）。

② 回流装置的安装　以热源的高度为基准，在铁架台上安装好铁圈、放好石棉网和水浴（或油浴），用烧瓶夹夹住圆底烧瓶的颈部，垂直固定于铁架台上，然后按由下到上的顺序安装冷凝管等仪器。铁夹一般夹在冷凝管进水口偏上一些。所有仪器尽可能固定在同一个铁架台上。整套装置要求正确、严密、整齐和稳妥。

③ 回流操作　首先加入物料，反应物及溶剂加入反应器后，同时加入几粒沸石，防止液体暴沸；再安装冷凝管等其他仪器。也可在装配完毕后由冷凝管上口加入液体物料。一般物料占反应器容积的 1/2 左右，最多不超过 2/3。然后加热回流，检查装置的严密性后，先自下而上通入冷却水，然后开始加热。最初应缓缓加热，然后逐渐加热使液体沸腾或达到要求的反应温度。反应时间从第一滴回流液落入反应器中开始计算。调节冷却水流量及加热温度来控制回流速率，以蒸气浸润不超过球形冷凝管两个球为宜。停止回流，应先停止加热，待冷凝管中没有蒸气后再停冷却水，然后由上而下的顺序拆除装置。

（5）分馏

对各组分的沸点差大于 30℃ 的混合物可用简单蒸馏法分离，但当混合物中各组分的沸点相近时，用普通蒸馏的方法分离的效果较差。若要得到纯度较高的产品，需将蒸馏得到的馏出液反复蒸馏。这样既费时，液体损失量又大。此时，需用分馏的方法进行分离。分馏主要用于分离两种或两种以上沸点相近的有机化合物（共沸化合物除外）。此方法广泛应用于化学工业上，工业上将分馏称为精馏。在实验室常采用分馏柱进行分馏，而工业上则采用精馏塔分馏。

分馏即反复多次的简单蒸馏。分馏装置与普通蒸馏装置类似，所不同的是在蒸馏瓶与蒸馏头之间增加了一根分馏柱（见图 1-29）。当混合物的蒸气通过分馏柱时，蒸气中高沸点组分被柱外冷空气冷凝变成液体，流回烧瓶中，使柱内上升的蒸气中低沸点组分相对增加；冷凝液在流回蒸馏瓶的途中又与上升的蒸气接触，两者之间进行热量的交换，使上升蒸气中的高沸点组分被冷凝下来，低沸点组分蒸气仍然继续上升，经过在柱中反复多次的汽化、冷凝，最终低沸点物质不断上升而被蒸馏出来，高沸点的物质不断地流回烧瓶中。随着温度的不断上升，首先被蒸馏出来的是低沸点组分，然后是高沸点组分，最后留在烧瓶中的是不易挥发的组分。由此可见，分馏柱沿着柱身

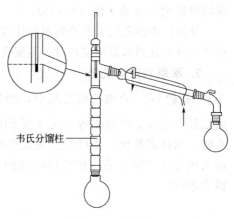

韦氏分馏柱

图 1-29　分馏装置

存在着动态平衡，不同的高度段存在着温度梯度和浓度梯度，这样的过程，实质上是一个热与质的传递过程。

① 分馏装置　分馏就是混合组分在分馏柱中进行了多次的汽化-冷凝、再汽化-再冷凝的过程，这种"次数"即为分馏柱的效率。分馏柱的效率与柱的长径比、填充物的种类、回流比有关。所谓回流比是指在同一时间内冷凝液回流到蒸馏瓶的速率与柱顶蒸气通过冷凝管流出的速率比。回流比越高，分馏效果就越好，但分馏的速率就慢。常见分馏柱的长度一般为 40～100cm，可根据需要选择。

如混合液体体积较大，各组分沸点相差较小，可用空气冷凝管作为分馏柱，于管内填装适当的填料。

② 分馏操作方法　首先安装仪器，将待分馏液体加入到烧瓶中，加数粒沸石，按照普通蒸馏的装配方法，根据热源的高度安装圆底烧瓶。用铁夹将分馏柱夹紧，插上温度计、蒸馏头（分馏头），将冷凝管与蒸馏头连接好，安装接引管和接收瓶。

分馏开始时，先将电压调得大些，当液体沸腾时，观察蒸气是否到达柱顶，并调节火焰温度，控制蒸气只到柱顶而不进入分馏头支管就全部被冷凝下来，回流到烧瓶中。此过程是人为地利用"泛液"使柱身及填料完全被液体浸润，这样可以充分发挥填料本身的效率，这种操作叫做"预泛液"。这样维持5min，使柱身和填料全部湿润。调节火焰到合适位置，控制好柱顶温度，并使一定量的液体从分馏柱中流回烧瓶中，控制分馏比。蒸气温度持续下降时，说明此沸点的组分已无，可停止加热。若是多组分的分馏，可继续升温，接收第二、三组分的馏出液。在将欲收集的组分全部收集完毕后，停止加热。待体系稍冷后关闭冷凝水，自后向前拆卸分馏装置。

③ 分馏操作注意事项　在分馏过程中，不论使用什么种类的分馏柱，都应防止回流液在分馏柱中聚集，使柱身被流下来的冷凝液体堵塞，这种现象叫做"泛液"。泛液会减少液体和气体接触面积，或因蒸气上升将液体冲入冷凝管，造成分馏失败。

分馏操作中最重要的是通过加热控制温度，使柱内保持一定的温度梯度，一般柱底的温度与蒸馏瓶内液体沸腾时的温度相近，柱内温度自下而上不断降低，柱顶温度接近易挥发组分的沸点温度，柱内的温度梯度可通过馏出液的速率来实现。当加热速率过快时，流出的速率也快，柱内的温度梯度就小，分离效果就差。反之，加热速率过慢，也会由于"泛液"影响分馏操作的进行。这就需要控制回流比。回流比的大小可根据物系及操作情况而定。一般回流比控制在4∶1，即冷凝液回到蒸馏瓶的速率为每秒4滴，柱顶馏出液的速率是1滴/(1～2s)。

分馏柱中的蒸气未上升到温度计水银球处时，温度上升很慢，此时不可加热过猛，以防蒸气一旦上升到水银球位置时，温度会迅速上升，失去控制。

7. 萃取和液体洗涤

问题 1-7　合成乙酸乙酯中，经过连续蒸馏得到的乙酸乙酯粗品含有未反应的反应物乙醇、乙酸、产物水等，为了得到纯度较高的乙酸乙酯，要进行精制。加入碱以去除乙酸，选择碳酸钠，生成的二氧化碳可以逸出；利用氯化钙能与乙醇形成加合物的性质，加入氯化钙去除乙醇；加氯化镁起到干燥的作用，去除水。那么这些操作在什么样的容器中进行？

想一想　查一查

上述操作需要液体与液体充分混合与液体与固体充分混合，在锥形瓶里即可实现混合充分的目的，液体和固体的分离可以采用过滤的操作进行，中和之后的分层怎样分开两层液体？

液液萃取与液体洗涤，是利用液体物质在不同溶剂中的溶解度不同来进行分离和提纯的一种操作。萃取和洗涤的原理相同，只是目的不同。如果从液体混合物中提取的是所需要的物质，这种操作就叫做萃取，如果是除去杂质，这种操作就叫做洗涤。

液体物质的萃取或洗涤常在分液漏斗中进行。选择合适的溶剂可将产物从混合物中提取出来，也可用水洗去除产物中所含的杂质。

（1）分液漏斗使用前的准备

将分液漏斗洗净后，取下旋塞，用滤纸吸干旋塞及旋塞孔道中的水分，在旋塞上微孔的两侧涂上薄薄的一层凡士林，然后小心将其插入孔道并旋转几周，至凡士林分布均匀透明为止。在旋塞细端伸出部分的圆槽内，套上一个橡皮圈，以防操作时旋塞脱落。

关好旋塞，在分液漏斗中装上水，观察旋塞两端有无渗漏现象，再打开旋塞，看液体是否能通畅流下，然后，盖上顶塞，用手指抵住，倒置漏斗，检查其严密性。在确保分液漏斗旋塞关闭时严密、旋塞打开后畅通的情况下可使用。使用前需关闭旋塞。

（2）萃取或洗涤操作

由分液漏斗上口倒入溶液与溶剂，盖好顶塞。为使分液漏斗中的两种液体充分接触，用右手握住顶塞部位，左手持旋塞部位（旋柄朝上）倾斜漏斗并振摇，以使两层液体充分接触（见图 1-30）。振摇几下后，应注意及时打开旋塞，排出因振荡而产生的气体。若漏斗中盛有挥发性的溶剂或用碳酸钠中和盐酸时，更应注意排放气体。反复振摇几次后，将分液漏斗放在铁圈中静置分层。

（3）两相液体的分离操作

当两层液体界面清晰后，便可进行分离液体的操作。先打开顶塞（或使顶塞的凹槽对准漏斗上口颈部的小孔），使漏斗与大气相通，再把分液漏斗下端靠在接收器的内壁上，然后缓慢旋开旋塞，放出下层液体（见图 1-31）。当液面间的界线接近旋塞处时，暂时关闭旋塞，将分液漏斗轻轻振摇一下，再静置片刻，使下层液聚集的多一些；然后打开旋塞，仔细放出下层液体。当液面间的界线移至旋塞孔的中心时，关闭旋塞。最后把漏斗中的上层液体从上口倒入另一个容器中。

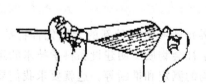

图 1-30　分液漏斗操作示意图（一）

图 1-31　分液漏斗操作示意图（二）

通常，把分离出来的上下两层液体都保留到实验完毕，以便操作错误时，进行检查和补救。

分液漏斗使用完毕后，用水洗净，擦去旋塞和孔道中的凡士林，在顶塞和旋塞处垫上纸条，以防久置粘牢。

拓展思考

1. 在实验室里过滤时使用滤纸，有热过滤、减压过滤等。请调查了解在化工企业中过滤是通过什么样的装置实现的。

2. 实验室化学实验用水以前称为蒸馏水，现在称去离子水，有什么区别吗？它们的生产方式又有什么不同？去离子水的标准如何？

3. 化学药品的标签颜色与药品的纯度级别有关，但是在实验室配制好溶液之后也要贴标签，选择标签颜色的原则是什么？

4. 实验室若想配制氯化亚锡溶液，需采取什么样的方法？

5. 工业上是如何实现分馏的？

第三节
无机物制备

 学习目标

1. 能够写出几种基本无机物制备的化学反应，说出产物分离基本原理。

2. 能够根据实验设计熟练通过加热、溶解、过滤、液体洗涤等基本操作合成无机物。

3. 学会根据实验要求和试剂用量选择适当的玻璃仪器。

4. 能够根据合成反应和实验条件计算产率。

日常生活生产中很多物质是通过化学手段制备的。例如，被称为"三大合成材料"的塑料、橡胶和纤维，一些药物、染料、洗涤剂、杀虫剂、化妆品、食品添加剂等。学习物质的制备技术在化工生产中具有重要的意义。

无机物制备，是利用化学反应通过某些实验方法，从一种或几种物质得到一种或几种无机物质的过程。无机化合物种类很多，到目前为止已有百万种以上，各类化合物的制备方法差异很大，即使同一种化合物也有多种制备方法。为了制备出较纯净的物质，通过无机制备得到的"粗品"往往需要纯化，并且对提纯前后的产物，其结构、杂质含量等还需进一步鉴定和分析。

一、制备无机物

无机物合成是化学合成的重要组成部分。全世界每年有数万种新的无机化合物被合成，各种新型无机材料已广泛用于各领域，极大地推动了社会物质文明建设和科学技术的迅猛发展。无机合成涉及无机物的制备、分离和提纯、结构的测定和推断等。这就要求我们要熟悉无机物的合成方法、分离方法等。

1. 利用水溶液中的离子反应制备

利用水溶液中的离子反应制备化合物时，若产物是沉淀，通过分离沉淀即可获得产品；若产物是气体，通过收集气体可获得产品；若产物溶于水，则采用结晶法获得产品。例如，可以采用硝酸钠和氯化钾的复分解反应制备硝酸钾。

$$NaNO_3 + KCl \rightleftharpoons NaCl + KNO_3$$

生成的硝酸钾的分离依据是：氯化钠的溶解度随温度变化不大，而氯化钾、硝酸钾和硝酸钠在高温时具有较大的溶解度、而温度降低时溶解度明显减小（如氯化钾、硝酸钠）或急剧下降（如硝酸钾）的这种差别，将一定浓度的硝酸钠和氯化钾混合液加热浓缩，当温度达到 118～120℃ 时，由于硝酸钾溶解度增加很多，它达不到饱和，不析出，而氯化钠的溶解度增加甚少，随浓缩、溶剂水的减少，氯化钠析出。通过热过滤除去氯化钠，将此溶液冷却至室温，即有大量硝酸钾析出，氯化钠仅有少量析出，从而得到硝酸钾粗产品。再经过重结晶提纯，得到纯品。

再如制备三草酸合铁（Ⅲ）酸钾，可以以硫酸亚铁铵为原料，与草酸在酸性溶液中先制得草酸亚铁沉淀，然后再用草酸亚铁在草酸钾和草酸的存在下，以过氧化氢为氧化剂，得到铁（Ⅲ）草酸配合物。主要反应为：

$$(NH_4)_2Fe(SO_4)_2 + H_2C_2O_4 + 2H_2O \longrightarrow FeC_2O_4 \cdot 2H_2O\downarrow + (NH_4)_2SO_4 + H_2SO_4$$

$$2FeC_2O_4 \cdot 2H_2O + H_2O_2 + 3K_2C_2O_4 + H_2C_2O_4 \longrightarrow 2K_3[Fe(C_2O_4)_3] \cdot 3H_2O$$

三草酸合铁（Ⅲ）酸钾的分离，则采用改变溶剂极性并加少量盐析剂，使绿色单斜晶体三草酸合铁（Ⅲ）酸钾析出。

2. 由矿石制备无机化合物

由矿石制备无机化合物，首先必须精选矿石，其目的是把矿石中的废渣尽量除去，有用成分得到富集。精选后的矿石根据它们各自所具有的性质，通过酸熔或碱熔浸取、氧化或还原、灼烧等处理，就可得到所需的化合物。例如，由软锰矿 MnO_2 制备 $KMnO_4$。软锰矿的主要成分为 MnO_2，用 $KClO_3$ 作氧化剂与碱在高温共熔，即可将 MnO_2 氧化成 K_2MnO_4，此时得到绿色熔块。

$$3MnO_2 + KClO_3 + 6KOH \xrightarrow{\text{高温熔融}} 3K_2MnO_4 + KCl + 3H_2O$$

用水浸取绿色熔块，因锰酸钾溶于水，并在水溶液中发生歧化反应，生成 $KMnO_4$。

$$3MnO_4^{2-} + 2H_2O \longrightarrow MnO_2 + 4OH^- + 2MnO_4^-$$

3. 分子间化合物的制备

分子间化合物是由简单化合物按一定化学计量关系结合而成的化合物。其范围十分广泛。例如，莫尔盐 $(NH_4)_2SO_4 \cdot FeSO_4 \cdot 6H_2O$ 的制备是先由铁屑与稀 H_2SO_4 反应制得 $FeSO_4$，根据 $FeSO_4$ 的量，加入与其等物质的量的 $(NH_4)_2SO_4$，两者发生反应，经过蒸发、浓缩、冷却，便得到莫尔盐晶体。其反应方程式为：

$$FeSO_4 + (NH_4)_2SO_4 + 6H_2O \longrightarrow (NH_4)_2SO_4 \cdot FeSO_4 \cdot 6H_2O$$

4. 非水溶剂制备化合物

对大多数溶质而言，水是最好的溶剂。水价廉、易纯化、无毒、容易进行操作。但有些化合物遇水强烈水解，所以不能从水溶液中制得，需要在非水溶剂中制备。常用的无机非水溶剂有液氨、H_2SO_4、HF 等；有机非水溶剂有冰醋酸、氯仿、CS_2 和苯等。例如，SnI_4 遇水即水解，在空气中也会缓慢水解，所以不能在水溶液中制备 SnI_4。将一定量的锡和碘，用冰醋酸和醋酸酐作溶剂，加热使之反应，而后冷却就可得到橙红色的 SnI_4 晶体。

在工业生产中，无机物的合成包括常规经典法、极端条件下的合成以及特殊合成法。现简单介绍如下。

① 高低温合成法　又分为高温法和低温法。高温合成顾名思义是在高温条件下的合成方法，很多无机合成尤其是材料制备反应都必选在高温下才能进行。例如，用 C、N、B、Si 等制备各种陶瓷材料、金属氧化物、复合氧化物等的固相合成等。低温合成是指低于室温下的合成，例如，臭氧在 −78℃ 下与液氨反应可制得硝酸铵、稀有气体在低温放电下生成

配合物、剧毒易挥发物质 HCN 的低温制取等。常用的获得低温的方法很多：半导体温差制冷、冰盐低共熔系统、干冰、液氨等都是常用的制冷源。

② 高压低压法　又分为高压合成和低压合成。高压合成是利用外加的压力来合成固体化合物或材料的一种合成技术。高压下通常可以降低温度，加快反应速率，缩短反应时间，提高化合物的稳定性。例如，石墨在常温常压下很难变为金刚石，但在 5GPa、1500℃下经相变可以合成人造金刚石。若反应物、产物的化学性质极为活泼，则只能在真空系统内进行了。例如，在低压下，用 H_2 还原 $TiCl_4$ 即可得到纯 $TiCl_3$。

③ 水热法　水热法是指在密闭系统中以水为溶剂（有时也参加反应）在一定温度下（100～1000℃）下进行的合成反应。据报道，用碱式碳酸镍及氢氧化镍水热还原工艺可以制备 30nm 的镍粉；另外用水热法生长单晶也已经实现，例如，刚玉（Al_2O_3）和绿宝石（掺杂 Cr^{3+} 的 Al_2O_3）已被制出。

④ 溶胶-凝胶法　该法的工艺主要是金属醇盐水解生成溶胶，溶胶进行缩聚形成凝胶，凝胶经加热干燥形成干凝胶，干凝胶经煅烧得到产品。这是一种很有前途的方法，因为在低温度下可以制得高纯的超细粉末。

⑤ 电化学合成法　电化学合成法本质上是电解，也称电解合成，例如，电解法制备活泼金属单质 Na、Mg、Al，非金属单质 Cl_2、F_2 等。

⑥ 光化学合成法　利用光化学反应合成产物，例如，现今研究的热点：光解水制备氢气和氧气。

新的合成方法在不断地被研究成功并应用到生产科研中。

二、鉴别无机物

无论是无机物还是有机物分析，都分为定性分析和定量分析。定性分析是确定物质由哪些组分所组成；定量分析是测定物质中有关组分的相对含量。在进行分析工作时，首先需确定物质的定性组成，然后根据试样组成选择适当的定量分析方法测定有关组分的含量。当分析试样的来源、主要成分及主要杂质都是已知的，可不进行定性分析，而直接进行组分的定量分析。

1. 鉴定反应的特征

鉴定反应是指在一定条件下，能用来鉴定物质组成的化学反应。如在溶液 $pH＝2～9$ 时，邻二氮菲能与 Fe^{2+} 生成稳定的红色螯合物，说明 Fe^{2+} 存在。可利用此反应鉴定 Fe^{2+}。只有具备明显外部特征的反应方可作为鉴定反应。通常鉴定反应具有下列外部特征。

（1）溶液颜色的改变

例如，鉴定 Fe^{3+} 时，可加入硫氰酸铵 [$NH_4(SCN)$] 溶液，生成血红色的六硫氰合铁 [Ⅲ] 配离子，证明 Fe^{3+} 存在。

$$Fe^{3+} + 6SCN^- \longrightarrow [Fe(SCN)_6]^{3-}$$

（2）沉淀的生成或溶解

例如，鉴定 Ag^+ 时，可加入稀盐酸溶液，生成白色氯化银沉淀，再于沉淀上滴加氨水，氯化银沉淀溶解，生成二氨合银 [Ⅰ] 离子证明 Ag^+ 存在。

$$Ag^+ + Cl^- \longrightarrow AgCl\downarrow$$

$$AgCl + 2NH_3 \cdot H_2O \longrightarrow [Ag(NH_3)_2]^+ + Cl^- + 2H_2O$$

（3）气体的生成

根据反应中生成气体的颜色、臭味或与某种试剂发生的作用，可以检出某种离子，例如鉴定 S^{2-} 时，可以加入稀硫酸溶液，使其产生特殊腐蛋臭味的硫化氢气体，此气体又能使润湿的乙酸铅试纸变成黑色，证明 S^{2-} 存在。

$$S^{2-} + 2H^+ \longrightarrow H_2S \uparrow$$

$$Pb^{2+} + H_2S \longrightarrow PbS \downarrow + 2H^+$$

2. 鉴定反应进行的条件

以上讨论的鉴定反应都是在一定的条件下才能进行，如果反应的条件不具备，那么鉴定反应就不能按预期目的实现。或者虽然反应能够发生，但反应现象、结论不一定正确。所以，进行鉴定反应时必须注意反应进行的条件。鉴定反应的主要条件有以下几项。

（1）溶液的浓度

根据化学平衡移动原理，增加反应物的浓度，促使化学平衡向正方向移动。因此，浓度是鉴定反应中重要条件之一。例如用硝酸银溶液鉴定 Cl^- 时，一定要保证 Cl^- 浓度与 Ag^+ 浓度足够大，只有当离子浓度的乘积大于溶度积时，沉淀才能生成。如果 Cl^- 浓度很低，即使加入硝酸银溶液，也不一定有沉淀产生。所以被鉴定离子的浓度、试剂的浓度和溶液的体积，都是影响鉴定反应的因素。

（2）溶液的酸度

许多鉴定反应的进行都与溶液的酸度有关。例如，用亚硝酸钴钠试剂鉴定 K^+ 时，生成黄色的亚硝酸钴钾钠沉淀。

$$2K^+ + Na^+ + [Co(NO_2)_6]^{3-} \longrightarrow K_2Na[Co(NO_2)_6] \downarrow$$

这个反应只有在中性或微酸性溶液中才能进行。因为鉴定所用的亚硝酸钴钠试剂能够被酸或碱分解：

$$[Co(NO_2)_6]^{3-} + 6H^+ \longrightarrow Co^{3+} + 3NO \uparrow + 3NO_2 \uparrow + 3H_2O$$

$$[Co(NO_2)_6]^{3-} + 3OH^- \longrightarrow Co(OH)_3 \downarrow + 6NO_2^-$$

所以鉴定时注意溶液 pH 的控制。

（3）溶液的温度

温度对化学反应速率、沉淀的溶解度、气体的产生和逸出影响都很大。一般升高温度可以加大反应速率，但同时也加大沉淀的溶解度。因此可以根据鉴定反应类型来确定温度的高低。例如，$PbCl_2$ 在热水中的溶解度比在冷水中的溶解度大很多，所以加稀盐酸沉淀 Pb^{2+} 的反应不宜在热溶液中进行。反之，如果要使它溶解，那就应该加热。

（4）溶剂的影响

溶剂主要影响反应产物的溶解度和稳定性。因为一般的鉴定反应都是在水溶液中进行，但有的反应产物在水中溶解度过大或不稳定，反应现象不够明显，难以观察。这时就需要加入可使溶解度降低或使其稳定性增加的有机溶剂。例如，硫酸钙法鉴定 Ca^{2+} 时，因生成的硫酸钙在水中溶解度大，现象观察不明显，因此在鉴定时常加入适量乙醇，以降低硫酸钙的溶解度。

（5）共存组分的影响

鉴定反应能否准确地鉴定出待测离子，共存组分的影响是一个不可忽视的因素。因为共存组分对鉴定反应的影响是十分严重的，有的可破坏试剂的组成；有的可与试剂发生化学反应；有的还可以与被检离子反应等。例如，用亚硝酸钴钠试剂沉淀 K^+ 时，NH_4^+ 也会生成性质相似的沉淀而影响 K^+ 的鉴定。又例如，鉴定 Fe^{3+} 时，若 F^- 存在，能与 Fe^{3+} 相互结合生成稳定的 $[FeF_6]^{3-}$ 配离子，使鉴定反应无效。因此不注意这些共存组分影响，只观察鉴定反应的表面现象，很难获得正确的结论。

总之，在对无机物鉴定的时候还要考虑鉴定反应的灵敏度和选择性，考虑试剂的用量问题，有时还要做空白试验和对照试验。在无机物的系统分析鉴定中分阳离子组和阴离子组，有系统的分组和鉴定方法，读者可参考相应的化学分析书籍进一步学习无机物的定性和定量分析方法。

问题 1-8 从废电池回收锌皮制取七水硫酸锌

（1）废锌皮的处理及溶解

废电池的锌皮上常粘有 $ZnCl_2$、NH_4Cl、MnO_2 及沥青、石蜡等。在用乙酸溶解前，在水中煮沸 30min，再刷洗，以除去上述杂质。

称取 7g 处理过的干净锌皮，剪碎，放入 250mL 烧杯中，加入 60mL 2mol/L H_2SO_4，微微加热使反应进行。反应开始后停止加热，放置过夜。过滤，得到滤液。将滤纸上的不溶物干燥后称重，计算实际溶解锌的质量。

$$Zn + H_2SO_4(稀) \longrightarrow ZnSO_4 + H_2 \uparrow$$
$$Fe + H_2SO_4(稀) \longrightarrow FeSO_4 + H_2 \uparrow$$

（2）$Zn(OH)_2$ 的生成和洗涤

将上面滤液移入 500mL 烧杯中，加热，加浓 HNO_3 3 滴，搅拌，使 Fe^{2+} 被氧化成 Fe^{3+}。稍冷，逐滴加入 3mol/L 的 NaOH 溶液，并不断搅拌，直至 pH 为 8，使 Zn^{2+} 沉淀完全。加 100mL 去离子水，搅匀，进行抽滤，再用去离子水洗涤沉淀，至洗涤液中不含有 Cl^- 为止。弃去滤液。

$$3Fe^{2+} + NO_3^- + 4H^+ \longrightarrow 3Fe^{3+} + 2H_2O + NO \uparrow$$
$$Zn^{2+} + 2OH^- \longrightarrow Zn(OH)_2 \downarrow$$
$$Fe^{3+} + 3OH^- \longrightarrow Fe(OH)_3 \downarrow$$

（3）溶解 $Zn(OH)_2$ 及除去铁杂质

将洗净的 $Zn(OH)_2$ 沉淀放入一洗净的烧杯中，逐滴加入 2mol/L H_2SO_4，并加热搅拌，控制 pH 为 4。加热煮沸使 Fe^{3+} 完全水解为 $Fe(OH)_3$ 沉淀，趁热过滤。用 10~15mL 去离子水洗涤沉淀，将洗涤液并入滤液，弃去沉淀。

$$Zn(OH)_2 + H_2SO_4 \longrightarrow ZnSO_4 + 2H_2O$$

（4）蒸发结晶

将上面除去 Fe^{2+} 的滤液移入一蒸发皿中，加入几滴 2mol/L 的 H_2SO_4，使 pH 为 2。在水浴上浓缩至液面出现晶膜。自然冷却后抽滤，晾干，称重，计算产率。

从上述举例可知，制备无机化合物首先是在溶液中利用化学反应直接生成产物或生成某种中间产物，然后利用生成沉淀等方法与溶液分离。最后蒸发、结晶或重结晶得到目标产物。在整个过程中，制备无机物并不难，通过复分解反应、氧化还原反应等都可以进行，难点在于将制备的无机物如何从溶液中分离出来，带入的杂质如何去除。一般利用生成沉淀的方法分离，若杂质某成分同时生成沉淀，则考虑通过调整沉淀的 pH 或溶解度的差别等因素。例如，上例中就是考虑 pH 为 4 时 Fe^{3+} 完全水解为 $Fe(OH)_3$ 沉淀，而 $Zn(OH)_2$ 溶解。

问题 1-9 复盐硫酸亚铁铵 [$FeSO_4 \cdot (NH_4)_2SO_4 \cdot 6H_2O$] 的制备

复盐硫酸亚铁铵 [$FeSO_4 \cdot (NH_4)_2SO_4 \cdot 6H_2O$] 俗称莫尔盐。它是浅蓝绿色透明晶体，易溶于水，在空气中比一般亚铁盐稳定，不易被氧化。

由于硫酸亚铁铵在水中的溶解度在 0~60℃ 范围内比组成它的简单盐 $(NH_4)_2SO_4$ 和

$FeSO_4 \cdot 7H_2O$ 要小，因此只需将它们按一定比例在水中溶解，混合，即可制得硫酸亚铁铵晶体。其方法如下。

① 将金属铁溶于稀硫酸，制备硫酸亚铁。反应方程式为：

$$Fe + H_2SO_4 \longrightarrow FeSO_4 + H_2 \uparrow$$

② 将制得的 $FeSO_4$ 溶液与等物质的量的 $(NH_4)_2SO_4$ 在溶液中混合，经加热浓缩，冷却至室温后可得到溶解度较小的硫酸亚铁铵晶体。

$$FeSO_4 + (NH_4)_2SO_4 + 6H_2O \longrightarrow FeSO_4 \cdot (NH_4)_2SO_4 \cdot 6H_2O$$

产品硫酸亚铁铵中的主要杂质是 Fe^{3+}，产品质量的等级也常以 Fe^{3+} 的含量多少来评定。一般可以采用目测比色法，将一定量产品溶于水中，加入 NH_4SCN 后，根据生成的血红色的 $[Fe(SCN)_n]^{3-n}$ 颜色的深浅与标准色阶比较后，确定 Fe^{3+} 的含量范围。例如，取 1mL 含 Fe^{3+} 0.05g/L 标准液配成色阶，则此色阶的 Fe^{3+} 量为 $0.05g/L \times 0.001L = 5 \times 10^{-5}g$，设取试样为1g。配成试液，进行比色，结果与含 Fe^{3+} 0.05g/L 的标准色阶相同，则试样含 $\rho(Fe^{3+}) = 5 \times 10^{-5}g/L = 0.005\%$。

产品鉴别：

检验所得 $ZnSO_4 \cdot 7H_2O$ 产品是否符合试剂三级品要求。

称取 1.0g $ZnSO_4 \cdot 7H_2O$，溶于 12mL 去离子水中，均分装在 3 个 25mL 的比色管中。比色管编号（1）。

称取 1.0g 上述制得 $ZnSO_4 \cdot 7H_2O$，溶于 12mL 去离子水中，均分装在 3 个 25mL 的比色管中。比色管编号（2）。

Cl^- 的检验：在上面两组比色管中各取 1 支，各加入 2 滴 0.1mol/L $AgNO_3$ 和 1 滴 HNO_3，用去离子水稀释至 25mL 刻度，摇匀，进行比较。

Fe^{3+} 的检验：在上面两组比色管中各取 1 支，各加入 3 滴 3mol/L 的 HCl 和 2 滴 KCNS 溶液，都用去离子水稀释至 25mL 刻度，摇匀，进行比较。

NO_3^- 的检验：在上面两组各剩下的一支比色管中各加入 2mL 饱和 $FeSO_4$ 溶液，斜持比色管，沿管壁慢慢滴入 2mL 浓 H_2SO_4，比较形成的棕色环。

根据上面三次比较结果，评定产品的 Cl^-、Fe^{3+}、NO_3^- 的含量是否达到三级试剂标准。

拓展思考

1. 请查阅以氯化钾和硝酸钠为原料制备硝酸钾，是如何将硝酸钾从溶液中分离出来的？其道理何在？
2. 工业氯化铵的提纯是怎样实现的？
3. 请用实验方法证明上述产品 $ZnSO_4 \cdot 7H_2O$ 中含有 NH_4^+、Fe^{2+} 和 SO_4^{2-}。
4. 废电池中还有汞等存在，对环境会构成污染，如何采用化学方法进行处理和回收？
5. 请查阅如何制备三草酸合铁（Ⅲ）酸钾。

自　测　题

一、选择题

1. 酸溅到皮肤上时，应立即用大量水冲洗，再用（　　）冲洗，然后用水冲洗，最后涂敷氧化锌软膏。

  A. 1%的氯化钠溶液   B. 2%乙酸溶液

  C. 饱和乙酸钠溶液   D. 饱和碳酸氢钠溶液

2. 碱溅入眼内，应立即用大量水冲洗，再用（ ）冲洗眼睛，然后用去离子水冲洗。

  A. 1%乙酸溶液   B. 3%硼酸溶液

  C. 2%Na_2CO_3溶液   D. 2%$Na_2B_4O_7$溶液

3. 下列有关化学试剂的选用、保管的叙述错误的是（ ）。

  A. 化学试剂的纯度越高越好，因此在进行实验时应尽量选用纯度最高的试剂

  B. 化学试剂应保存在通风、干燥、洁净的房间里，防止污染或变质

  C. 易侵蚀玻璃的试剂应保存于塑料瓶内

  D. 在准备实验进行试剂分装时，固体试剂一般盛放于广口瓶中

4. 下列气体中，有毒又有可燃性的是（ ）。

  A. O_2 B. N_2 C. CO   D. CO_2

5. 若不慎将水银温度计打碎，可用下列（ ）进行处理水银。

  A. 漂白粉   B. 碘化钾溶液   C. 氯化铁溶液   D. 硫黄粉

6. 下列仪器中，其规格用直径大小来表示的是（ ）。

  A. 蒸发皿   B. 表面皿   C. 瓷坩埚   D. 离心试管

7. 下列有关过滤操作的叙述错误的是（ ）。

  A. 实验室常用的过滤方法有常压过滤、减压过滤和热过滤

  B. 常压过滤适用于胶体和细小晶体的过滤

  C. 常压过滤中洗涤沉淀时，应遵循"少量多次"的原则

  D. 减压过滤后滤液应从吸滤瓶侧面的支管倒出

8. 下列有关过固液分离方法的叙述错误的是（ ）。

  A. 实验室中常用倾注（析）法、离心分离法、过滤法

  B. 倾注（析）法要求静置后搅拌再进行倾倒溶液

  C. 倾注（析）法适用于密度较大或晶体颗粒较大的沉淀的分离

  D. 离心分离法适用于溶液和沉淀的量很少的沉淀的分离

9. 减压抽滤时，下列操作正确的是（ ）。

  A. 布氏漏斗内滤纸盖严底部小孔为宜

  B. 抽滤时先往布氏漏斗内倒入清液，后转入沉淀

  C. 抽滤后滤液从抽滤瓶侧口倒出

  D. 抽滤后滤液从抽滤瓶口倒出

10. 下列有关重结晶操作的叙述正确的是（ ）。

  A. 活性炭脱色时应尽量多加活性炭，以便脱色完全

  B. 制备粗品的饱和溶液时，应加入溶剂过量15%～20%

  C. 冷却结晶时可采用搅拌或振摇的方法加速冷却

  D. 冷却结晶时可采用冰水浴的方法快速冷却

11. 下列有关蒸馏操作的叙述正确的是（ ）。

  A. 如果液体较易挥发，可将接液管支管封闭

  B. 蒸馏液体积不得超过蒸馏烧瓶体积的 3/4

  C. 温度计水银球的上缘与蒸馏支管的下缘在同一水平线上

D. 冷凝水应该上进下出

12. 能在明火或电炉上直接烤干的仪器（　　）。

　　A. 量筒　　　　　　B. 试管　　　　　　C. 移液管　　　　　D. 蒸发皿

13. 在重结晶中趁热过滤后冷却结晶的产品过滤时，洗涤时先（　　）。

　　A. 停止抽气　　　　　　　　　　　B. 加入少量溶剂润洗

　　C. 继续抽气　　　　　　　　　　　D. 加水

14. 国际标准化组织的代号是（　　）。

　　A. SOS　　　　　B. IEC　　　　　C. ISO　　　　　D. WTO

15. 打开浓盐酸、浓硝酸、浓氨水等试剂瓶塞时，应在（　　）中进行。

　　A. 冷水浴　　　　　B. 走廊　　　　　C. 通风橱　　　　　D. 药品库

16. 含无机酸的废液可采用（　　）处理。

　　A. 沉淀法　　　　　B. 萃取法　　　　　C. 中和法　　　　　D. 氧化还原法

17. 因吸入少量氯气、溴蒸气而中毒者，可用（　　）漱口。

　　A. 碳酸氢钠溶液　　B. 碳酸钠溶液　　　C. 硫酸铜溶液　　　D. 乙酸溶液

18. 化学烧伤中，酸的蚀伤，应用大量的水冲洗，然后用（　　）冲洗，再用水冲洗。

　　A. 0.3mol/L HAc 溶液　　　　　　B. 2% $NaHCO_3$ 溶液

　　C. 0.3mol/L HCl 溶液　　　　　　D. 2% NaOH 溶液

19. 急性呼吸系统中毒后的急救方法正确的是（　　）。

　　A. 要反复进行多次洗胃

　　B. 立即用大量自来水冲洗

　　C. 用 3%～5% 碳酸氢钠溶液或用高锰酸钾溶液（1+5000）洗胃

　　D. 应使中毒者迅速离开现场，移到通风良好的地方，呼吸新鲜空气

20. 欲处理含 Cr（Ⅵ）的酸性废水，选用的试剂应是（　　）。

　　A. H_2SO_4 和 $FeSO_4$　　　　　　　B. $FeSO_4$ 和 NaOH

　　C. $AlCl_3$ 和 NaOH　　　　　　　　D. $FeCl_3$ 和 NaOH

二、判断题

（　　）1. 可以直接把药品放在托盘上、滤纸或者其他的纸张（除了称量纸外）上称量。

（　　）2. 使用量筒取一定体积液体，量筒应竖直放在桌面上，眼睛和液面在同一水平线上，读取液面最低处的读数。

（　　）3. 用 V 形纸槽代替药匙可以把固体试剂送入试管内。

（　　）4. 实验室中油类物质引发的火灾可用二氧化碳灭火器进行灭火。

（　　）5. 灭火时必须根据火源类型选择合适的灭火器材。

（　　）6. 取液体试剂时可用吸管直接从原瓶中吸取。

（　　）7. 用消防器材灭火时，要从火源中心开始扑救。

（　　）8. 11.48g 换算为毫克的正确写法是 11480mg。

（　　）9. 实验中应该优先使用纯度较高的试剂以提高测定的准确度。

（　　）10. 化学试剂选用的原则是在满足实验要求的前提下，选择试剂的级别应就低而不就高。即不超级造成浪费，且不能随意降低试剂级别而影响分析结果。

（　　）11. 在实验室中，皮肤溅上浓碱时，在用大量水冲洗后继而用 5% 小苏打溶液处理。

（　　）12. 电器失火可使用四氯化碳灭火器灭火（　　）。

（　　）13. 凡遇有人触电，必须用最快的方法使触电者脱离电源。

（　　）14. 实验室使用电器时，要谨防触电，不要用湿的手、物去接触电源，实验完毕后及时拔下插头，切断电源。

（　　）15. 腐蚀性中毒是通过皮肤进入皮下组织，不一定立即引起表面的灼伤。

（　　）16. 玛瑙研钵不能用水浸洗，而只能用酒精擦洗。

（　　）17. 取出的液体试剂不可倒回原瓶，以免受到沾污。

（　　）18. 倾倒液体试样时，右手持试剂瓶并将试剂瓶的标签握在手心中，逐渐倾斜试剂瓶，缓缓倒出所需量试剂，并将瓶口的一滴碰到承接容器中。

（　　）19. 我国控制固体废物污染的技术政策包括"无害化"、"减量化"和"资源化"。

（　　）20. 没有用完、但是没有被污染的试剂应倒回试剂瓶继续使用，避免浪费。

三、计算题

1. 某工厂化验室配制 5000g 20％的盐酸，需要 38％的盐酸（密度为 $1.19g/cm^3$）和水各多少毫升？

2. 用 38％的浓 HCl 溶液，密度为 1.19g/mL，配制 0.1mol/L HCl 溶液 500mL。计算应量取浓盐酸多少毫升？

3. 实验室现有 3mol/L 的 NaOH 溶液若干，现想使用 0.1mol/L 的 NaOH 溶液 500mL，请计算需量取多少 3mol/L 的 NaOH 溶液？如何稀释？

4. 实验室欲配制饱和氯化钾溶液 500mL，请计算需要氯化钾固体多少克？并叙述如何配制。

▶▶▶ 新视野

马铃薯淀粉加工废水资源化利用取得进展

近期，中国科学院兰州化学物理研究所环境材料与生态化研究发展中心材料与工业工程课题组承担的甘肃省科技支撑项目"反向絮凝-超滤法处理马铃薯淀粉加工废水装置及组合絮凝药剂配方的研究"获得重要进展，于 2011 年 12 月 28 日通过了甘肃省科学技术厅组织的科技成果鉴定。

每年 9 月至 10 月是我国北方马铃薯加工的高峰期。马铃薯淀粉生产加工过程中会产生大量废水，其主要的马铃薯淀粉分离汁水浓度高、排放量大，COD（化学需氧量）值高达 30000～50000mg/L，并且由于含有 2％左右的蛋白质，如不及时处理易腐烂，直接排放又会造成水体富营养化。由于加工期集中、排放量大、环境温度低等原因，传统水处理技术难以解决上述问题，并且普通分离技术提取的蛋白质效率低，大量废水排放后会造成生物资源浪费和严重的环境污染。

课题组成功制备了 2 种高效、低成本的具有絮凝、吸附和高分子交联过滤功能的马铃薯淀粉加工废水专用黏土基絮凝剂，设计开发了一套不间断抗扰动"反向絮凝-超滤"分离装置，专业用于马铃薯淀粉加工分离汁水（废水）蛋白提取回收和废水资源化利用，COD 去除率可达 80％，浊度去除率达 85％以上，排放水达到国家污水排放三级标准（GB 8978—1996）和农业灌溉水质标准（GB

5084—92），可直接用于灌溉农田和马铃薯淀粉加工原料的洗涤。采用反向自过滤装置，在絮体溶液浓缩的同时能够保持清水不间断排出，实现了连续脱水，并可回收含水量在70%左右的粗蛋白。该装置具有自主知识产权，已获得3项国家发明专利授权，目前正在推广应用。

该项研究具有重要的经济效益、社会效益和生态效益。就1万吨级马铃薯淀粉企业而言，按照每年处理8万吨淀粉分离汁水、每吨废水可提取粗蛋白13kg，采用该项技术可为企业新增产值936万元，节约用水7万吨，免除8万吨淀粉分离汁水排放造成的环境污染。

摘自《化学通讯》科学动态2012年第1期

第二章
典型无机物质与性质

摘 要

金属是生产和生活中常见、常用的，一般金属被分为重金属、轻金属以及黑金属、有色金属等。金属单质有导电性好、导热性好以及良好的机械加工性能，参与化学反应表现为还原性。金属合金在熔点等性质上与金属不同，被广泛应用。不同金属氧化物性质不同，在实际生产生活中的应用也不同。金属的冶炼方法有电解法、热还原法等多种。金属晶体内存在金属键，由于金属键的特性产生了金属的导电、导热等性质。

无机盐及其矿产是常见的非金属物质，典型的无机盐矿产有硫矿、磷矿等。硫矿主要用来生产硫酸等含硫的工业产品，而磷矿主要用来制造黄磷、磷酸、磷化物及其他磷酸盐等。工业上常见的无机盐有碳酸盐、硫酸盐、磷酸盐等，这些无机盐被广泛应用到工业生产和生活中。无机盐晶体通常是离子晶体，具有熔点和沸点高、性脆、易溶于水等特点。

氢气、氧和臭氧以及稀有气体也是典型的无机单质，氢气在燃料电池等领域有很广阔的应用前景；臭氧存在于大气中，臭氧空洞是环境问题、臭氧也被用于消毒等；稀有气体是化学反应很惰性的一组气体，但是也有合成的稀有气体化合物，稀有气体也被用于日光灯等生产中。

工业常见的"三酸两碱"是指硫酸、硝酸和盐酸，火碱和纯碱。在工业上"三酸两碱"各自有不同的生产工艺，在生产、运输和使用中要注意安全，一旦发生泄漏要及时采取有效措施规范处理。

金属材料、无机非金属材料和有机高分子材料等是生产生活中常见的。不同的材料性质和用途不同，被应用于不同的领域。

化学物质通常分为无机物和有机物。无机物是因为主要来源于海水、矿石等无生命体而得名，而有机物则因为主要来源于动植物等有生命体而得名。无机物质包括所有化学元素和它们的化合物，碳的化合物中二氧化碳、一氧化碳、二硫化碳、碳酸盐等简单的碳化合物仍属无机物质，其余属于有机物质。无机物经常被分为单质、化合物；金属、非金属；也有分为气体、液体、固体；更详细的分为酸、碱、盐、氧化物、氢氧化物等。本章主要介绍工业生产中常用到的无机物质的性质、用途和生产以及安全使用常识。

第一节
金属与冶金

学习目标

1. 能从金属键和金属晶体结构等知识理解金属单质的导热、导电、延展性等物理性质。

2. 能够写出金属与酸、碱等发生化学反应的化学反应式。写出碱金属氧化物、过氧化物的形成以及与水反应的主要化学反应式。

3. 能说出常见的金属氧化物的性质和用途，写出化学性质反应式。

4. 能说出常见的金属属于黑金属、重金属、有色金属等中的哪一种。

5. 能说出工业生产或生活中常用的金属合金及其主要性质、用途。

6. 了解我国金属矿产的主要类别和分布情况。

7. 了解金属冶炼的基本原理，能写出部分金属冶炼的化学反应。了解有色金属冶炼和黑金属冶炼工业。

在所有的化学元素中，非金属占 22 种，金属约为 80 多种。金属有光泽，是电和热的良导体，有可塑性；金属在自然界中分布很广，不论矿物、动植物或水体中都或多或少含有金属的成分。目前，大多数金属是从矿石生产出来的，钠、镁等金属是从海水中提取的。本节主要讨论金属的分类、金属单质和部分金属氧化物的性质以及金属冶炼方法。

一、金属单质

1. 金属单质的性质

（1）金属的物理性质

问题 2-1 请将下列物质按照金属和非金属分类，通过对这些物质常温常压下的物态、密度、导电导热性以及简单结构等方面性质的查阅得出金属和非金属的差别：K、Na、Ca、Mg、Si、Sn、Pb、Cu、Au、Pt、Al、C、Zn、Hg、Cl_2、Br_2、S、N_2、Sb、Bi。

在物态、密度以及外观等物理性质上金属与非金属有很明显的差别，表 2-1 简单总结了金属和非金属的物理性质不同之处。

表 2-1   金属与非金属的物理性质的差别

金属	非金属
1. 常温时,除了汞是液体外,其他金属都是固体	1. 常温时,除了溴是液体外,有些是气体,有些是固体
2. 一般密度比较大	2. 一般密度比较小
3. 有金属光泽	3. 大多没有金属光泽
4. 大多是热及电的良导体,电阻通常随着温度的升高而增大	4. 大多不是热和电的良导体,电阻通常随温度的升高而减小
5. 大多具有展性和延性	5. 大多不具有展性和延性
6. 固体金属大多属金属晶体	6. 非金属的固体大多属分子型晶体
7. 蒸气分子大多是单原子的	7. 蒸气分子大多是双原子或多原子的

① 金属光泽　由于金属原子以最紧密堆积状态排列，内部存在自由电子，所以当光线投射到它的表面上时，自由电子吸收所有频率的光，然后很快放出各种频率的光，这就使绝大多数金属呈现钢灰色以至银白色光泽。此外金显黄色，铜显赤红色，铋为淡红色，铯为淡黄色，铅是灰蓝色，这是因为它们较易吸收某一些频率的光的原因。金属光泽只有在整块时才能表现出来，在粉末状时，一般金属都呈暗灰色或黑色。

② 金属的导电性和导热性　大多数金属有良好的导电性和导热性。导电性好的金属导热性也好，按照导电和导热能力由大到小的顺序，将常见的几种金属排列如下：

Ag，Cu，Au，Al，Zn，Pt，Sn，Fe，Pb，Hg

1911年有科学家发现汞冷却到低于4.2K时，其电阻突然消失，导电性差不多是无限大，这种性质称为超导性。具有超导性质的物体称为超导体。超导体电阻突然消失时的温度称为临界温度（T_c）。超导体的电阻为零，也就是电流在超导体中通过时没有任何损失。

1986年以来高温超导体的研究取得了重大的突破。1987年发现，在氧化物超导材料中有的在240K出现超导迹象。由镧、锶、铜和氧组成的陶瓷材料在287K的室温下存在超导现象，这为超导材料的应用开辟了广阔的前景。

超导材料可以制成大功率超导发电机、磁流发电机、超导储能器、超导电缆、超导磁悬浮列车等，可以大大缩小装置和器件的体积，提高使用性能和降低成本。

③ 金属的延展性 金属具有延展性，可以抽成细丝，压成片。例如，最细的白金丝直径不超过2×10^{-4}mm厚；最薄的金箔，只有10^{-4}mm厚。金属的延展性也可以从金属的结构得到说明。当金属受到外力作用时，金属内原子层之间容易做相对位移，金属发生形变而不易断裂，因此金属具有良好的变形性。也有少数金属，如锑、铋、锰等，性质较脆，没有延展性。

④ 金属的密度和硬度 锂、钠、钾比水轻，大多数金属密度较大。金属的硬度一般较大，但它们之间有很大差别。有的坚硬，如铬、钨等；有些较软，可用小刀切割，如钠、钾等。

⑤ 金属的熔点 金属的熔点一般较高，但高低差别较大。最难熔的是钨（熔点高达3410℃），最易熔的是汞（熔点低达-38.342℃），汞在常温下是液体，铯和镓在手上受热就能熔化。

（2）金属的化学性质

问题2-2 下列金属能被哪些酸或碱溶解而进入溶液？放置空气中是否会被氧化？写出溶解和氧化的化学反应式。

K、Na、Ca、Mg、Sn、Pb、Cu、Au、Pt、Al、Zn、Hg、Sb、Bi

多数金属元素的原子最外层只有3个以下的电子，某些金属（如Sn、Pb、Sb、Bi等）原子的最外层虽然有4个或5个电子，但它们的电子层数较多，原子半径较大，因此，在反应时它们的价电子较易失去或向非金属元素的原子偏移。部分金属还能失去部分次外层的电子。所以，金属最主要的共同化学性质是易失去最外层的电子变成金属正离子，表现出较强的还原性。

① 金属与非金属反应 金属与非金属反应的难易程度，大致和金属活动顺序相同。位于金属活动顺序表前面的一些金属很容易失去电子，它们在常温下就能与氧化合形成氧化物，钠、钾的氧化很快，铷、铯会发生自燃。铜、汞等必须在加热情况下才能与氧化合，而银、金即使在炽热的情况下也很难与氧等非金属化合。有些金属如铝、铬等形成的氧化物结构致密，它紧密覆盖在金属表面，能够防止金属继续被氧化。这种氧化膜的保护作用叫钝化。所以常将铁等金属表面镀铬、渗铝，这样既美观，又能防腐。

② 金属与水、酸的反应 金属与水、酸反应的情况，一是与金属的活泼性和酸的性质有关；二是与生成物的性质有关；三是与反应温度、酸的浓度有关。

性质很活泼的金属，如钠、钾在常温下就与水剧烈地起反应。钙的作用比较缓和，镁只能与沸水起反应，铁则须在炽热的状态下与水蒸气发生反应。有些金属如镁等与水反应生成的氢氧化物不溶于水，覆盖在金属表面，在常温时使反应难以继续进行。

③ 金属与碱反应　金属除了少数显两性以外，一般都不与碱起作用。锌、铝是典型的两性金属，与强碱反应，生成氢和锌酸盐或铝酸盐。反应如下：

$$Zn + 2NaOH + 2H_2O \longrightarrow Na_2[Zn(OH)_4] + H_2 \uparrow$$

$$2Al + 2NaOH + 6H_2O \longrightarrow 2Na[Al(OH)_4] + 3H_2 \uparrow$$

铍、镓、铟、锡等也能与强碱反应。

2. 金属单质的分类

问题 2-3　下列这些金属分别属于哪类金属？

K、Na、Ca、Mg、Sn、Pb、Cu、Au、Pt、Al、Zn、Hg、Sb、Bi、Cr

金属通常可分为黑色金属和有色金属两大类，黑色金属包括铁、锰和铬以及它们的合金，主要是铁碳合金（钢铁）；有色金属是指除去铁、铬、锰之外的所有金属。有色金属大致上按其密度、价格、在地壳中的储量和分布情况、被人们发现以及使用的早晚等分为五大类。

① 轻有色金属　一般指密度在 $4.5g/cm^3$ 以下的有色金属，包括铝、镁、钠、钾、钙、锶、钡。这类金属的共同特点是：密度小（$0.53 \sim 4.5g/cm^3$），化学性质活泼，与氧、硫、碳和卤素生成的化合物都相当稳定。

② 重有色金属　一般指密度在 $4.5 g/cm^3$ 以上的有色金属，其中有铜、镍、铅、锌、钴、锡、锑、汞、镉、铋等。

③ 贵金属　这类金属包括金、银和铂族元素，由于它们难被氧气氧化，对其他试剂的氧化性也表现稳定，而且在地壳中含量少，开采和提取比较困难，故价格比一般金属贵，因而得名贵金属。它们的特点是密度大，熔点高（$916 \sim 3000℃$），化学性质稳定。

④ 准金属　一般指硅、硒、碲、砷、硼，其物理化学性质介于金属和非金属之间，性脆，是电和热的不良导体。

⑤ 稀有金属　通常是指在自然界中含量很少，分布稀散，发现较晚，难以从原料中提取的或在工业上制备和应用较晚的金属。这类金属包括：锂、铷、铯、铍、钨、钼、钽、铌、钛、铪、钒、铼、镓、铟、铊、锗、稀土元素和人造超铀元素等。要注意，普通金属和稀有金属之间没有明显的界线，大部分稀有金属在地壳中并不稀少，许多稀有金属比铜、镉、银、汞等普通金属还多。

3. 金属晶体和金属键

金属具有很多共同的特性：金属光泽、热和电的良导体以及优良的机械加工性能。金属的这些共性是由其相似的内部结构决定的。

金属的原子核对最外层电子的吸引力较小，这些电子容易"脱落"，"脱落"的电子不再属于某个金属原子，而为整个金属晶体共有，这些电子像气体分子一样在阳离子之间自由运动。金属原子失去电子后成为金属正离子，这些正离子与自由电子靠静电结合在一起形成金属晶体。

金属阳离子与自由电子之间存在着较强的结合力，这种力称为金属键。金属晶体中，可以将自由电子看作金属原子或离子的共用电子。而电子是自由的，它不局限于一个或两个金属原子或离子，而属于整个金属晶体。自由电子像黏合剂一样将金属原子或离子"结合"在一起。或者说，金属原子或离子沉浸在自由电子的海洋中。因此金属键没有方向性，也没有饱和性。

金属中自由电子可以自由运动，可在较宽的范围内吸收可见光并随即释放出来，因此使得金属具有光泽。除少数金属外，绝大多数金属为银白色。

金属晶体中有可以自由移动的电子，在电场作用下可定向移动而导电。由于金属原子或离子的振动和金属离子对自由电子的吸引阻碍电子的运动，使金属具有一定的电阻。且温度升高，电阻增大。

自由电子运动时与金属原子或离子不断发生碰撞，在碰撞过程中发生能量交换。当金属的某一部分受热时，自由电子可迅速将热传至整个晶体。因此，金属具有良好的导热性。

金属受力时，由于金属键的特征，原子产生相对位移时，金属键并没有受损，所以将金属拉压时不致断裂，因此金属可以压成片、拉成丝，表现出良好的机械加工性能。

由于金属晶体中微粒间的结合力是金属键，是一种较强的作用力，破坏金属晶体需要较高的能量。因此，金属具有较高的熔点和较大的硬度。

 二、金属氧化物

1. 碱金属氧化物和碱土金属氧化物

碱金属是指元素周期表中ⅠA族（第一主族）除氢以外的锂（Li）、钠（Na）、钾（K）、铷（Rb）、铯（Cs）、钫（Fr）（放射性元素）。它们的元素原子最外层都只有一个电子，表现出很强的金属性和还原性。

碱土金属是指元素周期表中ⅡA族（第二主族）的铍（Be）、镁（Mg）、钙（Ca）、锶（Sr）、钡（Ba）、镭（Ra）（放射性元素）。它们的元素原子最外层都只有两个电子，也表现出较强的金属性和还原性，比相应周期的碱金属稍弱。

碱金属和碱土金属能形成三种类型的氧化物：正常氧化物、过氧化物和超氧化物。这三种氧化物均为离子型，分别含有 O^{2-}、O_2^{2-} 和 O_2^-。

（1）碱金属、碱土金属的氧化物

问题 2-4 水的硬度一般用什么物质的含量表示？硬度较大的水在工业和生活中有哪些害处，该如何处理才能使其硬度降低？

锂和所有碱土金属在空气中燃烧时，生成正常氧化物：

$$4Li + O_2 \longrightarrow 2Li_2O$$

$$2M + O_2 \longrightarrow 2MO$$

其他碱金属的正常氧化物是用金属与它们的过氧化物或硝酸盐作用而制得；碱土金属氧化物也可通过加热它们的碳酸盐或硝酸盐而制得。

$$Na_2O_2 + 2Na \longrightarrow 2Na_2O$$

$$2KNO_3 + 10K \longrightarrow 6K_2O + N_2 \uparrow$$

$$CaCO_3 \xrightarrow{\triangle} CaO + CO_2 \uparrow$$

$$2Sr(NO_3)_2 \xrightarrow{强热} 2SrO + 4NO_2 \uparrow + O_2 \uparrow$$

碱金属的氧化物从锂到铯，颜色加深，热稳定性逐渐降低。

碱土金属的氧化物都是白色粉末，它们的硬度大、熔点高，是常用的耐火材料和建筑材料。例如，BeO 和 MgO 常用来制造耐火材料和金属陶瓷，特别是 BeO，还具有反射放射线的能力，常被用作原子反应堆外壁砖块材料。而 MgO 按制取工艺及产品的致密程度不同，有重质和轻质之分，重质氧化镁水泥是一种很好的建筑材料，与木屑和刨花一起可制成轻质、隔声、绝热、耐火的纤维板。轻质氧化镁价格比较贵，是制坩埚的原料和涂料、纸张的填料。氧化钙是重要的建筑材料，在冶炼厂中用作助熔剂，以除去硫、磷、硅等杂质，在化工生产中用来制取电石（CaC_2），还用于生产钙的化学试剂，用于污水处理、造纸等，其产量仅次于硫酸。

（2）碱金属和碱土金属过氧化物

▶ 问题 2-5　过氧化钠可以作为防毒面具、高空飞行和潜水作业的供养剂，道理何在？

除铍外，所有的碱金属及碱土金属都能形成相应的过氧化物，其中只有钠的过氧化物由金属在空气中燃烧直接制得。锶和钡在高压氧中才能制得，钙、锶和钡的氧化物与过氧化氢作用，也能得到相应的过氧化物。过氧化钠为淡黄色粉末或粒状物。

$$2Na + O_2 \xrightarrow{\triangle} Na_2O_2$$

Na_2O_2 与水或稀酸作用生成 H_2O_2，因反应放出大量的热，使 H_2O_2 迅速分解：

$$Na_2O_2 + 2H_2O \longrightarrow 2NaOH + H_2O_2$$
$$Na_2O_2 + H_2SO_4（稀）\longrightarrow Na_2SO_4 + H_2O_2（表现出盐的性质）$$
$$2H_2O_2 \longrightarrow 2H_2O + O_2 \uparrow$$

过氧化钠与二氧化碳反应会放出氧气：

$$2Na_2O_2 + 2CO_2 \longrightarrow 2Na_2CO_3 + O_2 \uparrow$$

（3）碱金属和碱土金属超氧化物

除了锂、铍、镁外，碱金属和碱土金属都能形成相应的超氧化物。超氧化物与水反应生成过氧化氢，同时放出氧气：

$$2KO_2 + 2H_2O \longrightarrow 2KOH + H_2O_2 + O_2 \uparrow$$

与二氧化碳反应会放出氧气：

$$2Ba(O_2)_2 + 2CO_2 \longrightarrow 2BaCO_3 + 3O_2 \uparrow（可用作供氧剂，还可作氧化剂）$$

2. 其他金属氧化物

▶ 问题 2-6　宝石的主要化学成分是 Al_2O_3，我们能否用化学方法来合成"人工宝石"？其他金属氧化物是否会形成宝石？

（1）三氧化二铬

铬原子的价电子构型为 $3d^5 4s^1$，能形成多种氧化数的化合物，如 +1、+2、+3、+4、+5、+6，其中以 +3、+6 两类化合物最为常见和重要。这两类化合物在不同的介质中具有不同的存在形态和特性。

三氧化二铬（Cr_2O_3）不溶于水，具有两性，溶于酸形成 Cr（Ⅲ）盐，又溶于碱生成亚铬酸盐：

$$Cr_2O_3 + 3H_2SO_4 \longrightarrow Cr_2(SO_4)_3 + 3H_2O$$
$$Cr_2O_3 + 2NaOH \longrightarrow 2NaCrO_2 + H_2O$$

Cr_2O_3 为绿色固体，颜色鲜艳，着色力高温下稳定，故可作陶瓷、玻璃及涂料的颜色，商品名叫做铬绿。

向 Cr（Ⅲ）盐中加入氨水或少量 NaOH，可析出灰蓝色胶状的 $Cr(OH)_3$ 沉淀。$Cr(OH)_3$ 难溶于水，具有明显的两性，易溶于酸生成紫色的水合铬离子，也易溶于碱生成亮绿色的 $[Cr(OH)_4]^-$ 或为 $[Cr(OH)_6]^{3-}$。

向 $K_2Cr_2O_7$ 饱和溶液加入过量浓 H_2SO_4，冷却后析出暗红色的三氧化铬（CrO_3）晶体。CrO_3 俗名"铬酐"，有毒，对热不稳定，有强氧化性，与酒精等有机物发生剧烈的氧化还原反应，甚至起火、爆炸。CrO_3 易潮解，并溶于水生成两种酸：铬酸和重铬酸，它们均为强酸（后者酸性更强些），它们只存在于稀溶液中。CrO_3 溶于碱生成铬酸盐。

（2）锰的氧化物

锰的氧化物有：MnO、MnO_2，MnO 为灰绿色固体，在空气中易于氧化。MnO 溶于酸得相应的 $Mn(Ⅱ)$ 盐。

Mn^{2+} 盐与碱作用：

$$Mn^{2+} + 2OH^- \longrightarrow Mn(OH)_2\downarrow （白色）$$

$Mn(OH)_2$ 还原性强，极易被氧化，$Mn(OH)_2$ 不能稳定存在。在空气中很快变为棕色的水合二氧化锰，甚至溶解在水中的少量氧也能将其氧化：

$$2Mn(OH)_2 + O_2 \longrightarrow 2MnO(OH)_2$$

二氧化锰是一种呈黑色或棕色的固体，经常出现于软锰矿及锰结核中。二氧化锰主要用途为制造干电池，如碳锌电池和碱性电池；也常在化学反应中作为催化剂。二氧化锰也经常被用来制作高锰酸钾（$KMnO_4$）。它常被用作有机化学中的氧化剂。

（3）铁的氧化物

铁可形成 FeO、Fe_2O_3、Fe_3O_4 三种氧化物。

FeO 具有碱性，难溶于水和碱，易溶于强酸，并形成二价铁盐。

Fe_2O_3 是难溶于水的两性偏碱性物质，与酸作用，生成三价铁盐，与氢氧化钠、氧化钠或碳酸钠等碱性物质共熔，可生成 $Fe(Ⅲ)$ 酸盐。

Fe_2O_3 俗称铁红，有很强的着色力。广泛用作陶瓷、涂料的颜料，还可作磨光剂和某些反应的催化剂。

Fe_3O_4 也称磁性氧化铁，因其优质的磁性能和较宽频率范围的强吸收性，而作为磁记录材料和隐身材料。

（4）铜的氧化物

CuO 为黑色粉末，难溶于水，加热分解硝酸铜或碱式碳酸铜都能得到黑色的氧化铜。

$$2Cu(NO_3)_2 \xrightarrow{\triangle} 2CuO + 4NO_2\uparrow + O_2\uparrow$$

$$Cu_2(OH)_2CO_3 \xrightarrow{\triangle} 2CuO + CO_2\uparrow + H_2O\uparrow$$

氧化亚铜 Cu_2O 为暗红色固体，有毒。其制备反应为：

$$Cu + CuO \xrightarrow{800\sim900℃} Cu_2O$$

$$2CuSO_4 + 3Na_2SO_3 \longrightarrow Cu_2O\downarrow + 3Na_2SO_4 + 2SO_2\uparrow$$

CuO 溶于稀酸，生成相应的铜盐；Cu_2O 溶于稀酸时，发生歧化反应：

$$Cu_2O + H_2SO_4 \longrightarrow CuSO_4 + Cu\downarrow + H_2O$$

$$Cu_2O + 2HCl \longrightarrow 2CuCl\downarrow + H_2O（与盐酸并不发生歧化反应，生成 CuCl 沉淀）$$

$$Cu_2O + 4NH_3 \cdot H_2O \longrightarrow 2[Cu(NH_3)_2]OH + 3H_2O（溶于氨水生成配合物）$$

（5）银的氧化物

氧化银暗褐色，难溶于水，受热容易分解。可溶于硝酸，也可溶于氰化钠或氨水溶液中生成配合物。

（6）锌的氧化物

氧化锌可由锌在空气中燃烧制得，也可由碳酸锌、硝酸锌热分解而制得。氧化锌为白色粉末，不溶于水，是两性氧化物，既溶于酸，又溶于强碱。

商品氧化锌又称锌氧粉或锌白，是优良的白色颜料。它遇 H_2S 不变黑，无毒，具有收敛性和一定的杀菌能力，故大量用于医用橡皮软膏，在有机合成中用作催化剂，经改性后可用于电视机的玻壳上。

（7）汞的氧化物

氧化汞有两种变体——黄色氧化汞和红色氧化汞。由湿法制得的是黄色氧化汞：

$$Hg^{2+} + 2OH^- \longrightarrow HgO\downarrow + H_2O$$

用干法可制得红色氧化汞：

$$2Hg(NO_3)_2 \xrightarrow{300\sim330℃} 2HgO + 4NO_2\uparrow + O_2\uparrow$$

黄色的氧化汞受热可变成红色的氧化汞。它们的晶体结构相同，之所以颜色不同是由于晶粒大小不同所致，黄色细小。它们都不溶于水，也不溶于碱，有毒！500℃可分解为金属汞和氧气。HgO 用作医药制剂、分析制剂、陶瓷颜料等。

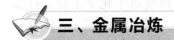

三、金属冶炼

> **问题 2-7**　请通过资料查阅金属 Au、Cu、Fe、Al 在自然界主要以什么形式存在？现在工业上对其进行冶炼采用何种方法？其化学原理如何？

金属的冶炼就是把金属从化合态变为游离态。常用的冶炼法是用碳、一氧化碳、氢气等还原剂与金属氧化物在高温下反应，又称为干式冶金。简单地说就是把矿石和必要的添加物一起在炉中加热至高温，熔化为液体，发生所需的化学反应，从而分离出粗金属，然后再将粗金属精炼。湿法冶金则是用酸、碱、盐类的水溶液，以化学方法从矿石中提取所需金属组分，然后用水溶液电解等方法制取金属。此法主要应用在低电位、难熔化或微粉状的矿石上。现在世界上有 75% 的锌和镉是采用焙烧-浸取-水溶液电解法制成的。这种方法已大部分代替了过去的火法炼锌。其他难以分离的金属如镍-钴、锆-铪、钽-铌及稀土金属都采用湿法冶金的技术，如溶剂萃取或离子交换等新方法进行分离，分离效果比较好。常用的金属冶炼方法如下。

1. 电解法

在中学时学习过金属活动顺序表：K Ca Na Mg Al Zn Fe Sn Pb（H）Cu Hg Ag Pt Au。金属活动顺序表中 Na～Al 金属较为活泼，一般采用电解法进行冶炼：

$$2NaCl(熔融) \xrightarrow{电解} 2Na + Cl_2\uparrow$$

$$2Al_2O_3(熔融) \xrightarrow[Na_3AlF_6]{电解} 4Al + 3O_2\uparrow$$

由于生成的 O_2 与阳极碳棒反应生成 CO、CO_2，所以应不断补充阳极碳棒，冰晶石（Na_3AlF_6）为助熔剂。

2. 热还原法

金属活动顺序表中 Zn～Cu 金属不太活泼，常采用还原法进行冶炼。

（1）用 H_2 作还原剂

$$Fe_3O_4 + 4H_2 \xrightarrow{\triangle} 4H_2O + 3Fe$$

这种方法能够制得很纯的还原性铁粉，这种铁粉具有很高的反应活性，在空中受撞击或受热时会燃烧，所以俗称"引火球"。

（2）用 C（焦炭、木炭）或 CO 作还原剂

$$ZnO + C \xrightarrow{高温} Zn + CO\uparrow$$

我国是世界上冶炼锌最早的国家，明朝宋应星在《天工开物》一书中有记载。

（3）Al作还原剂（铝热剂）冶炼难熔的金属

$$Fe_2O_3 + 2Al \xrightarrow{\text{点燃}} 2Fe + Al_2O_3$$

$$3V_2O_5 + 10Al \xrightarrow{\text{点燃}} 6V + 5Al_2O_3$$

（4）用 Na、Mg 等活泼金属为还原剂冶炼 Ti 等现代有色金属。

$$4Na + TiCl_4(\text{熔融}) \xrightarrow[\text{氩气}]{\text{高温}} Ti + 4NaCl$$

$$2Mg + TiCl_4(\text{熔融}) \xrightarrow[\text{氩气}]{\text{高温}} Ti + 2MgCl_2$$

钛是银白色金属，质轻和机械性能良好，耐腐蚀性强，广泛应用于化学工业、石油工业、近代航空、宇航以及水艇制造中，被称为"空中金属"、"海洋金属"、"陆地金属"。医学上利用它的亲生物性和人骨的密度相近，用钛板、钛螺丝钉制作人工关节、人工骨，很容易和人体肌肉长在一起。所以又被称为"亲生物金属"。钛的合金（如钛镍合金）具有"记忆"能力，可记住某个特定温度下的形状，只要恢复这个温度，就会恢复到这个温度下的形状，又被称为"记忆金属"。此外，钛还可制取超导材料，美国生产的超导材料中的 90% 是用钛铌合金制造的。由于钛在未来科技发展中的前景广阔，又有"未来金属"之称。

3. 加热法

Hg、Ag 等不活泼金属的冶炼，可用加热其氧化物或煅烧其硫化物的方法。例如：

$$2HgO \xrightarrow{\triangle} 2Hg + O_2 \uparrow$$

$$HgS + O_2 \xrightarrow{\triangle} Hg + SO_2 \uparrow$$

$$2Ag_2O \xrightarrow{\triangle} 4Ag + O_2 \uparrow$$

4. 物理提取

Pt、Au 在自然界中存在，其密度很大，用多次淘洗法去掉矿粒、泥沙等杂质，便可得 Pt、Au。

5. 湿法冶金

湿法冶金即利用溶液中发生的化学反应（如置换反应、氧化还原反应、中和反应、水解反应等），对原料中的金属进行提取和分离的冶金过程。如金、银的工业冶炼：

$$4Au + 8NaCN + 2H_2O + O_2 \longrightarrow 4Na[Au(CN)_2] + 4NaOH$$

$$2[Au(CN)_2]^- + Zn \longrightarrow [Zn(CN)_4]^{2-} + 2Au$$

$$4Ag + 8NaCN + 2H_2O + O_2 \longrightarrow 4Na[Ag(CN)_2] + 4NaOH$$

$$2[Ag(CN)_2]^- + Zn \longrightarrow [Zn(CN)_4]^{2-} + 2Ag$$

6. 金属矿产

金属矿产是通过采矿、选矿和冶炼等工序，从中提取一种或多种金属单质或化合物的矿产。世界已探明储量的金属矿产有 66 种，中国则有 54 种。按成分、性能和用途等，可将金属矿产分为黑色金属、有色金属、贵金属、稀有金属、稀土金属和稀散金属（半金属）矿产。表 2-2 简单列出了我国矿产分类情况。

中国金属矿产资源品种齐全，储量丰富，分布广泛。已探明储量的矿产有 54 种。

需要说明的是，金属矿产除了上面提到的几类外，尚有放射性金属矿产，包括铀、钍等放射性元素。

表 2-2　我国金属矿产分类简表

矿	矿产类别
黑色金属矿	铁矿、锰矿、铬矿和钒矿、钛矿
有色金属矿	铜矿、铅矿、锌矿、铝土矿、镍矿、钨矿、镁矿、钴矿、锡矿、铋矿、钼矿、汞矿、锑矿
贵金属矿	金矿、银矿和铂族金属矿（铂矿有 6 种）
稀有金属矿	铌砂、钽矿、铍矿、锂矿、锆矿、锶矿、铷矿和铯矿
稀土金属	钪矿、轻稀土矿（镧矿、铈矿等 7 种）、重稀土矿（钇矿等 9 种）
稀散元素金属矿和半金属矿	锗矿、镓矿、铟矿、铊矿、铼矿、镉矿、硒矿、碲矿

　　金属矿产是国民经济、国民日常生活及国防工业、尖端技术和高科技产业必不可缺少的基础材料和重要的战略物资。钢铁和有色金属的产量往往被认为是一个国家国力的体现。1996年，我国钢产量首次突破亿吨大关，跃居世界第一；10 种常用有色金属产量达到 523 万吨，在世界有色金属生产大国中继续处于第二位；黄金产量，1996 年是 128.05 吨，1997 年为 166.3吨，达到历史最高水平；我国是稀土大国，稀土的实际产量和世界的消费量几乎相当。

　　我国现有的金属矿产资源和所形成的生产能力为未来我国经济健康、持续地发展奠定了可靠的基础。

拓展思考

　　1. 所有金属氧化物都溶于盐酸溶液吗？哪些不溶？为什么？

　　2. 多数金属容易被氧化成氧化物，那么不同金属在储存时采取什么措施防止氧化？请举例说明。

　　3. 在电视剧中经常会看到古人"银针验毒"，请分析其道理何在，是否准确。

　　4. 请查阅我国重要的金属冶炼厂家有哪些，采用哪种方法进行金属冶炼？

　　5. 铜锈是绿色的，它与其他金属的锈，例如铁锈等有什么区别？

第二节
非金属矿产与无机盐

学习目标

　　1. 了解硫矿的种类，能写出硫矿的基本化学组成，说出硫矿的工业用途。

　　2. 了解磷矿石的种类，能写出磷矿石的主要化学成分，说出磷矿的主要工业用途。

　　3. 能熟练读出碳酸盐的名称，写出化学式；能比较不同碳酸盐的溶解性、稳定性；能说出不同金属离子与碳酸根形成沉淀的情况。

　　4. 能熟练读出硫酸盐的名称，写出化学式；能够利用实验现象检验硫酸根离子；熟悉各种硫酸盐的性质，能说出各种典型硫酸盐的主要用途并写出化学式。

　　5. 能熟练读出磷酸盐的名称，写出化学式；能够利用实验现象检验磷酸根离子；熟悉各种磷酸盐的性质，能说出各种典型磷酸盐的主要用途并写出化学式。

　　6. 从离子键的特点，理解离子晶体的熔点和沸点等性质。

　　地壳中的化学元素在各种地质作用下所形成的具有一定物理和化学性质的天然物质，称为矿物。矿物是组成岩石、矿石和土壤的基本单位。按实际用途和性质，矿物可简单地分为金属矿物、非金属矿物和燃料矿物。目前已知的矿物约 3000 余种，工业利用的矿物约 200 余种。虽然金属种类较多，金属矿产丰富，但非金属矿产也一样丰富，例如硫矿、磷矿、硅酸盐矿等。矿物的工业价值随具体条件而变，是一个变量。例如岩石中的铁矿物和铜矿物对于金属矿产来说是有用矿物，而对于陶瓷原料来说，是有害杂质矿物。黏土、长石、石英等矿物对金属矿产来说是无用的脉石矿物，而对于陶瓷原料来说，则是有用的矿物。氯化钠、碳酸钠等无机盐类物质更是种类繁多，在日常生活和工业生产中被广泛应用和生产。本节主要介绍典型非金属矿产的成分、应用；碳酸盐等无机盐的性质、用途等。

 一、典型非金属矿产

问题 2-8 请查阅国际国内以硫矿和磷矿为原料的主要工业产品是什么？副产品有没有可利用的物质？如何开发利用？

1. 硫矿

在自然界，硫是分布广泛、亲和力非常强的非金属元素，它以自然硫、硫化氢、金属硫化物及硫酸盐等多种形式存在，并形成各类硫矿床。硫矿种类很多，以单质硫和化合态硫两种形式出现。

硫矿物最主要的用途是生产硫酸和硫黄。硫酸是耗硫大户，中国约有 70% 以上的硫用于硫酸生产。化肥是消费硫酸的最大户，消费量占硫酸总量的 70% 以上。

高品位硫铁矿烧渣可以回收铁等；低品位的烧渣可作水泥配料。烧渣还可以回收少量的银、金、铜、铝、锌和钴等。

硫的主要工业矿物和化合物有：自然硫、黄铁矿、白铁矿、磁黄铁矿、有机硫、硫化氢及有色金属硫化物。中国硫资源十分丰富，储量排在世界前列。中国在目前及今后相当一段时期内，仍将以硫铁矿和伴生硫铁矿为主要硫源。国外硫当前主要来自天然气、石油和自然硫。

（1）自然硫

硫有多种晶型单质。自然硫是指斜方晶系的 α-硫。化学式为 S，理论含硫量为 100%，此外，自然硫中通常含有一些杂质，火山岩自然硫往往含有少量砷、碲、硒和钛，沉积型自然硫常夹杂有方解石、黏土、有机质和沥青等。

自然单质硫一般为针状和板状晶体，常呈不规则块体产出。晶形很少见，通常呈致密块状、粉末状、粒状、条带状等。

自然硫为淡黄色、棕黄色，有杂质时颜色带红、绿、灰和黑色等。相对密度为 $2.05 \sim 2.08$；性脆，解理不完全，断口贝壳状，具有较弱的导电、传热性。条痕为白-黄白色，透明-半透明状，具有树脂-金刚光泽；燃烧时发青蓝色火焰，并有刺鼻硫黄味。自然硫耐腐蚀，在 $360℃$ 和更高温度条件下硫与氧强烈作用，生成二氧化硫。在约 $400℃$ 时硫与氢作用形成硫化氢，温度继续升高时则离解，在 $1690℃$ 时完全分解成水和硫。

硫不溶于水，较易溶于有机溶剂和二硫化碳。硫作为氧化剂和还原剂出现，是化学上很活泼的元素。

（2）黄铁矿

黄铁矿又称硫铁矿，主要成分是二硫化铁，化学式为 FeS_2，其硫理论含量为 53.45%，铁理论含量为 46.55%。自然界产出的黄铁矿常含有钴、镍、砷、硒、锑、铜、银和金等多种金属元素。有些硫化物还含非常微量的碲、锗等稀散元素。

黄铁矿颜色多为浅黄铜色，表面常带有褐色、黄褐色，细粉状黄铁矿集合体常呈绿黑色。硬度 6.0～6.5，相对密度 4.9～5.2。性脆，条痕为褐黑或绿黑色。具有很好的金属光泽，不透明，具有较弱的导电性。

（3）白铁矿

白铁矿（FeS_2）与黄铁矿化学组成相同，但晶体结构不同。晶体常呈板状产出。集合体呈结核状、球状、钟乳状、皮壳状等。

白铁矿为浅黄铜色，略带浅灰或浅绿色调，新鲜面近似锡白色，条痕暗灰绿色，具有金属光泽，不透明，硬度 5.0～6.0，相对密度 4.6～4.9，性脆，解理不完全，断口为参差状，具有弱电性。

（4）磁黄铁矿

磁黄铁矿有多种不同的晶体结构，常呈致密粒状块体，晶体很少见，晶形呈板状。

磁黄铁矿新鲜面是古铜棕色，表面常具暗褐色、暗棕色，不透明、金属光泽，条痕灰黑色。硬度 4，性脆，相对密度 4.58～4.70。具有磁性，但强弱不一。具有导电性，断口为参差状至贝壳状。

我国硫矿的矿产主要用于化工生产。硫铁矿在制硫酸时的主要有害组分有：砷、氟、铅、锌、碳、钙、镁、碳酸盐等。

① 砷　在硫酸生产中，砷会使催化剂中毒，生成氧化砷结晶，使硫转化率下降，并堵塞管道，造成清理困难，还容易使人中毒；排出的污水中含砷会造成环境污染。

② 氟　焙烧时大部分以氟化氢存在，小部分为四氟化硅。氟化氢能使催化剂粉碎；四氟化硅能使催化剂结块，导致催化剂阻力升高，硫转化率降低。在酸洗流程中，生成的氢氟酸，会腐蚀砖衬里和磁环；在水洗流程中，因氟的溶解度大，大部分随污水排出，会污染饮用水和影响农作物生长。

③ 铅、锌　焙烧过程中熔点较低，易使焙烧炉产生结疤现象。

④ 碳　含量较多时，在焙烧过程中发热很高，炉温不易控制，还要消耗较多的氧，生成一氧化碳或二氧化碳，影响转化。

⑤ 钙、镁和碳酸盐　硫铁矿石中的钙、镁和碳酸盐使硫铁矿在焙烧过程中分解出二氧化碳气体，稀释了炉气中二氧化硫的浓度。同时，氧化钙和氧化镁还吸收部分二氧化硫形成硫酸钙和硫酸镁，降低了硫的利用率，使设备的生产能力下降。而且新形成的钙、镁硫酸盐残留在硫铁矿石的烧渣中，影响综合利用。

2. 磷矿

磷矿是指在经济上能被利用的磷酸盐类矿物的总称，是一种重要的化工矿物原料。可以制取磷肥，也可以用来制造黄磷、磷酸、磷化物及其他磷酸盐类，以用于医药、食品、火柴、染料、制糖、陶瓷、国防等工业部门。在工业上作为提取磷的主要含磷矿物是磷灰石，其次有硫磷铝锶石、鸟粪石、蓝铁石等。自然界中磷元素约有 95% 集中在磷灰石中。

多数的磷矿物是氟磷灰石，其纯矿物的组分是 $Ca_5F(PO_4)_3$，但纯氟磷灰石较少见，其组分具有不同程度的原子取代现象。如镁、锶和钠可取代钙；OH^- 和 Cl^- 可取代 F^-；砷和钒可取代磷；碳酸根加氟可取代磷酸根等。

① 磷锶铝石　标准磷锶铝石的理论化学式为 $SrAl_3(PO_4)_2(OH)_5 \cdot H_2O$，化学成分 P_2O_5 30.77%，SrO_2 2.45%，Al_2O_3 33.12%。磷锶铝石相当坚硬，小刀不能刻画。相对密

度 3.11。由于 P_2O_5 含量高，因此除可作为磷矿利用外，同时含大量的锶和稀土元素，可综合利用。

② 蓝铁矿 带水的磷酸盐，化学式为 $Fe_3(PO_4)_2 \cdot 8H_2O$，主要成分：P_2O_5 28.30%，FeO 43.0%，H_2O 28.7%。通常呈柱状，有时扁平，有时呈圆球状、片状、放射状、纤维状、土状等。相对密度 2.68±0.01。新鲜的蓝铁矿晶体无色透明，具玻璃光泽，颜色为浅蓝色或浅绿色，强氧化后呈深蓝色、暗绿色或蓝黑色，很容易识别。蓝铁矿主要产于含有机质较多的褐煤、泥炭、森林土壤中，也与沼铁矿共生。

氟资源主要来自萤石、磷矿石等。随着氟化工产业的快速发展，有限的萤石资源已难以满足需求，人们便把目光转向磷矿石。从磷化工回收氟资源，进而开发有机和无机氟化工高端材料，正成为一条既可提高资源综合利用率，延长磷化工产业链，又可推动磷矿石清洁加工和高端氟材料产业发展的道路。

 二、典型无机盐的性质和应用

无机物经常被简单地分为酸、碱和盐，在这几种物质中盐类物质种类较多。常见的盐类有卤化物（例如氯化钠等）、卤素含氧酸盐（例如次氯酸钠等）、硫化物（例如硫化铅等）、硫的氧酸盐（例如硫酸钾等）、氮的含氧酸盐（例如硝酸钙等）、磷的含氧酸盐（例如磷酸钙等）等。在这里介绍几种常见的盐类物质的性质。

1. 碳酸盐

问题 2-9 自然界中的石灰石、大理石、方解石、珍珠、贝壳等的主要成分是什么？"桂林山水甲天下"是流传很久的一句话，桂林的钟乳石和石笋也是很著名的景观，你知道它们是怎样形成的吗？自然界的钟乳石和石笋可随水迁移，为什么？

碳酸能形成两种类型的盐，即正盐（碳酸盐）和酸式碳酸盐（碳酸氢盐）。不同的碳酸盐在对水的溶解性、酸碱性等方面性质不同。

（1）碳酸盐的溶解性

碳酸盐中除了铵盐和碱金属（锂除外）盐外，大多碳酸盐难溶于水；而大多数碳酸氢盐易溶于水。

对于难溶碳酸盐来说，其相应的酸式盐比正盐的溶解度大。例如：

$$\underset{\text{（难溶）}}{CaCO_3} + CO_2 + H_2O \longrightarrow \underset{\text{（易溶）}}{Ca(HCO_3)_2}$$

对于易溶的碳酸盐来说，它们相应的酸式碳酸盐的溶解度却相对较小。例如，向浓碳酸钠溶液中通入二氧化碳至饱和，可以析出碳酸氢钠：

$$Na_2CO_3 + CO_2 + H_2O \longrightarrow 2NaHCO_3$$

（2）碳酸盐的酸碱性

问题 2-10 工业常用的纯碱、小苏打、洗涤碱、熟石灰等分别是什么物质？

碳酸盐的水溶液常显碱性，例如 Na_2CO_3 水溶液显碱性，$NaHCO_3$ 水溶液呈微碱性。因此碳酸盐和酸式碳酸盐常被当作碱用。在实际工作中可溶性碳酸盐可以同时即作为碱又作为沉淀剂，用于分离溶液中某些离子。

部分金属离子如 Ca（Ⅱ）、Sr（Ⅱ）、Ba（Ⅱ）、Ag（Ⅰ）、Cd（Ⅱ）、Mn（Ⅱ）等，遇碳酸根生成碳酸盐沉淀：

$$Ba^{2+} + CO_3^{2-} \longrightarrow BaCO_3 \downarrow$$

部分金属离子如 Bi（Ⅲ）、Cu（Ⅱ）、Mn（Ⅱ）、Pb（Ⅱ）等，与碳酸根离子生成碱式碳酸盐沉淀：

$$2Cu^{2+} + 2CO_3^{2-} + H_2O \longrightarrow Cu_2(OH)_2CO_3 \downarrow$$

部分金属离子如 Al（Ⅲ）、Fe（Ⅲ）、Cr（Ⅲ）等遇碳酸根离子生成氢氧化物沉淀：

$$2Fe^{3+} + 3CO_3^{2-} + 3H_2O \longrightarrow 2Fe(OH)_3 \downarrow + 3CO_2$$

$$2Al^{3+} + 3CO_3^{2-} + 3H_2O \longrightarrow 2Al(OH)_3 \downarrow + 3CO_2$$

可见，金属离子与可溶性碳酸盐的作用不完全相同。

（3）碳酸盐的热稳定性

表 2-3 列出了部分金属碳酸盐的分解温度。

表 2-3　部分金属碳酸盐的分解温度

M^{n+}	Li^+	Na^+	Mg^{2+}	Ca^{2+}	Sr^{2+}	Ba^{2+}	Fe^{2+}	Cd^{2+}	Pb^{2+}	Ag^+
分解温度/℃	1100	1800	402	814	1098	1277	282	360	315	218

从表 2-3 中可以看出，碳酸盐的分解温度相差较大。

碳酸盐的热稳定性一般规律为：碱金属盐＞碱土金属盐＞过渡金属盐＞铵盐；而碳酸盐＞酸式碳酸盐＞碳酸。这一规律与离子的极化有关。

另外，碳酸盐矿物是金属阳离子与碳酸根相结合的化合物。金属阳离子主要有钠、钙、镁、钡、稀土元素、铁、铜、铅、锌、锰等，与碳酸根以离子键结合，形成岛状、链状和层状三种结构类型，以岛状结构碳酸盐为主。碳酸盐矿物多呈柱状、菱面体和板状晶形。无色、白色，若含过渡型离子则呈现彩色。以玻璃光泽为主。一般硬度、密度都不大，其中三方晶系者具有菱面体解理。碳酸盐矿物分布广泛，其中钙镁碳酸盐矿物最为丰富，形成巨大的海相沉积层，占地壳总质量的 1.7%。

2. 硫酸盐

问题 2-11　游泳池中的水呈天蓝色，你知道为什么吗？净水剂常用明矾，明矾的化学组成如何？它是如何起到净水目的的？

（1）硫酸盐

硫酸盐也是常见的盐，因为硫酸是二元酸，所以硫酸盐可分正盐 M_2SO_4 和酸式盐 $MHSO_4$（M 为 +1 价金属或其他价态金属）。在硫酸的酸式盐中仅有最活泼的常见金属元素（Na、K 等）才能形成稳定的固态酸式硫酸盐。例如，在硫酸钠溶液中加入过量的硫酸，即会有硫酸氢钠结晶析出：

$$Na_2SO_4 + H_2SO_4 \longrightarrow 2NaHSO_4$$

酸式硫酸盐大部分易溶于水。硫酸盐中除 $BaSO_4$、$PbSO_4$、$CaSO_4$、$SrSO_4$ 等难溶于水，Ag_2SO_4 微溶于水外，其余都易溶于水。可溶性硫酸盐从溶液中析出时常常带有结晶水，例如，$CuSO_4 \cdot 5H_2O$、$FeSO_4 \cdot 7H_2O$ 等。

活泼金属的硫酸盐在高温下是稳定的，例如 Na_2SO_4、K_2SO_4、$BaSO_4$ 等，在 1000℃ 时也不会分解。一些重金属的硫酸盐，例如，$CuSO_4$、Ag_2SO_4 等会分解成金属氧化物或金属单质：

$$CuSO_4 \longrightarrow CuO + SO_3 \uparrow$$

$$2Ag_2SO_4 \longrightarrow 4Ag + 2SO_3 \uparrow + O_2 \uparrow$$

在化工产品中经常会见到"矾"字，例如，绿矾、胆矾、明矾等。矾是带结晶水的过渡金属硫酸盐的俗称。绿矾是 $FeSO_4 \cdot 7H_2O$，胆矾是 $CuSO_4 \cdot 5H_2O$，皓矾是 $ZnSO_4 \cdot 7H_2O$，明矾 $K_2SO_4 \cdot Al_2(SO_4)_3 \cdot 24H_2O$。

用生成难溶的硫酸钡沉淀的方法，可以定性和定量地鉴定硫酸根离子。

硫酸盐的制法有：①将金属溶在硫酸中；②用金属氧化物或氢氧化物中和硫酸；③硫酸与挥发性酸的盐在较高温度（500℃以上）下反应；④氧化硫化物或亚硫酸盐。硫酸与硫酸钠或氯化钠作用可制得酸式硫酸盐。

硫酸盐矿物是金属元素阳离子（包括铵根）和硫酸根化合而成的盐类。由于硫元素最外电子层是 6 个电子，有几种不同的价态，在自然界它可以呈不同的价态形成不同的矿物。当它以最高的价态与氧结合成形成 SO_4^{2-}，SO_4^{2-} 再与金属元素阳离子即形成硫酸盐。在硫酸盐矿物中，与硫酸根化合的金属阳离子有二十余种。其中最主要的是 Ca^{2+}、Mg^{2+}、K^+、Na^+、Ba^{2+}、Sr^{2+}、Pb^{2+}、Fe^{3+}、Al^{3+}、Cu^{2+}。目前已知的硫酸盐矿物种数有 170 余种。虽然它们只占地壳总质量的 0.1%，但它们中的石膏、硬石膏、重晶石、芒硝等均能富集成具有工业意义的矿床。由于大多数硫酸盐矿物含有水，使其最突出物理性质中是硬度低，一般在 2～3.5 之间。另外，颜色一般为无色和白色，相对密度一般也不大，为 2～4。火山爆发会喷发出硫来，然后硫燃烧生成二氧化硫，二氧化硫遇到水蒸气形成亚硫酸，亚硫酸在空气中被氧气氧化成硫酸，硫酸和地壳中金属氧化物反应，生成硫酸盐对环境会造成危害。

环境中有许多金属离子，可以与硫酸根结合成稳定的硫酸盐。大气中硫酸盐形成的气溶胶对材料有腐蚀破坏作用，危害动植物健康，而且可以起催化作用，加重硫酸雾毒性；随降水到达地面以后，破坏土壤结构，降低土壤肥力，对水系统也有不利影响。

硫酸盐经常存在于饮用水中，其主要来源是地层矿物质的硫酸盐，多以硫酸钙、硫酸镁的形态存在；石膏、其他硫酸盐沉积物的溶解；海水入侵，亚硫酸盐和硫代硫酸盐等在充分曝气的地面水中氧化，以及生活污水、化肥、含硫地热水、矿山废水、制革、纸张制造中使用硫酸盐或硫酸的工业废水等都可以使饮用水中硫酸盐含量增高。

在大量摄入硫酸盐后出现的最主要生理反应是腹泻、脱水和胃肠道紊乱。人们常把硫酸镁含量超过 600mg/L 的水用作导泻剂。当水中硫酸钙和硫酸镁的质量浓度分别达到 1000mg/L 和 850mg/L 时，有 50% 的被调查对象认为水的味道令人讨厌，不能接受。

（2）焦硫酸盐

焦硫酸是一种无色的晶体状固体，熔点为 35℃。一般由等物质的量的三氧化硫和纯硫酸化合而成焦硫酸，与水作用可生成硫酸：

$$SO_3 + H_2SO_4 \longrightarrow H_2S_2O_7$$

焦硫酸比硫酸具有更强的氧化性、吸水性和腐蚀性。焦硫酸是良好的磺化剂，用于制造某种颜料、炸药和其他磺化类化合物。

酸式硫酸盐在受热到熔点以上时，首先脱水转变为焦硫酸盐：

$$2KHSO_4 \longrightarrow K_2S_2O_7 + H_2O$$

把焦硫酸盐进一步加热，则失去 SO_3，生成硫酸盐：

$$K_2S_2O_7 \longrightarrow K_2SO_4 + SO_3$$

为了使某些难溶于水也难溶于酸的金属矿物（如 Al_2O_3 等）溶解，常用 $KHSO_4$ 或 $K_2S_2O_7$ 与这些金属氧化物共熔，而生成可溶性的该金属的硫酸盐。

$$Al_2O_3 + 3K_2S_2O_7 \longrightarrow Al_2(SO_4)_3 + 3K_2SO_4$$

（3）硫代硫酸盐

硫代硫酸钠（$Na_2S_2O_3 \cdot 5H_2O$）商品名为海波，俗称大苏打，是最常见的硫代硫酸盐，将硫粉溶于沸腾的亚硫酸钠溶液中即可制得：

$$Na_2SO_3 + S \longrightarrow Na_2S_2O_3$$

$Na_2S_2O_3$ 是无色透明的晶体，易溶于水，其水溶液呈弱碱性。它在中性、碱性溶液中很稳定，在酸性溶液中不稳定，易分解成单质硫和二氧化硫，经常用这种反应鉴别 $S_2O_3^{2-}$：

$$S_2O_3^{2-} + 2H^+ \longrightarrow S\downarrow + SO_2\uparrow + H_2O$$

$Na_2S_2O_3$ 是中强还原剂，与强氧化剂（氯、溴等）作用被氧化成硫酸钠，同时将氯还原为 Cl^-。这一性质在造纸厂被利用其除去漂白后残余的氯。

$$S_2O_3^{2-} + 4Cl_2 + 5H_2O \longrightarrow 2SO_4^{2-} + 8Cl^- + 10H^+$$

$Na_2S_2O_3$ 与较弱氧化剂（如碘）反应，则被氧化成连四硫酸钠，在分析测试中被用来定量测定碘，也称碘量法。

$$2S_2O_3^{2-} + I_2 \longrightarrow S_4O_6^{2-} + 2I^-$$

$S_2O_3^{2-}$ 是个很好的配体，与金属离子形成配合物，在传统照相技术中被用来将未曝光的溴化银溶解，然后显影。

$$AgX + 2S_2O_3^{2-} \longrightarrow [Ag(S_2O_3)_2]^{3-} + X^-$$

（4）过硫酸盐

过硫酸钾（$K_2S_2O_8$）和过硫酸铵〔$(NH_4)_2S_2O_8$〕是重要的过硫酸盐，都是强氧化剂。过硫酸盐在 Ag^+ 催化作用下，能将 Mn^{2+} 氧化成紫红色的 MnO_4^-，被用来分析钢铁中的锰含量。

$$2Mn^{2+} + 5S_2O_8^{2-} + 8H_2O \longrightarrow 2MnO_4^- + 10SO_4^{2-} + 16H^+$$

3. 磷酸盐

问题 2-12　磷酸盐是几乎所有食物的天然成分之一，作为重要的食品配料和功能添加剂被广泛用于食品加工中。请通过相关资料〔例如，食品化学药典（FCC）〕查阅不同种类的磷酸盐在食品生产中的用途。

磷酸盐可分为正磷酸盐和缩聚磷酸盐。在食品加工中使用的磷酸盐通常为钠盐、钙盐、钾盐以及作为营养强化剂的铁盐和锌盐，常用的食品级磷酸盐的品种有三十多种。

（1）磷酸盐

磷酸盐有三种类型，即磷酸正盐，例如，Na_3PO_4、$Ca_3(PO_4)_2$ 等；磷酸一氢盐，如 Na_2HPO_4、$CaHPO_4$ 等；磷酸二氢盐，如 NaH_2PO_4、$Ca(H_2PO_4)_2$ 等。

只要严格控制溶液的酸碱度，磷酸和钠盐均可由 H_3PO_4 和 $NaOH$ 反应合成：

在 pH 为 4.0～4.2 时　　$H_3PO_4 + NaOH \longrightarrow NaH_2PO_4 + H_2O$

在 pH 为 8.0～8.4 时　　$H_3PO_4 + 2NaOH \longrightarrow Na_2HPO_4 + 2H_2O$

在 pH 为弱碱性　　　　$H_3PO_4 + 3NaOH \longrightarrow Na_3PO_4 + 3H_2O$

化工生产上由于考虑到成本问题，经常采用 Na_2CO_3 为原料生产 NaH_2PO_4 和 Na_2HPO_4，因为 Na_2CO_3 成本低、腐蚀性小、使用方便安全。但生产 Na_3PO_4 时要用 $NaOH$。

磷酸二氢盐均溶于水，而其他两种类型的盐，除了钾、钠、铵盐外，一般难溶于水。可溶性磷酸盐在水中显示不同的 pH，利用这一性质可以配制不同 pH 的缓冲溶液。

磷酸二氢钙溶于水，能为植物所吸收，是重要的磷肥。若用适量的硫酸处理磷酸钙矿粉生成的磷酸二氢钙和石膏的混合物能直接用作肥料（称为过磷酸钙或普钙）。

$$Ca_3(PO_4)_2 + 2H_2SO_4 + 4H_2O \longrightarrow 2(CaSO_4 \cdot 2H_2O) + Ca(H_2PO_4)_2$$

"普钙"含磷量不高，近代改用"重钙"（重过磷酸钙），其成分主要是 $Ca(H_2PO_4)_2$，是用磷酸代替硫酸处理磷灰石矿粉而制得。

$$Ca_5F(PO_4)_3 + 7H_3PO_4 + 5H_2O \longrightarrow 5Ca(H_2PO_4)_2 \cdot H_2O + HF$$

由于磷酸盐对生物的重要性，所以在生态学上，它是高度被采集。因此，它在环境中往往是限量试剂，而它的可得性则决定生物成长的速率。将大量的磷酸盐加入缺乏磷酸盐的环境或微生物环境中，会对生态有着重大的影响。例如，某一种生物的暴涨会使其他生物死亡，及某种生物数量的减少会令如氧等资源的缺乏等（水体富营养化）。在污染的问题下，磷酸盐是总溶解固体量（一种主要的水质指标）的主要成分。

铵、钙的磷酸二氢盐和磷酸氢二盐都是重要的肥料成分。磷酸二氢钠 NaH_2PO_4 用于控制溶液的氢离子浓度；磷酸氢二钠 Na_2HPO_4 用于水处理，作为多价金属的沉淀剂；磷酸钠用于制造肥皂和洗涤剂。

（2）焦磷酸盐和偏磷酸盐

五价磷含氧酸的盐类，包括正磷酸盐、焦磷酸盐和偏磷酸盐。

焦磷酸是四元酸，有四种焦磷酸盐：其中 $M_2H_2P_2O_7$ 和 $M_4P_2O_7$ 型是常见的，$M_3HP_2O_7$ 型较少，$MH_3P_2O_7$ 型很少。

偏磷酸盐通常是聚成环状的化合物，通式是 $(MPO_3)_n$，常见的有二聚偏磷酸盐（六元环）和四聚偏磷酸盐（八元环），多聚偏磷酸盐不具备确定的晶体结构，又称磷酸盐玻璃体。六偏磷酸钠是最常见的磷酸盐玻璃体，它没有固定的熔点，在水中的溶解度不定，水溶液的 pH 在 $5.5 \sim 6.4$ 之间，实际是一个具有 $20 \sim 100$ 个 PO_3 单元的长链化合物。链型磷酸盐可作锅炉用水的处理剂、颜料分散剂、泥浆分散剂和金属防腐剂。

磷酸根离子可与钼酸铵生成特征的磷钼酸铵黄色沉淀，再用联苯胺或氯化亚锡还原成磷钼蓝，可用于分析检定。

磷酸盐一般会用在清洁剂中作为软水剂，但是因为藻类的繁荣衰退周期会影响磷酸盐在分水岭的排放，所以在某些地区磷酸盐清洁剂是受到管制的。

在农业上，磷酸盐是植物的三种主要养分之一，且是肥料的主要成分。磷矿粉是从沉积岩的磷层中开采。以前它在开采后不用加工便可使用，但现时未加工的磷酸盐只会用在有机耕种上。一般它都是化学加工制成过磷酸石灰、重过磷酸钙或磷酸二氢铵，它们的浓度都较磷酸盐高，且较易溶于水，所以植物可以较快吸收。

 小常识

肥料级数一般有三个数字：第一个是指氮的数量，第二个是指磷酸盐的数量（以 P_2O_5 作基准），而第三个是指碱水（以 K_2O 作基准）。所以一个 10-10-10 的肥料就每种成分各有 10%，而其他的则是填充物。

从过度施肥的农地径流的磷酸盐是富营养化、赤潮及其后缺氧的起因。这就像磷酸盐清洁剂一样会引起鱼类及其他水中生物的缺氧症。

三、离子键和离子晶体

问题 2-13 通过前面的学习，是否了解无机非金属盐的熔沸点，例如氯化钠、碳酸钠、硫酸钠、磷酸钠的熔点数据，能得出何种结论？

上述的各种盐类物质，熔沸点都比较高，说明微粒间作用力较大。这类物质微粒间是靠正负电荷的静电引力结合的，称为离子晶体。

离子晶体中，晶格结点上的微粒是离子，正、负离子有规则的交替排列。质子之间的作用力为离子键。

由于质点间由离子键相结合，作用力很大，要破坏需要较高的能量。因此离子晶体有较高的熔点和较大的硬度，但较脆，延展性较差。

离子晶体中不存在自由电子，晶格中的离子受到较强的静电吸引，只能在一定的位置上振动，因此离子晶体不导电。但当晶体溶于水或在熔融状态下，正、负离子可自由移动，迁移电荷，此时可导电。

（1）离子键的形成

当电负性相差很大的原子相接近时，电负性较小的原子易失去电子形成带正电的阳离子，电负性较大的原子易得到电子形成带负电的阴离子，阴阳离子之间通过静电作用形成离子键。静电作用包括静电吸引和静电排斥两方面，当静电吸引和静电排斥达到平衡时，即形成了稳定的离子键。离子键是阴阳离子通过静电作用而形成的化学键。

以 NaCl 为例，当两者相互靠近时，电负性较小的 Na 原子失去电子，形成 Na^+；电负性较大的 Cl 原子得到电子形成 Cl^-。

$$Na(最外层 1 个电子) \longrightarrow Na^+ (次外层 8 个电子且变成最外层)$$
$$Cl(最外层 7 个电子) \longrightarrow Cl^- (最外层变成 8 个电子)$$

当两种离子相互靠近时，除有静电引力，还存在着两离子核外电子间的斥力、两原子核间的斥力。当达到一定的距离时，体系出现能量最低点，此时便形成以稳定的离子键相结合的 NaCl 分子。由离子键的形成可以分析出离子键的特点。

（2）离子键的特点

① 离子键的本质是静电引力　离子键是由原子得失电子形成阴阳离子，阴阳离子间靠静电引力结合在一起的。

② 离子键没有方向性　离子的电荷是球形对称的，因此，在条件允许的情况下，正、负离子可以从任何方向相互吸引，即离子键没有方向性。如 Na^+ 和 Cl^- 形成 NaCl 时，Na^+ 可以从任何方向靠近 Cl^-，Cl^- 也可以从不同角度吸引 Na^+，形成的键是相同的。

③ 离子键没有饱和性　在离子型化合物中，离子间的相互吸引并不局限于几个离子间，而是每个离子都处于整个晶体的异号离子的电场中。如 NaCl 中，每个 Na^+ 的周围虽然只能容下 6 个 Cl^-，每个 Cl^- 的周围也只能容下 6 个 Na^+，但除了这些近距离相接触的吸引外，每个离子还会受到所有其他异号离子的作用，只是距离越远，作用力越弱。因此，离子键没有饱和性。

所以，离子键是阴阳离子间没有方向性和饱和性的静电吸引力。离子键不是绝对的，其中存在着共价成分。电负性差越大，离子性成分越多，当电负性差超过 1.7 时，离子性成分多于 50%，此时的键归为离子键；离子性成分少于 50% 时，归为共价键。可见离子键与共价键之间并没有明显的界限。

以离子键结合形成的化合物为离子型化合物。离子型化合物的性质取决于离子键的强弱。离子键强度越大，由离子键形成的化合物的熔点、沸点、硬度越高。

▶ 拓展思考

1. 农用化肥中有哪些硫酸盐、磷酸盐？其生产基本原理如何？

2. 磷酸盐在食品中应用很广，在以前的洗涤剂中也有磷酸盐，磷酸盐过多排入环境水体中，会带来什么后果？

3. 水泥的主要成分是什么？请查阅水泥是如何生产的。

4. 大理石的主要成分是什么？化学实验室室内如果地面铺设大理石要注意什么？

5. 在北方冬天取暖的锅炉内会结垢，如何除去？

第三节
非金属单质与稀有气体

◆ 学习目标

1. 能叙述氧的氧化性和用途，写出氧气与还原性物质反应的化学式。

2. 了解臭氧的结构，能叙述臭氧的化学性质和用途。

3. 能叙述氢气的主要用途，写出简单的化学反应式；能够采用化学方法检测氢气存在；了解实验室和工业上氢气的制备方法和使用注意事项。

4. 能叙述稀有气体的性质和用途，了解稀有气体化合物。

5. 从共价键和分子晶体的特点理解氢气、氧气、臭氧、稀有气体的熔点、沸点低等性质。

非金属单质与金属单质有着大不同的性质，没有金属光泽、没有延展性、导电性等。非金属单质主要是卤素单质（氟、氯、溴、碘、砹），氧族元素中的氧、硫、硒，氮组元素中的氮、磷，碳组元素中的碳、硅，以及稀有气体。

一、氧与臭氧

氧单质有两种同素异形体，即 O_2 和 O_3（臭氧）。在 30 亿年前空气中的氧气很少，它是随着绿色植物的诞生、生长而逐渐增多的。

▶ 问题 2-14 臭氧存在于大气中，它对人类的作用毋庸置疑。请查阅环境化学等书籍了解臭氧在大气中的生成和消耗过程，臭氧空洞是如何形成的。

1. 氧

氧是无色、无味、无臭的气体，在 $-183℃$ 凝结为淡蓝色液体，常以 15MPa 压力把氧气装入钢瓶内储存。氧气在水中的溶解度虽然很小（49.1mL/L），但这是水中各种生物赖以生存的重要条件。

在常温下，氧的化学反应性能较差，仅能使一些还原性强的物质如 NO、$SnCl_2$、H_2SO_3、KI 等氧化。在加热条件下，除少数卤素、少数贵金属［金（Au）、铂（Pt）］以及稀有气体外，氧气几乎可与所有的元素直接化合成相应的氧化物。

液态氧的化学活泼性相当高，可与许多金属、非金属反应，特别是与有机物接触时，易发生爆炸性反应，因此储存、运输和使用液氧时须格外小心！

氧是生命不可缺少的元素之一，在自然界氧是循环的。氧的用途广泛，富氧空气和纯氧用于医疗和高空飞行。大量的纯氧用于炼钢。氢、氧火焰和氧炔（氧和乙炔）焰用来切割和焊接金属。液氧用作制冷剂和火箭发动机的助燃剂。

2. 臭氧

臭氧 O_3 是氧气 O_2 的同素异形体，臭氧的气体明显呈蓝色，液态呈暗蓝色，固态呈蓝黑色。在常温下，臭氧是一种有特殊臭味的蓝色气体。因在电解稀硫酸时，被发现并有特殊臭味，因此将它命名为臭氧。臭氧具有等腰三角形结构，三个氧原子分别位于三角形的三个顶点，顶角为 116.79°。

（1）大气中的臭氧

在离地面垂直高度 $15\sim50$km 的大气，称为"平流层"，在这一层里有厚约 20km 的臭氧层。大气中的臭氧光解过程要吸收大量的太阳紫外线，并将热量释放出来，反应式为：

$$O_3 \longrightarrow O\cdot(氧自由基，"\cdot"表示有未成对电子)+O_2$$

臭氧层对地球上生命的出现、发展以及维持地球上的生态平衡起着重要作用。由于臭氧层能够吸收 99% 以上的来自太阳的紫外线，从而是地球上的生物不会受到紫外辐射的伤害。然而随着科学和技术的不断发展，人类的许多活动已经影响到大气化学过程，使得臭氧层遭到破坏。

在大气平流层中臭氧来源于 O_2 的光解：

$$O_2+h\nu(\lambda\leqslant243\text{nm})\longrightarrow O\cdot+O\cdot$$
$$O\cdot+O_2+M\longrightarrow O_3+O\cdot$$

在大气平流层中臭氧的消除有两种途径：

$$O_3+h\nu\longrightarrow O\cdot+O_2$$
$$O_3+O\cdot\longrightarrow 2O_2$$

这两个臭氧消耗的途径后者是主要途径。

上述臭氧的生成和消耗过程是同时存在的，正常情况下它们处于动态平衡，使臭氧的浓度保持恒定。然而，由于人类活动的影响，水蒸气、氮氧化物、氟氯烃等污染物进入了平流层，在平流层形成了 $HO_x\cdot$、$NO_x\cdot$、$ClO_x\cdot$ 等活性基团，这些活性基团的存在或直接消耗臭氧，或消耗样自由基，从而加速了臭氧的消耗，使臭氧量减少。

（2）臭氧的应用

在近地面层大气中，臭氧的含量是痕量的，一般为 4×10^{-6}（体积分数）。地表臭氧对人体，尤其是对眼睛，呼吸道等有侵蚀和损害作用。地表臭氧也对农作物或森林有害。在夏季，由于工业和汽车废气的影响，尤其在大城市周围农林地区地表臭氧会形成和聚集。

通常都借助无声放电作用由氧气或空气制备臭氧，臭氧发生器即根据这一原理制造。利用臭氧和氧气沸点的差别，通过分级液化可得浓集的臭氧。

臭氧是世界公认的广谱、高效杀菌剂。目前在许多国家和地区，臭氧的应用很广泛，如应用在饮用水消毒、医用水消毒、污水处理、食品厂和药厂空气消毒、造纸漂白等行业和领域；一些小型的民用臭氧电器产品已走进了人们的日常生活中。在一定浓度下，臭氧可迅速杀灭水中和空气中的细菌，更重要的是臭氧在杀菌后还原成氧，因此是一种绿色环保的消毒剂。不过，由于浓度过高的臭氧对人体有害，所以对场所内空气进行消毒时，必须是在消毒后 $30\sim60$min 后人才能进入。臭氧极易溶解于水而生成臭氧水，臭氧在溶解于水的过程中，除能杀灭水中的细菌外，还能分解水中的有机物等有害污染物质，同时对水有脱色作用。

近几年来，随着臭氧知识的普及和电子技术的发展，我国在臭氧的应用开发方面取得了很大的成绩。如我国的大多数饮用水生产厂都采用了臭氧对水进行杀菌消毒和保鲜处理；一些饮用水器材，如灌装机、饮水机、净水器等产品，都加装了臭氧功能；一些城市的小区供水也采用了臭氧处理自来水；有些医院和工厂也已采用臭氧处理污水；臭氧治疗疾病在我国也取得了一定的成功；采用臭氧在大面积库房内对果菜进行保鲜更取得了很大的成功。日常生活使用的臭氧家电产品，在我国也已开发出很多的品种，如臭氧洗衣机、果菜灭菌解毒机、除臭器、空气净化器、消毒柜等产品。

（3）臭氧性质

臭氧是一种强氧化剂，它在水中的氧化还原电位为 2.07V，仅次于氟（2.5V），其氧化能力高于氯（1.36V）和二氧化氯（1.5V），能破坏分解细菌的细胞壁，很快地扩散透进细胞内，氧化分解细菌内部氧化葡萄糖所必需的葡萄糖氧化酶等，也可以直接与细菌、病毒发生作用，破坏细胞、核糖核酸（RNA），分解脱氧核糖核酸（DNA）、RNA、蛋白质、脂质类和多糖等大分子聚合物，使细菌的代谢和繁殖过程遭到破坏。细菌被臭氧杀死是由细胞膜的断裂所致，这一过程被称为细胞消散，是由于细胞质在水中被粉碎引起的，在消散的条件下细胞不可能再生。应当指出，与次氯酸类消毒剂不同，臭氧的杀菌能力不受 pH 变化和氨的影响，其杀菌能力比氯大 600～3000 倍，它的灭菌、消毒作用几乎是瞬时发生的，在水中臭氧浓度为 0.3～2mg/L 时，0.5～1min 内就可以使细菌致死。达到相同灭菌效果（如使大肠杆菌杀灭率达 99％）所需臭氧水药剂量仅是氯的 0.0048％。

应当注意，虽然臭氧是强氧化剂，但其氧化能力是有选择性的，像乙醇这种易被氧化的物质却不容易和臭氧作用。

臭氧的半衰期仅为 30～60min。由于它不稳定、易分解，无法作为一般的产品储存，因此需在现场制造。用空气制成臭氧的浓度一般为 10～20mg/L，用氧气制成臭氧的浓度为 20～40mg/L。含有 1％～4％（质量分数）臭氧的空气可用于水的消毒处理。

产生臭氧的方法是用干燥空气或干燥氧气作原料，通过放电法制得。另一个生产的臭氧的方法是电解法，将水电解变成氧元素，然后使其中的自由氧变成臭氧。

（4）残留臭氧去除法

经臭氧消毒处理过的水在投入药品生产前，应当将水中残存（过剩）的臭氧去除掉，以免影响产品质量。臭氧的残留量一般应控制在低于 0.5mg/L 的水平。从理论说，去除或降低臭氧残留的方法有活性炭过滤、催化转换、热破坏、紫外线辐射等。然而在制药工艺应用最广的方法只是以催化分解为基础的紫外线法。具体做法是在管道系统中的第一个用水点前安装一个紫外杀菌器，当开始用水或生产前，先打开紫外灯即可。晚上或周末不生产时，则可将紫外灯关闭。一般消除 1mg/L 臭氧残留所需的紫外线照射量为 $90000 \mu W \cdot s/cm^2$。

在许多方面，作为消毒剂的臭氧和氯气，它们的优点是互补的。臭氧具有快速杀菌和灭活病毒的作用，对于除臭、除味和除色度，一般都有好的效果。氯气则具有持久、灵活、可控制的杀菌作用，在管网系统中可连续使用。所以臭氧和氯气结合起来使用，看来是水系统消毒最为理想的方式。

二、氢气

问题 2-15 燃料电池是一种轻型、高能、长效和对环境不产生污染的新兴化学电源。请查阅资料了解碱性的氢-氧燃料电池结构、电池反应及使用前景。

氢是元素周期表中第一号元素，在所有元素原子中的结构是最简单的。已知氢有三种同位素，其中 $_1^1H$（气，符号 H）占其总量的 99.98%，$_1^2H$（氘，符号 D）占 0.016%，$_1^3H$（氚，符号 T）占总量的 0.04%。

1. 氢的用途

氢气是化工和其他工业的重要原料。据估计，目前世界氢气的年产量在标准状况下体积约为 $10^{11} \sim 10^{12}\,m^3$，主要用于化工、冶金、食品、电子、建材和航天等工业。

由于氢气燃烧后只产生水，不会污染环境，可以说是理想的绿色燃料。在动力领域，如汽车、飞机、航天器等都已经或将要采取氢能源。为了提高氢能利用率和使用上的方便，还可以做成氢-空气燃料电池，或先把氢储于储氢材料、含氢化合物中待用。

由于氢是密度很小气体，可以用来填充气球。氢气球可以携带仪器作高空探测。在农业上，使用氢气球携带干冰、碘化银等试剂在云层中喷撒，进行人工降雨。

2. 氢的性质

氢气的扩散性最好，导热性强。由于氢分子之间引力小，致使 H_2 熔点. 沸点极低，很难液化。可以利用液态氢获得低温。通常是将氢压缩在钢瓶中以供使用。液氢是极低温制冷剂，可以将除氦外的所有气体冷冻成固体。液氢又是重要的高能燃料，美国宇宙航天飞船和我国"长征"三号火箭均用到液氢燃料。在减压情况下，使液氢蒸发、凝固，可得固态氢。

氢气在水中的溶解度很小，0℃时每升水只能溶解 19.9mL 氢气，但氢气却能被大量的过渡金属镍、钯、铂等所吸收。若在真空中把吸收有氢气的金属加热，氢气即可放出。这样可以获得纯度很高的氢。

加热时，氢气可以与许多金属或非金属反应，形成各类氢化物。在高温下，氢作为还原剂与氧化物或氯化物反应，将某些金属或非金属还原出来。例如，电气工业需要的高纯钨和硅就是用这种方法得到的。

$$WO_3 + 3H_2 \longrightarrow W + 3H_2O$$
$$SiHCl_3 + H_2 \longrightarrow Si + 3HCl$$

例如，化学工业上，氢气除了主要用于合成氨以生产氮肥外，还用于合成甲醇。

$$CO\,(g) + 2H_2\,(g) \xrightarrow[\text{ZnO-Cr}_2\text{O}_3\text{ 催化剂}]{300\sim400℃,\ 2\times10^4\,kPa} CH_3OH$$

又如，在食品工业中，液态不饱和植物油通过催化加氢可以变成固态黄油，或把烯类加氢变为醛、醇。

$$RCH{=}CH_2 + CO + H_2 \xrightarrow[\text{钴催化剂}]{\text{高温，高压}} RCH_2CH_2CHO$$

氢气能使粉红色的 $PdCl_2$ 水溶液迅速变黑（析出钯粉），借此反应可检出氢气是否存在。
$$PdCl_2 + H_2 \longrightarrow Pd(s)\downarrow + 2HCl$$

氢气可在氧气或空气中燃烧，得到的氢氧火焰温度可高达 3000℃，适用于金属切割或焊接。

在点燃氢气或加热氢气的时候，必须保持氢气的纯净，以免发生爆炸事故。使用氢气的厂房要严禁烟火，加强通风。

3. 氢气的制备方法

实验室中通常是用锌与稀盐酸或稀硫酸制取氢气。
$$Zn + 2H^+ \longrightarrow Zn^{2+} + H_2\uparrow$$

军事上使用的信号气球和气象气球所充的氢气，常用离子型氢化物同水的反应来制取。
$$CaH_2 + 2H_2O \longrightarrow Ca(OH)_2 + 2H_2\uparrow$$

由于 CaH_2 便于携带，而水又易得，所以此法很适用于野外作业制氢。

工业上氢的制法主要有以下几种。

(1) 矿物燃料转化法

在催化剂作用下,天然气或焦炭与水蒸气作用,可以得到水煤气(CO 和 H_2 的混合物)。

$$CH_4(g) + H_2O(g) \xrightarrow[\text{Ni-Co 催化剂}]{700 \sim 800\text{℃}} CO(g) + 3H_2(g)$$

$$C + H_2O(g) \xrightarrow{1000\text{℃}} CO(g) + H_2(g)$$

将水煤气再与水蒸气反应,在铁铬催化剂的存在下,变成二氧化碳和氢的混合气。

$$C + H_2O(g) \xrightarrow[\text{催化剂}]{400 \sim 600\text{℃}} CO_2(g) + H_2(g)$$

除去 CO_2 后可以得到氢气。该法制氢的同时伴有大量 CO_2 排出,近年来已开发的无 CO_2 排放的矿物燃料制氢技术,将 CO_2 转化为固体碳,减轻了对大气的污染,且制得纯度较高的氢气。

(2) 电解法

用直流电电解 $15\% \sim 20\%$ 氢氧化钠溶液,在阴极上放出氢气,在阳极上放出氧气。

阴极:$2H^+ + 2e \longrightarrow H_2 \uparrow$

阳极:$4OH^- - 4e \longrightarrow 2H_2O + O_2 \uparrow$

阴极上产生的氢气纯度达 $99.5\% \sim 99.9\%$,所以工业上氢化反应用的氢气常通过电解法制得。另外,氯碱工业中电解食盐溶液制备 NaOH 时产生大量的氢气。

距统计,目前世界上的氢气约有 96% 的产量是由天然气、煤、石油等矿物燃料转化生产的,电解法制氢因耗电大、成本高,只占 4%。近年来,制氢的研究进展较快,许多高新技术用于制氢,例如,利用太阳能光化学催化分解水、高温电解水蒸气及热化学循环分解水等工艺。此外,科学工作者还发现,某些微生物在太阳光作用下能产生氢气,因而探讨微生物产生氢气的原理及如何提高微生物产氢的能力是目前的一个研究课题。等离子体化学法制氢的研究也极引人注目,一旦工艺成熟,将成为工业制氢的重要途径。

三、稀有气体

问题 2-16 霓虹灯是城市的美容师,每当夜幕降临时,华灯初上,五颜六色的霓虹灯就把城市装扮得格外美丽。那么,霓虹灯是怎样发明的呢?

据说,霓虹灯是英国化学家拉姆赛在一次实验中偶然发现的。那是 1898 年 6 月的一个夜晚,拉姆赛和他的助手正在实验室里进行实验,目的是检查一种稀有气体是否导电。突然,一个意外的现象发生了:注入真空管的稀有气体不但开始导电,而且还发出了极其美丽的红光。这种神奇的红光使拉姆赛和他的助手惊喜不已,他们打开了霓虹世界的大门。

拉姆赛把这种能够导电并且发出红色光的稀有气体命名为氖气。后来,他继续对其他一些气体导电和发出有色光的特性进行实验,相继发现了氦气能发出白色光,氩气能发出蓝色光,氦气能发出黄色光,氪气能发出深蓝色光……不同的气体能发出不同的色光,五颜六色,犹如天空美丽的彩虹。霓虹灯也由此得名。

稀有气体主要是:氦(He)、氖(Ne)、氩(Ar)、氪(Kr)、氙(Xe)、氡(Rn),均为无色、无臭、气态的单原子分子。稀有气体最外电子层有 8 个电子,难以形成电子转移型的化合物,周期表中为第ⅧA族,外层电子已达饱和,活性极小。

稀有气体在低温下可被液化，除了氦外，均可在足够的低温下凝固。

1. 稀有气体用途

稀有气体的很多用途是基于这些元素的化学惰性和某些物理性质。稀有气体最初是在光学上获得广泛的应用，近年来又逐步扩展到冶炼、医学以及一些重要工业部门。

氦（He）是除氢以外的最轻的气体。可用作安全气球或汽艇。氦在金属冶炼、电弧焊接中用作保护气。

氖（Ne）在真空放电管中发生红色光，用于广告灯。在电工用具试电笔中也存在氖管或氖泡，试电笔测试时如果氖泡发光，说明导线有电，或者为通路的火线。

氩（Ar）填充灯泡保护钨丝。一般还作为焊接的保护气，即氩弧焊。

氪（Kr）和氙（Xe）用在照相工业。Kr、Xe在真空放电管中，发出蓝色光。

氡（Rn）为放射性气体，自然界中几乎不存在。但是在劣质装修材质中会有钍的杂质，钍会衰变产生氡气。

2. 稀有气体化合物

稀有气体由于具有稳定的电子层结构，过去很长时间以来人们一直认为这些气体的化学性质是"惰性"的，不会发生化学反应。但随着第一个稀有气体化合物 $Xe[PtF_6]$［六氟合铂（V）酸氙］的合成，这种观念已经改变，将"惰性气体"改称为"稀有气体"。

$Xe[PtF_6]$［六氟合铂（V）酸氙］是由英国科学家在1962年合成得到的：

$$Xe(g) + PtF_6(g) \longrightarrow Xe[PtF_6](s)$$
$$（无色）　（红色）　　　（橙黄色）$$

不久，人们利用类似的方法合成了 $Xe[RuF_6]$ 和 $Xe[RhF_6]$。至今已经制成数百种稀有气体的化合物。例如，卤化物（XeF_2、XeF_4、$XeCl_2$、KrF_2）、氧化物（XeO_3、XeO_4）、氟氧化物（$XeOF_2$、$XeOF_4$）、含氧酸盐［$M(I)HXeO_4$］、［$M(I)_4XeO_6$］和一些复合物、加合物等，其中简单化合物甚少，大多数化合物的制备都与氟化物的反应有关，某些化合物可看作是氟化物的衍生物。

1962年加拿大巴勒特发现了第一种稀有气体化合物——Xe的氟化物，接着有数百种Kr、Xe的化合物相继合成成功（如 XeF_2、KrF_2），而传统的"稀有气体不能形成化合物"的观念需加以修正，稀有气体只是不活泼而已。

较大的稀有气体原子，例如氙，它的最外层的电子（参与化合反应者）与原子核离得较远。因此，外层电子与原子核之间的吸引力相对来说比较弱。由于这一原因，氙是稀有气体中惰性最弱的，只要化学家创造出合适的条件，也最容易迫使氙参与化合反应。

较小的稀有气体原子，其最外层电子离原子核比较近。这些电子被"抓"得比较牢固，使其原子难以与其他原子发生化合反应。

事实上，化学家已经迫使原子比较大的稀有气体——氪、氙、氡，与氟和氧那样的原子进行化合，氟与氧特别喜欢接受其他原子的电子。原子更小一些的稀有气体——氦、氖、氩已经小到惰性十足的程度，迄今为止任何化学家都无法使它们参与化合反应。

原子最小的稀有气体是氦。在所有各类元素中，它是最不喜欢参与化合反应的，也是惰性最强的元素。甚至氦原子本身之间也极不愿意结合，因而直到温度降到4K时，才能变成液态。液态氦是能够存在的温度最低的液体，它对于科学家研究低温是至关重要的。

氦在大气中只有微量存在，不过当像铀与钍这样的放射性元素衰变时，也能生成氦。这种积聚过程发生在地下，因而在一些油井中能产生氦。这种资源很有限，不过至今尚未耗尽。

在制药工程中，对氧敏感的药物在制造过程中，往往与空气中的氧或与溶解在药液中的氧接触而出现氧化变质。克服的办法一般是采用高纯度的稀有气体 N_2、CO_2 来取代药液和容器中的空气。生产上将高纯度稀有气体经过处理后，通入供配液的注射用水或已配制好的药液中使达饱和，从而驱除溶解的氧气。并在药液灌入安瓿瓶后立即通入稀有气体以置换液面上空间的氧气再封口。N_2 和 CO_2 气体的主要特点是 N_2 在酸性和碱性的溶液中都实用；而 CO_2 由于在水中呈酸性，也容易与一些盐生成碳酸盐而损及制剂的质量。

 ## 四、共价键和分子晶体

问题 2-17 请利用化学化工手册查阅二氧化碳、水、氯化氢的熔点和沸点如何，与金属和盐类比怎样？

当电负性（元素原子在化合物中吸引电子能力）相同或相近的原子相接近时，由于不能发生电子转移，不能形成离子键，为了能形成 8 电子的稳定状态，只能采用共用电子对的方式形成化学键。即成键双方原子利用各自的成单电子，相互配对成键，这样形成的化学键叫做共价键。

1. 共价键的特点

（1）共价键的本质

共价键的形成是原子轨道的重叠，所以共价键的本质是核与核间电子云的电性作用。

在共价键的形成过程中，没有电子的得与失，因此其结合力显然不是正、负离子间的静电引力。共价分子的形成是由于原子轨道的叠加，在核间出现电子云密集区，其作用力的本质是核对核间电子云的电性吸引。且结合力的大小与轨道的重叠程度有关，而轨道重叠程度取决于轨道重叠的方式和共用电子对数。一般地，共用电子对数越多，轨道重叠越多，结合力越强。如共价三键的结合力强于共价双键，共价双键又强于共价单键。

（2）共价键的方向性

共价键的形成需满足的条件之一是成单电子所在的轨道要实施最大程度的有效重叠，最大重叠原理决定了电子云的重叠不是任意的，而是有一定方向性的。由于除 s 轨道为球形对称外，其余轨道在空间都有不同的伸展，这就要求成键电子所在的轨道要选择合适的方向进行重叠，以满足最大重叠原理。如形成 HCl 分子时，其轨道的重叠如图 2-1 所示。

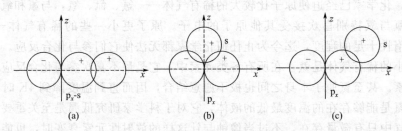

图 2-1 HCl 分子的成键示意图

由图 2-1 可以看出，氢原子的 1s 轨道与氯原子的 $3p_x$ 轨道沿 x 方向相互重叠才是最大程度的重叠，只有这样的重叠才是有效的，才能形成稳定的共价键。由此可见：最大重叠原理决定了共价键具有方向性。

（3）共价键的饱和性

形成共价键需满足的另一基本条件是成单电子配对。成键两原子必须有自旋相反的成单电子，有成单电子可形成共价键，若成单电子已配对成键，则不能再成键。即成键原子有几个成单电子便可形成几个共价键。如氯化氢分子中，氯的价层 3p 轨道的一个成单电子与氢原子的一个 1s 电子成键形成 HCl 分子后，成单电子已成对，便不能再结合第三个原子。由上述讨论可知：电子配对原理决定了共价键具有饱和性。

价键理论成功地揭示了共价键与离子键的本质区别。共价键是成键两元素的原子核对核间电子云的电性吸引，共价键既有方向性又有饱和性。

2. 共价键的类型

价键理论的最大重叠原理决定了成键电子所在的原子轨道要实施最大程度的有效重叠。而不同类型的轨道其形状及伸展方向不同，所以其重叠方式自然不完全相同，形成的共价键的稳定性及对称性等也有差异。根据轨道的重叠方式不同可将共价键分为不同的类型，常见的有 σ 键和 π 键。

① σ 键　成键轨道沿键轴方向（即两原子核间的连线）以"头碰头"的方式发生有效重叠所形成的共价键称为 σ 键。原子轨道的重叠部分沿键轴呈圆柱形对称，即沿键轴旋转时，其重叠程度及符号不变。σ 键的特点是重叠程度大，形成的键比较稳定。

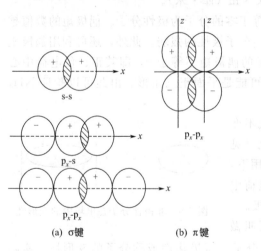

(a) σ键　　(b) π键

图 2-2　σ 键和 π 键示意图

② π 键　伸展方向相互平行的成键原子轨道以"肩并肩"的方式发生有效重叠所形成的共价键称为 π 键。π 键不如 σ 键稳定，因此，在成键时，优先形成 σ 键。若原子间形成一个共价键，该键应该是 σ 键，若形成两个或两个以上的共价键时，其中一个是 σ 键，其余都是 π 键。图 2-2 为 σ 键和 π 键的重叠情况。

③ 配位键　按价键理论，成键两元素各提供一个成单电子，成单电子偶合形成共价键。但事实上，有一大类化合物，其结构中含有另一类共价键。在这些化合物中，所形成的共价键是由成键元素的一方提供共用电子对，另一方提供空轨道。这类共价键称为配位共价键，简称配位键。配位键形成需具备两个条件：一是成键原子的一方具有孤对电子；二是成键原子的另一方具有空轨道。配位键的本质仍然是共价键。

3. 分子间作用力

共价键决定了分子的性质，而分子间力是决定物质物理性质的主要因素。分子间的作用力与分子的性质有关，即与分子的极性有关。

（1）分子的极性与可极化性

① 分子的极性　分子中正负电荷中心不重合的分子称为极性分子；分子中正负电荷中心重合的分子称为非极性分子。H_2 和 HCl 分子的电荷分布如图 2-3 所示。

分子的极性由共价键分子的结合力及空间构型决定。对于双原子分子以非极性共价键结合的分子是非极性分子。即同种元素组成的双原子分子均为非极性分子。如 H_2、O_2、Cl_2、

N₂ 等。以极性键结合的双原子分子均为极性分子，如 HCl、CO 等。而多原子分子是否具有极性由分子的空间构型决定。

若分子的空间构型是对称的，则分子是非极性的，如 BeCl₂（直线型）、CO₂（直线型）、BF₃（平面三角型）、CS₂（直线型）、CH₄（空间正四面体）等。若分子的空间构型不是对称的，则分子是极性的，如 H₂O（"V"型）、NH₃（三角锥型）、NF₃（三角锥型）等。

由以上讨论可知：由非极性键结合的分子、以极性键结合但几何构型对称的分子为非极性分子；以极性键结合、几何构型不对称的分子为极性分子。

分子的极性强弱可由偶极矩 μ 来衡量。偶极矩 μ 是指电荷中心上的电量 q 与正、负电荷中心的距离 d 的乘积，如图 2-4 所示。

$$\mu = qd$$

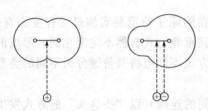

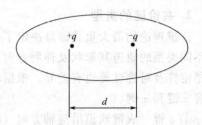

图 2-3　H₂ 分子和 HCl 分子的电荷分布示意图　　　　　图 2-4　分子的偶极矩

分子的偶极矩可以通过实验测得，其单位是 C·m（库·米）。

偶极矩为零的分子为非极性分子，偶极矩不等于零的分子为极性分子。偶极矩的数值越大，分子的极性越强。可根据偶极矩的大小来判断分子极性的强弱。此外，还可利用偶极矩的数据验证或推断分子的空间构型。如 NH₃ 分子的偶极矩不等于 0，即其正、负电荷中心不重合，可以断定其几何构型是不对称的，即不可能是平面正三角形。由此可以验证 NH₃ 分子为三角锥的构型。

② 分子的可极化性　分子的极性并不是一成不变的，分子在外电场的作用下，其极性可发生变化（见图 2-5）。将非极性分子置于电场中，在电场的作用下，其正、负电荷的中心将发生偏移，此时正、负电荷中心不重合，即产生了偶极，这种偶极称为诱导偶极。

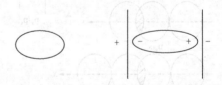

图 2-5　非极性分子在电场中的变形性

在电场的作用下，分子产生诱导偶极的过程叫做分子的极化。分子能够产生诱导偶极的性质称为分子的可极化性或称分子的变形性。实际上，在产生诱导偶极的过程中，分子因电子云与核发生相对位移，使分子的外形发生了变化，故称此为变形性。分子的变形性取决于外电场的强弱和分子体积的大小。外电场越强，分子的变形越显著，产生的诱导偶极越大；分子的体积越大（相对分子质量越大），分子越容易变形。变形性的大小可用诱导极化率 α 来衡量。

$$\mu_{诱导偶极} = \alpha E_{外电场强度}$$

当外电场一定时，极化率越大，产生的诱导偶极矩就越大。

非极性分子和极性分子在电场的作用下，都可以产生诱导偶极，分子都发生了不同程度的变形。极性分子本身就具有偶极，这种偶极称为固有偶极或永久偶极。极性分子在外电场中也可产生诱导偶极，使原有的偶极增大。除此之外，极性分子在电场中还存在着取向作用，也称定向极化（见图 2-6）。

图 2-6　极性分子在电场中的行为

（2）分子间力

分子与分子之间存在着结合力，也称范德华力。其类型有以下几种。

① 取向力　当极性分子与极性分子接近时，由于极性分子存在着固有偶极，使分子产生取向排列，由取向而产生的作用力称为取向力。它只存在于极性分子与极性分子之间。

取向力的本质是静电引力，其大小取决于分子的极性和分子之间的距离。分子的极性越强，即偶极矩越大，取向力越强；分子之间的距离越短，作用力越强。

② 诱导力　当极性分子与非极性分子相互靠近，极性分子可作为非极性分子的外电场，使非极性分子产生诱导偶极。由此而产生的相互吸引称为诱导力。极性分子与非极性分子之间，极性分子与极性分子之间都存在诱导力。

诱导力的本质是静电引力，其大小与极性分子的偶极矩、被诱导分子的变形性及分子的间距有关。极性分子的极性越强，分子越容易变形，分子间距离越小，诱导力越强。

③ 色散力　由于电子的运动和原子核的振动，可以发生瞬间的相对位移，即产生瞬间偶极，分子靠瞬间偶极相互吸引。这种由于瞬间偶极产生的作用力称为色散力。色散力存在于非极性分子间、非极性分子与极性分子间、极性分子与极性分子间。

色散力的大小与分子的变形性和分子间距有关，分子的变形性越大，分子间距越小，色散力越强。

以上三种分子间力即范德华力，是一种比共价键弱得多的分子间的近程作用力，其作用力的大小决定共价型分子的熔点、沸点等性质。分子间的作用力越强，物质的熔点、沸点越高。由于色散力在三种力中占主要地位，因此可定性地比较色散力从而比较物质的熔点、沸点的高低。而色散力的大小主要由分子的变形性决定，一般地，相对分子质量越大，分子越易变形，这样分子间的色散力就越强，熔点、沸点就越高。

（3）氢键

氢键是一种比范德华力强的分子间作用力，其本质也是电性引力。

当氢与电负性较大的元素结合成氢化物时，共用电子对强烈地偏向电负性较大的元素，其结果使氢看起来就像一个裸露的质子，这个半径很小且带正电荷的氢核，将接受与之相邻的带部分负电荷的另一种元素原子的孤对电子，从而产生一种作用力，将这种作用力称为氢键。

形成氢键（X—H---Y）的条件是：①X 元素必须电负性很大，且半径很小；②Y 元素电负性很大，且具有孤对电子。氢键具有方向性和饱和性，氢键的存在使分子间的作用力增强，使物质的熔点、沸点升高。但分子内氢键会使物质的熔点、沸点降低。

■■■■ 拓展思考

1. 请通过相关资料查阅，比较臭氧消毒法与其他消毒方法的优缺点。

2. 储存液氧的气体钢瓶是什么颜色？其他气体钢瓶颜色和标志如何？

3. 工业上氢气的储存方法比制备方法更重要，请通过相关资料查阅氢气的储存方法有哪些？

4. 请查阅其他书籍了解哪些分子间存在氢键？氢键的存在使物质的哪些性质出现了"反常"？

5. 在现代家居装修后都要检测稀有气体氡（Rn）是否超标。请通过相关资料查阅家居中氡的检测标准如何？若氡超标分析其主要来源是哪些？

第四节
酸 和 碱

学习目标

1. 能叙述硫酸、硝酸、盐酸以及氢氧化钠、碳酸钠等的用途，能写出相关的化学反应式。

2. 理解硫酸、硝酸、盐酸以及氢氧化钠、碳酸钠等工业生产的基本化学原理，能写出工业生产的化学反应及条件。

3. 能够在化学实验室和工业生产中正确识别，规范取、用酸和碱，会采取相应的安全防范措施。

4. 能够对废弃酸碱进行环保处理。

5. 能够在工业酸碱一旦泄漏时采取正确措施进行紧急处理。

6. 能够通过查阅相关资料和调研等手段，了解工业上常见酸碱的生产情况。

酸和碱是化学物质中常见的物质，例如，实验室中常见的浓盐酸、浓硫酸、浓硝酸，固体氢氧化钠、氢氧化钾、碳酸钠等。酸和碱多数易溶于水，溶于水时会放热，形成相应的酸或碱溶液。本节主要介绍工业生产中常见的硫酸、硝酸、盐酸、氢氧化钠、碳酸钠等的性质和生产的化学基本原理等。

一、酸

酸有很多种，有含氧酸，如碳的含氧酸——碳酸、硫的含氧酸——硫酸、磷的含氧酸——磷酸、氯的含氧酸——高氯酸等；非含氧酸有氢卤酸（氢氟酸、盐酸）、氢硫酸等。硫酸是化工生产必不可少的，硫酸工业是我国化学工业的重要组成部分。

1. 硫酸

问题 2-18 请查阅我国硫酸生产的大型企业有哪些，他们是以什么为原料进行生产的？

（1）硫酸的用途

硫酸是基本化工产品之一。它不仅作为许多化工产品的原料，而且还广泛地应用于其他的国民经济部门。它的应用范围日益扩大，需要数量也日益增加。

① 用于肥料的生产　硫酸铵（俗称硫铵或肥田粉）和过磷酸钙（俗称过磷酸石灰或普钙）这两种化肥的生产都要消耗大量的硫酸。

$$2NH_3 + H_2SO_4 \longrightarrow (NH_4)_2SO_4$$

每生产 1t 硫酸铵，就要消耗硫酸（折合成 100% 计算）760kg，每生产 1t 过磷酸钙，就要消耗硫酸 360kg。

② 用于农药的生产　许多农药都要以硫酸为原料，如硫酸铜、硫酸锌可作植物的杀菌剂，硫酸铊可作杀鼠剂，硫酸亚铁、硫酸铜可作除莠剂。最普通的杀虫剂，如 1059 乳剂（45%）和 1605 乳剂（45%）的生产都需用硫酸。前者每生产 1t，需消耗 20% 发烟硫酸 1.4t；后者每生产 1t，需消耗硫酸 36kg。为大家所熟悉的滴滴涕，每生产 1t 需要 20% 发烟硫酸 1.2t。

③ 用于有色金属的生产过程　例如用电解法精炼铜、锌、镉、镍时，电解液就需要使用硫酸。某些贵金属的精炼，也需要硫酸来溶解去夹杂的其他金属。在钢铁工业中进行冷轧、冷拔及冲压加工之前时，都必须用硫酸清除钢铁表面的氧化铁。在轧制薄板、冷拔无缝钢管和其他质量要求较高的钢材时，都必须每轧一次用硫酸洗涤一次。另外，有缝钢管、薄铁皮、铁丝等在进行镀锌之前，都要经过用硫酸进行酸洗手续。在某些金属机械加工过程中，例如镀镍、镀铬等金属制件，也需用硫酸来洗净表面的锈。在黑色冶金企业部门里，需要酸洗的钢材一般占钢总产量的 5%～6%，而每吨钢材的酸洗，约消费 98% 的硫酸 30～50kg。

④ 用于石油工业　汽油、润滑油等石油产品的生产过程用浓硫酸精炼，以除去其中的含硫化合物和不饱和碳氢化合物。每吨原油精炼需要硫酸约 24kg，每吨柴油精炼需要硫酸约 31kg。

硫酸还用于其他化工生产。例如，在浓缩硝酸中，以浓硫酸为脱水剂；在氯碱工业中，以浓硫酸来干燥氯气、氯化氢气等；无机盐工业中，如冰晶石（Na_3AlF_6）、硼砂（$Na_2B_4O_7 \cdot 10H_2O$）、磷酸三钠、磷酸氢二钠、硫酸铅、硫酸锌、硫酸铜、硫酸亚铁以及其他硫酸盐的制备都要用硫酸。许多无机酸如磷酸、硼酸、铬酸（H_2CrO_4，有时也指 CrO_3）、氢氟酸、氯磺酸（$ClSO_3H$）；有机酸如草酸 [$(COOH)_2$]、乙酸等的制备，也常需要硫酸作原料。此外炼焦化学工业（用硫酸来同焦炉气中的氨起作用副产硫酸铵）、电镀业、制革业、颜料工业、橡胶工业、造纸工业、油漆工业（有机溶剂的制备）、工业炸药和铅蓄电池制造业等，都消耗相当数量的硫酸。

（2）硫酸的性质

纯硫酸是一种无色无味油状液体。常用的浓硫酸中 H_2SO_4 的质量分数为 98.3%，其密度为 1.84g/cm³，其物质的量浓度为 18.4mol/L。硫酸是一种高沸点难挥发的强酸，易溶于水，能以任意比例与水混溶。浓硫酸溶解时放出大量的热，因此浓硫酸稀释时应该"酸入水，沿器壁，慢慢倒，不断搅。"若将浓硫酸中继续通入三氧化硫，则会产生"发烟"现象，这种含量超过 98.3% 的硫酸称为"发烟硫酸"。硫酸属于酸性腐蚀化学品。

① 吸水性　若将一瓶浓硫酸敞口放置在空气中，其质量将增加，密度将减小，浓度降低，体积变大，这是因为浓硫酸具有吸水性。

② 脱水性　脱水性是浓硫酸的化学特性，物质被浓硫酸脱水的过程是化学变化的过程，反应时，浓硫酸按水分子中氢氧原子数的比（2:1）夺取被脱水物中的氢原子和氧原子。可被浓硫酸脱水的物质一般为含氢、氧元素的有机物，其中蔗糖、木屑、纸屑和棉花等物质中的有机物，被脱水后生成了黑色的炭（炭化）。

$$C_{12}H_{22}O_{11} \longrightarrow 12C + 11H_2O$$
蔗糖

③ 强氧化性　浓硫酸具有很强的氧化性，能够氧化金属和其他还原性物质。

a. 常温下，浓硫酸能使铁、铝等金属钝化从而形成氧化膜，保护容器不能进一步被腐蚀。

b. 加热时，浓硫酸可以与除金、铂之外的所有金属反应，生成高价金属硫酸盐，本身一般被还原成 SO_2。

$$Cu + 2H_2SO_4(浓) \longrightarrow CuSO_4 + SO_2\uparrow + 2H_2O$$

$$2Fe + 6H_2SO_4(浓) \longrightarrow Fe_2(SO_4)_3 + 3SO_2\uparrow + 6H_2O$$

在上述反应中，硫酸表现出了强氧化性和酸性。

c. 热的浓硫酸可将碳、硫、磷等非金属单质氧化到其高价态的氧化物或含氧酸，本身被还原为 SO_2。在这类反应中，浓硫酸只表现出氧化性。

$$C + 2H_2SO_4(浓) \longrightarrow CO_2\uparrow + 2SO_2\uparrow + 2H_2O$$

$$S + 2H_2SO_4(浓) \longrightarrow 3SO_2\uparrow + 2H_2O$$

$$2P + 5H_2SO_4(浓) \longrightarrow 2H_3PO_4 + 5SO_2\uparrow + 2H_2O$$

由于浓硫酸具有强氧化性，实验室制取 H_2S、HBr、HI 等还原性气体不能选用浓硫酸。

$$H_2S + H_2SO_4(浓) \longrightarrow S\downarrow + SO_2\uparrow + 2H_2O$$

$$2HBr + H_2SO_4(浓) \longrightarrow Br_2 + SO_2\uparrow + 2H_2O$$

$$2HI + H_2SO_4(浓) \longrightarrow I_2 + SO_2\uparrow + 2H_2O$$

④ 难挥发性　纯硫酸沸点高，难挥发，可以利用这一性质制氯化氢、硝酸等（利用难挥发性酸制易挥发性酸），如用固体氯化钠与浓硫酸反应制取氯化氢气体。

$$2NaCl(s) + H_2SO_4(浓) \longrightarrow Na_2SO_4 + 2HCl\uparrow$$

⑤ 酸性　硫酸是三大强酸之一，可以利用这一性质制化肥，如氮肥、磷肥等。

$$2NH_3 + H_2SO_4 \longrightarrow (NH_4)_2SO_4$$

$$Ca_3(PO_3)_2 + 2H_2SO_4 \longrightarrow 2CaSO_4 + Ca(H_2PO_4)_2$$

⑥ 稳定性　浓硫酸与亚硫酸盐反应式如下：

$$Na_2SO_3 + H_2SO_4 \longrightarrow Na_2SO_4 + H_2O + SO_2\uparrow$$

加热条件下可催化蛋白质、二糖和多糖的水解。

（3）硫酸的生产

中国的硫酸生产以硫铁矿为主要原料，采取接触法进行生产。接触法的基本原理是应用固体催化剂，以空气中的氧直接氧化二氧化硫。其生产过程通常分为二氧化硫的制备、二氧化硫的转化和三氧化硫的吸收三部分。

$$4FeS_2 + 11O_2 \longrightarrow 2Fe_2O_3 + 8SO_2$$

$$3FeS_2 + 8O_2 \longrightarrow Fe_3O_4 + 6SO_2$$

$$2SO_2 + O_2 \longrightarrow 2SO_3$$

$$SO_3 + H_2O \longrightarrow H_2SO_4$$

硫酸的基本生产原理见图 2-7，首先将矿石破碎、筛分至直径 3～6mm，在沸腾炉（炉温一般控制在 850～950℃）中硫铁矿被氧化成二氧化硫，同时焙烧过程中硫铁矿中含的铜、铅、锌、钴、镉、硒等也有部分被氧化成氧化物（这些氧化物对制酸过程是有害的，炉气净化过程必须将其除掉），随炉气进入制酸系统。二氧化硫（炉气）经过净化工序后进入接触室，在接触室二氧化硫被催化剂（例如，五氧化二钒为主催化剂的钒催化剂）催化氧化成三氧化硫。三氧化硫冷却至 140～160℃后进入吸收塔，被 98.3％ 的硫酸吸收生成浓硫酸，吸收温度一般低于 50℃。

除硫铁矿制酸外，生产硫酸的原料还有硫黄、冶炼烟气、石膏等。硫黄是当前世界硫酸

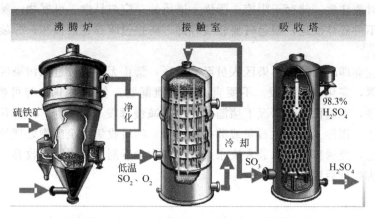

图 2-7　硫酸的工业生产原理示意图

生产的主要原料，全世界的硫酸产量中，硫黄制硫酸约占 75%，硫铁矿制硫酸约占 16%。以硫黄为原料制酸，其炉气无需净化，经适当降温后，便可进入转化工序，然后经吸收成酸。与硫铁矿制酸相比，硫黄制酸具有投资省、流程简单、能源利用率高和操作人员少，无废水废渣排放等优点。由于天然硫资源缺乏，我国硫酸生产原料长期以来一直以硫铁矿为主，而近年来由于国际硫黄价格降低，国内硫铁矿供应紧张，促使国内硫黄制酸得到很大发展。

以硫黄为原料制酸的工艺流程主要是：原料工段、熔硫工段、焚硫及转化工段、干吸及成品工段等。其主要反应为：

$$S + O_2 \longrightarrow SO_2$$
$$2SO_2 + O_2 \longrightarrow 2SO_3$$
$$SO_3 + H_2O \longrightarrow H_2SO_4$$

（4）硫酸的危险特性及应急处理

硫酸与易燃物和有机物（如糖、纤维素等）接触会发生剧烈反应，甚至引起燃烧。能与一些活性金属粉末发生反应，放出氢气。遇水大量放热，可发生沸溅。具有强腐蚀性。硫酸切忌与碱类、碱金属、水、强还原剂、易燃或可燃物混在一起。

硫酸对皮肤、黏膜等组织有强烈的刺激和腐蚀作用。对眼睛可引起结膜炎、水肿、角膜浑浊，以致失明；引起呼吸道刺激症状，重者发生呼吸困难和肺水肿；高浓度引起喉痉挛或声门水肿而死亡。口服后引起消化道烧伤以致溃疡形成。严重者可能有胃穿孔、腹膜炎、喉痉挛和声门水肿、肾损害、休克等。慢性影响有牙齿酸蚀症、慢性支气管炎、肺水肿和肝硬化。

一旦皮肤接触硫酸应立即脱去污染的衣着，立即用水冲洗至少 15min。或用 2% 碳酸氢钠溶液冲洗。然后就医。一旦眼睛接触硫酸立即提起眼睑，用流动清水或生理盐水冲洗至少 15min，就医。一旦吸入迅速脱离现场至空气新鲜处。呼吸困难时给输氧。给予 2%～4% 碳酸氢钠溶液雾化吸入。然后就医。一旦误食立即对误服者给牛奶、蛋清、植物油等口服，不可催吐。立即就医。

在工业上使用硫酸要注意密闭操作，注意通风。尽可能机械化、自动化。可能接触其蒸气或烟雾时，必须佩戴防毒面具或供气式头盔。紧急事态抢救或逃生时，建议佩戴自给式呼吸器。戴化学安全防护眼镜。穿工作服（防腐材料制作）。戴橡皮手套。工作后淋浴更衣。单独存放被毒物污染的衣服，洗后再用。保持良好的卫生习惯。

储运硫酸时要注意：储存于阴凉、干燥、通风处；应与易燃、可燃物，碱类、金属粉末等分开存放；不可混储混运，搬运时要轻装轻卸，防止包装及容器损坏；分装和搬运作业要注意个人防护。

一旦泄漏应立即疏散泄漏污染区人员至安全区，禁止无关人员进入污染区，建议应急处理人员戴好面罩，穿化学防护服。不要直接接触泄漏物，勿使泄漏物与可燃物质（木材、纸、油等）接触，在确保安全情况下堵漏。喷水雾减慢挥发（或扩散），但不要对泄漏物或泄漏点直接喷水。用沙土、干燥石灰或苏打灰混合，然后收集运至废物处理场所处置。也可以用大量水冲洗，经稀释的洗水放入废水系统。如大量泄漏，利用围堤收容，然后收集、转移、回收或无害处理后废弃。

2. 盐酸

问题 2-19　请了解我国盐酸生产的企业有哪些，采用何种方法生产？

盐酸是化学工业重要原料之一，广泛用于化工染料、医药、食品、皮革、制糖、冶金等行业。

（1）盐酸的用途

① 用于稀有金属的湿法冶金　例如，冶炼钨时，先将白钨矿（钨酸钙矿）与碳酸钠混合，在空气中焙烧（800~900℃）生成钨酸钠。

$$CaWO_4 + Na_2CO_3 \longrightarrow Na_2WO_4 + CaO + CO_2 \uparrow$$

将烧结块浸在 90℃ 的水中，使钨酸钠溶解，并加盐酸酸化，将沉淀下来的钨酸滤出后，再经灼热，生成氧化钨。

$$Na_2WO_4 + 2HCl \longrightarrow H_2WO_4 \downarrow + 2NaCl$$

$$H_2WO_4 \longrightarrow WO_3 + H_2O \uparrow$$

最后，将氧化钨在氢气流中灼热，得金属钨。

$$WO_3 + 3H_2 \longrightarrow W + 3H_2O \uparrow$$

② 用于有机合成　例如，在 180~200℃ 的温度并有汞盐（如 $HgCl_2$）作催化剂的条件下，氯化氢与乙炔发生加成反应，生成氯乙烯，再在引发剂的作用下，聚合而成聚氯乙烯。

③ 用于漂染工业　例如，棉布漂白后的酸洗，棉布丝光处理后残留碱的中和，都要用盐酸。在印染过程中，有些染料不溶于水，需用盐酸处理，使成可溶性的盐酸盐，才能应用。

④ 用于金属加工　例如，钢铁制件的镀前处理，先用烧碱溶液洗涤以除去油污，再用盐酸浸泡；在金属焊接之前，需在焊口涂上一点盐酸等，都是利用盐酸能溶解金属氧化物这一性质，以去掉锈。这样，才能在金属表面镀得牢，焊得牢。

⑤ 用于食品工业　例如，制化学酱油时，将蒸煮过的豆饼等原料浸泡在含有一定量盐酸的溶液中，保持一定温度，盐酸具有催化作用，能促使其中复杂的蛋白质进行水解，经过一定的时间，就生成具有鲜味的氨基酸，再用苛性钠（或用纯碱）中和，即得氨基酸钠。制造味精的原理与此差不多。

⑥ 用于无机药品及有机药物的生产　盐酸是一种强酸，它与某些金属、金属氧化物、金属氢氧化物以及大多数金属盐类（如碳酸盐、亚硫酸盐等），都能发生反应，生成盐酸盐。因此，在不少无机药品的生产上要用到盐酸。

在医药上好多有机药物，例如，普鲁卡因、盐酸硫胺（维生素 B_1 的制剂）等，也是用盐酸制成的。

（2）盐酸的性质

纯盐酸为无色有刺激性气味的液体，当有杂质时呈微黄色。有强烈的腐蚀性。浓盐酸在空气中发烟，触及氨蒸气会生成白色云雾（氯化铵），盐酸是极强的无机酸，对皮肤或纤维都有腐蚀作用。能与金属发生化学反应生成金属氯化物并放出氢。与金属氧化物、碱反应生成水，盐酸属于二级无机酸性腐蚀物品。

（3）盐酸的生产

盐酸的工业制法主要是采用电解法，即将饱和食盐水（或熔融氯化钠）进行电解，产品除了得到氢氧化钠外，在阴极有氢气产生，在阳极有氯气产生。

$$2NaCl + 2H_2O \longrightarrow 2NaOH + Cl_2\uparrow + H_2\uparrow$$

反应器中将氢气和氯气通至石英制的灼烧嘴点火燃烧，生成氯化氢气体同时发出大量热。氯化氢气体冷却后被水吸收为盐酸。

$$H_2 + Cl_2 \longrightarrow 2HCl$$

（4）盐酸的危险特性和应急处理

盐酸能与活性金属粉末发生反应放出氢气。遇氢化物能产生剧毒的氰化氢气体。遇碱发生中和反应放出大量的热。盐酸具有较强的腐蚀性。一旦发生火灾，用碱性物质碳酸氢钠、碳酸钠、消石灰等中和，也可以用大量水扑救。

一旦皮肤接触盐酸应立即脱去污染的衣物，用大量流动的清水冲洗至少 15min，可以涂抹弱碱性物质如肥皂水等。眼睛一旦接触盐酸应立即提起眼睑，用大量流动清水或生理盐水彻底冲洗至少 15min，然后就医。一旦呼吸进入盐酸应迅速脱离现场至空气新鲜处，保持呼吸道畅通，若呼吸困难，给输氧。若呼吸停止，立即进行人工呼吸，就医。

一旦发生盐酸泄漏，人员应迅速撤离泄漏污染区并进行隔离，严格限制出入。建议应急处理人员戴自给正压式呼吸器，穿戴酸碱工作服。不要直接接触泄漏物。尽可能切断泄漏源。如果是小量泄漏用砂土、干燥的石灰或苏打灰混合。也可以用大量水冲洗，洗水稀释后放入废水系统。一旦发生大量泄漏，则要构筑围堤或挖坑收容，用泵转移至槽车或专用收集器中，回收或运至废物处理场所处置。

3. 硝酸

问题 2-20　请了解硝酸生产的化学原理如何，浓硝酸和稀硝酸的生产原理和方法相同吗？

（1）硝酸的用途

① 用于化肥工业　硝酸与氨作用生产化肥硝酸铵，俗称硝铵。硝铵是一种含氮量比硫酸铵高的化肥，对于各种土壤都有较高的肥效。

② 用于炸药制作　最早出现的炸药是黑火药，它的成分中含有硝酸钠（或硝酸钾）。后来，由棉花与浓硝酸和浓硫酸发生反应，生成的硝酸纤维素是比黑火药强得多的炸药。另外，甘油放在浓硝酸和浓硫酸中，生成硝酸甘油。这是一种无色或黄色的透明液体，是一种不稳定的物质，受到冲击后会发生分解，产生高温，同时生成大量气体。气体体积骤然膨胀产生猛烈爆炸。军事上用得较多的是 TNT 炸药，是由甲苯与浓硝酸和浓硫酸反应制得的，是一种黄色片状物，具有爆炸威力大、药性稳定、吸湿性小等优点，常用作炮弹、手榴弹、地雷和鱼雷的炸药，也可用于采矿等爆破作业。

由于硝酸具有氧化性和酸性，硝酸也用来精炼金属，即先把不纯的金属氧化成硝酸盐，排除杂质后再还原。硝酸还可供制氮肥、王水、硝酸盐、硝酸甘油、消化纤维素、硝基苯、苦味酸等。

（2）**硝酸的性质**

纯硝酸是无色液体，沸点 83℃，容易挥发，属挥发性强酸。它能与水以任意比例混溶。市售的硝酸含 HNO_3 65%～68%，密度约为 1.4g/cm³。

硝酸受热或光照时会分解，产生的 NO_2 溶于 HNO_3 中，使硝酸呈黄到棕色。

$$4HNO_3 \xrightarrow{热或光} 4NO_2\uparrow + O_2\uparrow + 2H_2O$$

硝酸的重要化学性质除了强酸性以外，主要表现为强氧化性和硝化作用。

① **硝酸氧化非金属**　硝酸尤其是发烟硝酸具有强氧化性。很多非金属元素如碳、磷、硫、碘等都能被浓硝酸氧化成相应的氧化物或含氧酸，而硝酸被还原成 NO。

$$3C + 4HNO_3 \longrightarrow 3CO_2\uparrow + 4NO\uparrow + 2H_2O$$
$$3P + 5HNO_3 + 2H_2O \longrightarrow 3H_3PO_4 + 5NO\uparrow$$
$$S + 2HNO_3 \longrightarrow H_2SO_4 + 2NO\uparrow$$
$$3I_2 + 10HNO_3 \longrightarrow 6HIO_3 + 10NO\uparrow + 2H_2O$$

像 H_2S、HI 等还原性较强的物质，更容易被硝酸氧化。有机物如松节油等遇到浓硝酸则燃烧，因此在储存浓硝酸时，切记不要把它与还原性物质放在一起。

② **硝酸氧化金属**　硝酸与金属的反应比较复杂：硝酸可以将 Ca、Ag、Cu 等氧化成硝酸盐；将 Sn、W、Sb 等氧化成难溶的氧化物；Fe、Al 等可被冷的浓硝酸钝化；Au、Pt 等贵金属不反应。硝酸被还原的程度主要取决于硝酸的浓度和金属的活泼性。例如：

$$Cu + 4HNO_3(浓) \longrightarrow Cu(NO_3)_2 + 2NO_2\uparrow + 2H_2O$$
$$3Cu + 8HNO_3(稀) \longrightarrow 3Cu(NO_3)_2 + 2NO\uparrow + 4H_2O$$
$$4Zn + 10HNO_3(稀) \longrightarrow 4Zn(NO_3)_2 + N_2O\uparrow + 5H_2O$$
$$4Zn + 10HNO_3(很稀) \longrightarrow 4Zn(NO_3)_2 + NH_4NO_3 + 3H_2O$$

Au、Pt 等贵金属可用"王水"（浓硝酸和浓盐酸体积比 1:3 的混合物）溶解。

$$Au + HNO_3 + 4HCl \longrightarrow H[AuCl_4] + NO\uparrow + 2H_2O$$
四氯合金(Ⅲ)酸
$$3Pt + 4HNO_3 + 18HCl \longrightarrow 3H_2[PtCl_6] + 4NO\uparrow + 8H_2O$$
六氯合铂(Ⅳ)酸

硝酸能与有机化合物发生硝化反应，生成硝基化合物。例如：

$$\text{⬡} + HNO_3 \xrightarrow{H_2SO_4} \text{⬡}-NO_2 + H_2O$$

硝基化合物大多数为黄色，如皮肤与浓硝酸接触后会显黄色是因为硝酸与蛋白质作用生成黄蛋白酸的结果。

（3）**硝酸的生产**

在 17 世纪，人们用硫酸分解硝石来生产硝酸。

$$H_2SO_4 + 2KNO_3 \longrightarrow K_2SO_4 + 2HNO_3$$

20 世纪，曾利用电弧产生的高温模拟闪电，使空气中的氮和氧合成一氧化氮，再冷却吸收生成硝酸。

1913 年，由于合成氨的工业化，用氨作原料生产硝酸成为主要方法。

用氨生产硝酸包括三个化学反应

$$4NH_3 + 5O_2 \longrightarrow 4NO + 6H_2O$$
$$2NO + O_2 \longrightarrow 2NO_2$$
$$3NO_2 + H_2O \longrightarrow 2HNO_3 + NO$$

常用的高选择性的催化剂是铂-铑合金，但由于铑十分昂贵，一般以钯代替部分铑。

一氧化氮的氧化是气相可逆放热反应，在低温加压的条件下有利于提高反应，一般在810kPa、200℃以下反应，可获得较大的转化率。

二氧化氮的吸收，是一个放热的、气体体积缩小的可逆反应，降低温度、增加压强对反应有利。在生产上常采用常压的，也有用加压的（400kPa，810kPa）。

生产浓硝酸（含量98%）通常有两种方法。

一种方法是浓缩法，使浓硫酸和稀硝酸混合（例如，49份50%的硝酸和51份98%的硫酸混合），然后在精馏塔内精馏，在塔顶可以得到浓硝酸，塔底得到稀硫酸。稀硫酸蒸发浓缩后能循环使用。另一种方法是直接法，直接法由氨和空气经氧化直接合成浓硝酸，生产的关键是除去反应生成的水。反应经历以下五个步骤。

① 制一氧化氮　氨和空气通过铂网催化剂，在高温下被氧化成一氧化氮，并急冷至40～50℃，使生成的水蒸气经冷凝而除去。

② 制二氧化氮　一氧化氮和空气中的氧反应，生成NO_2后，残余的未被氧化的NO和浓度大于98%的浓硝酸再反应，被完全氧化成二氧化氮。

③ 分出二氧化氮　在低温下用浓硝酸（>98%）吸收二氧化氮成为发烟硝酸，不能被吸收的稀有气体（N_2等）排出系统另行处理。

④ 制纯NO_2并冷凝聚合为液态四氧化二氮　加热发烟硝酸，它热分解放出二氧化氮，然后把这纯的NO_2冷凝聚成为液态四氧化二氮。

⑤ 高压釜反应制浓硝酸　将液态四氧化二氮与稀硝酸混合（要求稀硝酸中水分与液态N_2O_4成一定比例）送入高压釜，在5.0MPa压力下通入氧气，四氧化二氮与水（来自稀硝酸）和氧反应直接生成98%浓硝酸。

为了加快反应的进行，加入的液态N_2O_4应比理论量多些，这样制得的是含大量游离二氧化氮（即发烟硝酸）的白色浓硝酸，将它放到漂白塔内，通入空气，把游离的NO_2吹出，制得98%成品浓硝酸。二氧化氮经回收冷凝后再送到高压釜使用。如果氨的氧化不用空气，而采用纯氧（需加水蒸气稀释以防爆炸），制得的一氧化氮浓度可高些，这对以后的制酸操作是有利的。但需建造制氧装置和增加动力消耗。

生产实际上的问题要比反应原理内容丰富得多，也复杂得多。

（4）硝酸的危险特性和应急处理

硝酸分浓硝酸和稀硝酸，浓硝酸可以用铅制槽车装载运输，因为铅的表面有一层氧化膜，起到了钝化的作用。稀硝酸应用不锈钢或玻璃钢增强塑料槽车或储罐输送或储存。

使用硝酸时应禁止皮肤直接接触，作业操作时应带耐酸手套、口罩，以及其他劳保用品。由于浓硝酸加热时分解，产生有毒烟雾，浓硝酸又属强氧化剂，与可燃物和还原性物质发生激烈反应，并爆炸。浓硝酸有强酸性，与碱发生激烈反应，引起火灾和爆炸危险。

硝酸蒸气对眼睛、呼吸道等的黏膜和皮肤有强烈刺激性。蒸气浓度高时可引起肺水肿。对牙齿具有腐蚀性。皮肤沾上可引起灼伤、腐蚀而留下疤痕，浓硝酸腐蚀可达到相当深度。

一旦皮肤接触应立即用大量清水冲洗，再用0.01%苏打水（或稀氨水）浸泡；一旦误食应立即催吐，服用牛奶或蛋清解毒。

实验室中，浓硝酸要保存在棕色瓶中以避免挥发。

4. 磷酸

▶ 问题 2-21　请查阅我国磷酸生产的大型企业有哪些，他们是以什么为原料进行生产的？

(1) 磷酸的用途

磷酸（H_3PO_4）是一种重要的无机酸，是化肥工业生产中重要的中间产品，用于生产高浓度磷肥和复合肥料。磷酸还是肥皂、洗涤剂、金属表面处理剂、食品添加剂、饲料添加剂和水处理剂等所用的各种磷酸盐、磷酸酯的原料。

① 用于化学肥料的生产　制造高浓度磷肥和复合肥料，如重过磷酸钙、磷酸铵类氮磷复合肥料以及氮磷钾混配复混肥料等。

如重过磷酸磷酸钙的主要成分是一水磷酸二氢钙，化学式 $Ca(H_2PO_4)_2 \cdot H_2O$，含有效 P_2O_5 40%～50%。工业上生产重钙的反应为：

$$7H_3PO_4 + Ca_5F(PO_4)_3 + 5H_2O \longrightarrow 5Ca(H_2PO_4) \cdot H_2O + HF\uparrow$$

表 2-4 中列出了磷酸铵类氮磷复合肥料的主要品种和成分。

表 2-4　磷酸铵类肥料的主要品种和成分

名称	代号	主要成分	N-P₂O₅	N-P₂O₅-K₂O 的典型成分
磷酸一铵	MAP	$NH_4H_2PO_4$	10-50,12-52	
磷酸二铵	DAP	$(NH_4)_2HPO_4$	18-46,16-48	
硝酸磷酸铵	APN	$NH_4H_2PO_4, (NH_4)_2HPO_4, NH_4NO_3$	23-23	14-14-14,17-17-17
尿素磷酸铵	UAP	$NH_4H_2PO_4, (NH_4)_2HPO_4, (NH_2)_2CO$	28-28,20-20	22-22-11,19-19-19 17-17-17,14-28-14

② 用于工业级磷酸盐生产　以磷酸为原料制取的工业级磷酸盐产品主要有磷酸铵盐、磷酸钙盐、磷酸钠盐等。工业级磷酸铵用作酵母培养剂及防火剂；工业级磷酸一钙用作发酵剂和蔗糖的脱色剂。磷酸二钙可用作动物的辅助饲料及牙膏填料；磷酸三钙可用于陶瓷增白剂；磷酸一钙常用于酸性去垢剂的缓冲剂，磷酸二钠可用于医药和织物染色以及陶瓷釉料，焦磷酸钠是肥皂和合成洗涤剂的配料。

③ 用于饲料级磷酸盐的生产　在饲料添加剂中，饲料级磷酸盐占有很大的比重，主要有磷酸氢钙、脱氟磷酸钙、磷酸氢二钠、磷酸氢二铵、尿素磷酸盐等。

④ 用于食品级磷酸盐的生产　在食品或饮料加工中，食品级磷酸盐主要作为品质改良剂和营养剂，其品种较多，常用的有磷酸、磷酸氢钙、磷酸氢二钠、磷酸二氢钠、焦磷酸钠、六偏磷酸钠等。

⑤ 用于冶炼工业　在钢铁工业中常用于处理钢铁，使它们的表面生成难溶磷酸盐薄膜以保护金属免受腐蚀；也常用磷酸和硝酸的混合酸作为抛光剂来处理金属表面，以提高其光洁度。

(2) 磷酸的性质

纯净的磷酸为无色晶体，熔点为 42.3℃，是一种高沸点酸，它能与水以任意比例混溶。市售磷酸试剂是黏稠的、不挥发的浓溶液，磷酸含量为 83%～98%。

磷酸是三元酸，其三级离解常数为：

$$K_{a1}^{\ominus} = 6.7 \times 10^{-3}, \quad K_{a2}^{\ominus} = 6.2 \times 10^{-8}, \quad K_{a3}^{\ominus} = 4.5 \times 10^{-13}$$

可见磷酸是一个中强酸。

磷酸是磷的最高氧化值化合物，但却没有氧化性。而磷酸根离子具有强的配位能力，能与许多金属离子形成可溶性配位化合物，如 Fe^{3+} 与磷酸能生成无色配位化合物 $H_3[Fe(PO_4)_2]$ 和 $H[Fe(HPO_4)_2]$，利用这种性质，分析化学上常用 PO_4^{3-} 掩蔽 Fe^{3+}。

（3）磷酸的生产

工业上生产磷酸的方法有热法磷酸和湿法磷酸两种。以黄磷为原料，经氧化、水化等反应而制取的磷酸称为热法磷酸。

① 热法磷酸　根据不同温度下，P_2O_5 不同的水合反应，可得到正磷酸（简称磷酸）、焦磷酸与偏磷酸等多种，但其中最重要的是正磷酸。与湿法磷酸相比，热法磷酸具有浓度高、产品纯的特点，但耗电量大、价格昂贵。在水电有富余的地区，热法磷酸具有发展前途。

热法磷酸有两种生产流程：一种是把燃烧和水化安排在同一塔内进行，液态磷从塔顶向下喷雾，空气由塔顶吸入，磷在塔中燃烧，冷的磷酸喷入塔内，使五氧化二磷进行水化反应，一部分冷的磷酸从塔顶形成膜层沿壁向下流动，以保护塔壁。从塔底部抽出热磷酸送去冷却后返回塔顶。另一种是把燃烧和水化分开在两个塔内进行，在塔的外壁大量喷水以移除反应热。

② 湿法磷酸　用酸（硫酸、硝酸、盐酸等）分解磷矿制得的磷酸统称为湿法磷酸，而用硫酸分解磷矿制取磷酸的方法是湿法磷酸生产中最主要的方法。硫酸分解磷矿生成磷酸溶液和难溶性的硫酸钙结晶，其总化学反应式如下：

$$Ca_5F(PO_4)_3 + 5H_2SO_4 + 5nH_2O \longrightarrow 3H_3PO_4 + 5CaSO_4 \cdot nH_2O + HF$$

为避免反应生成的硫酸钙在磷矿颗粒表面形成膜层，阻碍反应继续进行，工艺上反应过程是分成两步进行的。

第一步是磷矿溶解在磷酸（由后续工序返回的一部分）中生成磷酸一钙：

$$Ca_5F(PO_4)_3 + 7H_3PO_4 \longrightarrow 5Ca(H_2PO_4)_2 + HF$$

第二步是硫酸与磷酸二钙反应生成磷酸和硫酸钙：

$$5Ca(H_2PO_4)_2 + 5H_2SO_4 + 5nH_2O \longrightarrow 10H_3PO_4 + 5CaSO_4 \cdot nH_2O$$

在不同的反应温度和不同的磷酸及游离硫酸浓度条件下，硫酸钙可以有三种水合物：无水物（$CaSO_4$）、半水物（$CaSO_4 \cdot H_2O$）和二水物（$CaSO_4 \cdot 2H_2O$）。相应地生产中有三种基本方法即无水物法、半水物法和二水物法。二水物硫酸钙的结晶区是磷酸浓度为28%～32% P_2O_5，温度70～80℃，它一直是工业上使用最普遍的工艺。半水物硫酸钙的结晶区是磷酸浓度40%～50% P_2O_5，温度90～110℃；半水物工艺为少数工厂所采用。无水物硫酸钙在磷酸浓度和温度很高的条件下稳定；由于材料腐蚀和其他技术上的困难，其生产工艺一直未取得成功。

（4）磷酸的危险特性及应急处理

磷酸属于第8.1类酸性腐蚀品，不燃烧，具有腐蚀性、刺激性，可致人体灼伤。遇到金属反应放出氢气，能与空气形成爆炸性混合物。受热分解产生剧毒的氧化磷烟气。

磷酸蒸气或雾对眼、鼻、喉有刺激性。若误服磷酸液体可引起恶心、呕吐、腹痛、血便或休克。皮肤或眼接触可致灼伤。磷酸对人体的慢性影响为鼻黏膜萎缩、鼻中隔穿孔。长期皮肤接触，可引起皮肤刺激。

一旦皮肤接触，应立即脱去污染的衣着，用大量流动清水冲洗至少15min后就医。

一旦不慎溅入眼睛，应立即提起眼睑，用大量流动清水或生理盐水彻底冲洗至少15min然后就医。

一旦吸入，应迅速脱离现场至空气新鲜处，保持呼吸畅通。如果呼吸困难，要输氧。如果呼吸停止，应立即进行人工呼吸，然后就医。

一旦发生磷酸泄漏，应立即隔离泄漏污染区，限制出入。建议应急处理人员戴防尘面具

（全面罩），穿防酸碱工作服。不要直接接触泄漏物。如果是小量泄漏，用洁净的铲子收集于干燥、洁净、有盖的容器中。若大量泄露，需收集回收或运至废物处理场所处置。

使用磷酸需密闭操作，注意通风。尽可能机械化、自动化。提供安全淋浴和洗眼设备。可能接触其蒸气时，必须佩戴自吸过滤式防毒面具（半面罩），可能接触粉尘时，建议佩戴自吸过滤式防尘口罩。戴化学安全防护眼镜，穿胶布耐酸碱服，戴橡胶耐酸手套。工作现场禁止吸烟、进食和饮水，饭前要洗手。单独存放被毒物污染的衣服，洗后备用。

磷酸需储存于阴凉、干燥、通风良好的仓库内，远离火种、热源，防止阳光直射，保持容器密封，应与碱类、发泡剂等分开存放。分装和搬运作业要注意个人防护；搬运时轻装轻卸，防止包装及容器损坏。

二、碱

工业上"工业碱"是行业内习惯性叫法，含义比较笼统，它可以是很多种产品，但一般是指三碱：工业纯碱（碳酸钠）、工业烧碱（氢氧化钠）、工业重碱（碳酸氢钠）。不管是以上哪种产品，工业碱都是纯度和杂质含量满足一般性工业使用的碱，工艺相对简单，可以进行大规模工业生产，对于食品行业和分析化学行业则应使用对应的食品级和分析级的三碱产品。

1. 烧碱

问题 2-22　氯碱工业的主要产品是哪些？分别有什么用途？

（1）烧碱的用途

① 用于造纸　造纸的原料加入稀的氢氧化钠溶液可将非纤维素成分溶解而分离，从而制得以纤维素为主要成分的纸浆。

② 用于精炼石油　石油产品经硫酸洗涤后，还含有一些酸性物质必须用氢氧化钠溶液洗涤，再经水洗，才能得到精制产品。

③ 用于纺织　棉、麻纺织物用浓氢氧化钠（烧碱）溶液处理以改善纤维性能。人造纤维如人造棉、人造毛、人造丝等，大都是黏胶纤维，它们是用纤维素（如纸浆）、氢氧化钠、二硫化碳（CS_2）为原料，制成黏胶液，经喷丝、凝结而制得。

④ 用于印染　棉织品用烧碱溶液处理后，能除去覆盖在棉织品上的蜡质、油脂、淀粉等物质，同时能增加织物的丝光色泽，使染色更均匀。

⑤ 用于肥皂制造　肥皂的主要成分是高级脂肪酸的钠盐，通常用油脂和氢氧化钠为原料经过皂化反应而制成。

⑥ 用于冶金工业　用作制造氢氧化铝、氧化铝及金属表面处理剂。往往要把矿石中的有效成分转变成可溶性的钠盐，以便除去其中不溶性的杂质，因此，常需要加入纯碱（它又是助熔剂），有时也用烧碱。例如，在铝的冶炼过程中，所用的冰晶石的制备和铝土矿的处理，都要用到纯碱和烧碱。又如冶炼钨时，也是首先将精矿和纯碱焙烧成可溶的钨酸钠后，再经酸析、脱水、还原等过程而制得粉末状钨的。

⑦ 用于化学工业　制金属钠、电解水都要用烧碱。许多无机盐的生产，特别是制备一些钠盐（如硼砂、硅酸钠、磷酸钠、重铬酸钠、亚硫酸钠等）都要用到烧碱或纯碱。合成染料、药物以及有机中间体等也要用到烧碱或纯碱。

⑧ 用于消毒　氢氧化钠能使病毒的蛋白质变性。这些主要用于制酒业等瓶子的清洗

消毒。

⑨ 用于废水处理　氢氧化钠调节 pH 进行污水的处理，使资源循环利用。

⑩用于化学药品制剂　工业品助剂　烧碱在医药工业中主要用于碱化溶液或调节药液 pH。

⑪ 用于电镀　烧碱在五金电镀中作为电镀溶液，起导体的作用。

（2）烧碱性质

烧碱的化学名称是氢氧化钠（NaOH），纯 NaOH 为白色固体，熔点为 318.4℃。能溶于水、乙醇和甘油，溶解时放热。这些溶液与酸液混合放出大量的热。

NaOH 能在溶液中中和酸产生盐和水，而且也能和气态的酸性物质反应，常利用氢氧化钠除去气体中的酸性气体 CO_2、SO_2、NO_2、H_2S 等。

NaOH 固体在空气中易潮解而变成液体（溶解），有强烈的腐蚀性、吸水性，可用作干燥剂，但不可干燥二氧化碳、二氧化硫等酸性气体。

NaOH 溶液具有强碱性，能与酸或酸性氧化物发生中和反应，能腐蚀玻璃。

$$NaOH + HCl \longrightarrow NaCl + H_2O$$
$$2NaOH + CO_2 \longrightarrow Na_2CO_3 + H_2O$$
$$2NaOH + SiO_2 \longrightarrow Na_2SiO_3 + H_2O$$

因此 NaOH 要存放在干燥密闭的容器中，避免吸收水或二氧化碳。盛装 NaOH 的玻璃容器不能用玻璃塞而要用橡胶塞或木质塞，防止氢氧化钠与玻璃中的二氧化硅反应生成的硅酸钠（一种胶）将玻璃塞粘住打不开。

NaOH 能与盐反应生成另一种盐：

$$2OH^- + Mg^{2+} \longrightarrow Mg(OH)_2 \downarrow$$

NaOH 易于熔化，具有熔解某些金属氧化物与非金属氧化物的能力，因此在工业生产和分析中，常用于熔解矿物原料的试样。

NaOH 能熔解某些单质，例如，与两性金属铝和锌的反应：

$$2Al + 2OH^- + 6H_2O \longrightarrow 2[Al(OH)_4]^- + 3H_2 \uparrow$$
$$Zn + 2OH^- + 2H_2O \longrightarrow [Zn(OH)_4]^{2-} + H_2 \uparrow$$

（3）烧碱的生产

氢氧化钠主要是由电解法（见氯碱生产过程）电解氯化钠水溶液制得，也可以通过化学法（苛化法）利用石灰乳与纯碱（Na_2CO_3）水溶液反应制得。化学法制得的烧碱纯度低，经济效益差，目前只在少数国家有小规模生产。

各种方法生产的 50% 或 73% 氢氧化钠溶液在降膜蒸发器内，用 450℃ 熔融载热体间接加热，并加入蔗糖之类的还原剂，去除氯酸盐杂质，可进一步浓缩，也可以在含镍铸铁锅内用明火加热，蒸发浓缩成为熔融的无水氢氧化钠。用铸铁锅熬碱时，加入少量硝酸钠将杂质氧化，并加适量硫黄调色。熔融的氢氧化钠可直接加入铁桶凝成为整块固碱，也可经结片机或造粒塔制成片状或珠、粒状固碱。商品氢氧化钠有固体和液体两种，简称固碱和液碱，后者有 73%、50%、45%、42% 和 30% 等规格。由于生产工艺不同，使用要求不一，工业产品分为标准级和人造丝级。标准级含盐量较高，隔膜法生产的 50% 液碱含 NaCl 1.0%～1.1%，供一般使用；人造丝级含盐及其他杂质均较少。

（4）烧碱的危险特性和应急处理

氢氧化钠有强烈刺激和腐蚀性。粉尘或烟雾会刺激眼和呼吸道，腐蚀鼻中隔；皮肤和眼与 NaOH 直接接触会引起灼伤；误服可造成消化道灼伤，黏膜糜烂，出血和休克。

氢氧化钠不会燃烧，遇水和水蒸气大量放热，形成腐蚀性溶液。与酸发生中和反应并放热。具有强腐蚀性。

燃烧（分解）产物：可能产生有害的毒性烟雾。

使用烧碱作业时要佩戴防毒口罩对呼吸系统进行防护；戴化学安全防护眼镜对眼睛进行防护；穿工作服（防腐材料制作）；戴橡皮手套；工作后，淋浴更衣。注意个人清洁卫生。

一旦皮肤接触氢氧化钠应立即用大量水冲洗，再涂上 3%～5% 的硼酸溶液。

一旦眼睛接触氢氧化钠应立即提起眼睑，用流动清水或生理盐水冲洗至少 15min。或用 3% 硼酸溶液冲洗后就医。

一旦吸入氢氧化钠应迅速脱离现场至空气新鲜处。必要时进行人工呼吸，就医。

一旦误食氢氧化钠应尽快用蛋白质之类的东西清洗干净口中毒物，如牛奶、酸奶等奶质物品。患者清醒时立即漱口，口服稀释的醋或柠檬汁，就医。

一旦发生着火，应用雾状水、砂土、二氧化碳灭火器灭火。

一旦发生氢氧化钠泄漏应立即隔离泄漏污染区，周围设警示标志。应急处理人员戴好防毒面具，穿化学防护服。不要直接接触泄漏物，用清洁的铲子收集于干燥洁净有盖的容器中，加入大量水，调节至中性，再放入废水系统。也可以用大量水冲洗，经稀释的洗水放入废水系统。如大量泄漏，收集回收或无害处理后废弃。

2. 纯碱

问题 2-23　侯德榜是联合制碱法的发明者，请查阅联合制碱法的生产步骤和每一步的原理，与氨碱法比较有哪些优点？

纯碱，学名碳酸钠，又称苏打、碱灰，是一种重要的化工基本原料，制碱工业的主产品。

（1）纯碱的用途

在化学工业中，纯碱主要用于制取钠盐、金属碳酸盐、漂白剂、洗涤剂、催化剂及染料等；有时用于肥皂、造纸等的生产，也用作冶金工业的助熔剂、软水剂；同时用作羊毛的洗涤剂、泡沫灭火剂，以及用于农业浸种等。橡胶工业利用纯碱与明矾、发孔剂配合起均匀发孔的作用，用于橡胶、海绵生产。机械工业用作铸钢（翻砂）砂型的成型助剂。印染工业用作染色印花的固色剂，酸碱缓冲剂，织物染整的后处理剂。医药工业用作制酸剂的原料。消防器材中用于生产酸碱灭火器和泡沫灭火机。在冶金工业中，用来脱除硫和磷，用于选矿及铜、铅、镍、锡、铀、铝等金属的生产；在陶瓷工业中，用于制取耐火材料和釉。此外，工业气体脱硫、工业水处理、金属去脂、纤维素和纸的生产、肥皂制造等也需要纯碱。

纯碱可用于食品的发酵剂、黄油的保存剂。可直接作为制药工业的原料，用于治疗胃酸过多。纯碱是食品工业中一种应用最广泛的疏松剂，用于生产饼干、糕点、馒头、面包等，是汽水饮料中二氧化碳的发生剂，可与明矾复合为碱性发酵粉。

（2）纯碱的性质

纯碱通常为白色粉末，高温下易分解，易溶于水，水溶液呈碱性。碳酸钠与水生成 $Na_2CO_3 \cdot 10H_2O$、$Na_2CO_3 \cdot 7H_2O$、$Na_2CO_3 \cdot H_2O$ 三种水合物，其中 $Na_2CO_3 \cdot H_2O$ 最为稳定，且溶于水的溶解热非常小，多应用于照相行业。$Na_2CO_3 \cdot 10H_2O$ 又称晶碱或洗涤碱，溶于水时呈吸热反应，在空气中易风化。$Na_2CO_3 \cdot 7H_2O$ 不稳定，仅在 32.5～36℃ 范围内才能从碳酸钠饱和溶液中析出。

Na_2CO_3 溶液显碱性，能与酸反应：

$$Na_2CO_3 + 2HCl \longrightarrow 2NaCl + H_2O + CO_2 \uparrow$$

Na_2CO_3 与碱反应：

$$Na_2CO_3 + Ca(OH)_2 \longrightarrow CaCO_3 \downarrow + 2NaOH$$

Na_2CO_3 与盐反应：

$$Na_2CO_3 + BaCl_2 \longrightarrow BaCO_3 \downarrow + 2NaCl$$

高温下可分解，生成氧化钠和二氧化碳。长期暴露在空气中能吸收空气中的水分及二氧化碳，生成碳酸氢钠，并结成硬块。吸湿性很强，很容易结成硬块，在高温下也不分解。

易溶于水，微溶于无水乙醇，不溶于丙醇。碳酸钠易溶于水，是一种弱酸盐，溶于水后发生水解反应，使溶液显碱性，有一定的腐蚀性，能与酸进行中和反应，生成相应的盐并放出二氧化碳。

（3）纯碱生产

纯碱生产有索尔维法、侯氏制碱法和天然碱加工法等，所用原料因加工方法不同而异。主要原料为原盐（包括海盐、池盐、矿盐及地下卤水）、天然碱、石灰石、氨等。

从 1791 年就开始开始用食盐、硫酸、煤、石灰石为原料生产碳酸钠，称为吕布兰法。

$$2NaCl + H_2SO_4 \longrightarrow Na_2SO_4 + 2HCl$$
$$Na_2SO_4 + 2C \longrightarrow Na_2S + 2CO_2$$
$$Na_2S + CaCO_3 \longrightarrow Na_2CO_3 + CaS$$

此法原料利用不充分、劳动条件恶劣、产品质量不佳，逐渐为索尔维法代替。

索尔维法又称氨碱法，是纯碱生产的最主要方法。首先以石灰石煅烧制备 CO_2。

$$CaCO_3 \xrightarrow{\text{煅烧}} CaO + CO_2 \qquad ①$$

将原盐（氯化钠）溶化成饱和盐水，除去杂质，然后吸收氨制成氨盐水，再进行碳化得碳酸氢钠（又称重碱）。

$$NaCl_{(饱和)} + NH_3 + H_2O + CO_2 \longrightarrow NaHCO_3 \downarrow + NH_4Cl_{(酸性需中和处理)} \qquad ②$$

将经过滤、洗涤得到的 $NaHCO_3$ 微小晶体，再加热煅烧制得纯碱产品。

$$2NaHCO_3 \longrightarrow Na_2CO_3 + H_2O + CO_2 \uparrow_{(循环到②使用)} \qquad ③$$

过滤后的氯化铵母液加入石灰乳反应并蒸馏回收氨再循环，所得蒸馏废液排弃。石灰石煅烧所得石灰和二氧化碳分别用来分解母液中的氯化铵和碳化时制碱用。

放出的二氧化碳气体可回收循环使用。含有氯化铵的滤液与石灰乳 $[Ca(OH)_2]$ 混合加热，所放出的氨气可回收循环使用。

$$CaO_{(来自①)} + H_2O \longrightarrow Ca(OH)_2 \qquad ④$$
$$2NH_4Cl + Ca(OH)_2 \longrightarrow CaCl_2 + 2NH_3 \uparrow_{(循环到①使用)} + 2H_2O \qquad ⑤$$

此法由于原料（原盐、石灰石）易得，生产过程连续，规模大，技术成熟、产品纯度高等优点取代了吕布兰法，此法被沿用至今。但是此法也有缺点，其最大的缺点是食盐利用率低（约 70%）、氨损失大、大量 $CaCl_2$ 废渣造成环境污染。

我国杰出化工专家侯德榜结合中国内地缺盐的国情，对氨碱法进行改进，将纯碱和合成氨两大工业联合，同时生产碳酸钠和化肥氯化铵，大大地提高了食盐利用率，称为"侯氏联合制碱法"。此法先采用半煤气转化得到的 H_2 和 N_2 来合成氨（由氨厂提供）：

$$N_2 + H_2 \longrightarrow NH_3$$

然后再利用半水煤气中的 CO 氧化成 CO_2（由氨厂提供）：

$$CO + O_2 \longrightarrow CO_2$$

以饱和食盐水吸收 NH_3 和 CO_2 制得 $NaHCO_3$：

$$NH_3 + H_2O + CO_2(\text{来自合成氨原料气中 CO 氧化}) \longrightarrow NH_4HCO_3$$

$$NH_4HCO_3 + NaCl \longrightarrow NH_4Cl(\text{再处理用作化肥}) + NaHCO_3\downarrow$$

将经过滤、洗涤得到的 $NaHCO_3$ 微小晶体，再加热煅烧制得纯碱产品。

$$2NaHCO_3 \overset{\triangle}{\longrightarrow} Na_2CO_3 + H_2O + CO_2\uparrow$$

NH_4Cl 母液中加入 $NaCl$ 使得 NH_4Cl 结晶出来，NH_4Cl 结晶用作化工原料或化肥。

侯氏联合制碱法保留了氨碱法的优点，消除了它的缺点，使食盐的利用率由氨碱法的70%提高到96%以上；可与合成氨厂联合，使合成氨的原料气 CO 转化成 CO_2，革除了 $CaCO_3$ 制 CO_2 这一工序；NH_4Cl 可做氮肥；降低了成本，实现了连续化生产，体现了综合利用原料、减少环境污染等优点，对世界制碱工业做出了重大贡献。目前我国生产纯碱的基地主要在天津、大连、青岛、湖北和四川自贡。

（4）纯碱的危险特性及应急处理

纯碱不燃，具有刺激性和腐蚀性。直接接触可引起皮肤和眼灼伤。生产中吸入其粉尘和烟雾可引起呼吸道刺激和结膜炎，还可有鼻黏膜溃疡、萎缩及鼻中隔穿孔。长时间接触本品溶液可发生湿疹、皮炎、鸡眼状溃疡和皮肤松弛。接触本品的作业工人呼吸器官疾病发病率升高。误服可造成消化道灼伤、黏膜糜烂、出血和休克。

使用纯碱要注意密闭操作，加强通风。操作人员必须经过专门培训，严格遵守操作规程。操作人员要佩戴自吸过滤式防尘口罩，戴化学安全防护眼镜，穿防毒物渗透工作服，戴橡胶手套。避免产生粉尘，避免与酸类接触。搬运时要轻装轻卸，防止包装及容器损坏。配备泄漏应急处理设备。倒空的容器可能残留有害物。稀释或制备溶液时，应把碱加入水中，避免沸腾和飞溅。

纯碱储存时要注意储存于阴凉、通风的库房。远离火种、热源。应与酸类等分开存放，切忌混储。储区应备有合适的材料收容泄漏物。

纯碱运输时要注意起运时包装要完整，装载应稳妥。运输过程中要确保容器不泄漏、不倒塌、不坠落、不损坏。严禁与酸类、食用化学品等混装混运。运输途中应防暴晒、雨淋、防高温。车辆运输完毕应进行彻底清扫。

一旦发生纯碱泄漏，应立即隔离泄漏污染区，限制出入。应急处理人员戴防尘面具（全面罩），穿防毒服。避免扬尘，小心扫起，置于袋中转移至安全场所。若大量泄漏，用塑料布、帆布覆盖。收集回收或运至废物处理场所处置。

拓展思考

1. 碳酸钠称为纯碱，其水溶液呈较强的碱性，碳酸氢钠的水溶液也呈碱性，但它们和氢氧化钠不同，能解释为什么吗？

2. 在化学实验室，一旦有氢氧化钠洒落在实验台面上，该如何处理？

3. 请查阅化学化工词典或借助其他书籍了解氢卤酸（氢氟酸、盐酸、氢溴酸、氢碘酸）在酸性、稳定性等方面性质的异同点。

4. 化学实验室内存放的浓盐酸和浓硝酸往往呈黄色，为什么？

5. 请了解侯德榜联合制碱的工艺流程，与氨碱法比较有哪些优点？同时又有哪些缺点？

第五节
材料与化学

学习目标

1. 能够简单叙述金属和金属合金材料的性质、用途和发展。
2. 了解陶瓷等无机非金属材料的特点及其有关应用。
3. 了解有机高分子材料的特点及其有关应用。
4. 了解复合材料、纳米材料的特点和应用前景。

　　材料是日常生活和生产中屡见不鲜的。例如，纤维是服装的主要材料、塑料是许多日用品的主要材料等。通常按照化学组成将材料分成金属材料、无机非金属材料和高分子材料三大类。金属材料有纯金属材料和合金材料；无机非金属材料有非金属单质材料和无机化合物材料；高分子材料有天然高分子材料和合成高分子材料，合成高分子材料主要有合成纤维、合成橡胶和合成塑料。任何材料都是由一种或多种化学物质组成的，随着科学技术的不断发展，许多具有特殊功能的新型材料不断地被研制成功。本节主要介绍各种材料的特点及其应用。

一、金属材料

　　金属材料是泛指由金属元素或以金属元素为主的合金形成的具有一般金属性质的材料。

1. 合金

　　问题 2-24　钢铁是生产和生活中常见的，请了解钢铁的主要成分、分类、用途及生产。

　　一般来说，纯金属都具有良好的塑性、导电和传热性，但它们的力学性能如强度、硬度等不能满足工程上对材料的要求，并且容易被腐蚀。合金则能克服这些不足，在工程技术上实际使用的金属材料绝大多数是合金。

　　从结构上合金可分为以下三种基本类型。

　　（1）混合物合金

　　请查阅电器仪表工业中金属元件焊接采用的焊锡是什么物质？其熔点是多少？

　　混合物合金是两种或多种金属的机械混合物。此种混合物种组分金属在熔融状态时完全或部分互溶，而在凝固时各组分金属又分别独自结晶出来。混合物金属合金的物理特性与组分金属的性质有很大不同，如锡和铅熔点分别为 232℃ 和 327.5℃，含锡 63% 的锡铅合金，熔点只有 181℃。

　　（2）固溶体合金

　　两种或多种金属不管在熔融时还是在凝固时都能保持互溶状态的合金称为固溶体合金。互溶体合金具有均匀的结构。其中含量较多的金属称为溶剂金属，含量较少的金属称为溶质金属。

　　（3）化合物合金

　　当两种金属元素原子的外层电子结构、电负性和原子半径差别较大时，容易形成金属化合物合金。金属化合物合金的晶格不同于原来的金属晶格，化合物合金的化学键介于离子键和金属之间，因此，其熔点比纯金属高，硬度和脆性也更大，而导热性和导电性比纯金属低。

金属化合物合金的种类很多，从组成元素来说可以由金属元素和金属元素，也可以由金属元素与非金属元素组成。例如，Mg_2Pb、$CuZn$、B、C、N 等与 d 区元素形成的硼化物、碳化物和氮化物等。

合金可以是一种或者多种晶体结构，既可以是单相也可以是多相系统。绝大多数合金是通过熔化、精炼制成的，只有少数合金是在固态下通过制粉、混合、压制成型、烧结等工序制成。

2. 新型金属材料

在科技高速发展的今天，许多新的材料在面世，也有很多新型金属材料被不断开发应用。

（1）非晶态合金

熔融态的合金缓慢冷却得到的是晶态合金，如果快速骤冷得到的是非晶态合金。这是因为此时形成的固体使处于液态时原子的无序自由运动状态被保留了下来。通常把原子排列的周期性的消失称为长程无序。

微观结构的不同决定了非晶态材料所无法比拟的优异性能。随着各种特殊功能材料的不断涌现，非晶态材料的应用前景越来越广阔，已成为一大类发展潜力很大的新材料。

非晶态合金具有良好的磁学性能。如非晶态铁基合金、铁镍合金、钴基合金具有矫顽力低、磁导率高和铁心损耗低等优点，最为优良的软磁材料正逐步取代传统的硅钢、坡莫合金和铁氧体材料，成为目前研究最深入、应用最广泛的新型功能材料。

非晶态合金硬度、强度、韧性和耐磨性都明显高于普通钢铁材料。用非晶态合金和其他材料可以制成高强度的复合材料，如做广泛应用的高档录音机、录像机中的耐磨音频、视频磁头，高尔夫球杆、钓鱼竿等。加入 1％体积的非晶态纤维就可以使水泥的断裂强度提高200 倍。Zr 基块体非晶态合金具有优异的穿甲性能，可作优秀的穿甲弹弹芯材料。

由于没有晶界，不存在晶体缺陷，非晶态合金更加耐腐蚀。例如，非晶态合金 $Fe_{72}Cr_8P_{13}C_7$ 的抗腐蚀性能优于不锈钢。

（2）形状记忆合金

具有一定起始形状，经变形并固定成另一种形状，通过热、光、电等物理刺激或化学刺激处理又可以恢复初始形状的现象称形状记忆效应。

① 单向形状记忆效应。合金在高温下制成特定形状，在低温下使其任意变形，再加热会自动恢复为高温形状，重新冷却形状不再变化。

② 双向形状记忆效应。对合金进行特殊处理，使合金能够记住高温和低温时的两种形状，即加热时恢复高温形状，冷却时恢复低温形状。

③ 全方位形状记忆合金。合金在高温下制成一定形状，冷却后，合金的形状会自动发生改变；当冷却到一定温度后，合金出现与高温相反的形状。再加热后，合金恢复高温时的形状。

形状记忆合金种类很多，到目前为止已有10多个系列、50多个品种。

形状记忆合金在工程上的应用很多，最早的应用是做结构件，如紧固件、连接件、密封件等。美国已在喷气式战斗机和核潜艇的液压系统中使用了几十万个记忆合金管接头。

二、无机非金属材料

无机非金属材料简称无机材料，又称陶瓷材料。它包括的范围很广，包括各种金属与非金属元素所形成的无机化合物和非金属单质。无机材料可分为传统无机材料和新型无机材料。

1. 传统无机材料

传统无机材料是人类最早使用的材料，直到今天，它仍然在国民经济中占有十分重要的地位，仍然在不断发展。我国是历史上最早制造出陶瓷的国家，陶瓷是中华民族古老文明的象征。如秦始皇陵中大批的陶马兵俑被认为是世界文化奇迹，唐代的唐三彩、明清景德镇的瓷器都久负盛名。

传统无机材料的主要成分是 SiO_2 等氧化物，所以称硅酸盐材料。自然界中存在大量的硅酸盐材料，如黏土、石棉、滑石、高岭土、白云母、石英、砂子等。人类还生产了大量的人造硅酸盐材料，如水泥、玻璃、陶瓷、耐火砖等。大部分硅酸盐材料为晶体结构，其基本结构单元都是［SiO_4］硅氧烷四面体。硅氧烷四面体的每个顶点上的氧原子可以为两个硅氧四面体所共有。按照硅氧四面体在空间的组合方式不同，可将硅酸盐材料分为四类：分立型、链型、层型和骨架型。

2. 新型无机材料

随着科学技术的发展，在原有硅酸盐材料的基础上，相继研制出许多新型无机材料，主要有以下几种类型。

（1）光导纤维

光导纤维简称光纤，是用于传递光线和图像的纤维。利用光导纤维进行通讯是当代技术革命的特征之一。

光导纤维可以把光从一端独立地传播到另一端。将很多光导纤维规则地排列成长束状元件（柔软纤维束），就能用于光或像的弯曲传递。制造光导纤维的光学材料必须是高度纯净，比半导体材料的纯度还要高 100 倍，成分均匀。一般无水石英（SiO_2）是常用的光导纤维材料。玻璃是制造光导纤维的基本材料，用于制造光导纤维的玻璃必须是有高度的光学均匀性和透明性，并满足一定的光学常数要求，具有良好的化学稳定性和机械强度等。因而形成了特种光学玻璃发展的新领域。

（2）高温结构陶瓷

用铸铁铸造的汽车发动机热效率只有 30％ 左右。如果用高温结构陶瓷材料如氮化硅陶瓷制造发动机，工作温度可以稳定在 1300℃ 左右，燃料燃烧充分又不需要水冷却系统，热效率就会大大提高，此外还可减轻汽车的质量。因此用高温陶瓷取代高温合金对航天航空视野具有巨大的吸引力。

氮化硅是由共价键形成的原子晶体，原子之间结合得非常牢固。性能特点是硬度高，摩擦系数低，有自润滑作用，是优良的耐磨材料。在 1400℃ 以下，热强度和化学稳定性高，热膨胀系数小，抗热冲击，是优良的高温结构材料。工业上常用高纯度硅与纯氮在 1300℃ 时反应获得：

$$3Si + 2N_2 \longrightarrow Si_3N_4$$

高温结构陶瓷除了 Si_3N_4 外，还有 SiC、ZrO_2、Al_2O_3 等。

（3）透明陶瓷

一般陶瓷是不透明的，但光学陶瓷像玻璃一样是透明的，故称透明陶瓷。一般陶瓷中存在杂质和气孔，前者吸光，后者散射光，所以不透明。如果采用高纯原料再经特殊工艺排除气孔就可获得透明陶瓷。早期就是采用这种办法获得氧化铝陶瓷，后来陆续研究出如烧洁白刚玉、氧化镁、氧化钇等多种氧化物系列透明陶瓷。近期又研制出砷化镓、硫化锌、硒化锌、氟化镁、氟化锆等非氧化物透明陶瓷。

透明陶瓷光学性能优异，耐高温，一般熔点在 2000℃ 以上。透明陶瓷的主要用途是制造高压钠灯，它的发光效率比高压汞灯提高一倍，使用寿命达 2 万小时，是使用寿命最长的高效光源。此外，透明陶瓷的透明度、强度、硬度等都高于普通玻璃，耐磨，可用于制造防弹汽车的窗、坦克的观察窗、轰炸机的轰炸瞄准器和高级防护眼镜等。

（4）生物陶瓷

生物陶瓷是用于人体器官替换、修补及外科矫形的陶瓷材料。这类材料主要包括羟基磷灰石、氧化铝、生物活性玻璃陶瓷等。

生物陶瓷用于人体，选用的材料就必须要求生物相容性好，对肌体无免疫排异反应；血液相容性好，无溶血、凝血反应；不会引起代谢作用异常现象；对人体无毒，不会致癌。

氧化铝陶瓷做成的假牙与天然牙齿十分接近，还可做各种人工关节等。羟基磷灰石 $Ca_{10}(PO_4)_6(OH)_2$ 是骨骼组织的主要成分，人工合成的与骨的生物相容性很好，可用于颌骨、耳听骨修复和人工牙种植等。目前发现用熔融法制得的 $CaO\text{-}Na_2O\text{-}SiO_2\text{-}P_2O_5$ 生物玻璃具有与骨骼键合的能力。

除了上述的新型无机材料外，还有超导材料、纳米材料等无机新型材料，在此就不一一叙述。

三、有机高分子材料

高分子化合物是一类十分重要的化合物，目前工业和生活中所需的合成材料，大多是人工合成的高分子材料。由于这些人工合成的高分子材料具有许多优异的性能，如质轻、透明、绝缘、高弹性、耐化学腐蚀、易于成型加工等，因而发展极为迅速。重要的高分子材料主要有以下几种。

1. 塑料

问题 2-25 塑料是日常生活中常见也常用的，塑料有很多种。请读者指出下列塑料的特点和主要化学成分：①农用塑料薄膜；②超市购物的塑料袋；③变压器的外壳；④用于装垃圾的塑料袋；⑤牙刷柄；⑥塑料盆；⑦家庭装修厨房吊顶用的 PVC 等。

在一定条件下可塑成型、而在常温常压下能保持被塑形状的有机高分子化合物称为塑料。若按性能和用途分类，塑料可分为通用塑料、工程塑料、特种塑料和增强塑料。通用塑料产量大、用途广、价格低，其中聚乙烯、聚氯乙烯、聚丙烯和聚苯乙烯约占全国塑料产量的 80%，以聚乙烯的产量最大。

塑料具有密度小、强度高、化学性能稳定好、电绝缘性优良、耐摩擦等优点，目前已广泛代替木材、不锈钢和某些有色金属及部分材料。其中很多已被用于建筑材料、交通运输工具、化工设备、电器和机械零件，被称为工程塑料。随着科学技术的不断发展，火箭、宇航飞机等国防和尖端科学上所需的某些特殊材料是其他材料无法代替的。

塑料可以是缩聚物、加聚物或共聚物。目前全世界投入生产的塑料品种近 300 余种，这些品种我国都能生产。

① 酚醛树脂　是以酚类和醛类化合物在酸性或碱性催化剂作用下，经缩聚反应而制得的树脂。低缩聚的酚醛树脂可作黏合剂，溶于溶剂后即为酚醛清漆，但酚醛树脂的主要用途还是做成热固性塑料，即在酚醛树脂中加入一定量的填料，模压或浇铸成一定形状的制品。由于它抗湿、抗热、抗电、耐磨、耐化学腐蚀，被大量用于电器材料、日常用品、交通工具、机械零件上。汽车用的刹车片和轮船用的离合器片均为酚醛树脂制作。酚醛树脂的缺点是性脆不耐碱。

② 聚烯烃　聚烯烃主要指聚乙烯、聚丙烯、聚氯乙烯和聚丁烯等，它们的原料均来源于石油或天然气，是塑料中产量最大的品种。聚乙烯的主要缺点是易受热和氧的作用而老化；聚氯乙烯塑料由于原料来源广、耐化学腐蚀、不燃性、成本低、加工容易等特点获得较大发展；聚苯乙烯塑料的绝缘性、化学稳定性、光学性能和加工性能优良，是产量仅次于聚乙烯和聚氯乙烯的塑料品种，容易与各种颜料拼合成鲜艳的制品，用于制造玩具和各种日用器皿。

2. 橡胶

橡胶在很宽的温度范围内呈高弹态。橡胶分天然橡胶和合成橡胶。在日常生活和化工生产中橡胶也是常见的，例如汽车轮胎、汽车玻璃密封条、医用乳胶管、运输带、胶鞋等。天然橡胶来自热带和亚热带的橡胶树，其基本组成是异戊二烯。合成橡胶的原料来自石油化工产品，种类和性能因单体的不同而不同。

未经硫化的橡胶制品强度低，弹性小，遇冷变脆，遇热变软甚至流动，遇溶剂被溶解，使用价值不大。橡胶必须硫化。硫化过程就是大分子链之间通过硫桥进行适度交联，成为网状或体型结构，提高化学稳定性，使橡胶既有弹性又有良好的强度。

合成橡胶按性能和用途可分为通用橡胶和特种橡胶。通用橡胶与天然橡胶相似，用量大，例如丁苯橡胶、顺丁橡胶，还有异戊橡胶、氯丁橡胶、丁钠橡胶、乙丙橡胶、丁基橡胶等。

3. 合成纤维

纤维分为天然纤维和化学纤维两大类。棉、麻、丝、毛属于天然纤维。化学纤维又分为人造纤维和合成纤维。人造纤维是以天然高分子纤维素或蛋白质为原料，经过化学改性而制成的，如黏胶纤维（人造棉）、醋酸纤维（人造丝）、再生蛋白纤维等。合成纤维是由合成高分子为原料，通过拉丝工艺获得纤维。合成纤维的品种很多，最重要的品种是聚酯（涤纶）、聚酰胺（尼龙、锦纶）、聚丙烯腈（腈纶）等。

在日常生活中以前有这样一个做法，在购买毛线或衣物时，鉴别是否是羊毛或纯棉的办法是取线头用火烧：烧后成灰的是羊毛或纯棉，烧后有聚集颗粒的则不是羊毛或纯棉制品。这种做法道理何在？

四、复合材料

随着科学技术的发展，对材料的要求越来越高，单一的金属、非金属材料或有机高分子材料往往不能满足需要。采用复合技术，把一些不同性能的材料复合在一起，使其相互取长补短，从而获得单一材料不具备的优越的综合性能，于是产生了复合材料。

现代生活中，复合材料也是随处可见：洗衣机、电视机等电器的外壳。

复合材料种类很多，常见的分类有以下几种：

① 按基体类型分为聚合物基、金属基和无机非金属基复合材料；

② 按性能分为结构复合材料和功能复合材料；

③ 按增强材料种类和形状分为纤维增强、颗粒增强、层叠增强复合材料。

复合材料的强度、断裂安全性高，耐疲劳性能、减震性能好，减摩性、化学稳定性、加工性能好。常用的复合材料有如下几种。

（1）玻璃钢

玻璃钢是以塑料作为基体材料，以玻璃纤维作为增强材料的复合材料。可分为两类：一类是玻璃纤维和热塑性树脂组成的复合材料，称为热塑性玻璃钢；另一类是玻璃纤维和热固性树脂组成的复合材料，称为热固性玻璃钢。

玻璃钢的强度可达到某些合金的水平，而密度却只有钢铁的 1/5 左右。同时，这样的复合材料仍保持合成高分子所具有的较好的耐化学腐蚀性、电绝缘性和易加工性能。玻璃钢材料除了作为建筑业中的结构材料外，还广泛用于需耐腐蚀的石油化工设备和船舰的制造以及电子工业中印刷电路的制造。但玻璃钢的缺点是它的刚性不如钢铁，即受力后易发生变形。再者，玻璃钢耐高温性能较差，当温度超过 40℃时，强度不宜保持。

（2）碳纤维增强材料

碳纤维树脂复合材料是以树脂为基体、碳纤维为增强材料的一类复合材料，最常用的是碳纤维与环氧树脂、酚醛树脂、聚四氟乙烯树脂组成的复合材料。碳纤维增强材料具有优良的抗疲劳性能、耐冲击性能、自润滑性能、减摩耐磨性、耐腐蚀性和耐热性。碳纤维复合材料主要用于航空制造业和宇航技术中。

（3）金属基复合材料

金属基复合材料是指增强材料与金属基体组成的复合材料。与树脂基复合材料相比，金属基复合材料具有高强度、高韧性等特点，还具有工作温度高、耐磨、导电、导热、不吸湿、尺寸稳定、不老化等特点，因而引起人们注意，但由于价格较贵，工艺复杂，目前仍处于研制和试用阶段。

很显然，复合材料并不是将基体材料和增强剂简单组合。这其中要经过许多处理。作为复合材料的基体，在涂覆增强剂之前，要对其表面进行处理，以获得不同于基体材料的表面性能。常用的处理方法有原子扩散、化学反应等方法。

例如，作为金属基体的钢材表面的化学改性是将钢件置于一定温度的活性介质中保温后，介质中一种或几种元素渗入工件表面，改变工件表层的化学成分和组织，以及不同于芯部的性能。获得硬度、耐磨性、疲劳强度比表面淬火处理后更高，但芯部仍保持良好塑性与韧性。根据渗入元素命名，有渗碳、渗氮（氮化）、碳氮共渗、多元共渗、渗硼、渗硫、渗金属等。

 ## 五、纳米材料

纳米是一种长度度量单位，$1nm=10^{-9}m$，相当于头发丝直径的 10^{-5}。纳米材料是指组成相或晶粒在任意维上小于 100nm 的材料。又称超分子材料，是由粒径尺寸介于 1～100nm 之间的超细微粒组成的固体材料。

纳米材料由于尺寸的变化而使原有的性能发生改变。例如，电阻材料 SiO_2，制成纳米材料后成为导体材料，而有些电阻材料在制备成纳米材料后甚至成为超导体。研究发现，纳米材料由于粒子尺寸小、有效面积大，从而使材料具有一些特殊的效应：小尺寸效应、表面效应、量子尺寸效应和宏观量子隧道效应。而这些效应的宏观体现就是纳米材料的呈数量级变化的各种性能指标，例如，导电材料的电导率、力学材料的力学强度、磁学材料的磁化率和生物材料的降解速率等。

纳米材料在磁性材料、电子材料、光学材料、高致相对密度材料的烧结、催化、传感、陶瓷增韧等方面有着广阔的应用前景。

① 陶瓷增韧　将纳米微粒添加到常规陶瓷中，可使陶瓷的综合性能得到改善。英国把纳米氧化铝与二氧化锆进行混合实验已得到高韧性的陶瓷材料，烧结温度可降低100℃；日本将纳米氧化铝与亚微米的二氧化硅合成制成莫来石，这是一种非常好的电子封装材料；我国科技工作者已成功制出多种纳米陶瓷粉体材料，其中氧化锆、碳化硅、氧化铝、氧化钛、氧化硅已进入规模化生产。

② 巨磁电阻材料　磁性金属和合金在一定磁场下电阻改变的现象，叫磁电阻。所谓巨磁阻是指在一定磁场下电阻急剧减小，减小的幅度比通常的磁性金属或合金大10余倍。由于纳米材料巨磁电阻效应大，容易使器件小型化、廉价化而广泛用于高密度读出磁头、磁存储元件、数控机床、汽车测速、非接触开关以及微弱磁场探测器中。

拓展思考

1. 钢铁材料的主要化学成分是什么？其用途和组成有什么关系？

2. 请查阅相关资料了解我国著名的景德镇的陶瓷、无锡的紫砂壶各有什么特点？它们的主要成分与其他陶瓷有什么不同吗？

3. 你了解塑料、橡胶的回收情况吗？"白色垃圾"是指哪些物质？日常生活中在材料的使用方面我们采取了哪些"绿色环保"措施？

4. 复合材料是将不同的材料通过机械方法压制而成的吗？如果不是，复合材料又是怎样"复合"的呢？

5. 据你所知纳米材料在生活中有哪些应用？

自 测 题

一、选择题

1. 熔点最低的金属是（　　）。
　　A. 钠　　　　　B. 钨　　　　　C. 汞　　　　　D. 铬

2. 硬度最大的金属是（　　）。
　　A. 钠　　　　　B. 钨　　　　　C. 汞　　　　　D. 铬

3. 熔点最高的金属是（　　）。
　　A. 钠　　　　　B. 钨　　　　　C. 汞　　　　　D. 铬

4. 导电性最好的金属是（　　）。
　　A. 钠　　　　　B. 铜　　　　　C. 银　　　　　D. 铁

5. 能与氧气在一定条件下形成超氧化物的金属是（　　）。
　　A. 钠　　　　　B. 锂　　　　　C. 铝　　　　　D. 镁

6. 金属铝经常被用（　　）方法进行冶炼和提取。

    A. 电解法　　　　　　B. 热还原法　　　　　C. 加热法　　　　　D. 物理提取法

7. 经常被用物理提取法进行初步提取的金属是（　　）。

    A. 金　　　　　　　　B. 钨　　　　　　　　C. 铁　　　　　　　D. 铝

8. 稀有金属矿产不包括的是（　　）。

    A. 钽矿　　　　　　　B. 铂族金属矿　　　　C. 铌矿　　　　　　D. 锂矿

9. 黄铁矿的主要化学成分是（　　）。

    A. FeS_2　　　　　　B. Fe_2O_3　　　　　C. Fe_3O_4　　　　　D. FeS

10. 磷矿中氟磷灰石的主要化学成分是（　　）。

    A. $Ca_5F(PO_4)_3$　　　　　　　　　　　B. $SrAl_3(PO_4)_2(OH)_5 \cdot H_2O$

    C. $Fe_3(PO_4)_2 \cdot 8H_2O$　　　　　　　D. P_2O_5

11. 下列金属离子遇碳酸根生成氢氧化物沉淀的是（　　）。

    A. Al^{3+}　　　　　　B. Cu^{2+}　　　　　C. Pb^{2+}　　　　　D. Ba^{2+}

12. 下列离子的碳酸盐热稳定性最好的是（　　）。

    A. K^+　　　　　　　B. Cu^{2+}　　　　　C. Mg^{2+}　　　　　D. $NH_4{}^+$

13. 下列硫酸盐加热会分解成金属氧化物的是（　　）。

    A. $CuSO_4$　　　　　B. Ag_2SO_4　　　　C. Na_2SO_4　　　　D. $BaSO_4$

14. 绿矾的化学成分主要是（　　）。

    A. $CuSO_4 \cdot 5H_2O$　　　　　　　　　B. $FeSO_4 \cdot 7H_2O$

    C. $ZnSO_4 \cdot 7H_2O$　　　　　　　　　D. $K_2SO_4 \cdot Al_2(SO_4)_3 \cdot 24H_2O$

15. 下列属于强氧化剂的是（　　）。

    A. $K_2S_2O_8$　　　　B. $Na_2S_2O_3$　　　C. Na_2SO_3　　　　D. K_2SO_4

16. O_2 和 O_3 是（　　）。

    A. 同种物质　　　　　B. 同种分子　　　　　C. 同素异形体　　　　D. 同分异构体

17. 能使粉红色的 $PdCl_2$ 水溶液迅速变黑的气体是（　　）。

    A. O_2　　　　　　　B. H_2　　　　　　　C. Cl_2　　　　　　D. CO_2

18. 下列性质不属于浓硫酸的化学性质的是（　　）。

    A. 吸水性　　　　　　B. 脱水性　　　　　　C. 腐蚀性　　　　　D. 强氧化性

19. 关于硝酸下列说法不正确的是（　　）。

    A. 浓硝酸和稀硝酸均有氧化性

    B. 稀硝酸的氧化性比浓硝酸的氧化性强

    C. 稀硝酸的氧化性比浓硝酸的氧化性弱

    D. 浓硝酸有氧化性而稀硝酸没有

20. 下列气体能用氢氧化钠干燥的气体是（　　）。

    A. Cl_2　　　　　　　B. SO_2　　　　　　C. NH_3　　　　　　D. H_2S

二、判断题

（　　）1. 合金都是混合物合金，即熔融状态下完全或部分互溶，而凝固时又分别独立结晶出来。

（　　）2. 氢氧化钠不能盛装在玻璃容器内。

（　　）3. 一旦硫酸被误食，要立即催吐。

（　　）4. 侯氏制碱法又名联合制碱法，不但提高了盐的利用率，同时生产纯碱和氯化铵。

(　) 5. 钠、钾等金属应保存在煤油中，白磷应保存在水中，汞需用水封。

(　) 6. 工业制氯气的方法常采用氯碱法，通过电解食盐水，可得到氯气、氢气和纯碱。

(　) 7. 干燥氯化氢化学性质不活泼，溶于水后叫盐酸，是一种弱酸。

(　) 8. 硝酸生产中，要用碱液吸收尾气中的 NO 和 NO_2，以消除公害，保护环境。

(　) 9. 离子键的本质是静电引力，没有方向性和饱和性。

(　) 10. 金属键的本质也是静电引力，没有方向性和饱和性。

(　) 11. 像 Cl_2 这样的非极性分子之间不存在作用力。

(　) 12. σ键和π键均属于共价键，没有单独的π键存在，但有单独的σ键存在。

(　) 13. 大多数金属是从矿石生产出来的，钠、镁等金属是从海水中提取的。

(　) 14. 所有金属的相对密度都大于1，比水重。

(　) 15. 金属 K 在水中发生反应比金属 Na 在水中反应激烈，因为 K 比 Na 活泼。

(　) 16. Na_2O_2 可以与 CO_2 反应生成 Na_2CO_3 的同时放出 O_2，因此可以作为潜水员的供氧剂。

(　) 17. 铬酸洗液使用一段时间后会由棕红色变成绿色而失去作用，是因为 $K_2Cr_2O_7$ 被还原成了绿色的 Cr_2O_3。

(　) 18. $AgNO_3$ 溶液使用时不慎滴在白色的鞋上，会因为分解产生 Ag_2O 而使鞋子变黑，若及时用氨水擦洗可避免。

(　) 19. 黑色金属是指铁、锰、铬等金属。

(　) 20. 工业上的"三酸两碱"指的是硫酸、硝酸、盐酸，氢氧化钠和碳酸钠。

三、完成下列化学反应

(1) $Na_2O_2 + H_2O \longrightarrow$

(2) $Zn + NaOH + H_2O \longrightarrow$

(3) $S_2O_3^{2-} + AgBr \longrightarrow$

(4) $H_2S_2O_3 + I_2 + H_2O \longrightarrow$

(5) $Na_2S_2O_3 + Cl_2 + H_2O \longrightarrow$

(6) $Na_2S_2O_3 + I_2 \longrightarrow$

(7) $PCl_5 + H_2O \longrightarrow$

(8) $SiO_2 + Na_2CO_3 \longrightarrow$

(9) $Na_2SiO_3 + CO_2 + H_2O \longrightarrow$

(10) $Hg + HNO_3$（浓）$\longrightarrow$

(11) $NaCl$（熔融）$\xrightarrow{电解}$

(12) $WO_3 + H_2 \longrightarrow$

(13) $Cu + H_2SO_4$（浓）$\longrightarrow$

(14) $NaCl + H_2SO_4 \longrightarrow$

(15) $FeS_2 + O_2 \longrightarrow$

(16) $H_2 + Cl_2 \xrightarrow{点燃}$

(17) $HNO_3 \xrightarrow{光}$

(18) $CaF(PO_4)_3 + H_2SO_4 + H_2O \longrightarrow$

(19) $Cu + HNO_3(浓) \longrightarrow$

(20) $Cu + HNO_3(稀) \longrightarrow$

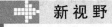 新视野

化学与化工

化学与化工是密切联系又有区别的两个学科领域。

从定义上看，周公度教授主编的《化学词典》所述那样"化学是在原子核分子水平上研究元素、化合物和材料等物质的组成、制备、结构、应用和相互转化规律的科学；而化工是化学工业、化学工程学和化学工艺学的总称，是研究化学工业生产过程的化学变化和物理变化的规律，寻求技术先进、经济合理的方法、流程、单元操作和设备，生产出优质、价廉的产品，并符合环境保护和可持续发展的要求。"

开发一个化工产品，从"实验小试"开始，要经历"中试放大"到建厂、试车、投产的全过程。化学实验室的研究工作主要考虑合成原理、路线、方法、步骤，原料的选择，仪器设备的配置，实验条件的控制，以及产品的纯化等，是化工生产的基础与先导。化工生产相对要复杂很多。化工生产除了要考虑、解决一般工业生产起步时共同遇到的诸如产品市场需求、生产规模、厂址选择、总体布局、公用工程、土建设计、基建投资、流动基金、水电供应、运输储存、能源环保、安全卫生、劳动组合、人事编制等问题外，还有原料选择、中试放大、工艺设计、三废处理、防毒、防火、防爆等突出问题。

化学实验与化工生产也是密切联系而又有区别的，见表2-5。

表 2-5 化学实验与化工生产过程的对比

项目	化学实验	化工生产
原料	数量少，纯度高，易储存，无需处理，一般不受费用限制	数量大，要考虑来源、价格、质量的稳定性，需专用库房，使用前要进行预处理，需要流动资金
工艺	操作简单，变更容易，控制方便，易于实现最佳控制条件，无明显的中间检测	操作复杂，不容随意变更，因传质、传热的制约，单元操作控制难度大，出现滞后，不易实现最佳工艺，要求中间检测
设备	对强度要求较低，以玻璃材质为主；易于防腐及清洗，通用性好，价格较低	对强度要求高，受防腐、清洗、操作条件的限制，设备专一性强；为满足传质、传热等要求设备结构复杂，固定投资大
产品	数量少，采集简单	数量大，必须进行专门的分离与精制过程，并设有中间检测、产品分析、包装、储存、市场销售等专门机构

摘自段世锋主编的《工业化学概论》（高等教育出版社，1994年）

第三章
物质的聚集状态

摘 要

自然界中物质通常以气态、液态和固态存在。当温度等外界条件发生变化时物质会发生相变化，其相变化过程是有规律的。对于单组分系统，其温度和饱和蒸气压的关系可以用相图表示，也可以用数学公式表示。

气体是分子间作用力很小的物质存在状态，为了处理问题简单，假设理想气体模型，得到气体的温度、压力、体积之间的关系式——理想气体状态方程式，可以对理想气体进行计算。混合气体的各个组分对混合气体压力、体积的贡献与组分所占的比例有关，由分压定律和分体积定律给出。同样可以利用理想气体状态方程式计算混合气体的温度、压力和体积。实际气体的温度、压力和体积关系计算，可以根据实际气体和理想气体的不同，在理想气体状态方程式的基础上进行修正。气体都存在临界点和临界状态，不同气体临界点和临界状态数值不同。

稀溶液是溶质浓度很小的溶液，稀溶液具有蒸气压降低、沸点升高、凝固点降低以及产生渗透压的性质，称为稀溶液的依数性。氧气等气体在水中溶解度较小，遵循亨利定律。

理想溶液与理想气体不同，是在结构和分子间力两个方面非常相似的两个组分形成的溶液。当理想溶液达到汽-液平衡时，组分在气相和液相的含量可以用公式计算，也可以通过相图查得。实际溶液与理想溶液在组分的分子间作用力和分子结构上不同，因此相图类型也不同，从相图上可以得到实际溶液的许多规律。

电解质溶液具有导电的特性，对电解质溶液进行电解，在两个电极上可以得到不同物质，根据法拉第定律可以计算电极上析出物质的量。

胶体是粒子半径介于 $10^{-7} \sim 10^{-9}$ m 之间的一种分散系统，它具有丁铎尔效应、布朗运动和电泳电渗等特殊性质。而高分子化合物溶液虽然与胶体溶液有着几乎相同的粒子半径，但在性质上有很大的区别。

胶体之所以会有上述特殊的性质，是因为其分散相具有很高的表面。物质的表面很大时会表现出很强的表面特性。物质的某些性质（例如液体的蒸气压、固体的溶解度等）与物质的分散度有关，因此有过热液体、过饱和蒸气、过冷液体、过饱和溶液等亚稳状态。

日常生活中我们接触的物质通常有气体、液体和固体三种聚集状态。物质的这三种状态在一定温度、压力条件下是可以互相转化的。例如冰可以融化成水、水可以蒸发为水蒸气、水蒸气也可以凝结成水，干冰可以升华为二氧化碳气体等。

另外物质有纯物质和混合物之分，在实际生活和工作中常见到气体混合物、溶液等，都是由两种或两种以上物质混合组成的。例如水，我们见到的都是被空气饱和的水，而非纯水。本章将讨论纯物质及其混合物的性质。

第一节
物质的相态

 学习目标

1. 了解物质的相态、相变化过程。

2. 能说出单组分系统相图中点、线、区的意义，能够叙述相图中状态点的移动引起系统状态变化情况，能够利用单组分系统相图解决实际问题。

3. 能够根据克-克方程计算单组分系统饱和蒸气压和沸点。

4. 逐步形成一丝不苟的科学态度，锻炼理论联系实际的能力。

日常生活中物质从一种聚集状态（例如液体）变为另一种聚集状态（例如气体）的过程，我们称为相变过程。我们经常说气相、液相和固相，那么究竟什么是相？

 一、相

1. 相

问题 3-1 请分析下面几种情况系统是几相。

① 2g 氯化钠投入 100mL 去离子水中并搅拌后静止；

② 20mL 的乙醇和 80mL 的去离子水混合并搅拌后静止；

③ 20mL 的四氯化碳与 80mL 去离子水混合并搅拌后静止；

④ 2mL 酚与 98mL 去离子水混合并搅拌后静止；

⑤ 2mL 去离子水与 98mL 酚混合并搅拌后静止；

⑥ 50mL 酚与 50mL 去离子水混合并搅拌后静止。

分析：①氯化钠会完全溶解于水中形成溶液，该溶液中的任何一个部分都相同，该溶液为一相；②由于乙醇与水会完全互溶，形成溶液，该溶液中的任何一个部分也都相同，该溶液也为一相；③四氯化碳与水不相溶，不论如何搅拌都不能形成"均匀"溶液，静止后会分成两层，所以该液体混合物不是一相；④少量酚能够溶于水形成溶液，该溶液中的任何一个部分也都相同，该溶液也为一相；⑤少量水能够溶于酚，该溶液中的任何一个部分也都相同，该溶液也为一相；⑥酚和水相互溶解度都不大，不论如何搅拌都不能形成"均匀"溶液，静止后会分成两层，所以该液体混合物不是一相而是两相。

就⑥的情况来说，静止后分成两层，这两层的物理性质（密度、折射率等）不同，化学性质也不可能相同，并且两个液层之间有明显界面，可以分开，称为两相。所以，一个系统内部物理性质和化学性质完全相同的均匀部分为一相。

在实际应用中，经常要分析系统中有几相，即相数。相数用 Φ 表示。

分析系统中相数的一般规律是：

气体混合物，不论有多少种气体混合在一起，只有一个气相；

液体混合物，按其互溶程度可以组成一相、两相或多相；

固体混合物，一般有一种固体便有一个相。两种固体粉末无论混合得多么均匀，仍是两个相（固体溶液除外，它是单相）。

2. 组分

再对上述几种情况加以分析，系统①、②、④、⑤都是由两种物质组成一相；系统③是每种物质为一相；系统⑥中的两相都是由两种物质组成。一个系统中物质的数目称为物种数，用符号 S 表示。同一种物质存在于不同相中只能算一个物种。例如，水、水蒸气与冰共存时，$S=1$，$\Phi=3$。

有时确定一个相平衡系统不一定要把该相中所有物质的浓度都规定，指出其中的几个，另外一些物质浓度与规定物质浓度之间有一定的关系，例如同一相各组分浓度之和为 1，几种物质的浓度受化学反应平衡常数的约束等。因此在处理相平衡系统时经常用到组分数。

例如，N_2、H_2 和 NH_3 三种气体混合并发生化学反应：

$$N_2(g)+3H_2(g)\Longrightarrow 2NH_3(g)$$

由于有一个化学平衡存在，N_2、H_2 和 NH_3 三种气体浓度之间有平衡常数限制，规定其中两种气体的浓度，另外一种气体的浓度就可知。

① 当相平衡系统中没有化学反应等平衡时，组分数（C）等于物种数，$S=C$。

② 有化学反应平衡条件时的组分数小于物种数。

上例中 $C=S-1=3-1=2$。

3. 自由度

在讨论多组分系统时经常考虑影响这个系统发生相变化的因素有哪些。例如，对于液态水，若保持其为液态，即不汽化为气体，也不凝固为固体，温度、压力可以在一定范围内同时改变，这意味着它有两个独立可变的强度性质，故自由度 $f=2$。然而，对于液态水与水蒸气两相平衡体系，若保持体系始终为气-液两相平衡，则温度、压力两变量中只有一个可以独立变动：100℃ 下其压力必须保持在 100℃ 的蒸气压 101.325kPa；90℃，压力要保持在90℃的蒸气压 70.117 kPa 等。于是 $f=1$。这就是说温度和压力只有一个是自由的。温度确定以后，压力就不能随意变动，必须保持在该温度下的蒸气压；反之，指定平衡压力，温度就不能随意选择，必须保持在该压力下的沸点温度，否则必将导致两相平衡状态的破坏。

对于简单的相平衡体系，例如上例中的液态水体系、水和水蒸气的两相平衡体系等，我们可以根据我们的经验知识来判断自由度。但对于复杂的相平衡体系则很难用经验知识来判断自由度，这就需要一个规律——相律。

对一个达成相平衡的体系，根据相平衡条件可以推导出相数 Φ、组分数 C 及自由度 f 三者之间存在以下制约关系：

$$f=C-\Phi+2 \tag{3-1}$$

式中 f——相平衡体系的自由度；

C——相平衡体系的组分数；

Φ——相平衡体系的相数；

2——指温度和压力两个影响条件，如果指定了其中的一个则 +1，两个都被指定则 +0。

这个规律称为"相律"。它是 1876 年由吉布斯（Gibbs）以热力学方法导出的，故又称为"吉布斯相律"。

例题 3-1 求气、液、固三相共存的单组分相平衡系统的自由度。

解 单组分体系在气、液、固三相平衡时有：

$$S=1, C=S=1, \Phi=3$$

代入公式（3-1）有：

$$f=C-\Phi+2=1-3+2=0$$

自由度 $f=0$，说明单组分在气、液、固三相平衡时，温度、压力都不能任意变化。

二、水的相图

问题 3-2 在我国西藏等高原地区，水的沸点达不到在常压下的 100℃。原因是什么？

原因是海拔高，气压低，水的沸点也低。在不同海拔高度水的沸点不同，这可以用公式计算出来，也可以通过水的相图查得。

1. 水的相图

众所周知，水有三种不同的聚集状态。在指定的温度、压力下可以互成平衡，即水-冰、冰-蒸汽、水-蒸汽。在特定条件下还可以建立冰-水-蒸汽的三相平衡系统。

表 3-1 中数据为水在各种平衡条件下实验测得温度和压力的对应关系数据。以温度为横坐标、压力为纵坐标、利用表中数据可以得到水的相图。

表 3-1 水的压力-温度平衡关系

温度/℃	系统的水蒸气压力/kPa		水-冰/kPa
	水-蒸汽	冰-蒸汽	
−20	—	0.103	$1.996×10^5$
−15	0.191	0.165	$1.611×10^5$
−10	0.286	0.259	$1.145×10^4$
−5	0.421	0.401	$6.18×10^4$
0.00989	0.610	0.610	0.610
+20	2.338	—	
+100	101.3	—	
374	$2.204×10^4$		

水的相图见图 3-1，OA、OB、OC 三条线将平面分成三个区：气、液、固；点 O 是三条线的交点，其温度和压力一定，由系统自身的性质决定。现在我们对相图做简单分析。

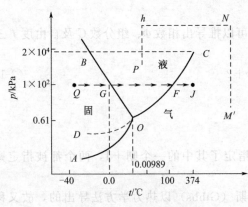

图 3-1 水的相图分析

① 两相线 图中三条曲线分别代表上述三种两相平衡状态，线上的点代表两相平衡的必要条件，即平衡时系统温度与压力的对应关系。在相图中表示系统（包含有各相）总组成的点称为"系统点"，表示某一相组成的点称为"相点"，但两者常统称为"状态点"。

OA 线是冰与水蒸气两相平衡共存的曲线，它表示冰的饱和蒸气压与温度的对应关系，称为"升华曲线"，由图 3-1 可见，冰的饱和蒸气压是随温度的下降而下降的。

OB 线是固-液两相平衡线，它表示冰的熔点随外压的变化关系，故称之为冰的"熔化曲线"。熔化的逆过程就是凝固，因此它又表示水的凝固点随外压的变化关系，故也可称为水的"凝固点曲线"。该线甚陡，略向左倾，斜率呈负值，意味着外压剧增，冰的熔点仅略有降低，大约是每增加 1 个标准压力 $p^{\ominus}=100\text{kPa}$，冰的熔点仅下降 $0.0075℃$。水的这种行为是反常的，因为大多数物质的熔点随压力增加而稍有升高。

OC 线是汽-液两相平衡线，它代表汽-液平衡时，温度与蒸气压的对应关系，称为"蒸气压曲线"或"蒸汽曲线"。显然，水的饱和蒸气压是随温度的升高而增大。在敞开容器中把水加热到某温度时，水的蒸气压恰好等于外界的压力，它就开始沸腾。在 $p^{\ominus}=100\text{kPa}$ 压力下液体开始沸腾的温度称其为"正常沸点"。

在单组分系统中，当系统状态点落在某曲线上，则意味系统处于两相共存状态，即 $\Phi=2$，$f=1$。这说明温度和压力，只有一个可以自由变动，另一个随前一个而定。关于两相线的分析以及斜率的定量计算将在"克拉贝龙方程式"讨论。

必须指出，OC 线不能向上无限延伸，只能到水的临界点即 $374℃$ 与 $22.04\times1000\text{kPa}$ 为止，因为在临界温度以上，气、液处于连续状态。如果特别小心，OC 线能向下延伸如虚线 OD 所示，它代表未结冰的过冷水与水蒸气共存，是一种不稳定的状态，称为"亚稳状态"。OD 线在 OA 线之上，表示过冷水的蒸气压比同温度下处于稳定状态的冰蒸气压大，其稳定性较低，稍受扰动或投入晶种将有冰析出。OA 线在理论上可向左下方延伸到绝对零点附近，但向右上方不得越过交点 O，因为事实上不存在升温时该熔化而不熔化的过热冰。OB 线向左上方延伸可达 $2000\times100\text{kPa}$ 压力左右，若再向上，会出现多种晶型的冰，称为"同质多晶现象"，情况较复杂。

② 单相区　如图 3-1 所示，三条两相线将坐标分成三个区域；每个区域代表一个单相区，其中 AOC 为气相区，AOB 为固相区，BOC 为液相区。它们都满足 $\Phi=1$，$f=2$，说明这些区域内 T、p 均可在一定范围内自由变动而不会引起新相形成或旧相消失。另外，由一相变为另一相未必非得穿过平衡线，如图 3-1 所示。如蒸汽处于状态点 M' 经等温压缩到 N 点，再等压降温至 h 点，最后等温降压到 P 点，就能成功地使蒸汽不穿过平衡线而转变到液体水。

③ 三相点　三条两相线的交点 O 是水蒸气、水、冰三相平衡共存的点，称为"三相点"。在三相点上 $\Phi=3$，$f=0$，故系统的温度、压力皆恒定，不能变动。否则会破坏三相平衡。三相点的压力 $p=0.610\text{kPa}$，温度 $T=0.00989℃$，这一温度已被规定为 273.16K，而且作为国际热力学温标的参考点。值得强调的是，三相点温度不同于通常所说的水的冰点，后者是指敞露于空气中的冰-水两相平衡时的温度，在这种情况下，冰-水已被空气中的组分（CO_2、N_2、O_2 等）所饱和，已变成多组分系统。正是由于其他组分溶入，致使原来单组分系统水的冰点下降约 $0.00242℃$；其次，因压力从 0.610kPa 增大到 101.325kPa，根据克拉贝龙方程式计算其相应冰点温度又将降低 $0.00747℃$，这两种效应之和即 $0.00989℃\approx0.01℃$（或 273.16K）就使得水的冰点从原来的三相点处即 $0.00989℃$ 下降到通常的 $0℃$（或 273.15K）。

2. 液体的饱和蒸气压

问题 3-3　"问题 3-2"中高原地区气压低，水的沸点也低，说明水的沸点与外压有关。那么试探讨，水在 $90℃$ 或其他非 $100℃$ 时能否沸腾？在 $90℃$ 沸腾时外压如何？

在一定温度下，纯液体与其气相达平衡时蒸气的压力称为该温度下液体的饱和蒸气压。这里的平衡状态是指动态平衡。在某一温度下，被测液体处于密闭真空容器中，液体分子从表面逃逸成蒸气分子，同时蒸气分子因碰撞而凝结成液相，当两者的速率相等时，就达到了动态平衡，此时气相中的蒸气密度不再改变，因而具有一定的饱和蒸气压。当蒸气压与外界压力相等时液体便沸腾。因此在各沸腾温度下的外界压力就是相应温度下液体的饱和蒸气压。外压为101.3kPa时的沸腾温度定义为液体的正常沸点。

不同液体的饱和蒸气压不尽相同。在相同外压下，液体的饱和蒸气压越大该液体沸点越低，也越容易挥发。例如，在常压101.3kPa下，水的沸点为100℃，乙醇的沸点为78℃，我们说乙醇比水容易挥发。同种液体的饱和蒸气压随温度的升高而升高，从单组分系统相图中的OC线斜率可知。

从水的单组分系统相图可以看出水在两相平衡时温度和压力的关系，同样，对于单组分系统两相平衡时，也可以用数学公式计算温度和压力的关系。

3. 克-克方程

纯液体的蒸气压是随温度变化而变化的，它们之间的关系可用克拉贝龙方程来表示：

$$\frac{\mathrm{d}p}{\mathrm{d}T}=\frac{\Delta H}{T\Delta V} \tag{3-2}$$

式中　$\Delta V=V_\mathrm{m}^{\beta}-V_\mathrm{m}^{\alpha}$——系统由 α 相变到 β 相时摩尔体积的变化；

　　　　　　T——相变温度；

　　　　　ΔH——摩尔相变热；

　　　　　$\dfrac{\mathrm{d}p}{\mathrm{d}T}$——饱和蒸气压（或升华压）随温度的变化率。

上式可应用于单组分系统任何两相平衡，如蒸发、熔化、升华、晶型转变过程。

（1）固-液平衡

对于固-液平衡系统，式（3-2）表示压力随熔点的变化。

式中　　　$\dfrac{\mathrm{d}p}{\mathrm{d}T}$——压力随熔点的变化率；

$\Delta V=V_\mathrm{m}^{l}-V_\mathrm{m}^{s}$——熔化时体积的变化；

　　　　　T——熔点；

　　　　ΔH——熔化热。

例题 3-2　萘在其熔点80.1℃时，熔化热为19.03kJ/mol，液态萘与固态萘摩尔体积差为：$\Delta V=V_\mathrm{m}^{l}-V_\mathrm{m}^{s}=1.87\times10^{-5}$（$\mathrm{m}^3/\mathrm{mol}$），求熔点随压力的变化率。

解　已知 $\Delta H=19.03\mathrm{kJ/mol}$

$$\Delta V=V_\mathrm{m}^{l}-V_\mathrm{m}^{s}=1.87\times10^{-5}(\mathrm{m}^3/\mathrm{mol})$$

代入克拉贝龙方程，得：

$$\frac{\mathrm{d}T}{\mathrm{d}p}=\frac{T\Delta V}{\Delta H}=\frac{353.25\times1.87\times10^{-5}}{19.03\times10^{3}}=0.347\times10^{-6}(\mathrm{K/Pa})=0.347(\mathrm{K/MPa})$$

（2）液-气平衡与固-气平衡

克拉贝龙方程用于液-气平衡时有：

$$\frac{\mathrm{d}P}{\mathrm{d}T}=\frac{\Delta H}{T\Delta V}=\frac{\Delta H_{蒸发}}{T(V_\mathrm{g}-V_\mathrm{l})} \tag{3-3}$$

由于 $V_\mathrm{g}\gg V_\mathrm{l}$，$V_\mathrm{l}$ 可略而不计，ΔV 可用 V_g 代替。又因液体的饱和蒸气压一般不太高，可将蒸气看作理想气体，即

$$V_\mathrm{g}=\frac{RT}{p}$$

代入式（3-3），得 $\dfrac{\mathrm{d}p}{\mathrm{d}T}=\dfrac{\Delta Hp}{RT^2}$ 或 $\mathrm{d}\ln p=\dfrac{\Delta H}{RT^2}\mathrm{d}T$

在温度变化不大时 ΔH 可认为是常数，将上式做不定积分，得：

$$\ln p=-\dfrac{\Delta H}{RT}+C \tag{3-4a}$$

$$\ln p=-\dfrac{\Delta H}{RT}+C' \tag{3-4b}$$

式中　$C,\ C'$——积分常数。

若将克拉贝龙方程做在 T_1-T_2 的定积分，得

$$\ln\dfrac{p_2}{p_1}=-\dfrac{\Delta H}{R}\left(\dfrac{1}{T_2}-\dfrac{1}{T_1}\right) \tag{3-5a}$$

$$\lg\dfrac{p_2}{p_1}=-\dfrac{\Delta H}{R}\left(\dfrac{1}{T_2}-\dfrac{1}{T_1}\right) \tag{3-5b}$$

式（3-4）和式（3-5）称为克劳修斯-克拉贝龙方程，简称为克-克方程。

例题 3-3　碘乙烷的正常沸点为 72.5℃，求 303K 时的饱和蒸气压。已知相变热 $\Delta H=30376\mathrm{J/mol}$。

解　根据题有　$p_1=101.3\mathrm{kPa}$，$T_1=273+72.5=345.5\mathrm{K}$，$T_2=303\mathrm{K}$，$p_2=?$

代入式（3-5b）有：

$$\lg\dfrac{p_2}{p_1}=-\dfrac{\Delta H}{2.303R}\left(\dfrac{1}{T_2}-\dfrac{1}{T_1}\right)$$

$$=-\dfrac{30376}{2.303\times8.314}\left(\dfrac{1}{303}-\dfrac{1}{345.5}\right)=-0.644$$

$$p_2/100000=0.277$$

$$p_2=27.7\mathrm{kPa}$$

拓展思考

1. 请查阅二氧化碳单组分系统相图，并与水的相图进行比较，解释常温下为什么干冰会直接升华而不是液化。

2. 将玻璃烧杯装满水放在冰柜中冷冻，会将烧杯"涨破"，为什么？如果烧杯中装的不是水而是其他液体（例如乙醇），冷冻凝固化后会怎样？

3. 认真分析水的相图，冰在什么情况下可以升华？

4. 生活中，用高压锅煮肉会在很短时间内煮得熟烂，道理是什么？

5. 为什么二氧化碳灭火器使用时喷出的是粉末而不是液体？

第二节
气　体

学习目标

1. 能够熟练应用理想气体状态方程式和分压定律计算气体、混合气体的温度、压力等状态参数。

2. 能够判断工业生产中实际气体使用何种方法计算状态参数。

3. 能够理解气体液化条件，能简单叙述气体液化的过程，指出临界状态和临界参数。

4. 了解范德华方程对理想气体的修正及其科学方法。

5. 能够叙述大气的基本结构，能说出几种大气污染问题并简单说明原因。

6. 加强环保意识，初步建立绿色化学化工概念。

工业生产所处理的物质常常为气体，因此进行有关气体的性质及其变化规律的研究具有重要意义。气体有各种各样的性质，包括物理性质和化学性质，而对于一定量的纯气体而言，气体的压力、温度和体积是三个最基本的性质。对于一定量的混合气体而言，除了气体的压力、温度和体积外，还包括气体的组成。这些基本性质是控制生产过程的主要指标或研究其他性质的基础。

 一、理想气体

问题 3-4 生活中常见到炎热的夏天汽车在高速公路行驶时间长容易爆胎，自行车在夏天太阳下容易爆胎；氢气球一旦脱离束缚会升空等。汽车或自行车产生爆胎是由于温度高压力增大，超过轮胎的承受力而产生的。氢气球升空是因为氢气的密度比空气的密度小造成的。能总结一下气体的温度、压力和体积的关系吗？

从上述几个实例可以看出，气体的温度、压力、体积和密度之间是有很大关系的。对气体的研究也就是研究它们之间的关系从简单到复杂的过程。

1. 理想气体状态方程

从 17 世纪中期，人们开始研究低压下（$p < 10^6$ Pa）气体的 p-V-T 关系。发现了三个对各种气体均适用的经验定律。

① 波义耳（Boyle）定律　一定量气体在温度一定时，压力与体积成反比：pV 为常数。

② 盖-吕萨克（Gay J-lussac）定律　一定量气体在压力一定时，体积与温度成正比；V/T 为常数。

③ 阿伏加德罗（AvogadroA）定律　在温度和压力一定的条件下，气体的体积与物质的量成正比；V/n 为常数。

从这三条定律可以得出物质的量为 n 的低压气体的状态方程：

$$pV = nRT \tag{3-6}$$

或

$$\rho = \frac{pM}{RT} \tag{3-7}$$

式中　p——压力，Pa；

V——体积，m^3；

T——热力学温度，也称绝对温度，K，$T = t$（℃）$+ 273.15$；

n——物质的量，mol；

R——摩尔气体常数，数值为 8.314，$J/(mol \cdot K)$；

M——气体的摩尔质量，kg/mol；

ρ——气体的密度，kg/m^3。

这个方程就是理想气体的状态方程。

理想气体状态方程是一个极限方程，实际气体只有在压力趋于 0 的情况下才严格服从理想气体状态方程，低压下的实际气体只是近似服从理想气体状态方程。至于压力低到什么程度才可以做这样的近似，并没有具体的压力界限。理想气体状态方程所允许使用的压力范围与气体的种类有关，也受计算结果要求的精度限制。一般情况下，那些难液化的气体，如氧气、氢气、氦气等气体，允许使用理想气体状态方程的压力范围就相对宽一些，而对于容易液化的气体，如氨气、水蒸气等气体，允许使用的压力范围就低一些。

利用理想气体状态方程计算时要注意使用国际单位制。

例题 3-4 在体积为 $0.2m^3$ 的钢瓶中盛有 $0.89kg$ 的 CO_2 气体，当温度为 30℃时，钢瓶内的压力约达到多少？若温度达到 35℃，维持钢瓶内压力不升高，则钢瓶最多能盛装多少 CO_2 气体？

解 $V=0.2m^3$，$m=0.89kg$，$M=0.044kg/mol$，$T=273.15+30=303.15$（K）

根据理想气体状态方程式得：

$$p=\frac{nRT}{V}=\frac{mRT}{MV}=\frac{0.89\times8.314\times303.15}{0.044\times0.2}=2.55\times10^5(Pa)$$

若温度达到 35℃：

$$m=nM=\frac{pV}{RT}M=\frac{2.55\times10^5\times0.2}{8.314\times308.15}\times0.044=0.88(kg)$$

钢瓶最多可盛装 $0.88kg$ CO_2 气体。

例题 3-5 某空气压缩机每分钟吸入 100kPa、303.15K 的空气 $41.2m^3$，而排出 363.15K 的空气 $26.0m^3$。试求压缩后空气的压力。

解 设空气的物质的量、压力、体积、温度在压缩机入口处分别为 n_1、p_1、V_1、T_1，在出口处分别为 n_2、p_2、V_2、T_2，由理想气体状态方程得：

$$n_1=\frac{p_1V_1}{RT_1}\qquad n_2=\frac{p_2V_2}{RT_2}$$

稳定操作时，压缩机每分钟吸入与排出空气的物质的量相同，故：

$$\frac{p_1V_1}{RT_1}=\frac{p_2V_2}{RT_2}$$

$$p_2=\frac{p_1V_1T_2}{V_2T_1}=\frac{100\times10^3\times41.2\times363.5}{26.0\times303.15}=190.0(kPa)$$

压缩后空气的压力为 190.0kPa。

2. 摩尔气体常数

大量气体的实验结果表明，摩尔气体常数 R 与气体种类无关。

理想气体状态方程式中的 R 数值的确定，可以通过外推法确定。如图 3-2 所示，在 273.15K 时，分别对 1mol 的 Ne、O_2 和 CO_2 气体进行实验，求出不同压力下的 pV_m，然后外推至压力 p 为 0，各种气体交于同一点，求得 $(pV)=2271.10J$，所以：

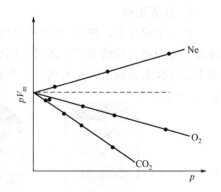

图 3-2　273.15K 时 Ne、O_2、CO_2 气体的 pV_m-p 的关系

$$R=\frac{(pV_m)_{p\to0}}{T}=\frac{2271.10}{273.15}=8.314[J/(mol\cdot K)]$$

由此可见，当气体压力趋于 0 时，不同气体的

pV_m 为常数，也就是说当压力趋于 0 时，不同气体间性质差别不大。

3. 理想气体模型

理想气体是一个科学的抽象概念，实际上并不存在理想气体，它只能看作是实际气体在压力很低时的一种极限情况。理想气体模型把气体分子看作本身无体积且分子间无作用力。当压力很低时，实际气体体积中所含气体分子的数目很少，分子间距离大，彼此的引力可忽略不计，实际气体就接近理想气体。

虽然在客观上理想气体是不存在的，但是它代表了一切气体在低压下行为的共性，对研究实际气体的基本规律有着指导性意义。

理想气体在微观上具有以下两个特征：

从气体分子运动理论的观点来看，理想气体是最简单的气体，其微观模型有三条假设：

① 分子本身的大小比分子间的平均距离小得多，分子可视为质点，它们遵从牛顿运动定律。

② 分子与分子间或分子与器壁间的碰撞是完全弹性的。

③ 除碰撞瞬间外，分子间的相互作用力可忽略不计，重力的影响也可忽略不计。因此在相邻两次碰撞之间，分子做匀速直线运动。

总之理想气体可看作是由大量的、自由的、不断做无规则运动的、大小可忽略不计的弹性小球所组成。从气体运动理论来看，理想气体是和物质分子结构的一定微观模型相对应的，根据这种模型就能在一定程度上解释宏观实验的结果。

二、理想混合气体

问题 3-5 合成氨厂脱碳装置排放的工业废气成分约为：CO_2，96.7%；O_2，0.15%；H_2，2.61%；CO，0.15%；以及少量的 H_2S。为了减少污染和综合利用变废为宝，生产中将上述废气经二氧化碳压缩机升压、降温以及脱硫、干燥、低温精馏和提纯等工序将二氧化碳回收用来生产食品级二氧化碳。从理论上看，将上述废气中的二氧化碳全部液化后，废气中其他成分含量将怎样？

对于混合气体在低压条件下同样可以用理想气体状态方程式计算。混合气体中的每一个组分对混合气体的压力、体积以及质量都有不同程度的贡献，至于贡献的大小，与该组分在混合气体中所占的比例有关。

1. 分压定律

在一定温度下，将 1、2 两种气体分别放入体积相同的两个容器中，在保持两种气体的温度和体积相同的情况下，测得它们的压力分别为 p_1 和 p_2。保持温度不变，将其中一个容器中的气体全部抽出并充入到另一个容器中，如图 3-3 所示。混合后混合气体的总压力约为 $p = p_1 + p_2$。

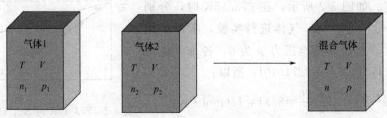

图 3-3 混合气体的分压与总压示意图

道尔顿（Dalton）总结了这些实验事实，得出下列结论：某一气体在气体混合物中产生的分压等于它单独占有整个容器时所产生的压力；而气体混合物的总压力等于其中各气体分压之和，这就是气体分压定律。

如果是多种气体混合，则有：

$$p = \sum_i p_i \tag{3-8}$$

式中　p——表示混合气体的总压力；

　　　p_i——表示混合气体中任一组分的分压力。

对于单独存在的组分 1 和 2，理想气体状态方程可分别写为：

$$p_1 V = n_1 RT \qquad p_2 V = n_2 RT$$

上述两式分别与式（3-6）相比可得：$\dfrac{p_1}{p} = \dfrac{n_1}{n} = y_1 \qquad \dfrac{p_2}{p} = \dfrac{n_2}{n} = y_2$

于是可得公式：

$$p_i = y_i p \tag{3-9}$$

式（3-9）是分压定律的另一种表达式。

从式（3-9）可以看出，混合气体中某组分摩尔分数越大，分压力越大。因此对于混合气体经常用分压力表示混合气体的浓度。

分压定律是理想气体的定律，实际气体只有在低压下接近理想气体时才适用。

例题 3-6　在 300K 时，将 100kPa、$2.00 \times 10^{-3} \, m^3$ 的 O_2 与 50.0kPa、$2.00 \times 10^{-3} \, m^3$ 的 N_2 混合，混合后温度仍为 300K，总体积为 $2.00 \times 10^{-3} \, m^3$。计算总压力为多少？如果混合后温度仍为 300K，总体积为 $4.00 \times 10^{-3} \, m^3$，计算总压力又为多少？

解　混合后温度仍为 300K，总体积为 $2.00 \times 10^{-3} \, m^3$ 则说明 O_2 和 N_2 的分压力分别为：

$$p(O_2) = 10^5 \, Pa \qquad p(N_2) = 5.0 \times 10^4 \, Pa$$

根据分压定律总压力为：

$$p = p(O_2) + p(N_2) = 10 \times 10^4 \, Pa + 5.0 \times 10^4 \, Pa = 15 \times 10^4 \, Pa$$

混合后温度仍为 300K，总体积为 $4.00 \times 10^{-3} \, m^3$ 则由于温度没有变，体积增大到原来的 2 倍，说明 O_2 和 N_2 的分压力分别为原来的一半：

$$p(O_2) = 5 \times 10^4 \, Pa \qquad p(N_2) = 2.5 \times 10^4 \, Pa$$
$$p = p(O_2) + p(N_2) = 5 \times 10^4 \, Pa + 2.5 \times 10^4 \, Pa = 7.5 \times 10^4 \, Pa$$

2. 分体积定律

如图 3-4 所示，在恒温、恒压条件下，将体积为 V_1 和 V_2 的两种气体混合，在压力很低的条件下，可得 $V = V_1 + V_2$。

即混合气体的总体积等于所有组分的分体积之和，称为阿马格（Amagat）分体积定律。

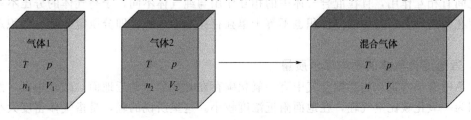

图 3-4　混合气体的分体积与总体积示意图

公式为：

$$V = \sum_i V_i \qquad (3\text{-}10)$$

同样也有

$$V_i = y_i V \qquad (3\text{-}11)$$

分体积定律也是理想气体的定律，实际气体只有在低压下接近理想气体时才适用。

混合气体的组成经常用分压力、分体积表示，其压力分数等于体积分数等于摩尔分数。如此可以解决案例中的问题一了，即尾气的组成（体积分数）不随温度和压力而发生变化。

例题 3-7 某工厂的烟囱每小时排放 573 标准立方米（STP，即压力为 100kPa、温度为 0℃的状态）的废气，其中 CO_2 的含量为 23.0%（摩尔分数），求每小时排放 CO_2 的质量。

解 由分体积定律可知：

$$V(CO_2) = y(CO_2)V = 23.0\% \times 573m^3 = 132m^3$$

由理想气体状态方程计算：

$$m(CO_2) = \frac{pV(CO_2)M(CO_2)}{RT} = \frac{100 \times 10^3 Pa \times 132m^3 \times 0.44kg/m^3}{8.314J/(mol \cdot K) \times 273.15K} = 255.75kg$$

所以，该工厂的烟囱每小时排放的废气中含有 255.75kg 的 CO_2。

由分压定律和分体积定律可知，混合气体中某组分的分压力、分体积与该组分在混合气体中的摩尔分数的关系：

$$\frac{p_i}{p} = \frac{V_i}{V} = \frac{n_i}{n} = y_i$$

例题 3-8 实验室用 $KClO_3$ 分解制取氧气时，25℃、100kPa 压力下，用排水集气法收集到氧气 0.245L。已知 25℃时水的饱和蒸气压为 3.17kPa，求在 25℃、100kPa 时干燥氧气的体积。

解 由题意可知，收集到的气体是氧气与水蒸气的混合气体，在该混合气体中氧气的分压力为：

$$p(O_2) = p - p(H_2O) = 100kPa - 3.17kPa = 96.83kPa$$

$$y(O_2) = \frac{p(O_2)}{p} = \frac{96.83kPa}{100kPa} = 0.9683$$

$$V(O_2) = y(O_2)V = 0.9683 \times 0.245 \times 10^{-3}m^3 = 0.237 \times 10^{-3}m^3$$

在 25℃，100kPa 时收集到的干燥氧气为 0.237L。

分压定律和分体积定律之所以只适用于理想气体混合物，是因为理想气体分子之间没有相互作用力，混合气体中的每一个组分都不会对其他组分产生影响。也就是说，每一种组分气体都是独立起作用的，对总压和总体积的贡献和它单独存在时是相同的。对于实际气体，分子之间有相互作用，且在混合气体中的相互作用与纯气体不同，于是气体的分压不等于它单独存在时的压力，气体的分体积也不等于单独存在时的体积，即分压定律和分体积定律不能成立。

3. 理想混合气体的平均摩尔质量

生活中有个常识：当感觉空气中有一氧化碳存在时要尽量贴近地面，减轻中毒，然后逃离。因为一氧化碳比空气轻，在地面附近浓度较小。这里所说的轻，是指气体密度大小，也就是说一氧化碳的密度比空气的密度小。那么对于混合气体如何计算摩尔质量和气体密度呢？

　　混合物并没有固定的摩尔质量，它将随着混合物所含组分以及组成而变化，因此称为平均摩尔质量。

　　混合气体的平均摩尔质量是 1mol 混合气体所具有的质量。很容易得出混合气体的平均摩尔质量计算公式，即混合气体的平均摩尔质量等于混合气体中的每个组分的摩尔分数与它们的摩尔质量乘积的总和。

$$\overline{M}=\sum_i y_i M_i \tag{3-12}$$

式中　$\overline{M}$——表示混合气体的平均摩尔质量；

　　　i——表示混合气体中的任意一个组分；

　　　M_i——表示混合气体中组分 i 的摩尔质量；

　　　y_i——表示混合气体中组分 i 的摩尔分数，$y_i=\dfrac{n_i}{n}$。

　　对于混合气体，理想气体状态方程式可写为：

$$pV=\frac{mRT}{\overline{M}} \quad \text{或者} \quad \rho=\frac{p\overline{M}}{RT}$$

　　利用上述两式同样可以对混合气体进行相关的计算。

例题 3-9　求干空气（含 N_2 和 O_2 的摩尔分数分别为 21％ 和 79％）的平均摩尔质量，在 STP（0℃，100kPa）下的密度以及 1kg STP 干空气占有的体积。

　　解　由式(3-12)，干空气的平均摩尔质量为：

$$\overline{M}=y(N_2)M(N_2)+y(O_2)M(O_2)=21\%\times0.028\text{kg/mol}+79\%\times0.032\text{kg/mol}$$
$$=0.02884\text{kg/mol}$$

STP 干空气的密度为：

$$\rho=\frac{p\overline{M}}{RT}=\frac{100\times10^3\times0.02884}{8.314\times273.15}=1.270(\text{kg/m}^3)$$

1kg STP 干空气占有的体积：

$$V=\frac{mRT}{p\overline{M}}=\frac{1\times8.314\times273.15}{100\times10^3\times0.02884}=0.787(\text{m}^3)$$

或者 $V=m/\rho=1\text{kg}/(1.270\text{kg/m}^3)=0.787\text{m}^3$

混合气体中每一个组分对压力和体积的贡献，用分压力和分体积表示。

 三、实际气体

问题 3-6　按照理想气体状态方程式计算 40℃ 时 CO_2 的摩尔体积，与实际测得的实际体积比较。从表 3-2 中数据可以看出，按照理想气体状态方程计算的结果与实际体积有较大出入。

表 3-2　CO_2 在 40℃、不同压力下按理想气体状态方程计算的物质的量体积与实际体积的对比

压力/kPa	实际体积 /($\times10^{-6}\text{m}^3$)	按理想气体状态方程 计算的体积/($\times10^{-6}\text{m}^3$)	压力/kPa	实际体积 /($\times10^{-6}\text{m}^3$)	按理想气体状态方程 计算的体积/($\times10^{-6}\text{m}^3$)
100	25574.0	25705.0	50×100	380.0	513.0
10×100	2449.0	2571.0	100×100	69.3	256.7

请比较表中数据并找到规律,分析原因。

从对理想气体的定义可以看出,我们实际上是把完全满足低压气体状态方程的气体定义为理想气体的。显然实际气体不可能完全满足这样的方程,因此我们必须通过实验来测量实际气体的状态变化性质,得出经验公式,从而有可能分析与理想气体发生偏差的缘故。实际气体的状态方程式有多种,以范德华方程较为典型,它是在对理想气体状态方程进行修正的基础上建立的。

1. 范德华方程

对于1mol的气体,有经验状态方程如下。

$$\left(p+\frac{a}{V^2}\right)(V-b)=RT \tag{3-13}$$

式中　b——1mol气体分子的等效体积;

　　　a——气体内压力与气体体积平方成反比的比例系数。

式(3-13)称为范德华方程。式中 a、b 称为范德华常数,其数值与气体的种类有关。在化学手册中可以查得到一般气体的范德华常数。

一般越易液化的气体,其 a 值越大。故 a 值可作为分子间引力大小的衡量。

范德华方程对理想气体做如下的修正。

① 不是把气体分子看成质点,而是看成具有一定的体积,这样在计算可被压缩的空间时,就必须减去气体分子本身所占有的体积。

② 不是把气体看成分子之间除了相互碰撞以外,不存在任何其他相互作用的系统,而是增加考虑分子之间的相互作用势,这个相互作用势的排斥力方面使得分子本身占有一定的体积,它的引力方面使得气体内部的分子之间具有内压力,从而减小了气体对外壁的压力,因此状态方程里的气体的压力必须加上内压力部分。

在压力为几兆帕的范围内,使用范德华方程往往可得到比理想气体状态方程好的结果,但压力更高时,范德华方程的计算结果同实验值存在比较大的偏差。表3-3所列数据表明了这一事实。

表3-3　CO_2 在40℃不同压力下按范德华方程计算的摩尔体积与实际体积对比关系

压力/kPa	实际体积/($\times 10^{-6} m^3$)	按理想气体状态方程计算的体积/($\times 10^{-6} m^3$)	按范德华方程计算的体积/($\times 10^{-6} m^3$)	压力/kPa	实际体积/($\times 10^{-6} m^3$)	按理想气体状态方程计算的体积/($\times 10^{-6} m^3$)	按范德华方程计算的体积/($\times 10^{-6} m^3$)
100	25574.0	25705.0	25597.0	50×100	380.0	513.0	395.0
1000	2449.0	2571.0	2471.3	100×100	69.3	256.7	88.9

像范德华方程一样,实际气体的状态方程都比较复杂,在工程计算上希望找到更简捷的方法。经过长期探索,人们发现在理想气体状态方程基础上引入校正因子,即可用于实际气体。

2. 用压缩因子计算实际气体

用范德华方程式进行计算很麻烦,需要时间,在工程上一般在保证一定误差范围采取简单快速的方法。

前已述及,实际气体只有在低压下才能服从理想气体状态方程式。但如温度较低或压力较高时,实际气体的行为往往与理想气体发生较大的偏差。常用"压缩因子"Z 以较正实际气体与理想气体的偏差:

$$Z=\frac{pV_m}{RT}=\frac{pV}{nRT} \tag{3-14}$$

对于理想气体 $pV_m=nRT$，$Z=1$。若一气体，在某一定温度和压力下 $Z\neq1$，则该气体与理想气体发生了偏差。$Z>1$ 时，$pV_m>RT$，说明在同温同压下实际气体的体积比理想气体状态方程式计算的结果要大，即气体的可压缩性比理想气体小。而当 $Z<1$ 时，情况恰好相反。

由上面讨论可见，在低温低压时实际气体比理想气体易于压缩，而高压时则比理想气体难于压缩。原因是在低温尤其是接近气体的液化温度的时候，分子间引力显著地增加；而在高压时气体密度增加，实际气体本身体积占容器容积的比例也变得不可忽略。

上式形式简单，计算方便，并可应用于高温高压，作为一般估算，在化工计算上常常采用。一般说来，对非极性气体，准确度较高（误差约在 5% 以内）；对极性气体，误差大些。

 例题 3-10 试用压缩因子计算 573K 和 20265kPa 下甲醇的摩尔体积。已知 $Z=0.45$。

解

$$V_m=\frac{ZRT}{p}=\frac{0.45\times8.314\times573}{20265}=0.106(L)$$

实验值为 0.114L，误差为 7.5%。用理想气体状态方程式计算 $V_m=0.244$L，而用范德华方程式计算，$V_m=0.126dm^3$。可见此法不仅方便，且较准确。

式（3-14）中的压缩因子与气体本身性质有关，可通过压缩因子图查得。如果读者感兴趣，可通过其他书籍阅读学习。

四、气体液化

问题 3-7 空气的主要成分是氮气和氧气，通过对空气降温、加压可以制得液氮和液氧。请查阅液氮和液氧的相关参数，了解压缩空气制备液氮和液氧的条件如何。

理想气体分子之间没有作用力，所以在任何温度和压力下，理想气体不会液化。实际气体能够液化，通过查阅液氧、液氮等的制备条件可以了解实际气体的液化条件。

图 3-5 是二氧化碳状态变化的压力-体积图。从图中可以看出：只有在温度足够高的 T_6，气体才近似于理想气体，它的等温线表现为等轴双曲线。

① 温度降低就会使得气体的状态变化，性质偏离于理想气体，如图 3-5 中的 T_5。

② 温度降低到某个值，如图中的 T_4，等温曲线上会出现一个拐点，如图 3-5 中 c 点，这样从 c 点出发，再增加压力，就会使得气体液化。从而等温线上出现与压力轴平行的垂直线段。这条等温线所处的温度称为临界温度，这条等温线称为临界等温线。这个拐点称为临界点，这点的压力称为临界压力。这点的单位质量的气体的体积称为临界比容。当然在这个状态的气体称为临界状态。

③ 在临界点以下再降低温度，如图 3-5 中的 T_3 及 T_3 以下温度的线，在线上就会在等温线上出现

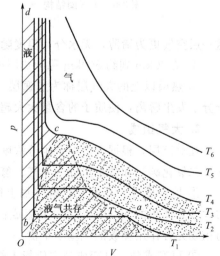

图 3-5　二氧化碳压力-体积图

一段平直线，为液气共存的状态范围，这个范围的气体称为饱和蒸气，相应的压力值称为饱和蒸气压力。随着温度的降低，这个范围增大，而饱和蒸气压力减小。

五、大气和大气污染

问题 3-8 在环境问题中我们熟知的洛杉矶光化学烟雾、酸雨、臭氧空洞等，这些环境问题都是由于化学污染物被排放到大气中造成的。请了解这几种大气污染的主要污染物以及形成过程。

大气是指包围在地球表面并随着地球旋转的空气层。大气也称为大气圈或大气层。大气是地球上一切生命赖以生存的气体环境。它吸收了来自太阳和宇宙空间的大部分高能宇宙射线和紫外辐射，是地球生命的保护伞；另外大气也是地球维持热量平衡的基础，为生物生存创造了一个适宜的温度环境。

由于大气的化学成分和物理性质（温度、压力、解离状态等）在垂直方向上有显著的差异，大气层可以分为若干层次。

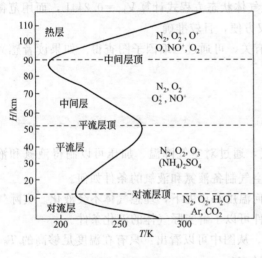

图 3-6　大气圈结构

1. 大气结构

目前国际上普遍采用的是根据大气垂直高度上的温度变化将大气分为 5 层（见图 3-6）。

① 对流层的特点：气温随高度升高而降低，空气密度大，占大气总质量的 3/4 以上，几乎所有水汽集中在此层。

② 平流层的特点：空气没有对流运动，平流运动占显著优势。在高 15～35km 范围内，有厚约 20km 的一层臭氧层，因为臭氧具有吸收太阳短波紫外线（UV-B、UV-C）的能力，臭氧吸收太阳辐射转化为分子内能，故使平流层的温度随高度升高，也防止了地球生命遭受高能辐射的伤害。

③ 从平流层顶到 80km 高度称为中间层。这一层空气更为稀薄，无水分，温度随高度增加而降低。

④ 从 80km 到约 500km 称为热层或解离层。这一层温度随高度增加而迅速增加。

⑤ 热层以上的大气层称为逃逸层。这层空气在太阳紫外线和宇宙射线的作用下，大部分分子发生解离，使质子的含量大大超过中性氢原子的含量。

2. 大气组成

在对流层，根据大气中个组分浓度大小可分为主要组分（氮气、氧气）、次要组分（氩气、二氧化碳）和微量组分（氖气、氦气、氙气）。

① 恒定成分　有氮气、氧气加上微量的氖、氦、氙等稀有气体构成大气的恒定组分，占大气总体积的 99.9％ 以上。其组成稳定的主要原因是氮和稀有气体不活泼，而氧的消耗与植物光合作用释放的氧基本平衡。

② 可变成分　可变成分主要指大气中的二氧化碳和水蒸气。正常情况下二氧化碳含量为 0.02％～0.04％，水蒸气的含量为 4％ 以下。这些组分含量随季节、地理位置、气象和人

类活动的影响而变化。

③ 不定成分　指大气中的煤烟、尘埃、硫化氢、氮氧化合物、碳氢化合物等。它们的来源主要是自然灾害和人类的生产、生活。

3. 大气污染

按照世界卫生组织（WHO）规定，大气污染的定义为："室外的大气若存在人为造成的污染物质，其含量与浓度及持续时间可引起多数居民的不适感，在很大范围内危害公共卫生，并使人类、动植物生存处于受妨碍的状态。"

大气污染物种类有很多，其中对人类危害最大的主要有粉尘、硫氧化物、氮氧化物和碳氧化物、碳氢化合物及卤化物等。

大气污染源主要是工业污染源、农业污染源、交通污染源和生活污染源。如果污染物是从污染源直接排放出来的原始物质，称为一次污染。若一次污染物与大气中原有成分或其他污染物之间发生化学或光化学反应，生成新的污染物称为二次污染。

为了保护环境和人类的健康，世界各国都分别制定了大气环境标准。目前我国有大气环境标准 77 项，如 GB 3095—1996《环境空气质量标准》等。

常见的大气污染现象如"温室效应"、"臭氧层空洞"、"酸雨"、"光化学烟雾"、"室内空气污染"等。

拓展思考

1. 医院里作冷冻用的液化气体是哪种气体，为什么能够达到冷冻的目的？
2. 请查阅相关资料了解，超临界流体萃取的基本原理是什么，有哪些应用？
3. 请查阅资料，我国西气东输的管道内压力为多少？如果计算输送气体量需采用范德华方程还是压缩因子法？
4. 请了解温室气体有哪些，产生温室效应的原因是什么？
5. 室内空气污染的主要污染物有哪些？这些污染物的主要来源如何，我国有相应的检测标准吗？

第三节
稀溶液

学习目标

1. 理解稀溶液的凝固点降低和沸点升高性质，能够结合生产和生活实际理解有关应用。
2. 理解稀溶液的渗透压的产生，并结合实际理解渗透和反渗透及其有关应用。
3. 理解亨利定律，并理解化工吸收条件。

液体混合物有几种情况，一种是相互溶解形成均匀的一相称为溶液，例如甲苯和苯混合溶液、氢氧化钠溶于水的溶液等；另一种是相互不溶解不能形成均匀的一相，例如，苯和水混合液，这种情况不能称为溶液，只能称为液体混合物或称为不相溶液体混合物。从定义上讲，两种或两种以上物质混合在一起，能够完全互溶形成均匀的一相，这种系统就称为溶液。因此溶液是一种分散系统，作为分散介质的物质叫做溶剂，被分散物质叫做溶质。

溶液有电解质溶液和非电解质溶液，如氯化钠的水溶液是电解质溶液，乙醇溶于水形成非电解质溶液。从浓度上区分，有稀溶液和普通溶液，例如水中溶解氧的浓度很小，称为稀溶液。本节主要讨论稀溶液的性质以及这些性质在生活和工业生产中的有关应用等。

一、稀溶液的依数性

问题 3-9 在湖南卫视有一个电视节目，介绍生活小窍门。一位姑娘将牛奶倒入食品袋中，将少量白色粉末与冰块一起放入塑料饭盒中，将装牛奶的食品袋放在冰块上面，盖上盖子摇晃几分钟后，牛奶拿出来后竟然凝固，加上水果就做成了一份牛奶沙冰。这种白色的粉末是什么？牛奶很快被冷却凝固的道理何在？

原来在冰块上加的白色粉末是食盐，加了盐的冰会迅速融化，融化过程吸收热量，从而达到迅速冷却的目的。那么为什么加了盐的冰会迅速融化？因为加盐后水的冰点会降低到零下几摄氏度，0℃的冰当然要融化了！这就是稀溶液的依数性之一——凝固点降低。

1. 凝固点降低

经验证明，稀溶液的凝固点要比纯溶剂的凝固点低，凝固点降低值与溶液中溶质的质量摩尔浓度成正比，用数学公式表示为：

$$\Delta T_f = k_f m_B \tag{3-15}$$

式中　m_B——溶质 B 的质量摩尔浓度，mol/kg；

ΔT_f——凝固点降低值，K；

k_f——凝固点降低常数，只与溶剂的性质有关，K·kg/mol。

此式适用于稀溶液且凝固时析出的为纯 A（s），即无固溶体生成。

例题 3-11 已知 H_2O（l）的凝固点为 0℃，$k_f = 1.86$ K·kg/mol，如果在 90g H_2O（l）中溶解 2g $C_{12}H_{22}O_{11}$（蔗糖，以 B 表示）时，$\Delta T_f = 0.121$ K，求 $C_{12}H_{22}O_{11}$ 的摩尔质量 M_B。

解 溶质 B 的质量摩尔浓度

$$m_B = \frac{W_B / M_B}{W_A} \qquad 同时 \qquad m_B = \frac{\Delta T_f}{K_f}$$

两式相等 $M_B = \dfrac{W_B K_f}{\Delta T_f W_A} = \dfrac{2 \times 10^{-3} \times 1.86}{1.12 \times 90 \times 10^{-3}} = 0.342$（kg/mol）

请设计一个实验，验证稀溶液的凝固点降低现象。稀溶液的凝固点降低现象在实际生活和生产中会有哪些应用呢？

2. 沸点升高

实验证明，含有非挥发性溶质的稀溶液沸点比纯溶剂沸点高，其沸点升高值与溶液中溶质 B 的质量摩尔浓度成正比。

$$\Delta T_b = k_b m_B \tag{3-16}$$

式中　m_B——溶质 B 在液相的质量摩尔浓度，mol/kg；

ΔT_b——沸点升高值，K；

k_b——沸点升高常数，它只与溶剂的性质有关，K·kg/mol。

表 3-4 给出了几种常见溶剂的沸点升高常数的数值。

表 3-4　几种常见溶剂的沸点升高常数

溶剂	水	甲醇	乙醇	丙酮	氯仿	苯	四氯化碳
纯溶剂沸点/℃	100.00	64.51	78.33	56.15	61.20	80.10	76.72
k_b/(K·kg/mol)	0.52	0.83	1.19	1.73	3.85	2.60	5.02

例题 3-12　将 1.09×10^{-3} kg 的某未知物溶于 23×10^{-3} kg 水中，测得该溶液的沸点为 373.31K，试计算该物质的摩尔质量。已知水的沸点升高常数 $k_b = 0.52$。

解　根据题意，沸点升高值为：

$$\Delta T_b = 373.31 - 373.15 = 0.16 (K)$$

由式（3-16）得

$$m_B = \Delta T_b / k_b = 0.16/0.52 = 0.3 (mol/kg)$$

由于

$$m_B = \frac{W_B/M_B}{W_水} \quad 即 \quad 0.3 = \frac{1.09 \times 10^{-3}/M_B}{23 \times 10^{-3}}$$

所以

$$M_B = 0.158 kg/mol$$

同样，设计实验验证稀溶液的沸点升高现象。

3. 渗透压

渗透过程是利用一种膜状物质来进行的，这种膜状物质只允许溶剂分子能通过，而溶质分子不能通过，这种膜状物质叫做半透膜。有天然的半透膜如动物的膀胱、肠衣、细胞膜；也有人工的半透膜。

按照图 3-7 所示做个试验，在等温等压条件下，用半透膜将纯溶剂与溶液隔开，经过一定时间，发现溶液端的液面会上升至某一高度。如果溶液浓度改变，液面上升的高度也随之改变。这种溶剂通过半透膜渗透到溶液一边，使溶液端的液面升高的现象称为渗透现象。如果想使两侧液面高度相同，则需要在溶液端施加额外压力。假设在等温等压下，当溶液一侧所施加外压力为 π 时，两侧液面可持久保持同一水平，也就是达到渗透平衡，这个压力 π 称为渗透压。

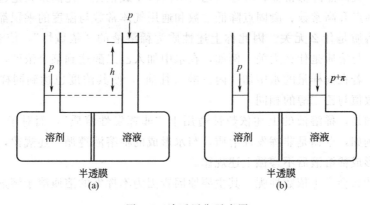

图 3-7　渗透平衡示意图

大量实验结果表明，稀溶液的渗透压数值与溶液中所含溶质的数量成正比。

$$\pi = c_B RT \tag{3-17}$$

此式称为范特霍夫渗透压公式，适用于在一定温度下稀溶液与纯溶剂之间达到渗透压平衡时溶液的渗透压 π 及溶质的物质的量浓度 c_B 的计算。

例题 3-13　已知人体血液的渗透压为 730kPa，人体正常体温是 310K，则人体静脉输液的葡萄糖溶液的浓度应为多少？若已知葡萄糖等渗液浓度为 5.2%，试求葡萄糖的相对分子质量。

解 人体输液用的葡萄糖溶液应与血液渗透压一致才不会引起人体不适。

根据 $\pi = c_B RT$，得

$$c = \frac{\pi}{RT} = \frac{730000}{8.314 \times 310} \approx 283(mol/m^3) = 0.283(mol/L)$$

又根据 $c = \frac{n}{V} = \frac{m}{M_{葡萄糖}V}$，得

$$M_{葡萄糖} = \frac{m}{cV} = \frac{5.2}{0.283 \times 0.1} = 184(g/mol)$$

渗透压在生物学中具有重要意义。有机物的细胞膜大多具有半透膜的性质，渗透压是水在生物体中运动的重要推动力。渗透压的数值相当可观，298.15K 时，0.1mol/L 的非电解质溶液的渗透压为 248kPa，一般植物细胞汁的渗透压可达 2000kPa，所以水分子可以从植物的根部运动到数十米高的顶端。

如果把血红细胞放入渗透压较大（与正常血液相比）的溶液中，血红细胞中的水就会通过细胞膜渗透出来，甚至引起血红细胞收缩并从悬浮状态中沉降下来；如果把血红细胞放入渗透压较小的溶液中，血液中的水就会通过细胞膜流入细胞中，而使血红细胞膨胀，甚至能把细胞膜胀破。因此人体注射或静脉输液时，应使药液的渗透压与人体组织中的体液渗透压基本相等。在生物学和医学上称这种溶液为等渗透溶液。例如，临床上常用的是质量分数为 5.0% 的葡萄糖溶液和 0.9% 的生理盐水溶液。

如果加在溶液上的压力超过了渗透压，则反而使溶液中的溶剂向纯溶剂方向流动，使得纯溶剂的体积增加，这个过程叫做反渗透。反渗透的原理广泛应用于海水淡化、工业废水或污水处理以及溶液浓缩等方面。

稀溶液的沸点升高值、凝固点降低值与稀溶液中溶质的浓度成正比，比例系数分别称为沸点升高常数、凝固点降低常数；渗透压也与溶液浓度成正比，比例系数是通用气体常数和温度的乘积。沸点升高常数、凝固点降低常数和通用气体常数与温度的乘积都只与溶剂的性质有关，而与溶质是什么无关。因此称上述性质为稀溶液的"依数性"，依溶质的数（量）而变化的性质，与溶质是什么无关。例如，在水中加入乙二醇达到某个浓度，水的凝固点会降低某一数值。若在同样量的水中加入丙三醇（甘油），使其浓度也达到同样的浓度，水的凝固点降低的数值与乙二醇的相同。

值得一提的是，稀溶液的上述依数性适用于"非挥发性溶质"，而对于"挥发性溶质"是不适用的。例如，蔗糖是非挥发性溶质，与水形成的稀溶液遵循上述规律，乙醇是挥发性溶质，溶于水形成稀溶液后不遵循上述规律。

稀溶液为什么会产生依数性呢？其主要原因皆因为不挥发的溶质溶于溶剂形成稀溶液后蒸气压降低了。

4. 蒸气压降低

拉乌尔（Raoult's law）在大量实验的基础上提出经验定律——拉乌尔定律：在一定温度下，稀溶液中溶剂的蒸气压等于纯溶剂的蒸气压与溶剂的摩尔分数之积。

其数学表达式为：

$$p_A = p_A^* x_A \tag{3-18}$$

式中 p_A——气相中溶剂的蒸气分压；

　　p_A^*——纯溶剂的饱和蒸气压；

　　x_A——溶剂的摩尔分数。

　　拉乌尔定律表示溶剂的蒸气压降低，其数学表达式还可写成：

$$\Delta p_A = p_A^* x_B \quad x_A \approx 1 \tag{3-19}$$

式中　x_B——溶质 B 在液相的摩尔分数；

　　　　p_A^*——纯溶剂 A 的饱和蒸气压；

　　　　Δp_A——形成稀溶液后，溶剂的蒸气压降低值。

　　该定律是法国物理学家拉乌尔于 1887 年在实验基础上提出的，它是稀溶液的基本规律之一。对于不同的溶液，虽然定律适用的浓度范围不同，但在 $x_A = 1$ 的条件下任何溶液都能严格遵从上式。拉乌尔定律最初是在研究不挥发性非电解质的稀溶液时总结出来的，后来发现，对于其他稀溶液中的溶剂也是正确的。

　　在任意满足 $x_A \approx 1$ 的溶液中，溶剂分子所受的作用力几乎与纯溶剂中的分子相同。所以，在一个溶液中，若其中某组分的分子所受的作用与纯态时相等，则该组分的蒸气压就服从拉乌尔定律。

　　拉乌尔定律表述的是当物质由单组分（纯溶剂）成为稀溶液（双组分）时蒸气压会有所降低。因为蒸气压降低，稀溶液的其他性质也将随之变化：沸点、凝固点等。

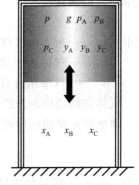

　　对于挥发性溶质，拉乌尔定律将一个组分在气相和液相的浓度紧密联系在一起：p_A 指气相中溶剂 A 的分压，x_A 指液相中溶剂 A 的摩尔分数，如图 3-8 所示。

　　由拉乌尔定律可见，蒸气压降低的数值与溶质 B 在液相的摩尔分数成正比，由于比例系数是纯 A 的饱和蒸气压，所以蒸气压降低值与溶质的本质无关，也是稀溶液的依数性之一。

　　式（3-19）适用于只有 A 和 B 两个组分形成的理想溶液或稀溶液中的溶剂。

图 3-8　液态混合物的汽-液平衡示意图

　　例题 3-14　非挥发性物质 B 溶于水中形成稀溶液，已知 $m_B = 0.001 \text{mol/kg}$，试求 25℃ 此溶液的蒸气压降低值；凝固点降低值；沸点升高值以及渗透压。已知 25℃ 时水的饱和蒸气压为 3168Pa。

　　解

$$x_B = \frac{n_B}{n_水 + n_B} \approx \frac{n_B}{n_水} = \frac{n_B}{m_B / M_B} = \frac{0.001 \text{mol}}{1000 \text{g}/18.06(\text{g/mol})} = 1.8 \times 10^{-5}$$

$$c_B \approx 0.001 \text{mol/L} \times 1000 = 1 \text{mol/m}^3$$

$$\Delta p = p_水^* x_B = 3168 \text{Pa} \times 1.8 \times 10^{-5} = 0.057 \text{Pa}$$

$$\Delta T_f = k_f m_B = 1.86 \text{K/(mol} \cdot \text{kg)} \times 0.001 \text{mol/kg} = 1.86 \times 10^{-3} \text{K}$$

$$\Delta T_b = k_b m_B = 0.52 \text{K/(mol} \cdot \text{kg)} \times 0.001 \text{mol/kg} = 5.2 \times 10^{-4} \text{K}$$

$$\pi = c_B R T = 1 \text{mol/L} \times 8.314 \text{J/(mol} \cdot \text{K)} \times 298.15 \text{K} = 2479 \text{Pa}$$

　　计算结果表明，稀溶液的几个依数性中渗透压是最显著的。

　　正因为溶剂的饱和蒸气压降低，所以会引起溶液的沸点升高、凝固点降低以及产生渗透压等现象。物质的凝固点是该物质处于固-液两相平衡时的温度，按多相平衡的条件，在凝固点时固相和液相的蒸气压相等。由于非挥发性溶质溶于溶剂形成稀溶液后蒸气压会降低，所以纯溶剂固相蒸气压大于稀溶液的蒸气压，只有降低温度二者相等方可达到平衡，开始析出固体。所以稀溶液的凝固点低于纯溶剂的凝固点。任何液体在其饱和蒸气压等于外压时，会沸腾，此时的温度就是该液体的沸点。如果是含非挥发性溶质的稀溶液，由于蒸气压会有所降低，在原来的沸点蒸气压小于外压，因此必须升高温度，使蒸气压等于外压方可沸腾。所以沸点会有所升高。

 ## 二、亨利定律与吸收

问题 3-10 在生活中有这样一种现象，当天气阴沉将下雨时，池塘里的鱼会不断跃出水面。原因是气压低，水中氧气量减少造成的。那么，水中的氧气与天气有什么关系？

拉乌尔定律主要讨论稀溶液中溶剂的性质，稀溶液中挥发性溶质在气液两相的平衡遵守亨利定律。

在一定温度下，当液面上的一种气体与溶液中所溶解的该气体达到平衡时，该气体在溶液中的浓度与其在液面上的平衡压力成正比，称为亨利定律。

$$p_B = K_x x_B \tag{3-20}$$

式中　p_B——所溶解气体在溶液液面上的平衡分压力，Pa；

　　x_B——气体溶于溶液中的摩尔分数；

　　K_x——以摩尔分数表示溶液浓度时的亨利常数，Pa。

气体在溶液中的浓度以其他浓度单位表示时，例如质量摩尔浓度 m_B 或物质的量浓度 c_B，则亨利定律相应形式为：

$$p_B = K_m m_B \tag{3-21}$$
$$p_B = K_c c_B \tag{3-22}$$

式中　m_B——溶质的质量摩尔浓度，mol/kg；

　　c_B——溶质的物质的量浓度，mol/L；

　　K_m——为用质量摩尔浓度表示的亨利常数，Pa·kg/mol；

　　K_c——为用物质的量浓度表示的亨利常数，Pa·L/mol。

稀溶液的溶质不服从拉乌尔定律而遵守亨利定律。因为溶质浓度小，其分子基本上被溶剂分子包围，此时每个溶质分子受到的作用力与纯溶质差别很大，溶质分子从稀溶液中逸出的能力和纯态相比变化也很大，所以比例常数 K_B 不等于 p_B^*，溶质不遵守拉乌尔定律。但因浓度不大，每个溶质分子所处的环境相同，溶质分子与溶剂分子间的作用力为常数。所以，K_B 是常数。p_B 与 x_B 成正比，K_B 是各种分子相互作用的综合表现。

例题 3-15 在 25℃ 时，测得空气中氧溶于水中的量为 $8.7 \times 10^{-3} kg/m^3$。同温度下，氧气的压力为 100kPa 时，每升水中能溶解多少克氧？设空气中氧占 21%。

解 空气中氧气的分压为：

$$p(O_2) = p x(O_2) = 100kPa \times 0.21 = 21.0kPa$$

代入式（3-22），得亨利常数：

$$K_c = \frac{p(O_2)}{c(O_2)} = \frac{21.0kPa}{8.7 \times 10^{-3} kg/m^3} = 2414kPa \cdot m^3/kg$$

所以：

$$c(O_2) = \frac{p(O_2)}{K_c} = \frac{100kPa}{2414kPa \cdot m^3/kg} = 4.14 \times 10^{-2} kg/m^3$$

表 3-5 给出了部分气体在 25℃时溶解于水和苯中的亨利常数。从表中数据可以看出，亨利常数由溶质和溶剂的性质决定。

表 3-5   25℃时部分气体的亨利常数

气体	亨利常数 K_x/Pa		气体	亨利常数 K_x/Pa	
	水为溶剂	苯为溶剂		水为溶剂	苯为溶剂
H_2	7.12315×10^9	3.66797×10^9	CO	5.78566×10^9	1.63133×10^9
N_2	8.68355×10^9	2.39127×10^9	CO_2	1.66173×10^9	1.14497×10^9
O_2	4.39715×10^9	—	CH_4	4.18472×10^9	5.69447×10^9

亨利定律是化工单元操作"吸收"的理论基础。吸收也是一种分离方法，它是利用混合气体中各种气体在溶剂中溶解度的差别，有选择的把溶解度大的气体吸收下来，从而将该气体从混合气体中分离或回收除去。从表 3-6 可以看出，一定压力下亨利常数随温度的升高而减小；从表 3-7 数据可以看出，一定温度下气体的溶解度随压力的增加而增大。所以工业上利用这一特点尽量选择低温高压的条件进行吸收，吸收效果很好。

表 3-6   不同温度下氧气在水中的溶解度 （100kPa）

温度/℃	0	20	40	60	80
溶解度/(g/100gH_2O)	0.00694	0.00443	0.00311	0.00221	0.00135

表 3-7   不同压力下氧气在水中的溶解度 （25℃）

p/Pa	c/(g/m³)	$K = p/c$	p/Pa	c/(g/m³)	$K = p/c$
23331	9.5	2456	55195	22.0	2510
26913	10.7	2516	81326	32.5	2501
39997	16.0	2501	101325	40.8	2482

使用亨利定律时要注意以下几点：

① 公式中，p_B 是物质 B 在液面上的气体分压力而不是总压力。对于混合气体，当总压力不大时，可以认为是理想气体，每种气体都可应用亨利定律。

② 若溶质服从亨利定律，则溶剂必须服从拉乌尔定律，反之亦然。在理想溶液中，这两个定律没有区别，$K_B = p_B^*$，而且它们在所有浓度范围内都适用。

③ 溶质分子在溶剂中和气相中的形态应当相同，如果溶质发生解离、缔合，则不能应用亨利定律。但若把在溶液中已解离或缔合的分子除外，只计算与气相中形态相同的分子，亨利定律仍适用。而溶质分子溶剂化不影响亨利定律，因溶剂化不改变溶质浓度。

④ 溶液浓度的单位不同时，虽然 K_B 值不同，但平衡分压 p_B 不变。

温度越高，压力越低（浓度越小），亨利定律越准确，温度升高时，它适用的压力范围可扩大。

拓展思考

1. 请通过相关资料查阅汽车冷冻液的主要成分和性能，用所学的知识解释其防治水箱里的水结冰的原理。

2. 人体细胞壁内外是否存在渗透压？人体体液如何保持平衡？

3. 生活中黄瓜等新鲜蔬菜用食盐腌制一段时间后，会有许多水出来，为什么？如果不用食盐腌制改用蔗糖腌制会怎样？

4. 海水淡化对人类来说非常重要，能否通过渗透压原理实施海水淡化？

5. 深海潜水的潜水员在潜水结束后不能直接暴露在常压下，而是要在减压舱内逐步减压。道理何在？请通过查阅相关资料了解，深海潜水的潜水员呼吸的气体是普通的空气吗，为什么？

第四节
理想溶液

 学习目标

1. 理解理想溶液的结构特征。

2. 能够利用拉乌尔定律和分压定律对理想气体达到气液平衡的两相组成以及压力进行计算。

3. 能够理解理想溶液蒸汽压组成图以及沸点组成图的点、线、区的含义。

4. 能够理解系统状态变化在相图中的表现，为后续专业课学习打下基础。

一、理想溶液的结构特点

问题 3-11　苯和甲苯在 100℃ 时的饱和蒸气压分别是 179.1kPa 和 76.08kPa，在常压下甲苯和苯的沸点分别是 110.6℃ 和 80.1℃。说明苯比甲苯容易挥发。若将二者按一定比例混合，其饱和蒸气压会怎样变化？同样，在常压下它们的沸点会有怎样变化？

拉乌尔定律成立的条件是稀溶液，当液体混合物浓度较大时将对拉乌尔定律产生很大偏差，如果在所有浓度范围拉乌尔定律都成立的话，溶液的汽-液平衡方面的问题将会很简单。讨论液态混合物的方法与讨论气体的 p、V、T 关系相同，先找到理想情况下的规律，然后对于实际情况再根据区别加以修正得出规律。

为了研究问题方便，规定所有组分在全部浓度范围内都服从拉乌尔定律的溶液叫理想溶液。

拉乌尔定律之所以是稀溶液才成立，是因为稀溶液中溶质的分子数目很小，对溶剂分子间作用力的影响很小。那么我们就假想有这样的溶液，溶液中的组分十分"相似"（分子大小相同、分子间作用力相同），相互的影响与同一组分一样，这时候就会完全符合拉乌尔定律了。基于这种想法，理想溶液的模型应该是：从微观上看，溶液中各组分的分子结构非常相似，它们（A—A、B—B、A—B）之间的相互作用力完全相同，分子大小也完全相同，如图 3-9 所示；从宏观上看，形成溶液的各个组分能够以任意比例相互混溶，混合前后体积不变，并且没有吸、放热现象。

实际上有很多溶液的性质非常接近理想溶液，例如同系物混合所组成的溶液；同分异构体所组成的溶液等。

理想溶液模型的提出和理想气体模型的提出是自然科学中解决问题的一种方法，即在假

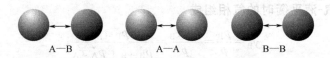

图 3-9   理想溶液组分分子微观示意图

定理想模型的基础上寻找规律，然后根据实际与理想的区别对理想条件下的规律进行修正。但理想溶液模型和理想气体模型是有区别的。

理想气体分子间无作用力；理想溶液的分子间存在作用力，但只强调分子间的作用力相似。

理想气体分子的体积为零；理想溶液不是分子体积为零，只是各种分子的大小、形状相似。

下面我们来寻找理想溶液都遵循哪些规律。

 二、理想溶液气-液平衡组成

1. 理想溶液汽-液平衡时的液相组成

在一定条件下，液相中各组分均有部分分子从界面逸出进入液面上方气相空间，而气相也有部分分子返回液面进入液相内。经长时间接触，当每个组分的分子从液相逸出与气相返回的速率相同，或达到动平衡时，该过程达到了汽液相平衡。

平衡时气液两相的组成之间的关系称为相平衡关系。它取决于系统的性质，是蒸馏过程的热力学基础和基本依据。

首先来讨论汽-液平衡时蒸气总压 p 与液相组成 x_B 的关系。

假设系统中只有 A 和 B 两个组分，在温度 T 下当汽液两相平衡时，根据拉乌尔定律：

$$p_A = p_A^* x_A \qquad p_B = p_B^* x_B \tag{3-23}$$

由道尔顿分压定律，以及 $x_B = 1 - x_A$ 有：

$$p = p_A + p_B = p_A^* x_A + p_B^* x_B$$
$$= p_A^* (1 - x_B) + p_B^* x_B$$

因此

$$p = p_A^* + (p_B^* - p_A^*) x_B \tag{3-24}$$

由于 x_B 最大为 1，最小为 0，所以由式（3-24）可知，理想溶液汽液两相平衡时的蒸气总压总是介于两个纯组分的饱和蒸气压之间，即 $p_B^* > p > p_A^*$（假设 B 比 A 容易挥发）。

另外由式（3-24）还可以看出，理想溶液汽-液平衡时，气相的总压力随液相组成的变化而变化。如果以总压 p 对液相组成 x_B 作图得到一直线，即压力-组成图上的液相线。只有理想溶液，液相线为直线。

由式（3-24）经过变换可得：

$$x_B = \frac{p - p_A^*}{p_B^* - p_A^*} \tag{3-25a}$$

$$x_A = \frac{p - p_B^*}{p_A^* - p_B^*} \tag{3-25b}$$

式（3-24）及式（3-25a）、式（3-25b）经常用来计算理想溶液在汽-液平衡时液相组成或总压。

2. 理想溶液汽-液平衡时的气相组成

由分压定律有

$$y_B = \frac{p_B}{p} = \frac{p_B^* x_B}{p} = \frac{p_B^* x_B}{p_B^* x_B + p_A^* x_A} \tag{3-26a}$$

$$y_A = \frac{p_A}{p} = \frac{p_A^* x_A}{p} = \frac{p_A^* x_A}{p_B^* x_B + p_A^* x_A} \tag{3-26a}$$

由式（3-26a）和式（3-26b）可知，如果 B 比 A 容易挥发，则 $p_B^* > p > p_A^*$。$\frac{p_B^*}{p} > 1$，$y_B > x_B$；同理 $\frac{p_A^*}{p} < 1$，$y_A < x_A$。由此我们可以得出结论：饱和蒸气压不同的两种液体形成理想溶液并达到汽-液平衡时，两相的组成并不相同，易挥发组分在气相中的相对含量大于它在液相中的相对含量。

例题 3-16 已知 100℃，甲苯和苯的饱和蒸气压分别为 179.1kPa 和 76.08kPa。计算摩尔分数为 0.5 的甲苯和苯的混合溶液在 100℃达汽-液两相平衡时的蒸气总压以及气相组成分别为多少。

解 当溶液达汽-液两相平衡时，可以认为液相组成变化不大，摩尔分数仍然为 0.5。

因此，可计算汽-液两相平衡时的蒸气总压为：

$$p = p_{甲苯}^* + (p_苯^* - p_{甲苯}^*) x_苯$$
$$= 179.1 + (76.08 - 179.1) \times 0.5 = 127.6 (kPa)$$

也可以计算气相组成：

$$y_{甲苯} = \frac{p_{甲苯}}{p} = \frac{p_{甲苯}^* x_{甲苯}}{p} = \frac{179.1 \times 0.5}{127.6} = 0.702$$
$$y_苯 = 1 - y_{甲苯} = 1 - 0.702 = 0.298$$

3. 汽-液平衡时蒸气总压 p 与气相组成 y_B 的关系：

结合 $p = p_A^* + (p_B^* - p_A^*) x_B$ 和 $y_B = \frac{p_B^* x_B}{p}$ 可得

$$p = \frac{p_A^* p_B^*}{p_B^* - (p_B^* - p_A^*) y_B} \tag{3-27}$$

可见，理想溶液汽-液平衡时气-相的蒸气总压与气相组成之间不是简单的直线关系。如果以 y_B 为横坐标，总压 p 为纵坐标，得到的是条曲线，即压力-组成图上的气相线。

三、理想溶液的蒸气压-组成图

从上述讨论可知，理想溶液的蒸气压随着组成的改变而改变。以压力为纵坐标，以液相组成（或气相组成）为横坐标，可以得到理想溶液的压力-组成图。如图 3-10 所示。

图 3-10 由以下几部分组成。

① 液相线　p-x_B线，表示蒸气总压随液相组成的变化而变化，根据式（3-24）应该是直线。

② 气相线　p-y_B线，表示蒸气总压随气相组成的变化而变化，与液相线不同，根据式（3-27），气相线不是直线。

③ 液相区　液相线以上的区域。当系统的压力和组成处于液相区时，由于压力大于蒸气压，应该全部为液体。

④ 汽-液两相平衡区 液相线与气相线之间的区域。当体系处于这个区内（如 o 点），则处于汽-液两相平衡状态，其气相组成和液相组成分别由过 o 点的水平线段交于气相线的 b 点和交于液相线的 a 点给出。

⑤ 气相区 气相线以下的区域，当体系的组成和压力处于气相区时，其压力小于蒸气压，应该全部为气体。

实际液体混合物中有许多性质接近理想溶液的，例如，苯和甲苯溶液的性质接近理想溶液，在 79.6℃ 下实测压力-组成数据如表 3-8 所示。按表 3-8 中数据作图得压力-组成图，如图 3-11 所示。

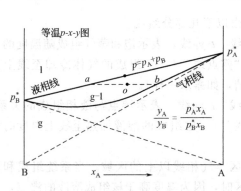

图 3-10 理想溶液的压力-组成图

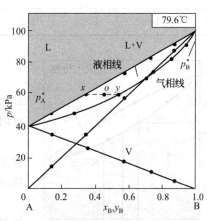

图 3-11 甲苯（A）-苯（B）溶液的
压力-组成图

表 3-8 79.6℃下苯和甲苯组成（气相、液相）-蒸气压数据

液相组成 x_B	气相组成 y_B	蒸气总压 p/kPa
0	0	38.46
0.1161	0.2530	45.53
0.2271	0.4295	52.25
0.3383	0.5667	59.07
0.4532	0.6656	66.50
0.5451	0.7574	71.66
0.6344	0.8179	77.22
0.7327	0.8782	83.31
0.8243	0.9240	89.07
0.9189	0.9672	98.45
0.9565	0.9827	91.79
1.000	1.000	99.82

 四、理想溶液的沸点-组成图

理想溶液的沸点-组成图（t-x、y 图），是恒压下以溶液的温度 t 为纵坐标，组成 x（或 y）为横坐标做成的相图。一般从实验数据直接绘制，对于理想溶液也可以从 p-x 图数据间

接求得。表3-9是甲苯（A）-苯（B）二组分系统在100kPa下的实验结果，其中x_B、y_B分别为温度$t℃$时B组分在液相、气相中的摩尔分数。由于苯比甲苯容易挥发，由表可见，y_B恒大于x_B，由沸点t与气、液相组成y_B、x_B关系数据构成图3-12。

表3-9　甲苯（A）-苯（B）二组分系统在100kPa下的汽-液平衡数据

项目	数据							
x_B	0	0.100	0.200	0.400	0.600	0.800	0.900	1.000
y_B	0	0.206	0.372	0.621	0.792	0.912	0.960	1.000
$t/℃$	110.6	109.2	102.2	95.3	89.4	84.4	82.2	80.1

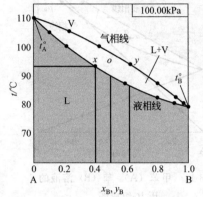

图3-12　甲苯（A）-苯（B）溶液
的t-x图

图 3-12 由以下几部分组成。

① 气相线　t-y_B线，表示饱和蒸气组成随温度的变化，也称为"露点线"（一定组成的气体冷却至线上温度时开始凝结，如露水一样）。

② 液相线　t-x_B线，表示沸点与液相组成的关系，称之"泡点线"（一定组成的溶液加热至线上温度时可沸腾起泡）。

③ 气相区　气相线以上的区域。当系统组成和温度处于气相区时，因为温度高于该组成溶液的沸点，所以全部为气体。

④ 液相区　液相线以下的区域。当系统组成和温度处于液相区时，因为温度低于该组成溶液的沸点，所以全部为液体。

⑤ 汽-液两相平衡区　气相线和液相线包围的区域为汽-液两相平衡区，当系统状态点在此区域时为汽-液两相平衡，各相的组成由过系统状态点的水平线段与气相线和液相线的交点给出。并且，从图 3-12 中可以看出，各相组成只决定于平衡温度，而与总组成无关。两相的数量比则由杠杆规则确定。

与p-x，y图相比，t-x，y图中不存在直线，这说明t-$f(x,y)$关系不如p-$f(x,y)$关系那样简单。显而易见，溶液中蒸气压越高的组分其沸点越低，而沸点低的组分在气相中的成分总比在液相的大。所以t-x、y图的气相线总是在液相线上方，这恰与p-x、y图相反。这一规律在非理想溶液中依然存在。

拓展思考

1. 在实际中，是否有理想溶液存在？哪些组分形成溶液后非常接近理想溶液，请举几个实例。

2. 理想溶液和理想气体的假设有什么不同？

3. 理想溶液的蒸气总压的数值在什么样的数值范围之内？

4. 理想溶液的沸点的数值在什么样的数值范围之内？

5. 对于像水这样的单组分系统，在一定压力下沸点是一个固定的温度；理想溶液的沸点也是固定的温度数值吗？

第五节
实际溶液

 学习目标

1. 理解实际溶液和理想溶液在结构上的区别。
2. 理解实际溶液在相图上对理想溶液产生偏差的结果。
3. 能够正确分析实际溶液的沸点组成图，判断组分的会发程度。
4. 了解两相区的杠杆规则。
5. 了解精馏的基本原理。

一、实际溶液与理想溶液的区别

问题 3-12 做一次工业酒精蒸馏的实验，收集 $77 \sim 79℃$ 的馏分。然后对该馏分通过测定折射率的方法确定乙醇含量，做一做看结果如何？

我们通常遇到的绝大多数溶液其蒸气压与组成之间的关系并不完全服从拉乌尔定律，这类溶液称实际溶液。显然，实际溶液的相图完全由实验得出。

由于实际溶液中分子间相互作用不同。随着溶液浓度的增大，其蒸气压-组成关系不服从拉乌尔定律。当系统的总蒸气压和蒸气分压的实验值均大于拉乌尔定律的计算值时，称为发生了"正偏差"；若小于拉乌尔定律的计算值，称发生了"负偏差"。产生偏差的原因大致有如下三方面。

一是分子环境发生变化，分子间作用力改变而引起挥发性的改变。当同类分子间引力大于异类分子间引力时，混合后作用力降低，挥发性增强，产生正偏差，反之则产生负偏差。

二是由于混合后分子发生缔合或解离现象引起挥发性改变。若离解度增加或缔合度减少，蒸气压增大，产生正偏差，反之，出现负偏差。

三是由于二组分混合后生成化合物，蒸气压降低，产生负偏差。

由汽-液平衡实验数据表明，实际溶液的 $p\text{-}x$ 图及 $t\text{-}x$ 图按正负偏差大小，大致可分成以下几种类型。

二、实际溶液的相图

1. 正常类型的实际溶液相图

在对拉乌尔定律产生偏差的实际溶液中，一类是偏差不大的系统，系统的总蒸气压仍是介于两纯组分蒸气压之间；系统的沸点也仍是介于两个纯组分之间。这种实际溶液的相图，称为正常类型的实际溶液相图。例如，四氯化碳-苯、甲醇-水、苯-丙酮等系统。图 3-13（a）是苯与丙酮二组分溶液的实验数据与拉乌尔定律比较的蒸气压-组成图（$p\text{-}x$ 图），图中虚线表示服从拉乌尔定律情况，实线表示实测的总蒸气压、蒸气分压随组成变化情况。图 3-13（b）为相应的 $p\text{-}x$（y）图，图 3-13（c）为相应的 $t\text{-}x$（y）图。

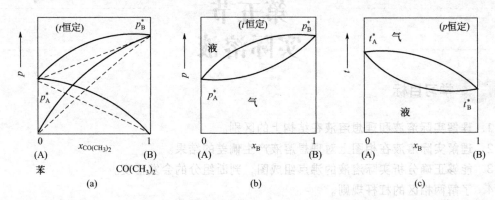

图 3-13　产生正偏差，偏差不大的实际溶液相图

对拉乌尔定律产生负偏差，并且偏差不大的实际溶液不多。图 3-14（a）为氯仿-乙醚两组分系统的 p-x 图，其蒸气压产生负偏差。图 3-14（b）为相应的 p-x（y）图，而图 3-14（c）为相应的 t-x（y）图。

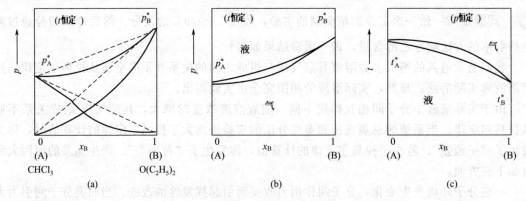

图 3-14　产生负偏差，偏差不大的实际溶液相图

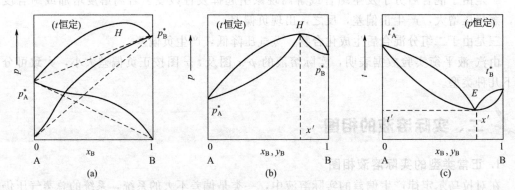

图 3-15　产生较大正偏差的实际溶液相图

2. 具有极值的实际溶液相图

有些实际溶液对拉乌尔定律产生的偏差较大，致使溶液的蒸气压超出两个纯组分的蒸气压，在相图上出现极值。

第一种产生极值的实际溶液是正偏差很大，以致在 p-x（y）图上出现最高点（即极大点），而 $t\text{-}x$ （y）图上出现最低点（即极小点）的系统。从图 3-15 （a）的蒸气压-组成图上可以看出系统发生正偏差并在总蒸气压曲线上出现一个最高点［(a)、(b) 图中 H 点］。蒸气压高的溶液在同一压力下其沸点低，相应地在 $t\text{-}x$ （y）图中会出现一个最低点［(c) 图中 E 点］，称为"最低恒沸点"（温度 t'），在这点上液相和气相有同样的组成（x'），这一混合物称为"最低恒沸混合物"。属于这类系统的有：水-乙醇、甲醛-苯、乙醇-苯、二硫化碳-丙酮等。

表 3-10 给出了部分具有最低恒沸点的两组分系统在 101.325kPa 下的恒沸点和对应组成。

表 3-10　在 101.325kPa 下两组分的最低恒沸点混合物

组分 A	沸点/K	组分 B	沸点/K	恒沸点/K	恒沸点组成 w_B
H_2O	373.16	$CHCl_3$	334.2	329.12	0.972
H_2O	373.16	C_2H_5OH	351.46	351.29	0.956
$CHCl_3$	334.2	CH_3OH	337.7	326.43	0.126

第二种产生极值的实际溶液是负偏差很大，以致 $p\text{-}x$ （y）图上出现最低点，而 $t\text{-}x$ （y）图上出现最高点的系统。由图 3-16 （a）可知，组成在某一浓度范围内，溶液的总蒸气压发生负偏差且在总蒸气压曲线上出现最低点［(a)、(b) 图中的 F 点］。而蒸气压低时的沸点就高，故在 $t\text{-}x$ （y）图上将出现最高点［图 3-16 （c）中的 H 点］，称为"最高恒沸点"（温度 t'），在此点上气、液两相组成相同［见图 3-16 （c）中 x'］，这一混合物称为"最高恒沸混合物"。属于这一类系统的有：氯化氢-水、硝酸-水、氯仿-乙酸甲酯、氯仿-丙酮等。表 3-11 给出了常见的几种二组分系统在 101.325kPa 下的恒沸点以及恒沸混合物的组成。

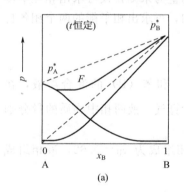
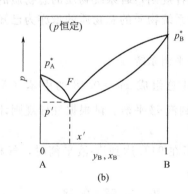
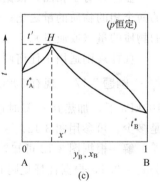

图 3-16　产生较大负偏差的实际溶液相图

表 3-11　在 101.325kPa 下二组分的最高恒沸点混合物

组分 A	沸点/K	组分 B	沸点/K	恒沸点/K	恒沸点组成(w_B)/%
H_2O	373.16	HCl	253.16	481.58	20.24
CH_3COCH_3	329.5	$CHCl_3$	334.2	337.7	80
$CH_3CO_2CH_3$	330	$CHCl_3$	334.2	337.7	77

应该指出，恒沸混合物的组成随外压而改变，故恒沸混合物并非化合物而是混合物。表 3-12 列出了 $H_2O\text{-}HCl$ 系统的恒沸混合物组成随压力变化的情况。

表 3-12　$H_2O\text{-}HCl$ 系统恒沸点组成随压力变化的关系

外压/kPa	102.7	101.3	99.99	98.66	97.32
恒沸点组成(w_{HCl})/%	20.218	20.242	20.266	20.290	20.314

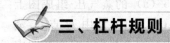 **三、杠杆规则**

对于二组分溶液，当系统的状态点处于两相平衡区时，其气液两相在质量上又存在什么关系？实际上气液两相的质量（或物质的量）之比受杠杆规则的约束。

如图 3-17 所示，当系统处于 o 点时总质量为 W，总组成为 x_o；其气相的质量为 W_g，组成为 x_g；液相的质量为 W_L，组成为 x_L。则对于系统中的某一组分，其在气相和在液相的含量之和等于系统的总含量。

$$W_L x_L + W_g x_g = W x_o$$
$$W_L x_L + W_g x_g = (W_L + W_g) x_o$$
$$W_L (x_L - x_o) = W_g (x_o - x_g)$$
$$\frac{W_L}{W_g} = \frac{x_o - x_g}{x_L - x_o}$$
$$\frac{W_L}{W_R} = \frac{\overline{og}}{\overline{oL}}$$

式中 $\overline{og}$——图 3-17 中系统状态点到气相点的线段长度；

$\overline{oL}$——图 3-17 中系统状态点到液相点的线段长度。

上述规则与物理学中的杠杆原理很相似：o 点为支点，g 点承受着气体的重力，L 点承受着液体的重力，杠杆两端力与力臂的乘积相等。

显然，有了相图，根据杠杆规则，若系统物质的总物质的量为未知，仅可求出相互平衡的两个相的物质的量之比；若系统物质的总物质的量亦为已知，可求出相平衡的两个相各自的物质的量（或质量）。

杠杆规则适用于任何两相平衡系统。

例题 3-17 现有 100mol 总组成 $x_B = 0.48$ 的甲苯（A）和苯（B）的混合溶液，在 100kPa 下，加热到 94℃时达到汽-液平衡。试根据杠杆规则计算气、液两相中物质的量分别是多少。可参用图 3-12。

解 根据图 3-12 可知，当在 94℃达到汽-液平衡时，气相组成为 $y_B = 0.62$，液相组成为 $x_B = 0.4$，根据杠杆规则有：

$$\frac{n_L}{n_g} = \frac{0.62 - 0.48}{0.48 - 0.4} = 1.75$$

由于 $\qquad\qquad n_L + n_g = 100$

所以 $\qquad\qquad 1.75 n_g + n_g = 100$

$$n_g = 36.36 (\text{mol})$$
$$n_L = 100 - 36.36 = 63.64 (\text{mol})$$

从上面的叙述可知，二组分系统在达到汽-液两相平衡时，容易挥发组分 B 在气相的含量较多。如图 3-18 所示。若原始溶液的组成为 x，加热到 t_4 时处于汽-液两相平衡，此时气相组成为 y_4，液相组成为 x_4。很显然气相中容易挥发组分 B 的含量比原始溶液高，而液相中难挥发组分 A 的含量比原始溶液高。若将上述气、液两相分开，气相冷却到温度 t_3，则气相部分冷凝为液体，此时气相组成为 y_3。从图 3-18 中可以看出，此时的气相中容易挥发组分 B 的含量又有所增加。以此类推，气相经过多次部分冷凝，最后得到的蒸气的组成接近纯 B。

对于液相，将组成为 x_4 的液体加热，温度升高到 t_5，此时为汽-液两相平衡，液相组成

为 x_5，从图 3-18 中可以看出，液相中难挥发组分 A 的含量升高。以此类推，液相部分蒸发，最终在液相能得到难挥发组分纯 A。

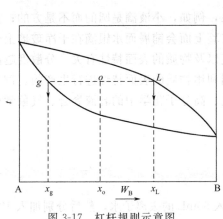

图 3-17　杠杆规则示意图

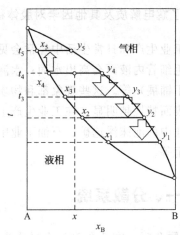

图 3-18　精馏过程的 t-x 示意图

总之，经过多次反复进行气相部分冷凝，液相部分蒸发过程，使气相组成沿气相线下降，最终得到纯的容易挥发组分 B；液相组成沿液相线上升，得到难挥发的纯组分 A。这个过程称为精馏。

那么，工业上是否像我们分析的那样，将气相和液相彻底分开然后部分冷凝或部分蒸发？从相图上也可以分析出，气相部分冷凝，气相的量会越来越少；液相部分蒸发，液相的量也会越来越少。这在工业生产上还有意义吗？事实上，工业上精馏过程是在精馏塔里完成的。读者可以参阅《化工原理》、《化工单元操作》等书籍深入学习。

拓展思考

1．实际溶液在哪些方面与理想溶液不同？
2．实际溶液的沸点组成图有几种类型？请分析每种相图。
3．杠杆规则在相图中的哪个区适用？对于单组分系统相图能适用杠杆规则计算吗？
4．恒沸混合物的沸点有什么特点？
5．乙醇和水混合后能否通过精馏的方法将其彻底分开？

第六节
胶　　体

学习目标

1．能正确区分胶体、乳状液等分散系统，说出各分散系统的特点和性质。
2．了解常见的胶体、高分子化合物的特点和应用，理解胶体的性质。
3．理解胶体和高分子化合物溶液的异同与结构的关系。
4．理解物质的表面特性，能够用物质的表面特性解释毛细现象、润湿、亚稳状态等表面现象的产生。

　　5. 在化学实验或工业生产中能够采取措施预防或消除亚稳状态。

　　6. 了解电解质及其他因素对胶体稳定性的影响，能判断电解质聚沉能力的大小。

　　在工业生产和日常生活中经常会见到一些现象，例如，小液滴是圆的而不是方的；插在水中的毛细管内液面会高出水面；水滴在干净的玻璃上面会铺展而水银滴在干净玻璃上仍呈球状（不铺展）等。这些现象都和物质的分散程度以及物质的表面特性有关。分散度越高的物质，表面特性越明显。在工业生产上，也常见到利用物质的表面特性进行生产的。例如在冶金工业中的泡沫浮选矿、石油工业中的原油去乳、高分子化学中的乳液聚合、气象学中的人工降雨等。

 一、分散系统

　　问题 3-13 在 6 个 100mL 的小烧杯中，均加入 50mL 的去离子水，然后分别加入 10g 的氯化钠、蔗糖、氢氧化铁溶胶（先加 $FeCl_3$ 溶液，后滴加 NaOH 溶液）、牛奶、色拉油、泥土。

　　对上述系统分别搅拌后马上观察并记录现象；静止 5min 后再观察并记录现象；分别对 6 个烧杯中混合物进行过滤，观察并记录现象；分别将 6 个烧杯中混合物装在羊皮脂袋内，悬挂在烧杯上。

　　像上述各个系统，一种或数种物质分散在另一种物质中所构成的系统叫分散系统。被分散的物质称为分散相，起分散作用的物质称为分散介质。可见，分散系统＝分散相＋分散介质。除了纯净物之外，一切混合物都是分散系统。

　　按分散系统中分散相粒子的大小，可以把分散系统大致分成三类。

　　① 分子分散系统　分散相粒子的半径小于 10^{-9} m，是以单个分子、原子或离子的形式均匀分散在分散介质中形成的均相分散系统。例如，氯化钠溶液、蔗糖溶液等都是分子分散系统。分子分散系统也称真溶液，真溶液是均相热力学稳定系统，溶液澄清，不发生光散射等现象。分散相粒子扩散快，能透过半透膜，在显微镜和超显微镜下看不见分散相粒子。

　　② 粗分散系统　分散相粒子的半径大于 10^{-7} m，每个分散相粒子是由成千上万个分子、原子或离子组成的集合体，自成一相，分散在分散介质中形成的多相分散系统。例如，泥浆、牛奶等。粗分散系统浑浊不透明，分散相粒子不扩散、不能透过滤纸和半透膜，用显微镜甚至肉眼可以看见分散相粒子。将泥浆静置，泥沙会自动沉到底部与水分离。由此可见，粗分散系统是多相热力学不稳定系统，分散相和分散介质非常容易分开。

　　③ 胶体和高分子化合物　分散相粒子的半径在 $10^{-9} \sim 10^{-7}$ m 范围内的胶体分散系统。

　　除按分散相的颗粒大小进行分类外，还可按分散相和分散介质的性质来分类。表 3-13 列举了分散系统的八种类型。

表 3-13　分散系统的类型

分散相	分散介质	名称	实例
固体		溶胶、悬浮液	氢氧化铁溶胶、泥浆
液体	液体	乳状液	牛奶
气体		泡沫	肥皂水泡沫

续表

分散相	分散介质	名称	实例
固体 液体 气体	固体	固溶胶 凝胶 固体泡沫	有色玻璃 珍珠 馒头、泡沫塑料
固体 液体	气体	气溶胶	烟、尘 雾、云

1. 溶胶及其性质

所谓溶胶是指固体分散在液体中的一种胶态系统。

问题 3-14 操作观察

① 在 25mL 的沸水中倾入 2mL 3‰的氯化铁溶液，搅动，观察红色氢氧化铁溶胶的形成，思考发生什么反应？

② 边搅动边往 15mL 0.4‰的酒石酸锑钾 $[KSb(C_4H_4O_6)_2]$ 溶液中滴加硫化氢水溶液，观察橙红色硫化锑溶胶的生成。

③向偏硅酸钠溶液中加入少许盐酸，使 pH＝2～3，观察硅酸溶胶的形成。

溶胶具有一定特性和结构。用肉眼看，溶胶好像和真溶液一样，都是均匀的，在分散相和分散介质之间没有界面。在夜间看探照灯照射天空时有这样的现象：天气晴朗，探照灯光束淡而细；如果天气不好，空中有云或雾（气溶胶），则光束粗而亮。

分散相粒子的半径在 $10^{-9}\sim10^{-7}$ m 范围内，分散相粒子比普通的分子、离子大得多，是许多分子、离子的集合体，自成一相，分散在分散介质中。因此，胶体分散系统是多相分散系统。胶体分散系统是透明的，能产生光散射。胶体粒子扩散慢，能透过滤纸但不能透过半透膜。在超显微镜下可以看到胶体粒子。由于胶体分散系统中分散相的分散程度远远大于粗分散系统，所以胶体分散系统有巨大的表面能，是高度分散的多相热力学不稳定系统。为了降低表面能，胶体粒子通过碰撞自动聚结，由小颗粒变成大颗粒，最终下沉到底部与分散介质分离，这种性质称为胶体的聚结不稳定性。另一方面，在适当条件下，胶体粒子也能自发地、有选择地吸附某种离子而带电，静电排斥力会阻止胶体粒子碰撞聚结，因此，许多胶体粒子可以稳定存在相当长的时间。

总而言之，胶体具有多相性、高分散性和热力学不稳定性。胶体的许多性质都是由这三个特征引起的。

胶体系统是介于真溶液和粗分散系统之间的一种特殊分散系统。由于胶体系统中粒子分散程度很高，具有很大的比表面，表现出显著的表面特征，如其具有特殊的光学性质和电学性质等。

（1）溶胶的动力性质

布朗运动是分散相粒子受到其周围在做热运动的分散介质分子的撞击而引起的无规则运动，如图 3-19 所示。因英国植物学家布朗首先发现花粉在液面上做无规则运动而得名。

扩散是指由于溶胶中体积粒子数梯度的存在引起的粒子从高浓区域往低浓区域迁移的现象。

（2）溶胶的光学性质——丁铎尔效应

问题 3-15　如图 3-20 所示，让一束会聚光分别通过氢氧化铝溶胶、聚乙烯醇溶胶、牛奶乳状液、泥浆悬浮液和氯化钠真溶液。从垂直方向观察现象。

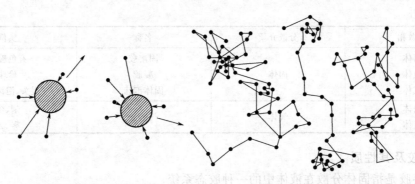

(a)胶粒受介质分子冲击示意图　　　　(b)超显微镜下胶粒的布朗运动

图 3-19　布朗运动示意图

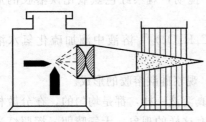

图 3-20　丁铎尔效应

上述系统都属于分散系统，从外观上可以看到真溶液、溶胶、高分子化合物溶液都是透明的，而悬浮液和乳状液都是浑浊的、不能透过光的。但是真溶液和溶胶可以通过上述实验区分开来。当一束会聚的光线射入溶胶后，在入射光的垂直方向或溶胶的侧面可以看到一发光的圆锥体，如图 3-20 所示。这种被丁铎尔（Tyndall）首先发现的现象称为"丁铎尔效应"。

可见光射入分散系统可以有三种不同的作用。第一种为光的吸收，如硫酸铜溶液呈现蓝色与铜离子吸收橙黄色的光有关；第二种为光的反射，当分散粒子的大小大于光的波长时则发生反射，如悬浮体和乳状液；第三种情况，当分散粒子的大小小于光的波长时发生的不再是反射而是散射现象，光可以绕过粒子各个方向传播。对于溶胶来说应以散射为主，对于有色溶胶（如氢氧化铁溶胶）则除散射作用外还有光的选择吸收作用存在。

（3）溶胶的电学性质

问题 3-16　在 U 形管中加入棕红色的氢氧化铁溶胶，然后在 U 形管两个口小心加入无色的氯化钠溶液，使得溶胶与氯化钠溶液之间有明显的界面。在 U 形管的两端各放一个电极，通直流电，观察界面移动现象。

在外加直流电场或外力作用下，表面带电的胶粒与周围介质做相对运动时产生的现象叫电动现象。

通过上述实验可见，在外加电场作用下，胶粒在分散介质中朝着某一电极迁移，这种现象被形象地称为电泳。

电泳现象充分说明胶体粒子是带电的，上述实验氢氧化铁溶胶（棕红色界面）在负极上升，说明氢氧化铁胶粒带正电荷。同样还有带负电荷的胶体粒子。

利用电泳现象可以进行分析鉴定或分离操作。例如，对于生物胶体，常用纸上电泳方法对其成分加以鉴定，还可以利用电泳分离人体血液中的蛋白、球蛋白和纤维蛋白原等。

2. 溶胶的稳定性与聚沉

（1）溶胶的稳定性

所谓的稳定性是指系统的某物理化学性质有一定程度的不变性。

溶胶的稳定性要从两个方面分析：一是动力学稳定性方面，另一是聚结稳定性方面。

　　动力学稳定性指在外场（重力场或离心场）作用下，胶粒从分散介质中离析的程度。溶胶分散相的颗粒很小，加上强烈的布朗运动，因此溶胶是动力稳定系统。

　　聚结稳定性指系统的分散度是否随时间变化。由于胶体粒子颗粒很小，分散度很大，比表面很高，因此从界面性质来说，胶粒有较强的团聚趋势，因此其聚结稳定性很差。

　　除布朗运动外，溶胶的稳定性还与下面两个因素有关。

　　① 胶粒的电性　带电的胶粒由于胶粒间的范德华力而相互吸引，而相同电荷的斥力又将使之分开。胶粒是否稳定，取决于这两种相反的力的相对大小。

　　② 溶剂化作用　溶剂化作用降低了胶粒的表面能，同时溶剂分子把胶粒包围起来，形成一具有弹性的水合外壳。当胶粒相互靠近时，水合外壳因受到挤压而变形，但每个变形胶团都力图恢复其原来的形状而又被弹开。可见，水合外壳（溶剂化层）的存在起着阻碍聚结的作用。

　　综上所述，分散相粒子的带电、溶剂化作用、布朗运动是憎液溶胶三个最重要的稳定因素。凡是能使上述稳定因素遭到破坏的作用，皆可以使溶胶聚沉。

　　（2）溶胶的聚沉

　　▷ 问题 3-17　①在氢氧化铁溶胶中加入少量不同浓度的氯化钠溶液，观察现象并分析原因；②将硅酸溶胶加入到氢氧化铁溶胶中，观察现象并分析原因。

　　从现象上看，溶胶被破坏，产生沉淀并向容器底部沉淀。可见溶胶的稳定性是可以通过外加电解质或其他溶胶而破坏的。

　　溶胶中的分散相微粒互相集结，颗粒变大，最后发生沉淀的现象称为聚沉。溶胶的聚沉可分为两个阶段，第一为无法用肉眼观察出分散程度变化的阶段，称为"隐聚沉"；第二阶段则可用肉眼观察到颗粒的变化，称为"显聚沉"。

　　① 电解质的聚沉作用　当往溶胶中加入过量的电解质后，往往会使溶胶发生聚沉。这是由于电解质加入后，电解质中与扩散层反离子电荷符号相同的那些离子将由于同电排斥而将反离子压入到吸附层，从而减少胶粒的带电量。当扩散层中的反离子被全部压入吸附层内，胶粒处于等电状态，此时溶胶的稳定性最差，非常易于聚沉。如豆浆是荷负电的蛋白质胶体，卤水中的 Ca^{2+}、Mg^{2+}、Na^+ 等离子压缩扩散层厚度，使蛋白质聚沉。

　　② 溶胶的相互聚沉　将两种电性不同的溶胶混合，可以发生相互聚沉作用。如 As_2S_3 负溶胶与 $Fe(OH)_3$ 正溶胶以不同比例混合时可产生聚沉。

　　溶胶的相互聚沉在日常生活中经常见到。如不同牌号的墨水相混可能产生沉淀，医院里利用血液能否相互凝结来判断血型等都与胶体的相互聚沉有关。

　　③ 大分子化合物的聚沉作用。

　　a. 搭桥效应：利用大分子化合物在分散相微粒表面上的吸附作用，将胶粒拉扯到一块儿使溶胶聚沉。如常用聚丙烯酰胺处理污水是一例。

　　b. 脱水效应：高聚物对水的亲和力往往比溶胶强，它将夺取胶粒水合外壳的水，胶粒由于失去水合外壳而聚沉。如羧酸、单宁等物质是常用的脱水剂。

　　c. 电中和效应：离子型的大分子化合物吸附在胶粒上而中和了胶粒的表面电荷，使胶粒间的斥力减少并使溶胶聚沉。

　　（3）盐析作用、保护作用与敏化作用

　　① 盐析作用　在大分子化合物中，少量电解质的加入并不会影响其聚沉，只有加入更多的电解质才能使聚沉发生，大分子溶胶的这种聚沉现象称为盐析作用。

② 保护作用　当往憎液溶胶中加入少量易为憎液溶胶所吸附的亲液溶胶后，憎液溶胶的稳定性得到提高。这种作用称为"保护作用"，被吸附的少量加入剂称为"保护剂"。如在金溶胶中加入少量动物胶，可使其聚沉临界浓度大大提高。

③ 敏化作用　在某些场合下，如加入保护剂的数量不足，反而可以促进溶胶的聚沉，这种作用称为"敏化作用"。

 ## 二、高分子化合物溶液

值得一提的是，还有一类分散系统是分子分散系统，分散相粒子半径却是在 $10^{-9} \sim 10^{-7}$ m 范围内，其分散相粒子是高分子化合物，一般是摩尔质量 $1\sim10^4$ kg/mol 的分子。例如，淀粉、蛋白质、核酸、天然橡胶、合成橡胶、聚丙烯、树脂、纤维等。高分子化合物溶液胶体是单相分散系统，是透明的，能产生光散射。分散相粒子扩散慢，能透过滤纸但不能透过半透膜。在超显微镜下可以看到分散相粒子。由于高分子化合物中分散相的分散程度远远大于粗分散系统，所以高分子化合物溶液有巨大的表面能，是高度分散的单相热力学稳定系统。

高分子化合物溶液具有类似溶胶又不同于溶胶的特点。对于高分子化合物溶液的研究，主要是利用其溶液的性质测定高分子化合物的摩尔质量，例如，利用高分子化合物溶液的渗透压测定摩尔质量等。

1. 高分子化合物溶液的渗透压

和稀溶液一样，高分子化合物溶液也存在凝固点降低、沸点升高和显著的渗透压等稀溶液的依数性。通过测定稀溶液的依数性可以推测高分子化合物的摩尔质量。但由于沸点升高和凝固点降低效应太小，测定的精确度不理想，只有渗透压是研究高分子化合物溶液的一个重要方法。

小分子溶液的渗透压符合 $\pi = c_B RT$。由于高分子化合物溶液的非理想性，它所产生的渗透压可表示为：

$$\pi = RT\left(\frac{\rho_B}{\langle M_N \rangle} + B_2 \rho_B^2 + B_3 \rho_B^3 + \cdots\right)$$

式中　ρ_B——高分子化合物 B 的体积质量，kg/m^3；

$\langle M_N \rangle$——高分子化合物 B 的平均摩尔质量；

B_2，B_3——系数。

对于普通的高分子化合物溶液，可以简化为：

$$\frac{\pi}{\rho_B} = \frac{RT}{\langle M_N \rangle} + B_2 \rho_B$$

以 $\frac{\pi}{\rho_B}$ 对 ρ_B 作图，在低浓度范围内为一直线，外推到 $\rho_B \to 0$ 处可得高分子化合物的平均摩尔质量。

另外，渗透压只限于非电解质的高分子化合物；而对于高分子电解质，情况就比较复杂。以高分子电解质 Na_2P（蛋白质钠盐）为例，设一个半透膜只允许溶剂分子及溶质中的小离子透过，而溶质中的高分子离子 P^{2-} 不能透过，因此平衡时影响到小离子在两侧的不平衡，就会产生额外的渗透压，这种现象称为唐南效应。

有时也利用高分子化合物溶液的黏度确定其平均摩尔质量。

2. 盐析作用和凝胶作用

溶胶（也称憎液溶胶）对电解质的存在非常敏感，而高分子化合物溶液（也称亲液溶胶）对电解质却不敏感，直到加入大量的电解质，才能使高分子化合物溶液发生聚沉现象，我们称为盐析作用，这是由于大量电解质对高分子的去水化作用而引起的。

高分子化合物溶液在一定外界条件下可以转变为凝胶，称为凝胶作用。这是由于高分子化合物溶液中的高分子依靠分子间力、氢键和化学键力发生自身联结，搭起空间网状结构，而将分散介质包进网状结构中，失去流动性造成的。

3. 高分子化合物溶液的溶胀

溶剂分子钻到高分子化合物溶液中间，使高分子化合物体积胀大，但又不破坏高分子化合物内原子之间原有联系的现象，叫做溶胀。溶胀是高分子化合物特有的现象。

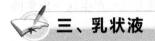

三、乳状液

问题 3-18　将 50mL 水和 50mL 四氯化碳混合，充分搅拌后静止，观察现象；同样将 50mL 水和 50mL 四氯化碳混合，加入少量洗涤剂，充分搅拌后再静止，观察现象有什么不同。

从上述现象中可以看出，两种互不相溶的液体混合后经振荡形成的分散系统有着很大的液-液界面，是不稳定系统，静止一段时间后，小液滴很容易聚集在一起形成较大的液滴，甚至会出现分层。但是在两种互不相溶的液体混合后加入适当的表面活性剂可以使其稳定。

像上述一种液体分散到与其互不相溶的另一种液体中，形成高度分散系统的过程叫做乳化，而得到的分散系叫做乳状液。加入的使乳状液稳定的表面活性剂叫做乳化剂。乳化剂分子定向地吸附在分散相和分散介质的液-液界面上，一方面降低了乳状液这种粗分散系统的界面张力，另一方面在分散相液滴的周围形成了具有一定机械强度的单分子保护膜或者形成了具有静电斥力的双电层，防止了乳状液的分层、凝絮、凝结等现象的发生，从而使乳状液稳定。

在工业生产中有时加入乳化剂，希望乳状液稳定。例如用乳状液基质制成的软膏比用油脂性基质制成的软膏有更强的亲水性，能与组织渗出液混合吸收，有利于药物的释放与穿透皮肤，有利于药物发挥药效。有时要采取一定措施使乳化剂不稳定而分层。在乳状液中加入一种物质使乳状液的分散相和分散介质分离的过程，叫做破乳，为了破乳而加入的物质叫做破乳剂。例如，从牛奶中提取奶油、污水中去除油污、石油原油和橡胶等植物乳浆的脱水等都是破乳过程。破乳过程主要是破坏乳化剂对乳状液的保护作用，最终使分散相和分散介质两相分层析出。常用的破乳方法如下。

（1）顶替法

加入表面活性更大的物质，将原来的乳化剂从界面上顶替出来，使之形成牢固的保护膜而使乳状液破坏。例如，异丙醇的表面活性大，但是碳链太短，不足以形成牢固的保护膜，就能达到这种效果。

（2）反应法

加入能与乳化剂发生反应的试剂，使乳化剂破坏或沉淀。例如，在橡胶树浆中加入酸，可以使橡胶浆变成橡胶析出；用皂类做乳化剂时，如果加入无机酸，则可以使皂类变成脂肪酸而析出。

（3）转型法

在 O/W（油包水）型乳状液中适当加入起相反效应的 W/O（水包油）型的乳化剂，使乳状液在由原来的 O/W 型尚未完全转变为 W/O 型的过程中达到破坏原来乳状液的作用。

 四、物质的表面特征

在上述各种分散系统性质中，经常提到热力学稳定系统和热力学不稳定系统，究竟什么是热力学稳定或不稳定系统？这要由物质的表面特性和分散度决定。

问题 3-19 做这样一个小试验：取两块干净、干燥的玻璃。首先将两块玻璃重叠放在一起，然后用手分开；然后在其中一块玻璃上面滴几滴水，再次将两块玻璃重叠放在一起，然后再用手分开。请根据试验的结果说说看，两次分开玻璃哪个更费力气？产生这一现象的原因是什么？

在多相系统中，相与相之间的分界面称为界面。界面通常有气-液、气-固、液-液、固-固和固-液五种。习惯上将气-液、气-固界面称为表面，例如：固体表面、液体表面。处于物质表面层的分子由于受力不均匀而产生许多界面现象，在相界面存在着的表面张力是引起界面现象的根本。

1. 表面张力

观测表面张力最典型的实验是皂膜实验。如图 3-21 所示，ABCD 为一金属框，CD 为

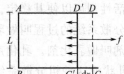

可动边，边长为 L。若刚从皂液中提起这个金属框，可观察到 CD 边会自动收缩。要维持 CD 边不动，则需施加一适当外力 f。可见 CD 边受到一个与力 f 大小相等、方向相反的力的作用。该作用力与 CD 的边长成正比。

$$f = 2L\gamma \tag{3-28}$$

图 3-21 皂膜实验

式中，"2"是因为液膜有厚度，有两个面；γ 为比例系数，称为表面张力系数，简称表面张力，表面张力是指在液面上（对弯曲液面的切面上）垂直作用于单位长度上使表面积收缩的力，单位为 N/m。

表面张力存在的原因：处于液体内部的分子，分子间作用力在较短距离起作用；它周围的分子对它的作用是等同的，来自各个方向，大小相等，合力为零，因此液体内部分子在体相内部运动无需做功；处于液体表面的分子则不同，因为处于表面，共存的另一相为空气和液体的蒸气，密度比液体小得多，即气相对液体表面分子的作用力比来自液体内部的力要小得多，于是表面分子受到了不平衡力的作用，合力是指向液体内部的。若将液体分子从其体相移到表面，必须消耗能量以克服此力的作用。

对于皂膜实验，从热力学角度来看，液膜在外力 f 的作用下，移动了 dx 距离，做功为 $\delta W = f dx$，结果使表面积增加了 $dA = 2Ldx$。根据热力学知识，我们知道：当恒温恒压可逆情况下，系统所做的功等于吉布斯函数的变化。

$$dG_{T,P} = \delta W_r = \gamma \times 2Ldx = \gamma dA \tag{3-29}$$

于是
$$\gamma = \frac{\delta W_r}{dA} = \left(\frac{dG}{dA}\right)_{T,p} \tag{3-30}$$

从热力学角度看，γ 的物理意义是在等温等压下，增加单位表面积引起吉布斯函数的变化。γ 又称为比表面吉布斯函数，单位为 J/m^2。

不同的物质具有不同的表面张力，主要是不同物质分子间作用力不同。一般液体的表面

张力随温度的升高而下降，随气相压力的增加而降低。

根据热力学第二定律 $dG_{T,p}<0$ 是自发方向，所以从式（3-33）$dG_{T,p}=\gamma dA$ 可以看出，物质减小 $dG_{T,p}$ 有两个途径：一是尽量缩小表面积；二是降低表面张力。许多界面现象皆源于此。

2. 分散度和比表面

对于同量的液体，处于表面的分子越多，表面积越大，系统的能量就越高，即增加表面积就是增加系统的能量。例如用喷雾喷洒农药、小麦磨成面粉，都是大块物质变成细小颗粒，系统能量增加，均需环境做功。物质分散成细小微粒的程度称为分散度。物质的分散度通常采用比表面来衡量。

➤ 问题 3-20　一个边长是 1m 的正立方体，表面积是 $6m^2$。如果将其分割成边长是 0.1m 的小立方体，计算总表面积，单位体积的表面积如何。如果再分割成边长是 0.01m 的小立方体呢？

单位体积（或质量）物质所具有的表面积，称为比表面积，用符号 A_S 表示，即

$$A_S=\frac{A}{V} \tag{3-31}$$

式中　A_S——物质的比表面积，m^{-1}；

　　　A——物质的表面积，m^2；

　　　V——与 A 对应的物质的体积，m^3。

有时也用单位质量物质具有的表面积表示比表面积：

$$A_S=\frac{A}{m} \tag{3-32}$$

对于正立方体，比表面积 $A_S=6/l$；对于球体，比表面积 $A_S=6/R$。式中，l 为正立方体的边长；R 为球体的直径。可见物质的颗粒越小，其比表面积越大，分散度越高。

大量实际和实验说明：当物质分散度不是很高时，界面现象并不明显，但当物质的分散度达到一定程度时，界面现象则不容忽视。例如，粉尘达到一定浓度会引发粉尘爆炸；玻璃管中的液面有凹有凸；胶体的聚沉等。处于表面（界面）的分子具有比其内部分子过剩的能量。系统分散度越大，过剩能量越大。

3. 弯曲液面下的附加压力

➤ 问题 3-21　选直径在 0.5cm 以下的不同粗细的玻璃管 3 个，将其同时插入烧杯内的水中，观察玻璃管内液面形状和高低情况，分析原因。

弯曲液面下的压力与平液面的压力是不相同的。如用细管吹肥皂泡后，须把管口堵住，泡才能存在，否则就自动收缩了。这是因为肥皂泡是弯曲的液膜（凹液面），有压力差，这个压力差称为附加压力。附加压力的产生是因为液体存在表面张力。

对于弯曲液面，如图 3-22 所示由于表面张力是作用于切面上的单位长度并使液面缩小的力，一周都有，但不在一个平面上，合力指向曲率中心。因此，凸液面下的压力较大，是气相压力与附加压力 Δp 之和。

$$p_凸=p_0+\Delta p \tag{3-33}$$

凹液面则相反，附加压力指向气体：

$$p_凹=p_0-\Delta p \tag{3-34}$$

对于平液面，表面张力作用在一个平面上，一周都有，大小相等，合力为零，因此平液

图 3-22　各种液面下的附加压力

面的附加压力为零。

综上所述，在表面张力的作用下，弯曲液面两边存在压力差 Δp，称为附加压力，附加压力的方向总是指向曲率中心。由于水能润湿玻璃，所以在玻璃管内呈凹液面，附加压力向上，如果玻璃毛细管插入水中，管内水的液面会上升；汞不能润湿玻璃，在玻璃管内呈凸液面，如果玻璃毛细管插入汞液体中，管内的液面会下降，如图 3-23 所示。其液面上升或下降的高度与液面的曲率半径成反比，与液体的表面张力成正比。

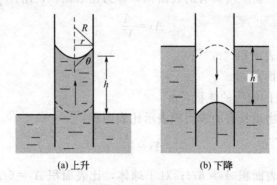

(a) 上升　　　　　　　　(b) 下降

图 3-23　液体在毛细管中的上升或下降

4. 弯曲液面的蒸气压

问题 3-22　在一块玻璃板上洒几滴水，旁边有一烧杯，烧杯中盛些水，然后置于同一恒温钟罩内。放置一定时间后观察现象发现：小水滴会变小，最后消失，很显然烧杯中的水量增加了。原因是什么呢？

原因是小水滴的饱和蒸气压比烧杯中平面液体的饱和蒸气压要大。因为小液滴是凸液面，所承受的压力比平液面要大（附加压力）。由热力学方法可以得到著名的开尔文公式：

$$\ln \frac{p_r}{p} = \frac{2\gamma M}{RT\rho r} \tag{3-35}$$

式中　p_r——小液滴的饱和蒸气压；

　　　p——平面液体的饱和蒸气压；

　　　γ——液体的表面张力；

　　　M——液体的摩尔质量；

　　　ρ——液体的密度；

　　　r——液滴的曲率半径。

由开尔文公式可知：凸液面（例如小液滴），曲率半径越小，液体的饱和蒸气压越大；对于平液面，$r \to \infty$，$p_r = p$；凹液面，曲率半径为负，蒸气压小于平面液体的饱和蒸气压。

5. 亚稳状态

问题 3-23   化学实验室在做蒸馏实验时总是要在烧瓶中加入几粒沸石，其目的是防止暴沸，道理何在？工厂生产中，氯化铵从母液中析出时，总是加入一些固体氯化铵产品颗粒，目的何在？

由于物质的分散度对物质性质的影响，造成物质发生相变化过程中，新相生成困难，产生过饱和蒸气、过热液体、过冷液体和过饱和溶液等虽不是热力学稳定状态，但能较长时间存在的亚稳状态。

① 过饱和蒸气   大于饱和蒸气压而未凝结的蒸气。产生原因是小液滴饱和蒸气压大于平面液体的饱和蒸气压，产生困难。预防过饱和蒸气很简单，当蒸气中有灰尘或容器内表面粗糙时，蒸气的凝结有了核心，便于生长和长大，蒸气就能凝结。人工降雨，就是在云层中用飞机喷洒微小的某些晶体，使过饱和的水蒸气凝结，达到降雨的目的。

② 过热液体   高于沸点而不沸腾的液体。产生的原因是小气泡的饱和蒸气压小于平面液体的饱和蒸气压，产生困难。过热液体由于在高于沸点的温度，一旦产生气泡，气泡容易变大，急剧汽化即产生暴沸现象。预防过热液体可在液体中事先加入素瓷或毛细管等多空性物质，给气泡产生一个"种子"，即可避免过热液体的产生。

③ 过冷液体   低于凝固点而未凝固的液体。产生原因是微小晶体的饱和蒸气压大于普通晶体的饱和蒸气压，微小晶体产生困难。纯净的液态水，有时可冷却到233K仍呈液态而不结冰。破坏过冷液体也很容易，在液体中加入少量晶体作为新相的种子，液体会迅速凝固。

④ 过饱和溶液   大于溶质的饱和溶解度而无晶体析出的溶液。产生原因是微小晶体的溶解度总是大于普通晶体的溶解度，微小晶体产生困难。在结晶操作中，如果过饱和程度过大，将会使结晶过程在很短时间内完成，从而形成很多细小的晶体颗粒，不利于过滤、提纯和洗涤。破坏过饱和溶液只要在结晶器中投入小晶体作为新相生成的种子即可。

综上所述，亚稳状态之所以能够稳定存在，根本原因是新相生成困难，而新相之所以生成困难，是因为物质分散度很大（颗粒很小）时，比表面积大，表面能高而不易稳定存在。可见，在物质分散度较大时，界面现象是不容忽视的。

拓展思考

1. 请举例生活中常见的胶体实例，并说明性质用途等。

2. 请设计实验区别溶胶和高分子化合物溶液。

3. 溶入肥皂的水溶液可以吹出五彩斑斓的肥皂泡，如果是纯水也能吹出泡吗？道理何在？

4. 生活中见到的少量液体（小液滴）都是球形的，为什么不是立方体或其他形状？这其中有何道理呢？

5. 从物质的表面特性判断，若通过粉碎、磨细的方法制备溶胶，难度大吗？

自 测 题

一、选择题

1. 铁块与铁粉的混合物相数为（   ）。

A. 1　　　　　B. 2　　　　　C. 3　　　　　D. 4

2. 在不饱和的 NaCl 溶液中组分数 C，相数 Φ 分别为（　　）。

A. 2，1　　　　B. 2，2　　　　C. 1，2　　　　D. 2，3

3. 在 NaCl 固体与饱和的 NaCl 溶液共存系统中组分数 C，相数 Φ 分别为（　　）。

A. 2，1　　　　B. 2，2　　　　C. 1，2　　　　D. 2，3

4. 由 79% N_2 和 21% O_2 所组成的空气系统的组分数 C，相数 Φ 分别为（　　）。

A. 2，1　　　　　　　　　　　　B. 2，2

C. 1，2　　　　　　　　　　　　D. 2，3

5. 水蒸气、水、冰三相平衡共存的点，称为三相点，在该点组分数、相数分别为（　　）。

A. $C=1$，$\Phi=1$　　　　　　　B. $C=1$，$\Phi=3$

C. $C=2$，$\Phi=3$　　　　　　　D. $C=3$，$\Phi=3$

6. 理想气体分子与分之之间或分子与器壁间的碰撞是（　　）。

A. 完全弹性碰撞

B. 分子间是弹性碰撞，与容器器壁间是非弹性碰撞

C. 分子间是非弹性碰撞，与容器器壁间是弹性碰撞

D. 都不是弹性碰撞

7. 实际气体在（　　）条件下可按理想气体计算。

A. 高温高压　　B. 高温低压　　C. 低温低压　　D. 低温高压

8. 水的相图中的固-液平衡线斜率（　　）。

A. 为负值　　　B. 为正值　　　C. 为零　　　　D. 不一定

9. 外压为（　　）时的沸腾温度定义为液体的正常沸点。

A. 100Pa　　　B. 100kPa　　　C. 10^5kPa　　　D. 1000Pa

10. 在挥发性溶剂中加入非挥发性溶质，不能产生的是（　　）。

A. 蒸气压升高　　　　　　　　　B. 沸点升高

C. 凝固点降低　　　　　　　　　D. 产生渗透压

11. 在三杯等体积的水中，分别加入少量等物质的量的乙醇、蔗糖和氯化钠，则溶液的沸点由高到低的顺序为（　　）。

A. 氯化钠＞蔗糖＞乙醇　　　　　B. 乙醇＞氯化钠＞蔗糖

C. 氯化钠＞乙醇＞蔗糖　　　　　D. 不能判断

12. 常压下，纯水可以在 0℃ 完全变成冰，糖水在（　　）温度下结冰。

A. 高于 0℃　　B. 低于 0℃　　C. 等于 0℃　　D. 无法判断

13. 两种液体 A 和 B，如果说 B 比 A 容易挥发，则同温度下 A 的饱和蒸气压 p_A^*（　　）B 的饱和蒸气压 p_B^*。相同压力下 A 的沸点（　　）B 的沸点。

A. 高于，高于　　　　　　　　　B. 高于，低于

C. 低于，低于　　　　　　　　　D. 低于，高于

14. 上题中 A 和 B 混合形成理想溶液，当达到汽-液两相平衡时（　　）在气相中含量大于其在液相的含量；（　　）在气相的含量小于其在液相的含量。

A. A，A　　　　B. A，B　　　　C. B，B　　　　D. B，A

15. 理想溶液的蒸气总压总是（　　）容易挥发纯组分的饱和蒸气压，（　　）难挥发纯组分的饱和蒸气压；理想溶液的沸点总是（　　）容易挥发纯组分的沸点，

（　　）难挥发纯组分的沸点。

A. 低于，高于，高于，低于　　　　　　　　B. 低于，低于，高于，高于

C. 高于，高于，低于，低于　　　　　　　　D. 高于，低于，低于，高于

16. 化工单元操作"吸收"是使被吸收的气体在液体中溶解度越大越好。根据亨利定律，应尽量选择（　　）吸收条件。

A. 高温高压　　　　　B. 高温低压　　　　　C. 低温高压　　　　　D. 低温低压

17. 相同温度下，同一液体被分散成平面、凹面和凸面时，则三者饱和蒸气压的关系是（　　）。

A. $p_平 > p_凹 > p_凸$

B. $p_凹 > p_平 > p_凸$

C. $p_凸 > p_平 > p_凹$

D. $p_凸 > p_凹 > p_平$

18. 水在玻璃管中呈凹液面，则附加压力指向（　　）。

A. 向上　　　　　B. 向下　　　　　C. 不一定　　　　　D. 水平面

19. 冬季建筑施工时，为了保证施工质量，常在浇筑混凝土时加入盐类，为达到上述目的，现有下列几种盐，你认为用效果比较理想的是（　　）。

A. NaCl　　　　　B. NH_4Cl　　　　　C. $CaCl_2$　　　　　D. KCl

20. 冬天向城市路面上喷洒食盐水以使积雪融化，若欲使其凝固点（或熔点）降至 $-10℃$，则 103kg 水中至少需加入 NaCl 的量为（　　）（水的凝固点降低常数 $K_f = 1.86$ K·kg/mol，NaCl 的相对分子质量为 58.5）。

A. 2.69kg　　　　　B. 5.38kg　　　　　C. 157.3kg　　　　　D. 314.5kg

二、判断题

（　　）1. 粉碎得很细的铜粉和铁粉经过均匀混合后成为一个相。

（　　）2. 对于氯化钠的水溶液，温度、压力和浓度都可以在一定范围内自由变化而不致引起相变化。

（　　）3. 为了保证二组分溶液状态不变，当温度发生变化时，压力一定要随之变化。

（　　）4. 可以利用渗透压原理，用半透膜，向海水施压从而达到使海水淡化的目的。

（　　）5. 水中溶解少量的乙醇后沸点会升高。

（　　）6. 给农作物施加过量的肥料会因为存在渗透压而造成农作物失水而枯萎。

（　　）7. 可以用市售的 60°烈性白酒经反复蒸馏而得到纯乙醇。

（　　）8. 理想溶液与理想气体一样，为了处理问题简单而假想的模型：分子间没有作用力，分子本身体积为零。

（　　）9. 两种液体相溶，且在混合时没有吸放热现象，则此混合溶液必为理想溶液。

（　　）10. 二组分系统溶液的压力-组成图表示定温条件下压力变化与溶液组成的关系；而二组分系统溶液的温度-组成图表示定压条件下温度变化与溶液组成的关系。

（　　）11. 二组分理想溶液在性质上与单组分很相似，沸点都有确定不变的温度。

（　　）12. 稀溶液的溶质不服从拉乌尔定律而遵守亨利定律。

（　　）13. 溶质分子在溶剂中和气相中的形态应当相同，如果溶质发生解离、缔合或溶剂化则不能应用亨利定律。

（　　）14. 二组分液态系统，恒沸混合物的相数为 1。

（　　）15. 氯化钠溶于水形成水溶液，当降低温度时，总是有冰先析出。

（　　）16. 二组分液态系统的沸点和纯组分一样，是一个确定的温度。

（　　）17. 蒸馏不但可以除去难挥发性杂质，还可以达到分离的目的。

（　　）18. 精馏是多次简单蒸馏的结果，精馏的分离效果比蒸馏要好。

（　　）19. 精馏可以将乙醇和水的混合物彻底分离得到纯乙醇和水两个组分。

（　　）20. 炼油厂是通过精馏将经过处理的石油分成若干个馏分。

三、计算题

1. 在体积为 $10^{-3} m^3$ 的容器内，含有 $1.5 \times 10^{-3} kg$ 的 N_2，计算 $20℃$ 时的压力。

2. 设储存 H_2 的气柜容积为 $2000 m^3$，气柜中压力保持在 $120.0 \ kPa$。若夏季的最高温度为 $42℃$，冬季的最低温度为 $-38℃$，问在冬季最低温度时比夏季最高温度时气柜多装多少千克氢气？

3. $23℃$、$100 kPa$ 时 $3.24 \times 10^{-4} kg$ 某理想气体的体积为 $2.8 \times 10^{-4} m^3$，试求该气体在 $100 kPa$、$100℃$ 时的密度。

4. 水煤气的体积分数分别为 H_2，50%；CO，38%；N_2，6.0%；CO_2，5.0%；CH_4，1.0%。在 $25℃$，$100 kPa$ 下，（1）求各组分的摩尔分数及分压；（2）计算水煤气的平均摩尔质量和在该条件下的密度。

5. 某混合气体含有 $0.15 g \ H_2$、$0.7 g \ N_2$ 及 $0.34 g \ NH_3$，计算在 $100 kPa$ 的压力下 H_2、N_2、NH_3 各气体的分压力。如果温度为 $27℃$，这个混合气体的总体积应是多少？

6. 根据环保标准，空气中汞含量不得超过 $0.01 mg/m^3$。如果在实验室不小心打破了水银温度计，计算 $298 K$ 时，汞蒸气是否超标；如果实验室通风良好，汞蒸气的分压只有其饱和蒸气压的 10%，问是否超标。已知汞在 $298 K$ 的蒸气压为 $0.24 Pa$。

7. 将 $4.6 g \ Cl_2$ 和 $4.19 g \ SO_2$ 混合，在体积为 $2 m^3$ 的容器中保持温度始终为 $190℃$。Cl_2 和 SO_2 部分反应，生成硫酰二氯 SO_2Cl_2。反应后，混合气体的压力为 $202.6 \ kPa$。计算混合气体中所含三个组分的摩尔分数及分压。

8. 冰醋酸的熔点为 $16℃$，压力每增加 $1 kPa$ 其熔点上升 $2.9 \times 10^{-4} K$，已知冰醋酸的熔化热为 $194.2 J/g$，试求 $1 g$ 冰醋酸熔化时体积的变化。

9. 求苯甲酸乙酯（$C_9H_{10}O_2$）在 $26.6 kPa$ 时的沸点。已知苯甲酸乙酯的正常沸点为 $t_沸 = 213℃$，汽化热 $\Delta H = 44.20 kJ/mol$。

10. 光气 $COCl_2$ 在 $9.91℃$ 时的蒸气压为 $107.8 kPa$，在 $1.35℃$ 时的蒸气压为 $77.148 kPa$，求光气的汽化热。

11. 炊事用的高压锅内压力最高可达 $230 kPa$，试计算水在高压锅内能达到的最高温度。已知水的摩尔汽化热为 $40.67 kJ/mol$。

12. 苯乙烯在高于其正常沸点 $145℃$ 时很容易聚合。为防止苯乙烯聚合，在蒸馏时采取减压蒸馏的方法，若蒸馏温度控制在 $50℃$，压力应减到多少？

13. 为防止高寒地区汽车发动机水箱结冻，常在 H_2O 中加入 $HOCH_2—CH_2OH$（乙二醇）为抗冻剂，如果要使 H_2O 的凝固点下降到 $-30℃$，问每千克 H_2O 中应加多少克乙二醇？已知 H_2O 的 $k_f = 1.86$，乙二醇的摩尔质量为 $62 g/mol$。

14. 烟草中的有害成分尼古丁的最简化学式是 C_5H_7N，现将 $496 mg$ 的尼古丁溶于 $10 g$ 水中，所得的溶液在 $100.17℃$ 沸腾，试判断尼古丁的分子式。

15. 估算 $10 kg$ 水中需要加入多少甲醇，才能保证在 $-10℃$ 不结冰。

16. 已知单质磷在苯中以 P_4 分子存在。现将磷溶于苯的饱和溶液 $3.747 g$ 加入 $15.401 g$ 苯，混合液的凝固点是 $5.155℃$，而纯苯的凝固点是 $5.400℃$。试计算磷在苯中的饱和溶解度。

17. 海水的浓度约相当于 0.70mol/kg 的 NaCl，试估算其渗透压为多少？若要使海水淡化，需要向海水一边施加多大压力？

18. 在 100kPa、36.5℃ 时，空气中氮气在血液中的溶解度为 6.6×10^{-4} mol/L。若潜水员在深海呼吸了 1000kPa 的空气，当他返回地面时，估计每毫升血液将放出多少毫升空气。

19.25℃ 时，氮气溶于水的亨利常数为 8.86×10^6 kPa，若将氮气和水蒸气平衡时所受的压力从 666.45kPa 减小到 100kPa，问从 1000kg 水中放出多少氮气？

20. 平均海拔为 4500m 的西藏高原上，大气压强只有 57.32kPa，试计算那里水的沸点。已知 101.325kPa 下，水的摩尔相变焓为 40.66kJ/mol。

■ 新视野

准晶体可能来源于太空

——以色列"准晶体之父"独摘诺贝尔化学奖

2011 年度诺贝尔化学奖于北京时间 10 月 5 日揭晓，以色列理工学院的谢赫特曼凭借其"在准晶体领域内的发现"而一人独享了这一殊荣。

谢赫特曼在 1982 年发现了晶体铝过渡金属合金的二十面体物相，从而提出准晶体虽然在原子层面进行复制，但在原子之间相互结合的模式上却从不重复。在这一发现以前，科学家们一直以为晶体内的原子结构是不断重复的。准晶体的原子结构打破了传统晶体内原子结构必须具有重复性这一黄金法则，在科学界引起轩然大波。

准晶体内的原子排列组合没有按照重复周期性对称排列。打给比方说，准晶体的原子排列组合类似于编制古代波斯地毯，地毯的花纹复杂有序，但没有两条地毯的花纹组合是相同的。诺贝尔化学奖评审委员会还解释说："在准晶体内，我们发现，阿拉伯世界令人着迷的马赛克装饰得以在原子层面复制，即常规图案永远不会重复。"

根据谢赫特曼的发现，科学家们随后创造了其他种类的准晶体，2009 年意大利佛罗伦萨大学的科学家卢卡、宾迪和同事在俄罗斯一条河流内获得的矿物样本中发现自然生成的准晶体。这种新矿物由铝、铜和铁组成。此前的分析表明，准晶体这种结构能天然形成，而且也能在自然环境下保持稳定，但是"自然界如何制造出这一结构"一直是一个未解之谜。科学家们对上述矿石化学成分进行了分析，结果表明，这种矿石可能是陨石的一部分，陨石在与地球的碰撞中遗落到地球上。科学家在论文中指出，该样本中含有一些只能在高压下形成硅石。这种硅石要么形成于地幔中，要么形成于陨石撞击地球那样的高速碰撞中。而结果显

以色列理工学院教授谢赫特曼

示，这块岩石样本经历过一个压力和温度及巨大的、典型的高速碰撞——小行星带上的流星就由这种碰撞产生；另外，这种岩石中不同氧元素的相对丰度更接近其他流星中而非地球上的岩石的氧元素的相对丰度。因此，研究显示，准晶体可能源于环境更多变的太空中。

工业环境下，瑞典一家企业在某一种钢质材料中发现准晶体，而准晶体在材料中所起的强化作用相当于"装甲"。

现在谢赫特曼的发现已经使得准晶体成为物理学家、材料学家、数学家以及晶体学家的重要研究领域。

瑞典斯德哥尔摩大学有机结构化学教授邹晓东在接受采访时说，由于准晶体原子排列不周期性，因此准晶体材料硬度很高，同时具有一定弹性，不易损伤，使用寿命长。这种材料的应用目前仍有较大发展空间。

鉴于其具备的"强化"特性，准晶体材料课应用于制造眼外科手术微细针头、刀刃等硬度较高的工具。此外，准晶体材料无黏着力并且导热性较差，其应用范围还包括制造不粘锅具、柴油发动机等。准晶体材料的应用前景可谓广阔。

摘自《化学通讯》2012 年第 1 期

第四章
化学反应

摘　要

酸碱中和反应、配位反应、沉淀反应和氧化还原反应是四种典型的化学反应。

化学中有不同的酸碱的定义，常用的是质子酸碱理论，质子理论认为酸碱反应的实质是质子的转移；酸碱分强弱酸碱，弱酸弱碱有解离平衡常数，根据解离平衡常数可以计算不同浓度的酸碱水溶液的 pH，可以配制缓冲溶液等。

配合物是通过配位化学键结合的一类物质，在分析检验等方面都有广泛的应用。

难溶物质在一定温度下都有溶度积常数，沉淀的生成和溶解遵循溶度积规则，根据溶度积规则可以采取措施使某些沉淀溶解也可以促使某些沉淀沉淀更完全。

氧化还原反应的实质是电子从还原剂向氧化剂的转移，一般氧化还原反应可以通过一定装置，使电子的转移从外电路通过，因而得到原电池；原电池有电池电动势，每个电极有电极电势，电池电动势和电极电势与氧化还原电对本质有关，也与参加反应的物质浓度有关，可以通过能斯特方程计算。

化学反应多数是在溶液中进行的，例如，溶液中的酸碱中和反应、沉淀生成和溶解的反应、配位化合物生成的反应以及氧化还原反应等。这些反应的共同特点是存在着平衡：酸碱平衡、沉淀平衡、配位平衡和氧化还原平衡等。这些典型化学反应和平衡的存在为化工中的分析检验工作奠定了理论和实验基础。例如，可以利用酸碱定量中和的关系用已知浓度酸的消耗量计算未知碱的含量等。在化学中经常称上述四种典型的化学反应为四大平衡，在分析检验中也称为"四大滴定"。本章将介绍这四种典型的化学反应及其平衡特点等。

第一节
酸碱反应

学习目标

1. 能正确区分质子酸和质子碱，能判断质子酸碱的强度。

2. 理解弱酸碱的解离平衡及解离平衡常数，能够利用解离平衡常数计算弱酸、碱溶液的 pH。

3. 理解缓冲溶液的缓冲原理，能说出在分析测试等方面常用到的缓冲溶液，能够在实验室配制缓冲溶液，能计算缓冲溶液的 pH。

　　酸碱反应是一类极为重要的化学反应，许多化学反应和生物化学反应都属于酸碱反应。例如，工业上制备磷钾复合肥，是用热法磷酸和氢氧化钾或碳酸钠进行中和反应后，便可得到纯净的磷酸二氢钾。由此可见，酸碱反应在科学研究和生产实际中有着广泛的应用。因此掌握酸碱反应的本质和规律，就显得十分重要。

　　人们最初是从直接的感觉来区分酸和碱的。如有酸味，能使蓝色石蕊变成红色的物质是酸；有涩味、滑腻，使红色石蕊变成蓝色的物质是碱。随着生产和科学的发展，对酸、碱的认识经历了一个由表及里、由浅及深，由低级到高级的发展过程。形成了几种主要酸碱理论：1887 年，瑞典科学家阿仑尼乌斯（S. A. Arrhenivs）提出酸碱解离理论；1923 年，丹麦物理化学家布朗斯特（J. N. Brønsted）和英国化学家劳莱（T. M. Lowry）提出酸碱质子理论；1923 年，美国物理化学家路易斯（G. N. Lewis）提出酸碱电子理论。本书用"酸碱质子理论"来阐明酸、碱的反应实质，其优点是不仅扩大了酸、碱的范围，而且在水溶液、非水溶液及气体间都能适应用。

一、溶液的酸碱性和 pH

1. 质子酸碱

　　问题 4-1　请用 pH 试纸分别测定浓度均为 0.1mol/L 的下列水溶液的 pH，并简单判断酸性和碱性的强弱。

　　HCl、HAc、Na_2CO_3、$NaHCO_3$、NaAc、NH_4Cl、NaOH

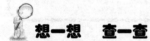

想一想　查一查

　　从测定结果和分析可以知道，不但 NaOH 水溶液显碱性，Na_2CO_3、$NaHCO_3$、NaAc 的水溶液也显碱性；不但 HCl、HAc 水溶液显酸性，NH_4Cl 的水溶液也显酸性。而且 Na_2CO_3 的碱性比 $NaHCO_3$ 要强。原因是什么？

　　质子理论认为，凡能给出质子（H^+）的物质都是酸；凡能接受质子（H^+）的物质都是碱。例如，HCl、HAc、H_2CO_3、HCO_3^-、NH_4^+ 等都可以给出质子（H^+），它们都是酸；OH^-、Ac^-、NH_3、CO_3^{2-} 等都可以接受质子（H^+），它们都是碱。

2. 共轭酸碱对

　　酸是质子的给予体，碱是质子的接受体。酸给出质子后生成相应的碱，碱接受质子后生成相应的酸，酸与碱之间的这种依赖关系叫做共轭关系。其关系表示如下：

$$酸 \rightleftharpoons 质子 + 碱$$
$$HCl \rightleftharpoons H^+ + Cl^-$$
$$HAc \rightleftharpoons H^+ + Ac^-$$
$$HCO_3^- \rightleftharpoons H^+ + CO_3^{2-}$$
$$H_2CO_3 \rightleftharpoons H^+ + HCO_3^-$$
$$NH_4^+ \rightleftharpoons H^+ + NH_3$$
$$H_2O \rightleftharpoons H^+ + OH^-$$

上面式子中左边的酸是右边碱的共轭酸，右边的碱是左边酸的共轭酸。酸和碱彼此联系在一起称共轭酸碱对，如 NH_4^+ 和 NH_3，HAc 和 Ac^-。

从上面的讨论我们可以看出，有些物质既可以给出质子，又可以接受质子，如 H_2O 和 HCO_3^-，它们是具有酸碱两性的分子或离子。通过讨论共轭酸碱对的概念可以得出如下结论。

① 酸和碱可以是分子，也可以是离子。例如 H_2CO_3、NH_4^+、OH^- 等。

② 有的物质在某个共轭酸碱对中是酸，但在另一个共轭酸碱对中是碱。这类物质属于两性物质。例如，HCO_3^- 对 CO_3^{2-} 是酸，但是对 H_2CO_3 来说就是碱；H_2O 对 OH^- 是酸，但对 H_3O^+ 来说是碱，因此，HCO_3^- 和 H_2O 是两性物质。

③ 在酸碱质子理论中，没有了盐的概念。解离理论中的盐，在质子理论中都是酸或者碱。例如，NH_4Cl 是阳离子酸 NH_4^+ 和阴离子碱 Cl^- 的结合物。

④ 酸碱质子理论中，酸给出质子的能力越强，则其共轭碱接受质子的能力越弱，也就是酸越强，它的共轭碱就越弱；反之碱越强，它的共轭酸就越弱。

3. 溶液的酸碱性和 pH

水是最重要的溶剂。用精密仪器测知水具有微弱的导电性，说明水是一种极弱的电解质，能解离出极少量的 OH^- 和 H^+。在 298K 时，纯水中的解离热 $\Delta_{vap}H_m^\ominus(373K)=40.64kJ/mol$。水解离反应就是水分子之间质子自递传递的反应：

$$H_2O+H_2O \rightleftharpoons H_3O^+ +OH^-$$

可简写成：

$$H_2O \rightleftharpoons OH^- +H^+$$

根据水的电导率的测定，在一定温度下，质子自递反应达到平衡状态时，H_3O^+ 和 OH^- 的浓度的乘积是恒定的。水解离反应的平衡常数表达式为：

$$K_W^\ominus=c(H^+)c(OH^-)=1.0\times10^{-14} \tag{4-1}$$

$K_W^\ominus$ 称为水的离子积常数，在 25℃ 时，$K_W^\ominus=1.0\times10^{-14}$。在稀溶液中，水的离子积常数不受溶质浓度的影响，但随温度的升高而增大，表 4-1 列出了不同温度水的离子积常数值。

表 4-1　不同温度时水的 $K_W^\ominus$

温度/℃	$K_W^\ominus$	$pK_W^\ominus$	温度/℃	$K_W^\ominus$	$pK_W^\ominus$
0	0.93×10^{-14}	14.53	50	5.5×10^{-14}	13.26
15	0.46×10^{-14}	14.34	55	7.30×10^{-14}	13.14
20	0.69×10^{-14}	14.16	60	9.61×10^{-14}	13.02
25	1.00×10^{-14}	14.00	70	15.8×10^{-14}	12.80
30	1.47×10^{-14}	13.83	80	25.1×10^{-14}	12.60
35	2.09×10^{-14}	13.68	90	38.0×10^{-14}	12.42
40	2.92×10^{-14}	13.54	100	55.0×10^{-14}	12.26
45	4.02×10^{-14}	13.39			

纯水中，$c(H^+)=c(OH^-)$，纯水为中性；在纯水中加入少量的盐酸，H^+ 浓度增加，水的解离平衡向左移动，OH^- 浓度则减少，即 $c(H^+)>c(OH^-)$，溶液显酸性；在纯水中加入少量氢氧化钠，OH^- 浓度增大，平衡向左移动，此时 $c(OH^-)>c(H^+)$，溶液显碱性。但是，不论是在酸性、碱性、中性水溶液中，都同时含有 H^+ 和 OH^-，并且一定满足 $K_W^\ominus=c(H^+)c(OH^-)=1.0\times10^{-14}$。

溶液中 $c(H^+)$ 或 $c(OH^-)$ 的大小反映了溶液酸碱性的强弱。一般稀溶液 $c(H^+)=$

$1.0 \times 10^{-7} \sim 1.0 \times 10^{-14} \text{mol/L}$，由于浓度很小，使用不方便，故用 $c(\text{H}^+)$ 的负对数来表示溶液的酸碱性，其表达式为：

$$\text{pH} = -\lg c(\text{H}^+)$$

与 pH 对应的还有 pOH：

$$\text{pOH} = -\lg c(\text{OH}^-)$$

298K 时，水溶液 $K_W^{\ominus} = c(\text{H}^+) c(\text{OH}^-) = 1.0 \times 10^{-14}$，即

$$\text{pH} + \text{pOH} = 14$$

根据 H^+ 和 OH^- 相互依存相互制约的关系，可以用 $c(\text{OH}^-)$、$c(\text{H}^+)$ 的相对大小来表示溶液的酸碱性。现将其归纳如下：

酸性溶液　　　　$c(\text{H}^+) > c(\text{OH}^-)$　$c(\text{H}^+) > 1.0 \times 10^{-7} \text{mol/L}$　pH < 7

碱性溶液　　　　$c(\text{OH}^-) > c(\text{H}^+)$　$c(\text{H}^+) < 1.0 \times 10^{-7} \text{mol/L}$　pH > 7

中性溶液　　　　$c(\text{H}^+) = c(\text{OH}^-)$　$c(\text{H}^+) = 1.0 \times 10^{-7} \text{mol/L}$　pH = 7

溶液 pH 越小，表示溶液的酸性越强；pH 越大，溶液的碱性越强。pH 仅适用 $c(\text{H}^+) < 1 \text{mol/L}$ 或 $c(\text{OH}^-) < 1 \text{mol/L}$ 以下的溶液酸碱性。如果 $c(\text{H}^+) > 1 \text{mol/L}$ 或 $c(\text{OH}^-) > 1 \text{mol/L}$，就直接用 H^+ 或 OH^- 浓度表示，而不用 pH 表示这类溶液的酸碱性。

 二、酸碱反应

上述的 Na_2CO_3、NaHCO_3、NaAc 水溶液之所以显碱性，NH_4Cl 显酸性，是因为在水溶液中发生了酸碱反应。

问题 4-2　按照质子酸碱理论，氯化铵溶液之所以显酸性，是因为 NH_4 是质子酸。如果是等量等浓度的 NH_4Cl 溶液和等量的 NaOH 溶液充分混合后，溶液会显酸性、碱性还是中性？

1. 酸碱反应

根据酸碱质子理论定义，酸和碱是成对的存在着，即

$$\text{酸} \rightleftharpoons \text{质子} + \text{碱}$$

这个共轭酸碱对的质子得失反应，称为酸碱半反应，它是不能单独存在的。因为酸并不能自动给出质子，必须存在另一种接受质子的物质——碱时，酸才能变成共轭碱；反之，碱也必须从另一种酸中接受质子才能变成共轭酸。所以酸碱性是通过"给予"或"接受"质子来体现的。例如 HAc 在水溶液中的解离，HAc 给出的质子被水分子接受，HAc 就会转变为共轭碱 Ac^-，溶剂水 H_2O 作为碱接受质子后，就转变为共轭酸 H_3O^+。它们的反应表示如下：

$$\underset{\text{酸}_1}{\text{HAc}} \rightleftharpoons \text{H}^+ + \underset{\text{碱}_1}{\text{Ac}^-}$$

$$\underset{\text{碱}_2}{\text{H}^+ + \text{H}_2\text{O}} \rightleftharpoons \underset{\text{酸}_2}{\text{H}_3\text{O}^+}$$

$$\underset{\text{酸}_1}{\text{HAc}} + \underset{\text{碱}_2}{\text{H}_2\text{O}} \rightleftharpoons \underset{\text{酸}_2}{\text{H}_3\text{O}^+} + \underset{\text{碱}_1}{\text{Ac}^-}$$

同样，NH_3 在水溶液中的解离，也是 NH_3 接受 H_2O 给出的质子，NH_3 转变成相应的共轭酸 NH_4^+，而 H_2O 就转变成相应的共轭碱 OH^-。它们的反应表示如下：

$$H_2O \rightleftharpoons H^+ + OH^-$$

$$\text{酸}_1 \qquad\qquad\qquad \text{碱}_1$$

$$NH_3 + H^+ \rightleftharpoons NH_4^+$$

$$\text{碱}_2 \qquad\qquad\qquad \text{酸}_2$$

$$\overline{\qquad\qquad\qquad\qquad\qquad\qquad\qquad}$$

$$H_2O + NH_3 \rightleftharpoons NH_4^+ + OH^-$$

$$\text{酸}_1 + \text{碱}_2 \rightleftharpoons \text{酸}_2 + \text{碱}_1$$

从以上两个例子可以看出，HAc、NH_3 在水溶液中解离分别呈弱酸性、弱碱性的过程就是一个质子传递的反应。同样，根据酸碱质子理论，酸碱中和反应等也是一种质子的传递过程。

例如，HCl 和 NH_3 的中和反应：

$$HCl \rightleftharpoons H^+ + Cl^-$$

$$NH_3 + H^+ \rightleftharpoons NH_4^+$$

$$\overline{\qquad\qquad\qquad\qquad\qquad\qquad\qquad}$$

$$HCl + NH_3 \rightleftharpoons NH_4^+ + Cl^-$$

$$\text{酸}_1 \quad \text{碱}_2 \qquad\quad \text{酸}_2 \quad \text{碱}_1$$

NaAc 在水溶液中的反应：

$$NaAc \longrightarrow Na^+ + Ac^-$$

$$Ac^- + H^+ \rightleftharpoons HAc$$

$$H_2O \rightleftharpoons OH^- + H^+$$

$$\overline{\qquad\qquad\qquad\qquad\qquad\qquad\qquad}$$

$$Ac^- + H_2O \rightleftharpoons HAc + OH^-$$

$$\text{碱}_1 \quad \text{酸}_2 \qquad\quad \text{酸}_1 + \text{碱}_2$$

2. 酸碱反应实质

从上述例子中不难分析出，各种酸碱反应的实质都是质子的传递反应。如果碱接受质子的能力强，则与其反应的酸就容易给出质子，表现出较强的酸性。同样，如果酸给出质子的能力越强，则与其反应的碱就显出较强的碱性。酸碱反应进行的方向总是由较强的酸与较强的碱作用，向着生成较弱的酸和较弱的碱的方向进行。

酸碱质子理论不仅适用于水溶液中的酸碱反应，同样也适用于非水溶液和气相中的酸碱反应。如 HCl 与 NH_3 的反应，无论在溶液中，还是在气相中或苯溶液中，其实质都是质子传递的反应，最终生成氯化铵。

酸碱质子理论不仅扩大了酸碱的概念，也扩大了酸碱反应的范围。但是它只限于质子的给出和接受，对于无质子参与的酸碱反应仍不能解释，因此，酸碱质子理论也有一定的局限性。

3. 弱酸弱碱的解离

通常说的弱酸弱碱是指酸、碱的基本存在形式为中性分子，它们大部分以分子形式存在于水溶液中，与水发生质子传递反应，只部分解离为阳离子、阴离子。从每个酸（碱）分子或离子能否给出（和接受）多个质子划分：只能给出（或接受）一个质子的称为一元弱酸（或一元弱碱）；能给出（或接受）多个质子的为多元弱酸（或多元弱碱）。弱酸、弱碱在水溶液中的质子转移平衡完全服从化学平衡移动的一般规律。

在一元弱酸 HA、一元弱碱 BOH 的水溶液中存在着下列质子传递反应：

$$HA + H_2O \rightleftharpoons H_3O^+ + A^-$$

$$B + H_2O \rightleftharpoons OH^- + BH^+$$

当系统中已解离出的离子浓度和未解离的分子浓度保持不变时，系统就达到了平衡状态，称为解离平衡，解离平衡也是动态平衡。其标准平衡常数表达式为：

$$K_a^\ominus = \frac{[c(H_3O^+)/c^\ominus][c(A^-)/c^\ominus]}{c(HA)/c^\ominus}$$

$$K_b^\ominus = \frac{[c(OH^-)/c^\ominus][c(BH^+)/c^\ominus]}{c(B)/c^\ominus}$$

式中，$c^\ominus$ 是标准态浓度为 1mol/L，为了书写方便，设定 $c' = c(i)/c^\ominus$，则上式可简化为：

$$K_a^\ominus = \frac{c'(H_3O^+)c'(A^-)}{c'(HA)}$$

$$K_b^\ominus = \frac{c'(OH^-)c'(BH^+)}{c'(B)}$$

式中，$K_a^\ominus$ 为酸的解离常数；$K_b^\ominus$ 为碱的解离常数。解离常数的数值可以用来衡量弱酸弱碱的相对强弱程度。在相同温度下，$K_a^\ominus$ 和 $K_b^\ominus$ 值越大，表示弱酸或弱碱的解离程度越大，给出或接受质子的能力越强；反之，$K_a^\ominus$ 和 $K_b^\ominus$ 值越小，表示弱酸或弱碱的解离程度越小，给出或接受质子能力就越弱。

例如，在 298K 时，$K_a^\ominus(HAc) = 1.75 \times 10^{-5}$，$K_a^\ominus(HClO) = 3.17 \times 10^{-8}$。

虽然 HAc 和 HClO 都是弱酸，但是由于 $K_a^\ominus(HAc) > K_a^\ominus(HClO)$，说明 HAc 的解离程度比 HClO 的解离程度大，同浓度下 HAc 溶液的 H^+ 浓度高，所以经常说 HAc 的酸性比 HClO 的强。

和所有的化学平衡常数一样，解离常数和温度有关，而与平衡系统中各组分的浓度无关。温度对平衡常数有影响，但是由于弱电解质解离时的热效应不大，故温度变化对解离常数的影响也不很大，一般情况下不影响数量级。所以在室温范围内，一般不考虑温度对 $K_a^\ominus$ 和 $K_b^\ominus$ 值的影响。

通常情况下 $K_a^\ominus$ 或 $K_b^\ominus$ 的数值在手册上可以直接查到，例如，可以从化学手册查得 HAc 的解离平衡常数 $K_a^\ominus(HAc) = 1.75 \times 10^{-5}$，但 HAc 的共轭碱 Ac^- 的 $K_b^\ominus$ 却在手册中查不到，由于 HAc 和 Ac^- 是一对共轭酸碱对，所以可以通过共轭关系求算。现以 HAc 为例来说明一对共轭酸碱对 $K_a^\ominus$ 和 $K_b^\ominus$ 的关系。

共轭酸的解离平衡常数表达式：

① $HAc + H_2O \rightleftharpoons H_3O^+ + Ac^-$ $\qquad K_a^\ominus = \frac{c'(H_3O^+)c'(Ac^-)}{c'(HAc)}$

共轭碱的解离平衡常数表达式：

② $Ac^- + H_2O \rightleftharpoons HAc + OH^-$ $\qquad K_b^\ominus = \frac{c'(OH^-)c'(HAc)}{c'(Ac^-)}$

水的 H^+ 质子自递反应平衡常数表达式：

$H_2O + H_2O \rightleftharpoons H_3O^+ + OH^-$ $\qquad K_W^\ominus = c'(H_3O^+)c'(OH^-)$

根据多重平衡规则，上述①、②平衡相加，则 $K_a^\ominus$ 和 $K_b^\ominus$ 相乘，得

$$K_a^\ominus K_b^\ominus = [c'(H_3O^+)][c'(OH^-)] = K_W^\ominus$$

即共轭酸碱的 $K_a^\ominus$ 和 $K_b^\ominus$ 之间存在如下关系：

$$K_W^\ominus = K_a^\ominus K_b^\ominus \qquad\qquad (4\text{-}2a)$$

式（4-2a）描述了一对共轭酸碱对 $K_a^\ominus$ 和 $K_b^\ominus$ 之间的关系，这正验证了前述的，一种酸

的酸性越强，则其共轭碱的碱性就越弱；一种碱的碱性越强，则其共轭酸的酸性就越弱。同理可以得到多元弱酸共轭酸碱之间的关系：

二元弱酸共轭酸碱对　　　　$K_{a1}^{\ominus} K_{b2}^{\ominus} = K_{a2}^{\ominus} K_{b1}^{\ominus} = K_W^{\ominus}$　　　　　　　　　(4-2b)

除了可以用解离平衡常数 $K^{\ominus}$ 反映弱酸弱碱的相对强弱程度外，还可以用解离度 α 来表示。解离度 α 的定义：在平衡系统中，解离的分子数与分子总数之比；或已解离了弱酸（或弱碱）的浓度与原始浓度之比。对弱酸的解离度可表示为：

$$\alpha = \frac{c(\mathrm{HA})}{c_0(\mathrm{HA})} \times 100\%$$　　　　　　　　(4-3)

式中　$c(\mathrm{HA})$——已解离的分子数或弱酸（弱碱）的浓度；

$c_0(\mathrm{HA})$——分子总数或原始浓度。

解离度 α 是转化率的一种表现形式，它不仅与温度有关，还与溶液的浓度有关。而 $K^{\ominus}$ 是化学平衡常数的一种形式，它不随溶液浓度的变化而变化。因此解离平衡常数 $K^{\ominus}$ 比解离度 α 能更好地反映出弱酸弱碱的相对强弱。$K^{\ominus}$ 和 α 既有区别也有联系，它们之间的定量关系推导如下：

$$\mathrm{HAc} + \mathrm{H_2O} \rightleftharpoons \mathrm{H_3O^+} + \mathrm{Ac^-}$$

起始浓度　　　　　　　　　　　c　　　　　　0　　　　0

平衡浓度　　　　　　　　　　$c(1-\alpha)$　　　$c\alpha$　　　$c\alpha$

$$K_a^{\ominus} = \frac{c'(\mathrm{H_3O^+}) c'(\mathrm{Ac^-})}{c'(\mathrm{HAc})} = \frac{(c'\alpha)^2}{c'(1-\alpha)} = \frac{c\alpha^2}{1-\alpha}$$　　　　(4-4)

当 $\dfrac{c}{K_a^{\ominus}} \geq 500$，或 $\alpha < 5\%$ 时，$1-\alpha \approx 1$，式（4-4）可用以下近似公式表示：

$$K_a^{\ominus} = c'\alpha^2$$　　　　　　　　　　(4-5a)

$$\alpha = \sqrt{\frac{K_a^{\ominus}}{c'}}$$　　　　　　　　　　(4-5b)

式（4-4）和式（4-5）都表明了一元弱酸溶液的浓度、解离度和解离常数间的关系，叫作稀释定律。式（4-5a）表示，相同浓度的不同弱酸（弱碱），解离度的平方和解离常数成正比；式（4-5b）表示，对于相同弱酸（弱碱）来说，其浓度的平方根与解离度成反比。

例题 4-1 已知氨水的浓度为 0.20mol/L，其解离度 α 为 0.95%。计算氨水的浓度为 0.10mol/L 时，其解离度 α 为多少？

解　因为氨水是弱碱，且解离度 $\alpha = 0.92\% < 5\%$，所以可用式（4-5a）的最简公式直接计算，即 $K_b^{\ominus} = c_1' \alpha_1^2 = c_2' \alpha_2^2$，故

$$\alpha_2 = \sqrt{c_1' \alpha_1^2 / c_2'} = \sqrt{0.2 \times 0.0095^2 / 0.10} = 0.013 = 1.3\%$$

由此可见，溶液稀释至原来体积 2 倍，解离度从 0.95% 增加到 1.3%。

想一想　查一查

溶液越稀解离度越大还是越小？从上述哪个公式可以分析得出结论。

4. 缓冲溶液

在许多生产实践的生产工艺过程中，有些生产需要在 pH 基本不变的工艺条件下进行。如在印染行业中，染液 pH 控制稍有不当，便会出现色浅、色差、色花等染疵，所以，就必

须控制染液的 pH 在一定范围内。又如在电镀过程中，镀液的 pH 也要维持在一定范围内，否则随着反应的进行，pH 有较大的变动，则会影响镀速和镀层的性能，甚至会得不到镀层。因此保持溶液的 pH 基本不变十分重要。那么，哪些物质才能使溶液的 pH 基本保持不变呢？

（1）缓冲溶液

 问题 4-3 试验在不同分溶液中加入酸或者碱，造成溶液 pH 的变化。

① 在三支试管中分别加入 1mL 0.1mol/L HAc，加一滴甲基橙试液，观察溶液的颜色；然后一份加入 3 滴 0.1mol/L 的 HCl 溶液，一份加入 3 滴 0.1mol/L NaOH 溶液，对照三份溶液的颜色。

② 在三支试管中分别加入 1mL 0.1mol/L NaAc，加一滴酚酞试液，观察溶液的颜色；然后一份加入 3 滴 0.1mol/L 的 HCl 溶液，一份加入 3 滴 0.1mol/L NaOH 溶液，对照三份溶液的颜色。

③ 在三支试管中分别加入 1mL 0.1mol/L NaAc 和 1mL 0.1mol/L HAc，加一甲基橙试液，观察溶液的颜色；然后一份加入 3 滴 0.1mol/L 的 HCl 溶液，一份加入 3 滴 0.1mol/L NaOH 溶液，对照三份溶液的颜色。

通过实验可以看出，在 HAc 溶液或者 NaAc 溶液中分别加入少量的酸和碱，溶液的 pH 会发生明显的变化，而在 HAc 和 NaAc 的混合溶液中分别加入少量的酸和碱，则溶液的 pH 基本保持不变。

我们把能够抵抗外来少量强酸、强碱或适当稀释时能使系统的 pH 基本保持不变的作用，叫做缓冲作用，具有缓冲作用的溶液就叫做缓冲溶液。

HAc 和 NaAc 的混合溶液具有缓冲作用，所以 HAc 和 NaAc 的混合溶液叫做缓冲溶液。这是因为在其组分中含有共轭酸碱对 HAc 和 Ac^- 的成分。

（2）缓冲原理

那么缓冲溶液为什么具有缓冲作用呢？现以 HAc-NaAc 缓冲溶液为例来说明缓冲作用的原理。首先分析 HAc-NaAc 缓冲溶液中离子浓度。

在 HAc-NaAc 组成的溶液中存在如下解离：

$$NaAc \longrightarrow Na^+ + Ac^-$$
$$HAc \rightleftharpoons H^+ + Ac^-$$

强电解质 NaAc 完全解离成 Ac^- 和 Na^+，根据平衡移动原理，大量的 Ac^- 的存在促使 HAc 的解离平衡向左移动，使得 HAc 的分子浓度增大，H^+ 浓度降低，从而降低了 HAc 的解离度。这种在弱电解质溶液中，加入与该弱电解质含有相同离子的强电解质而使弱电解质的解离度减小的效应叫做同离子效应。

在 HAc-NaAc 缓冲溶液中，由于同离子效应，溶液中的 H^+ 浓度降低，而 HAc 和 Ac^- 的浓度相对较大。

若向 HAc-NaAc 缓冲溶液中加入少量强酸增加 H^+ 浓度，由于溶液中存在大量的 Ac^-，加入的 H^+ 与 Ac^- 会结合成 HAc 分子，使 HAc 的解离平衡向左移动。当达到新的平衡时，溶液中的 H^+ 增加得很少，则溶液的 pH 改变甚微。Ac^- 起到了抵御外来 H^+ 浓度增大的作用，故 Ac^- 是抗酸成分。

若向 HAc-NaAc 缓冲溶液中加入少量强碱增加了 OH^- 浓度，HAc 分子解离的 H^+ 和加入的 OH^- 结合生成水，降低了 H^+ 浓度，使得 HAc 解离平衡向右移动。由于缓冲溶液中 HAc 的浓度较大，HAc 能不断地解离出 H^+ 补充被加入 OH^- 消耗的 H^+，使 H^+ 浓度变化不大，从而稳定溶液的 pH。HAc 起到了抵御外来 OH^- 浓度增大的作用，故 HAc 是抗碱成分。

适当加水稀释时，HAc 的解离度增大，进一步解离出 H$^+$，以弥补由于稀释而导致的 $c(H^+)$ 的减小，使 pH 基本保持不变。

综上所述，溶液要具有缓冲作用，溶液中必须有足量的共轭酸和共轭碱的存在，两者之间必须存在化学平衡。实际上缓冲溶液的实质就是一对共轭酸碱系统。能组成缓冲溶液的共轭酸碱系统有以下几种类型。

① 弱酸以及共轭碱：HAc-NaAc、H_2CO_3-HCO_3^-、H_3PO_4-$H_2PO_4^-$ 等。

② 弱碱以及共轭酸：$NH_3 \cdot H_2O$-NH_4Cl 等。

③ 多元弱酸的两性物质：$H_2PO_4^-$-HPO_4^{2-} 等。

想一想　查一查

逐个分析上述几种缓冲溶液的抗酸成分是什么，抗碱成分是什么，若加入少量酸、碱或稀释，缓冲体系是如何维持溶液 pH 的。

在以上这些组成缓冲溶液的共轭酸碱系统中，酸是抗碱成分，而共轭碱是抗酸成分。从缓冲溶液的缓冲原理不难看出，缓冲溶液对外来少量酸或少量碱具有缓冲能力，但缓冲能力是有限的，当加入的酸或碱达到一定量的时候，缓冲溶液将会失去缓冲作用。

三、溶液 pH 计算

酸碱水溶液的 pH，可以通过 pH 试纸或者更精确的仪器测定出来，同时也可以根据其在水溶液中的解离情况计算出来。

1. 一元弱酸（碱）溶液 pH 计算

问题 4-4 请用实验室的 pH 试纸测定 0.1mol/L 的乙酸溶液的 pH，并考虑如何计算该溶液的 pH，计算值和测定值比较差别如何？

想一想　查一查

如果是盐酸溶液 pH 的计算将简单多了，同浓度乙酸和盐酸溶液 pH 哪个大？为什么？

以一元弱酸 HA 为例来讨论溶液 pH 的计算。若一元弱酸初始浓度为 c，解离常数为 $K_a^\ominus$，平衡时 H$^+$ 浓度设为 x mol/L。HA 在水溶液中的解离平衡为：

$$HA + H_2O \rightleftharpoons H_3O^+ + A^-$$

起始浓度/(mol/L)　　　　c　　　　0　　0

平衡浓度/(mol/L)　　　$c-x$　　　x　　x

$$K_a^\ominus = \frac{c'(H_3O^+)c'(A^-)}{c'(HA)} = \frac{x^2}{c'-x} \tag{4-6}$$

当 $\frac{c}{K_a^\ominus} \geq 500$，或 $\alpha < 5\%$ 时，解离出的 $c(H^+)$ 浓度很小，可以忽略，即 $c-x \approx c$，将上式代入式（4-6）得：

$$K_a^\ominus \approx \frac{x^2}{c'} \tag{4-7a}$$

$$则\ c'(H^+)=x\approx\sqrt{c'K_{a1}^{\ominus}}\qquad(4\text{-}7b)$$

式（4-7b）是计算一元弱酸氢离子浓度的最简式。用同样的方法可以推导出计算一元弱碱溶液中 OH^- 浓度的最简式：

$$c'(OH^-)\approx\sqrt{c'K_b^{\ominus}}\qquad(4\text{-}8)$$

例题 4-2 计算下列水溶液的 pH：

① 0.10mol/L HAc 溶液　　　② 0.10mol/L NaCN

解　① 已知 $K_a^{\ominus}(HAc)=1.76\times10^{-5}$，$c/K_a^{\ominus}=0.1/(1.76\times10^{-5})=5.68\times10^3>500$

可用最简式（4-7b）计算：

$$c'(H^+)=\sqrt{c'K_a^{\ominus}}=\sqrt{0.1\times1.76\times10^5}=1.33\times10^{-3}$$
$$pH=-\lg c'(H^+)=-\lg(1.33\times10^{-3})=2.89$$

② 已知 $K_a^{\ominus}(HCN)=4.93\times10^{-10}$，

$$K_b^{\ominus}(CN^-)=\frac{K_W^{\ominus}}{K_a^{\ominus}}=\frac{1.0\times10^{-14}}{4.93\times10^{-10}}=2.02\times10^{-5}$$
$$c/K_b^{\ominus}=0.1/(2.02\times10^{-5})=4.95\times10^3>500$$

用式（4-8）计算

$$c'(OH^-)=\sqrt{c'K_b^{\ominus}}=\sqrt{0.1\times2.02\times10^{-5}}=1.42\times10^{-3}$$
$$pOH=-\lg c'(OH^-)=-\lg(1.42\times10^{-3})=2.85$$
$$pH=14-pOH=14-2.85=11.15$$

2. 多元弱酸（碱）溶液 pH 计算

问题 4-5 对于乙酸、氢氰酸等一元弱酸，可以通过上述简化公式计算不同浓度的酸溶液的 pH。可是对于碳酸、磷酸这样的多元酸，该如何计算溶液的 pH？

多元弱酸、弱碱在水溶液中的解离是分步进行的，每步解离出一个 H^+（或 OH^-）。例如二元弱酸 H_2CO_3 在水溶液中分两步解离：

$$H_2CO_3\rightleftharpoons H^++HCO_3^-\qquad K_{a1}^{\ominus}=4.30\times10^{-7}$$
$$HCO_3^-\rightleftharpoons H^++CO_3^{2-}\qquad K_{a2}^{\ominus}=5.61\times10^{-11}$$

比较 $K_{a1}^{\ominus}$ 和 $K_{a2}^{\ominus}$ 的数值，$K_{a1}^{\ominus}$ 远大于 $K_{a2}^{\ominus}$，说明第二步解离远比第一步困难得多。这是因为从带负电荷的离子中解离出带正电荷的离子 H^+ 要比从中性分子中解离出 H^+ 更为困难；此外，第一步解离出的 H^+ 抑制了第二步解离的进行。所以多元弱酸溶液中 H^+ 主要来源于第一步，其他各级解离出的 H^+ 极少，一般情况下可忽略不计。因此在实际计算中，若 $c/K_{a1}^{\ominus}>500$ 时，多元弱酸溶液的 H^+ 浓度可按一元弱酸近似公式计算，即 $c'(H^+)=\sqrt{c'K_{a1}^{\ominus}}$。

同理多元弱碱溶液的 OH^- 浓度也可按一元弱碱来处理，当 $c'/K_{b1}^{\ominus}>500$ 时，OH^- 浓度的计算按最简式计算，即 $c'(OH^-)=\sqrt{c'K_{b1}^{\ominus}}$。

例题 4-3 计算饱和 CO_2 水溶液 [即 $c(H_2CO_3)=0.04$mol/L] 的 $c(H^+)$、$c(CO_3^{2-})$ 及溶液的 pH。

解　已知 $K_{a1}^{\ominus}=4.30\times10^{-7}$，$K_{a2}^{\ominus}=\dfrac{c'(H^+)c'(CO_3^{2-})}{c'(HCO_3^-)}5.61\times10^{-11}$

$K_{a1}^{\ominus}\gg K_{a2}^{\ominus}$，

且 $c/K_{a1}^{\ominus}=0.04/(4.30\times10^{-7})=9.30\times10^4>500$

$c(H^+)=\sqrt{cK_{a1}^{\ominus}}=\sqrt{0.04\times4.30\times10^{-7}}=1.31\times10^{-4}$ （mol/L）

$pH=-lg(1.31\times10^{-4})=3.89$

CO_3^{2-} 来源于第二步解离，所以需根据第二步解离平衡求算：

$$HCO_3^-\rightleftharpoons H^++CO_3^{2-}$$

$$K_{a2}^{\ominus}=\frac{c'(H^+)c'(CO_3^{2-})}{c'(HCO_3^-)}=5.61\times10^{-11}$$

由于第二步的解离非常小，因此 H^+ 的增加和 HCO_3^- 的减少均可忽略，即 $c'(H^+)\approx c'(HCO_3^-)$，$c'(CO_3^{2-})\approx K_{a2}^{\ominus}=5.61\times10^{-11}$

由计算可知，若二元弱酸的 $K_{a1}^{\ominus}$ 远大于 $K_{a2}^{\ominus}$，则第二步解离中的酸根离子浓度近似等于 $K_{a2}^{\ominus}$，与酸的原始浓度无关。

3. 两性物质溶液 pH 计算

问题 4-6　按照酸碱质子理论 $NaHCO_3$ 属于两性物质，$NaHCO_3$ 溶液的 pH 不能按照弱酸计算，也不能按照弱碱计算，如何计算两性物质溶液的 pH？

在溶液中既可给出质子又可接受质子的物质称为两性物质。主要包括酸式盐如 $NaHCO_3$、NaH_2PO_4 和 Na_2HPO_4；弱酸弱碱盐如 NH_4Ac、NH_4CN。

下面以 $NaHCO_3$ 为例讨论两性物质溶液 pH 的计算。在 $NaHCO_3$ 溶液中 HCO_3^- 既能给出质子，又能接受质子，所以，溶液中最主要的酸碱平衡为 HCO_3^- 和 HCO_3^- 之间的质子传递，即

$$HCO_3^-+HCO_3^-\rightleftharpoons H_2CO_3+CO_3^{2-}$$

当达到平衡状态时：　　　　　　$c(H_2CO_3)=c(CO_3^{2-})$ 　　　　　　　　　　　　　(4-9)

$NaHCO_3$ 在水溶液存在如下平衡：

$$HCO_3^-+H_2O\rightleftharpoons H_2CO_3+OH^-\qquad K_{b2}^{\ominus}=\frac{c'(H_2CO_3)c'(OH^-)}{c'(HCO_3^-)}\qquad(4-10)$$

$$HCO_3^-\rightleftharpoons CO_3^{2-}+H^+\qquad K_{a2}^{\ominus}=\frac{c'(H^+)c'(CO_3^{2-})}{c'(HCO_3^-)}\qquad(4-11)$$

$$K_W^{\ominus}=c'(H^+)c'(OH^-)=K_{a1}^{\ominus}K_{b2}^{\ominus},K_{a1}^{\ominus}=\frac{K_W^{\ominus}}{K_{b2}^{\ominus}}$$

将式 (4-10) 和式 (4-11) 代入上式可得：

$$K_{a1}^{\ominus}=\frac{K_W^{\ominus}}{K_{b2}^{\ominus}}=\frac{c'(H^+)c'(HCO_3^-)c'(OH^-)}{c'(OH^-)c'(H_2CO_3)}=\frac{c'(H^+)c'(HCO_3^-)}{c'(H_2CO_3)}\qquad(4-12)$$

再将式 (4-10) 和式 (4-11) 代入式 (4-9) 得：

$$\frac{c'(H^+)c'(HCO_3^-)}{K_{a1}^{\ominus}}=\frac{K_{a2}^{\ominus}c'(H_2CO_3)}{c'(H^+)}$$

$$c'(H^+)=\sqrt{K_{a1}^{\ominus}K_{a2}^{\ominus}},pH=\frac{1}{2}(pK_{a1}^{\ominus}+pK_{a2}^{\ominus})\qquad(4-13)$$

式 (4-13) 为计算两性物质溶液 pH 的简化式。

例题 4-4　计算下列 $0.10mol/L$ NaH_2PO_4 溶液的 pH。

解　已知 H_3PO_4 的 $K_{a1}^{\ominus}=7.51\times10^{-3}$，$K_{a2}^{\ominus}=6.23\times10^{-8}$，$K_{a3}^{\ominus}=2.2\times10^{-13}$

$H_2PO_4^-$ 是两性物质，表示其共轭酸时的解离常数是 $K_{a2}^{\ominus}=6.23\times10^{-8}$，表示其共轭碱

所对应的酸是 H_3PO_4，解离常数是 $K_{a1}^\ominus=7.51\times10^{-3}$。

根据式（4-13）得：

$$c'(H^+)=\sqrt{K_{a1}^\ominus K_{a2}^\ominus}=\sqrt{7.51\times10^{-3}\times6.23\times10^{-8}}=2.16\times10^{-5}$$
$$pH=-\lg c'(H^+)=-\lg2.16\times10^{-5}=4.67$$

4. 缓冲溶液 pH 计算

➤ 问题 4-7 HAc-NaAc 缓冲溶液的 pH 一定是小于 7 的，$NH_3\cdot H_2O$-NH_4Cl 缓冲溶液的 pH 一定是大于 7 的。那么缓冲溶液的 pH 能否计算出来？

缓冲溶液具有保持溶液酸碱度相对稳定的性能，因此计算缓冲溶液的 pH 就显得很重要。现以弱酸 HA 与其共轭碱 A^- 组成的酸碱缓冲溶液的 pH 计算为例来说明。

设弱酸的浓度为 c_a，其共轭碱的浓度为 c_b，平衡时 H^+ 浓度为 $c(H^+)$。

$$HA \rightleftharpoons H^+ + A^-$$

起始浓度 $\qquad\qquad\quad c_a \qquad\quad 0 \qquad\quad c_b$

平衡浓度 $\qquad c_a-c(H^+)\quad c(H^+)\quad c_b+c(H^+)$

由于弱酸 HA 的解离度很小，加上同离子效应，使得平衡时 H^+ 的浓度相对较小，而弱酸 HA 的浓度可以看成是 c_a，共轭碱的浓度可以看成是 c_b。

即 $\qquad\qquad\qquad c_a-c(H^+)\approx c_a,c_b+c(H^+)\approx c_b$

所以 $\qquad\qquad\qquad\qquad K_a^\ominus=\dfrac{c'(H^+)c_b'}{c_a'}$

即 $\qquad\qquad\qquad\qquad c'(H^+)=K_a^\ominus\dfrac{c_a'}{c_b'}$ $\qquad\qquad\qquad$ (4-14a)

$$pH=pK_a^\ominus+\lg\dfrac{c_b'}{c_a'} \qquad\qquad\qquad (4\text{-}14b)$$

式（4-14a）或式（4-14b）即为由共轭酸碱对组成的缓冲溶液 pH 的计算公式。

➤ 例题 4-5 若在 100mL 0.1mol/L HAc-NaAc 缓冲溶液中，加入 10mL 0.010mol/L HCl 或 10mL 0.010mol/L NaOH 溶液后，溶液的 pH 各有何变化？

解 先计算 0.1mol/L HAc-NaAc 缓冲溶液的 pH：

已知 $c(HAc)=c(NaAc)=0.1mol/L$，$pK_a^\ominus=4.75$

$$pH=pK_a^\ominus+\lg\dfrac{c_b'}{c_a'}=4.75+\lg\dfrac{0.1}{0.1}=4.75$$

加入 10mL 0.10mol/L HCl 后，溶液的总体积变为 110mL HCl 离解出的 H^+ 与溶液中的 Ac^- 结合成 HAc，使 HAc 浓度增加，Ac^- 浓度减小。

$$c(HAc)=\dfrac{0.1\times100}{110}+\dfrac{0.01\times10}{110}=0.0918\ (mol/L)$$

$$c(Ac^-)=\dfrac{0.1\times100}{110}-\dfrac{0.01\times10}{110}=0.09\ (mol/L)$$

$$pH=pK_a^\ominus+\lg\dfrac{c_b'}{c_a'}=4.75+\lg\dfrac{0.09}{0.0918}=4.74$$

加入 10mL 0.010mol/L NaOH 溶液后，溶液的总体积变为 110mL，HAc 与 OH^- 作用生成 Ac^- 和 H_2O，使 Ac^- 浓度增加，HAc 浓度减小。

$$c(HAc)=\dfrac{0.1\times100}{110}-\dfrac{0.01\times10}{110}=0.09\ (mol/L)$$

$$c(\text{Ac}^-)=\frac{0.1\times100}{110}+\frac{0.01\times10}{110}=0.0918\ (\text{mol/L})$$

$$\text{pH}=\text{p}K_a^\ominus+\lg\frac{c_b'}{c_a'}=4.75+\lg\frac{0.0918}{0.09}=4.76$$

通过例题中缓冲溶液的计算可以得到以下结论。

① 缓冲溶液的 pH 主要取决于弱酸的解离常数 $K_a^\ominus$。

② 缓冲溶液中控制溶液 pH 发生变化的主要原因体现在 $\lg\dfrac{c_b'}{c_a'}$，当加入少量酸或碱时，$\lg\dfrac{c_b'}{c_a'}$ 值的改变不大，故溶液的 pH 变化也不大。

③ 缓冲溶液的缓冲能力主要与共轭酸碱对的浓度大小有关，弱酸与其共轭碱的浓度越大，加入酸或碱后，$\dfrac{c_b'}{c_a'}$ 的值的改变越小，pH 变化也就越小，一般要求共轭酸碱对的浓度在 $0.1\sim1\text{mol/L}$ 之间；其次还与缓冲溶液中共轭酸碱对浓度的比值有关，即 $\dfrac{c_b'}{c_a'}$，当 $\dfrac{c_b'}{c_a'}=1$ 时，缓冲溶液的缓冲能力最强。

④ 各种缓冲溶液只能在一定范围内发挥作用，如 HAc-NaAc 缓冲溶液的缓冲范围为 $\text{pH}=4.75\pm1$，而 $\text{NH}_3\cdot\text{H}_2\text{O-NH}_4\text{Cl}$ 缓冲溶液的缓冲范围为 $\text{pH}=9.26\pm1$，故在选用缓冲溶液时应注意其缓冲范围。

⑤ 将缓冲溶液适当稀释时，由于 $\dfrac{c_b'}{c_a'}$ 的值不变，故溶液的 pH 也就不变。

在实际应用中，常常需要配制一定 pH 的缓冲溶液，选择缓冲溶液一般考虑以下原则。

① 选择的缓冲溶液不应对系统有干扰。

② 选择缓冲对，所选共轭酸碱对中酸的 $\text{p}K_a^\ominus$ 尽量与缓冲溶液的 pH 相近，即 $\text{p}K_a^\ominus=\text{pH}$。例如需要配制 $\text{pH}=9.0$ 左右的缓冲溶液，则可选择 $\text{NH}_3\cdot\text{H}_2\text{O-NH}_4\text{Cl}$ 缓冲溶液，因为 $\text{NH}_3\cdot\text{H}_2\text{O}$ 的 $\text{p}K_b^\ominus=4.74$，其 NH_4^+ 的 $\text{p}K_a^\ominus=9.26$ 与所需控制的 pH 接近。可见，各种不同的共轭酸碱对，由于 $K_a^\ominus$ 值不同，其组成的缓冲溶液所能控制的 pH 也不同。

③ 如果 $\text{p}K_a^\ominus$ 与要求的 pH 不相等，可根据缓冲溶液 pH 的计算公式算出 c_a 和 c_b，或者是浓度比 $\dfrac{c_b'}{c_a'}$。当 $c_a=c_b$ 时，就可以算出体积比 $\dfrac{V_b}{V_a}$。

例题 4-6 如何配制 1L、$\text{pH}=4.85$ 的缓冲溶液？

解 先选择缓冲对，由于 HAc 的 $\text{p}K_a^\ominus=4.75$，与所配溶液的 pH 比较接近，故可选用 HAc-NaAc 缓冲对。

设定 $c(\text{HAc})=c(\text{NaAc})$，NaAc 溶液体积为 $V_b\text{mL}$，则 HAc 溶液的体积就是 $V_a=(1000-V_b)\text{mL}$。

$$\text{pH}=\text{p}K_a^\ominus+\lg\frac{c_b'}{c_a'}=\text{p}K_a^\ominus+\lg\frac{V_b}{V_a}$$

$$4.85=4.75+\lg\frac{V_b}{1000-V_b}$$

解得

$$V_b=557\text{mL}$$

$$V_a=1000\text{mL}-556\text{mL}=443\text{mL}$$

配制方法：量取浓度相等的 HAc 溶液 443mL 与 NaAc 溶液 557mL 混合既得。选择

HAc 和 NaAc 浓度在 0.1～1mol/L 之间进行配制。

拓展思考

1. 土壤中有腐殖质，其中含有腐殖酸。请查阅资料了解腐殖酸的酸性强弱如何，并分析腐殖酸对土壤重金属污染的作用如何。

2. 在人体血液中存在着缓冲溶液，请通过查阅资料了解人体血液的缓冲溶液的组成，并分析缓冲原理。

3. 化工生产对所排放的污水的酸碱性有没有要求，如果有，怎样解决？

4. 如果在实验室需要控制某溶液 pH 在 9.0 左右，可能采用哪种缓冲溶液？如何配制？

5. 常用的酸碱指示剂有哪些？这些酸碱指示剂是如何指示溶液酸碱性的？

第二节
沉淀反应

学习目标

1. 理解溶度积规则，能够根据一定温度下的溶度积常数计算难溶物的溶解度。
2. 能够根据溶度积规则判断沉淀的溶解和生成。
3. 了解影响沉淀的各种因素，能够熟练判断在一定条件下沉淀溶解和形成。
4. 能够通过计算判断沉淀转化的可能性。

沉淀反应在我们的周围经常发生。例如，肾结石通常是生成难溶盐草酸钙 CaC_2O_4 和磷酸钙 $Ca_3(PO_4)_2$ 所致；自然界中石笋和钟乳石形成是与碳酸钙 $CaCO_3$ 沉淀的生成和溶解反应有关；工业上当反应釜内为沉淀反应时，要控制好反应条件，避免沉淀堵塞反应器等。这些都说明沉淀反应对生物化学、医学、工业生产以及生态学有着深远的影响。

本节将对沉淀-溶解平衡及溶度积常数、溶度积规则的应用加以讨论。

一、溶度积和溶解度

问题 4-8 请实验以下操作，记录现象并分析原因。

在一支试管内加入 2mL 的 0.2mol/L 的 NaCl 溶液，逐滴加入 0.2mol/L 的 $Pb(NO_3)_2$ 溶液，观察白色沉淀生成。静止几分钟后，将上层清液倾倒入另一支干净的试管中，然后逐滴滴加 0.2mol/L 的 Na_2S 溶液，观察现象。

难溶物不是不溶，只是在饱和状态时溶解溶质的量极少而已，所以说在水溶液中绝对不溶解的物质是没有的。例如，将 $BaSO_4$ 晶体放入 100g H_2O 水中，仅会有 2.8×10^{-3} g $BaSO_4$ 溶解在水溶液中，晶体中的 Ba^{2+} 和 SO_4^{2-} 在水分子的作用下，不断由晶体表面进入溶液中成为自由移动的离子，这是 $BaSO_4(s)$ 的溶解过程。与此同时，已溶解在溶液中的 Ba^{2+} 和 SO_4^{2-} 在不断运动中相互碰撞或与未溶解的 $BaSO_4(s)$ 表面碰撞，以固体 $BaSO_4$（沉淀）的形式析出，这是 $BaSO_4(s)$ 的沉淀过程。任何难溶电解质的溶解和沉淀过程都是可逆的。在一定条件下，当溶解和沉淀速率相等时，未溶解的固体和已溶解的离子之间便达到了动态平衡，溶液中 Ba^{2+} 和 SO_4^{2-} 浓度均已饱和，浓度不再改变。其平衡表示如下：

$$BaSO_4(s) \underset{沉淀}{\overset{溶解}{\rightleftharpoons}} Ba^{2+} + SO_4^{2-}$$

该平衡的标准平衡常数表达式：$K_{sp}^{\ominus} = c'(Ba^{2+})c'(SO_4^{2-})$

$K_{sp}^{\ominus}$ 是沉淀-溶解平衡的平衡常数，也叫作难溶电解质的溶度积常数，简称溶度积。$c(Ba^{2+})$ 和 $c(SO_4^{2-})$ 是饱和溶液中 Ba^{2+} 和 SO_4^{2-} 的浓度，单位为 mol/L。

对于一般难溶电解质 A_nB_m 的溶解平衡式：

$$A_nB_m \underset{沉淀}{\overset{溶解}{\rightleftharpoons}} nA^{m+} + mB^{n-}$$

其溶度积的通式为：

$$K_{sp}^{\ominus}(A_nB_m) = [c'(A^{m+})]^n [c'(B^{n-})]^m \tag{4-15}$$

在一定温度下，溶度积等于沉淀-溶解平衡时饱和溶液中离子浓度幂的乘积，每种离子浓度的幂与化学计量式中的计量数相等。在化学手册中可以查到各种常见难溶性电解质在常温下的溶度积常数。

和其他平衡常数一样，$K_{sp}^{\ominus}$ 随温度变化改变，而与浓度无关。多数难溶化合物的溶度积随温度的升高而增大。由表 4-2 可以看出，$BaSO_4$ 的溶度积和溶解度随温度的升高而增加。但是变化不是很大，因此在实际工作中，就用常温下的 $K_{sp}^{\ominus}$。

表 4-2　不同温度下 $BaSO_4$ 的溶度积和溶解度

温度/K	273	283	293	323	373
溶度积 $K_{sp}^{\ominus}$	1.7×10^{-11}	1.9×10^{-11}	1.1×10^{-10}	2.1×10^{-10}	2.8×10^{-10}
溶解度 $S/(mg/L)$	1.9	2.2	2.8	3.4	3.9

溶度积和溶解度的大小都可以用来衡量难溶电解质的溶解性，两者之间有着必然的联系。我们用 s 表示沉淀-溶解平衡中饱和溶液的物质的量浓度。对难溶性电解质来说，其饱和溶液是极稀的溶液，可将溶剂水的质量看作与溶液的质量相等，这样就能简便计算。

▶ **例题 4-7**　在 25℃下，将固体 AgCl 放入纯水中并不断搅拌。当达到沉淀-溶解平衡时，测定 AgCl 的溶解度为 $1.92 \times 10^{-3} g/L$。试求该温度下 AgCl 的溶度积常数。

解　已知 $M(AgCl) = 143.3 g/mol$，则饱和溶液中溶解度 S 为：

$$S = \frac{1.92 \times 10^{-3} g/L}{143.3 g/mol} = 1.34 \times 10^{-5} mol/L$$

AgCl 在水溶液中达到沉淀-溶解平衡时：

$$AgCl \rightleftharpoons Ag^+ \quad + \quad Cl^-$$

平衡时浓度　　　　　　　　　　　　　S　　　　　S

饱和溶液中 Ag^+ 和 Cl^- 的浓度都与 AgCl 的溶解度一致。则：

$$K_{sp}^{\ominus}(AgCl) = c'(Ag^+)c'(Cl) \qquad S^2 = (1.34 \times 10^{-5})^2 = 1.80 \times 10^{-10}$$

由例题 4-7 可知，溶度积与溶解度的关系是 $K_{sp}^{\ominus} = S^2$。像 AgCl 这类化合物的化学式中阴、阳离子数之比为 1：1，我们把这类难溶物叫做 AB 型的难溶电解质。其溶度积与溶解度的关系是：

$$K_{sp}^{\ominus} = S^2 \tag{4-16a}$$

同样，可由溶度积计算难溶电解质的溶解度。

例题 4-8 已知室温下 AgBr 的溶度积 $K_{sp}^{\ominus}=5.0\times10^{-13}$，试求 AgBr 在水中的溶解度。

解 根据公式（4-16a）$K_{sp}^{\ominus}=S^2$

$$S=\sqrt{K_{sp}^{\ominus}}=\sqrt{5.0\times10^{-13}}=7.07\times10^{-7}(mol/L)$$

例题 4-9 已知 25℃，Ag_2CrO_4 的溶度积 $K_{sp}^{\ominus}=1.1\times10^{-12}$，试求 $Ag_2CrO_4(s)$ 在水溶液中的溶解度（mol/L）。

解 设 $Ag_2CrO_4(s)$ 的溶解度为 S mol/L

$$Ag_2CrO_4 \rightleftharpoons 2Ag^+ + CrO_4^{2-}$$
$$\qquad\qquad 2S \qquad S$$

平衡浓度/(mol/L)

$$K_{sp}^{\ominus}(Ag_2CrO_4)=[c'(Ag^+)]^2 c'(CrO_4^{2-})=(2S)^2 S=4S^3=1.1\times10^{-12}$$
$$S=6.5\times10^{-5} mol/L$$

像 Ag_2CrO_4 这类化合物的化学式中阴、阳离子离子数之比为 2∶1 或 1∶2，这类难溶物是 A_2B 或 AB_2 型难溶电解质。其溶度积与溶解度的关系是：

$$K_{sp}^{\ominus}=4S^3 \qquad\qquad (4-16b)$$

比较几个例题中的溶解度和溶度积见表 4-3。

表 4-3 几个例题中的溶解度和溶度积

类型	化学式	溶度积 $K_{sp}^{\ominus}$	溶解度 S/(mol/L)	换算公式
AB	AgCl	1.8×10^{-10}	1.3×10^{-5}	$K_{sp}^{\ominus}=S^2$
AB	AgBr	5.0×10^{-13}	7.07×10^{-7}	$K_{sp}^{\ominus}=S^2$
A_2B	Ag_2CrO_4	1.1×10^{-12}	6.5×10^{-5}	$K_{sp}^{\ominus}=4S^3$

从表 4-3 中可以看出，$K_{sp}^{\ominus}(AgCl)>K_{sp}^{\ominus}(AgBr)$，AgCl 在水中的溶解度也比 AgBr 的大，即 $S(AgCl)>S(AgBr)$；因此同类型的难溶性电解质可以通过溶度积来比较它们的溶解度的相对大小，同类型的难溶电解质溶度积越大，在水中的溶解度也越大。然而，$K_{sp}^{\ominus}(AgCl)>K_{sp}^{\ominus}(Ag_2CrO_4)$，AgCl 在水中的溶解度反而比 Ag_2CrO_4 的小。这是由于 $K_{sp}^{\ominus}(AgCl)$ 的表达式与 $K_{sp}^{\ominus}(Ag_2CrO_4)$ 的表达式不一样所致。所以，对于不同类型的难溶电解质，不能直接由它们的溶度积来比较其溶解度的相对大小，只有将溶度积换算成溶解度来比较溶解性的相对大小。

在实验过程中经常见到生成沉淀和沉淀溶解的现象，在工业生产中也经常会遇到促使沉淀生成或为了清除设备堵塞而使沉淀溶解的问题。那么沉淀在什么条件下能够生成？什么条件下能够溶解？

二、溶度积规则

问题 4-9 在第一支试管中加入 1mL 0.1mol/L $Pb(NO_3)_2$ 溶液，再加入 1mL 0.1mol/L KI 溶液，振荡试管，观察现象；在第二支试管中加入 1mL 0.001mol/L $Pb(NO_3)_2$ 溶液，再加入 1mL 0.001mol/L KI 溶液，振荡试管，观察现象。实验现象见表 4-4。

为什么在 $Pb(NO_3)_2$ 溶液中加入 KI 溶液后，浓度稍大的反应生成了沉淀，浓度小的却没有反应呢？这就说明了沉淀的生成与溶液中的离子浓度有关。

表 4-4　观察到的现象（一）

编号	现　象
1	有黄色的沉淀生成
2	没有黄色沉淀生成，溶液还是透明的

对于难溶电解质的沉淀-溶解平衡来说：

$$A_nB_m \underset{沉淀}{\overset{溶解}{\rightleftharpoons}} nA^{m+} + mB^{n-}$$

其任意浓度下难溶电解质 A_nB_m 的离子积 Q_i 的表达式可写作：

$$Q_i = \left[c'(A^{m+})\right]^n \left[c'(B^{n-})\right]^m \tag{4-17}$$

式（4-17）中的 Q_i 和式（4-15）中的 $K_{sp}^{\ominus}$ 的表达形式相同，但是 Q_i 中的离子浓度不是平衡浓度。根据平衡移动原理，将 Q_i 与 $K_{sp}^{\ominus}$ 比较，得出以下结论：

① $Q_i > K_{sp}^{\ominus}$，溶液为过饱和溶液，有沉淀生成；

② $Q_i = K_{sp}^{\ominus}$，溶液为饱和溶液，沉淀和溶解处于平衡状态；

③ $Q_i < K_{sp}^{\ominus}$，溶液为不饱和溶液，无沉淀析出，若原来系统中有沉淀，则沉淀会溶解。

以上规则称为溶度积规则，由此规则可以判断沉淀生成和溶解，并可以利用沉淀的方法进行离子的分离。

 三、沉淀的溶解和生成

1. 沉淀的生成

例题 4-10　在 25℃ 下，在 1.00L 0.030mol/L $AgNO_3$ 溶液中，加 0.50L 0.060mol/L 的 $CaCl_2$ 溶液，能否生成 AgCl 沉淀？如果有沉淀生成，最后溶液中 $c(Ag^+)$ 是多少？

解　将 1.00L $AgNO_3$ 溶液与 0.50mL $CaCl_2$ 溶液混合，混合溶液的总体积为 1.5L，此时 Ag^+、Cl^- 的浓度分别为：

$$c(Ag^+) = \frac{0.030 \times 1.00}{1.5} = 0.020(mol/L)$$

$$c(Cl^-) = \frac{0.060 \times 0.50 \times 2}{1.50} = 0.040(mol/L)$$

$$Q_i = c'(Ag^+)c'(Cl^-) = 0.020 \times 0.040 = 8.1 \times 10^{-4}$$

查表可知 $K_{sp}^{\ominus}(AgCl) = 1.8 \times 10^{-10}$

由于 $Q_i > K_{sp}^{\ominus}$，所以有 AgCl 沉淀生成。

为计算最后溶液中 $c(Ag^+)$，就必须确定反应前后 Ag^+、Cl^- 浓度的变化。因为 $c(Cl^-) > c(Ag^+)$，生成 AgCl 沉淀后，Cl^- 浓度是过量的。设平衡时 $c(Ag^+) = x$ mol/L。

$$AgCl \rightleftharpoons Ag^+ + Cl^-$$

开始浓度/(mol/L)	0.020	0.040
变化浓度/(mol/L)	$0.020 - x$	$0.020 - x$
平衡浓度/(mol/L)	x	$0.040 - (0.02 - x)$

$$K_{sp}^{\ominus} = c'(Ag^+)c'(Cl^-)$$

$$1.8 \times 10^{-10} = x[0.040 - (0.020 - x)]$$

因为 x 很小， $0.020 - x \approx 0.020$

所以 $x = \dfrac{1.8 \times 10^{-10}}{0.020} = 9.0 \times 10^{-9}$ （mol/L）

即 $c(Ag^+) = 9.0 \times 10^{-9}$ mol/L

由例题 4-9 可知，尽管沉淀剂 Cl^- 过量，溶液中也还有剩余的 Ag^+。所以通常情况下，当残留在溶液中的离子浓度 $\leqslant 1 \times 10^{-5}$ mol/L 时，就可认定为沉淀完全。

例题 4-11   计算 25℃ 下 $CaF_2(s)$：① 在 0.010mol/L $Ca(NO_3)_2$ 溶液中；② 在 0.010mol/L NaF 溶液中的溶解度；③ 并与在纯水中的溶解度进行比较。

解   ① 已知 $K_{sp}^{\ominus}(CaF_2) = 1.4 \times 10^{-9}$。设 $CaF_2(s)$ 在 0.010mol/L $Ca(NO_3)_2$ 溶液中的溶解度为 S_1 mol/L。

$$CaF_2 \Longrightarrow Ca^{2+} + 2F^-$$

平衡浓度/(mol/L) $0.010 + S_1$ $2S_1$

$$K_{sp}^{\ominus}(CaF_2) = c'(Ca^{2+})[c'(F^-)]^2 = (0.010 + S_1)(2S_1)^2 = 1.4 \times 10^{-9}$$
$$S_1 = 1.9 \times 10^{-4} \text{ （mol/L）}$$

② 设 $CaF_2(s)$ 在 0.010mol/L NaF 溶液中的溶解度为 S_2 mol/L。

$$CaF_2 \Longrightarrow Ca^{2+} + 2F^-$$

平衡浓度/(mol/L) S_2 $0.010 + 2S_2$

$$K_{sp}^{\ominus}(CaF_2) = c(Ca^{2+})[c(F^-)]^2 = S_2(0.010 + S_2)^2 = 1.4 \times 10^{-9}$$
$$S_2 = 1.4 \times 10^{-5} \text{ （mol/L）}$$

③ 设在纯水中 CaF_2 的溶解度为 S_3 mol/L。

$$S_3 = \sqrt[3]{\dfrac{1.4 \times 10^{-9}}{4}} = 7.1 \times 10^{-2} \text{ （mol/L）}$$

比较 S_1、S_2、S_3 的计算结果可知，在纯水中 CaF_2 的溶解度是最大的。在 $Ca(NO_3)_2$ 与 CaF_2 中都含有相同的 Ca^{2+}；NaF 与 CaF_2 都含有相同的 F^-，$Ca(NO_3)_2$ 和 NaF 都是强电解质。CaF_2 在含有相同离子（Ca^{2+}、F^-）的强电解质溶液中溶解度降低的现象，称为难溶电解质的同离子效应。

2. 沉淀的溶解

问题 4-10   第一支试管中滴入 5 滴 0.1mol/L $CaCl_2$ 溶液，再滴加 8 滴 0.1mol/L Na_2CO_3 溶液，观察沉淀的生成现象，离心分离，弃去溶液，在沉淀物上滴加 6mol/L HCl 溶液，有什么现象？

第二支试管中滴入 10 滴 0.1mol/L $AgNO_3$，再滴加 5 滴 1mol/L NaCl，观察现象。再滴加 6mol/L $NH_3 \cdot H_2O$，有什么现象？

实验现象见表 4-5。

$CaCO_3$ 沉淀可溶解在 HCl 中，就是由于 H^+ 与 CO_3^{2-} 生成了弱电解质 H_2CO_3，H_2CO_3 不稳定，随即分解放出 CO_2，使溶液中 CO_3^{2-} 浓度减小，此时 $c(Ca^{2+}) c(CO_3^{2-}) < K_{sp}^{\ominus}(CaCO_3)$，即 $Q_i(CaCO_3) < K_{sp}^{\ominus}(CaCO_3)$。根据溶度积规则，溶液不再是饱和状态，沉淀将溶解。AgCl 沉淀能溶解在氨水中，也是由于 Ag^+ 与 $NH_3 \cdot H_2O$ 能形成难解离的配离子 $[Ag(NH_3)_2]^+$，致使溶液中 Ag^+ 浓度减小，使得 $Q_i(AgCl) < K_{sp}^{\ominus}(AgCl)$，AgCl 沉淀溶解。

表 4-5　观察到的现象（二）

编号	现　　象	方　程　式
试管 1	先有白色的 $CaCO_3$ 沉淀生成；滴加 6mol/L HCl 后，沉淀逐渐溶解，直至消失	$Ca^{2+} + CO_3^{2-} \Longrightarrow CaCO_3(s)$ $CaCO_3(s) + 2HCl \longrightarrow Ca^{2+} + CO_2\uparrow + 2Cl^- + H_2O$
试管 2	先有白色的 AgCl 沉淀生成；滴加 6mol/L $NH_3 \cdot H_2O$ 后，沉淀逐渐溶解，直至消失	$Ag^+ + Cl^- \Longrightarrow AgCl(s)$ $AgCl(s) + 2NH_3 \cdot H_2O \Longrightarrow [Ag(NH_3)_2]^+ + Cl^- + H_2O$

综上所述，根据溶度积规则，要使沉淀溶解，必须减小难溶电解质饱和溶液中某一离子的浓度，使 $Q_i < K_{sp}^\ominus$，从而达到沉淀溶解的目的。

 # 四、分步沉淀

问题 4-11　试管中加入 3 滴 0.1mol/L NaS_2 溶液和 3 滴 0.1mol/L K_2CrO_4 溶液，用水稀释至 5mL，然后逐滴加入 0.1mol/L $Pb(NO_3)_2$，观察生成沉淀的颜色。待沉淀沉降后，将上层清液吸出放入另一试管中，继续滴加 0.1mol/L $Pb(NO_3)_2$，又会出现什么现象？

实验现象见表 4-6。

表 4-6　观察到的现象（三）

编号	现　　象	产生现象的原因	$K_{sp}^\ominus$
1	有黑色沉淀生成	$Pb^{2+} + S^{2-} \Longrightarrow PbS$（黑色）	1.0×10^{-28}
2	有黄色沉淀生成	$Pb^{2+} + CrO_4^{2-} \Longrightarrow PbCrO_4$（黄色）	2.8×10^{-13}

由于 PbS（黑色）和 $PbCrO_4$（黄色）属于同类型难溶电解质，而 $K_{sp}^\ominus$（PbS）$>$ $K_{sp}^\ominus$（$PbCrO_4$）。根据溶度积规则，首先达到或超过其溶度积时，就先析出这种沉淀。所以我们先看到的是黑色的 PbS 沉淀生成，之后才看到黄色的 $PbCrO_4$ 沉淀生成。当溶液中存在多种可被沉淀的离子，加入沉淀剂生成不同类型的难溶电解质时，是首先达到溶度积的难溶电解质先析出沉淀。也可以说是：当一种试剂能沉淀溶液中多种离子时，生成沉淀所需试剂离子浓度越小的越先沉淀；如果生成的各种沉淀所需试剂离子浓度相差越大，就能达到分离的目的。像上述实验一样，用一种沉淀剂，使溶液中的多种离子按先后顺序沉淀出来的现象叫做分步沉淀。实际工作中常常利用分步沉淀的原理进行离子的分离。

例题 4-12　已知某溶液中含有 0.03mol/L 的 Pb^{2+} 和 0.02mol/L 的 Cr^{3+}，若向溶液中逐滴加入 NaOH 溶液（忽略溶液体积的变化），试问：①哪种离子先被沉淀？②能否通过控制溶液 pH 的方法达到分离这两种离子的目的？

解　① 已知 $K_{sp}^\ominus[Pb(OH)_2] = 1.2 \times 10^{-15}$，$K_{sp}^\ominus[Cr(OH)_3] = 6.0 \times 10^{-31}$

根据溶度积规则，欲使 $Pb(OH)_2$ 沉淀生成，所需 OH^- 的最低浓度为：

$$c'(OH^-) = \sqrt{\frac{K_{sp}^\ominus[Pb(OH)_2]}{c'(Pb^{2+})}} = \sqrt{\frac{1.2 \times 10^{-15}}{0.03}} = 2.0 \times 10^{-7}$$

$$pOH = 6.7 \qquad 则\ pH = 7.3$$

欲使 $Cr(OH)_3$ 沉淀生成所需 OH^- 的最低浓度为：

$$c'(OH^-) = \sqrt[3]{\frac{K_{sp}^\ominus[Cr(OH)_3]}{c'(Cr^{3+})}} = \sqrt[3]{\frac{6.0 \times 10^{-31}}{0.02}} = 3.1 \times 10^{-10}$$

$$pH = 9.4$$

由于生成 $Cr(OH)_3$ 沉淀所需的 OH^- 浓度比生成 $Pb(OH)_2$ 沉淀的少，所以先生成 $Cr(OH)_3$ 沉淀。

② 要分离这两种离子，先使 Cr^{3+} 沉淀且沉淀完全时，Pb^{2+} 不被沉淀。当 Cr^{3+} 沉淀完全时，溶液中的 OH^- 浓度为：

$$c'(OH^-) = \sqrt[3]{\frac{K_{sp}^{\ominus}[Cr(OH)_3]}{c'(Cr^{3+})}} = \sqrt[3]{\frac{6.0 \times 10^{-31}}{1.0 \times 10^{-5}}} = 3.9 \times 10^{-9}$$

$$pH = 5.6$$

由此可见，当 Cr^{3+} 沉淀完全时，OH^- 的浓度还不足以使 Pb^{2+} 沉淀。因此，只要控制 $5.6 < pH < 7.3$，就能使这两种离子分离。

五、沉淀的转化

问题 4-12 工业锅炉内胆经常会有水垢，水垢的主要成分是 $CaSO_4$，水垢的存在不仅消耗能源，还能造成局部过热而引起锅炉爆炸，因此要除去 $CaSO_4$。但 $CaSO_4$ 不溶于酸，能否将 $CaSO_4$ 转化为能够溶于酸等容易除去的沉淀，然后采取措施除去？

首先通过一个演示实验结果进行讨论：在盛有 $PbSO_4$ 沉淀及其饱和溶液（5mL）的试管中，逐滴加入 $0.1mol/L$ K_2CrO_4 溶液，观察沉淀颜色的变化。

通过实验看到，白色的 $PbSO_4$ 沉淀转化成了黄色的 $PbCrO_4$ 沉淀。像这种由一种沉淀转化为另一种沉淀的过程叫做沉淀的转化。

已知 $K_{sp}^{\ominus}(PbSO_4) = 1.6 \times 10^{-8}$，$K_{sp}^{\ominus}(PbCrO_4) = 2.8 \times 10^{-13}$。在 $PbSO_4$ 饱和溶液中加入 K_2CrO_4 溶液后，由于 $K_{sp}^{\ominus}(PbSO_4) > K_{sp}^{\ominus}(PbCrO_4)$，$CrO_4^{2-}$ 与 Pb^{2+} 生成溶解度小的 $PbCrO_4$，从而使溶液中 Pb^{2+} 浓度降低，这时对 $PbSO_4$ 沉淀来说溶液是未饱和的溶液，$PbSO_4$ 就不断溶解。只要加入足够量的 K_2CrO_4，$PbCrO_4$ 就不断析出，直到 $PbSO_4$ 完全转化为 $PbCrO_4$ 为止。此反应的方程表示为：

$$PbSO_4(s) + CrO_4^{2-} \rightleftharpoons SO_4^{2-} + PbCrO_4(s)$$

想一想　查一查

请查阅化学手册中钙的难溶盐的溶度积常数，寻找能够将锅炉内胆的硫酸钙沉淀转化又能溶于酸的物质。

总之，沉淀转化的条件是：相同类型的沉淀，由溶度积较大的转化为溶度积较小的沉淀；不同类型的沉淀，由溶解度较大的转化为溶解度较小的沉淀。两种沉淀的溶度积（或溶解度）的差别越大，沉淀转化就越完全。这就是离子互换反应进行的条件中："反应物中有难溶物，则生成物中必然有更难溶的物质，反应才能进行"的理论依据。

拓展思考

1. 工业生产中，有时会产生设备被某晶体堵塞的现象，如果出现上述现象，应该从哪几个方面考虑采取相应的措施解决问题？

2. 向含有 Cl^- 的溶液中滴加少量 K_2CrO_4 溶液，然后慢慢滴加 $AgNO_3$ 溶液，分析随滴加进行可能发生的现象。

3. 乙酸铅试纸是检验 S^{2-} 的，其道理何在？

4. "桂林山水甲天下"，提起桂林自然会想到天然溶洞，你知道它是怎样形成的吗？

5. 大理石的主要成分是什么？在化学实验室是否提倡采用大理石地面？

第三节
氧化还原反应

 学习目标

1. 能正确区分氧化剂和还原剂、氧化反应和还原反应。
2. 理解原电池电极电势的产生，能够计算电极电势和电池电动势。
3. 能够利用标准电极电势判断氧化剂氧化性和还原剂还原性的强弱。
4. 理解金属腐蚀和防腐的基本原理。
5. 理解电解过程和电解时电极上物质析出顺序。

　　人们对氧化还原反应的认识经历了一个过程。最初把物质同氧化合的反应称为氧化；把含氧的物质失去氧的反应称为还原。随着对化学反应的进一步研究，认识到氧化反应实质上是失去电子的过程，还原反应是得到电子的过程，氧化和还原必然同时发生。因此，把在化学反应中有电子转移（或得失）的反应叫作氧化还原反应。为了能方便、准确地判断氧化还原反应，人们人为地引入了氧化值的概念。

 一、氧化还原反应的基本概念

1. 氧化值

　　问题 4-13　Fe_2O_3 中，Fe 所带的电荷数是几？Fe_3O_4 中 Fe 所带的电荷又是多少？

　　1970 年，国际纯粹与应用化学联合会（IUPAC）定义了氧化值的概念：元素的氧化值是指某元素一个原子的荷电数。这种荷电数是假定把每个化学键中电子指定给电负性更大的原子而求得的。例如，在 CaO 中，氧元素的电负性比钙的大，则 O 的氧化值为 -2，Ca 的氧化值为 $+2$。又如在 NH_3 分子中，三对成键电子都归电负性大的氮原子所有，则 N 的氧化值为 -3，H 的氧化值为 $+1$。因此，氧化值也可以看成是化合物中某元素所带的形式电荷。确定氧化值的规则如下。

　　在单质中，元素的氧化值为零。

　　在单原子离子中，元素的氧化值等于离子所带的电荷数。

　　在大多数化合物中，氢的氧化值为 $+1$；只有在金属氢化物（如 NaH、CaH_2）中，氢的氧化值为 -1。

　　氧在化合物中的氧化数一般为 -2，但在过氧化物（如 H_2O_2、Na_2O_2、BaO_2 等）中，氧的氧化值为 -1；在氧的氟化物如 OF_2 中，氧的氧化值为 $+2$。

　　在所有的氟化物中，氟的氧化值为 -1。

　　在化合物分子中，所有元素的氧化值的代数和等于零。在多原子离子中，各元素氧化值的代数和等于离子所带电荷数。

例题 4-13　计算 CH_4、CH_3Cl、CH_2Cl_2、$CHCl_3$、CCl_4 中 C 的氧化值。

解 已知氢的氧化值为 $+1$，分别设以上分子中 C 的氧化值为 x_1、x_2、x_3、x_4、x_5。

$$x_1+4\times1=0 \qquad\qquad x_1=-4$$
$$x_2+3\times1+(-1)=0 \qquad x_2=-2$$
$$x_3+2\times1+2\times(-1)=0 \qquad x_3=0$$
$$x_4+1+3\times(-1)=0 \qquad x_4=+2$$
$$x_5+4\times(-1)=0 \qquad\qquad x_5=+4$$

由计算可知，在例题 4-13 中，不同分子中 C 的氧化值都不相同，但共价键数却都是四个。所以在共价化合物中，不能将元素原子的氧化值与共价数相混淆。

2. 氧化剂还原剂

问题 4-14　我们经常见到化学书中说 $KMnO_4$、$K_2Cr_2O_7$ 等是氧化剂，而 H_2、CO、H_2S 等是还原剂，如何确定一种物质是氧化剂还是还原剂？

根据氧化值的概念，凡在化学反应中元素的氧化值在反应前后发生变化的这类反应都称为氧化还原反应。氧化值升高（失去电子）的过程称为氧化，氧化值降低（得到电子）的过程称为还原，反应中氧化过程和还原过程同时发生。

在氧化还原反应中，氧化值升高（失去电子）的物质叫做还原剂，氧化值降低（得到电子）的物质叫做氧化剂。

在氧化还原反应中，氧化剂被还原、还原剂被氧化。氧化剂被还原的产物成为还原产物，还原剂被氧化的产物为氧化产物。例如反应：

$$\overset{+7}{2KMnO_4} + \overset{+3}{5KNO_2} + 3H_2SO_4 \longrightarrow \overset{+2}{2MnSO_4} + \overset{+5}{5KNO_3} + K_2SO_4 + 3H_2O$$
（氧化剂）　（还原剂）　　　　　（还原产物）　（氧化产物）

上述反应方程式中，高锰酸钾是氧化剂，锰元素的氧化值从 $+7$ 降低到 $+2$，本身被还原，还原产物是硫酸锰；亚硝酸钠是还原剂，氮元素的氧化值从 $+3$ 升高到 $+5$，本身被氧化，氧化产物是硝酸钾。在这个反应中，硫酸虽然参加了反应，但氧化数没有变化，通常称硫酸溶液为介质。

又如在 Cl_2 与 $NaOH$ 反应中，只有氯元素的氧化数元素发生了改变，反应如下：

$$\overset{0}{Cl_2}+2NaOH \longrightarrow \overset{+1}{NaClO}+\overset{-1}{NaCl}+H_2O$$

Cl_2 既是氧化剂又是还原剂。像这类同种物质中同一种元素的氧化数发生变化的氧化还原反应叫做歧化反应，它是自身氧化还原反应的一种特殊形式。在此反应中，一半的氯是氧化剂，一半的氯是还原剂。

3. 氧化还原电对

在氧化-还原反应中，失去电子发生氧化反应，得到电子发生还原反应，氧化和还原反应同时发生。如锌与硫酸铜溶液的反应：

$$Zn+CuSO_4 \longrightarrow ZnSO_4+Cu \tag{4-18}$$
氧化反应 $$Zn-2e \longrightarrow Zn^{2+} \tag{4-19}$$
还原反应 $$Cu^{2+}+2e \longrightarrow Cu \tag{4-20}$$

反应式（4-19）＋反应式（4-20）就得到反应式（4-18）。所以氧化反应式（4-19）和还原反应式（4-20）分别叫做半反应，任何氧化还原反应都是由两个半反应组成。反应式

（4-19）是还原剂 Zn 失电子被氧化的半反应，反应式（4-20）是氧化剂 Cu^{2+} 得到电子被还原的半反应。在每个半反应中，同一种元素的两个不同氧化值的物种组成一对电对。

反应式（4-19）中的电对表示为：Zn^{2+}/Zn。

反应式（4-20）中的电对表示为：Cu^{2+}/Cu。

电对中氧化值高的物质为氧化型，氧化值低的物质为还原型。通常电对表示为：氧化型/还原型。

二、原电池

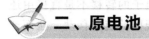 **问题 4-15** 将锌片放入盛有 100mL 1mol/L 的 $CuSO_4$ 溶液的烧杯中，观察现象。若在盛有 1mol/L $ZnSO_4$ 溶液的烧杯中，插入锌片；在盛有 1mol/L $CuSO_4$ 溶液的烧杯中，插入铜片。两个烧杯之间用倒置的 U 形管相连（U 形管内是装有饱和 KCl 溶液的琼脂胶冻，这样溶液不致流出，而离子可在其中移动，这种 U 形管叫做盐桥）。将锌片、铜片用导线与安培计相连形成外电路，观察现象。如图 4-1 所示。

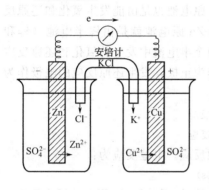

图 4-1　铜锌原电池装置

将锌片放入盛有 100mL 1mol/L 的 $CuSO_4$ 溶液的烧杯中，很快就能观察到红色的金属铜不断地沉积在锌片上，硫酸铜的蓝颜色渐渐变浅，与此同时还伴随着锌片的溶解，化学能以热的形式散发到环境中。此反应实际是一个典型的置换反应。在反应中，由于锌与硫酸铜直接接触，电子由锌直接转移给铜离子，发生了锌的氧化反应和铜的还原反应。反应的离子方程式如下：

$$Zn + Cu^{2+} \longrightarrow Zn^{2+} + Cu$$

当锌片和铜片分别插在两个溶液中，形成闭合电路时，安培计的指针发生了偏转。说明有电流产生，指针偏向铜片，说明电流从锌片流向铜片。

Zn 不直接接触硫酸铜溶液也能将电子转移给 Cu^{2+}。这种借助氧化还原反应，使电子的移动变成定向移动而形成电流的装置，就称为原电池。见表 4-7。

表 4-7　Cu-Zn 原电池的现象

装　置	现　　象
Cu-Zn 原电池	安培计指针发生偏转，表明金属导线上有电流通过。根据指针偏转方向判定锌片为负极，铜片为正极 在铜片上有金属沉积出来，而锌片则溶解 取出盐桥，安培计指针回零点；放入盐桥，指针又发生偏转。说明盐桥起了使整个装置构成通路的作用

上述现象发生的原因如下。

Zn 失去电子成为 Zn^{2+} 进入溶液中，发生氧化反应：

$$Zn(s) - 2e \longrightarrow Zn^{2+}$$

电子沿导线移向铜片，溶液中的 Cu^{2+} 从铜片上获得电子，成为金属铜沉积在铜片上，发生了还原反应：

$$Cu^{2+} + 2e \longrightarrow Cu(s)$$

电子定向地从外电路由 Zn 流向 Cu，形成电子流，那么电流就由 Cu 流向 Zn。所以，

Cu 是正极，Zn 是负极。

在 Cu-Zn 原电池中，随着锌片的溶解，$ZnSO_4$ 溶液中 Zn^{2+} 增多而带正电荷，同时，$CuSO_4$ 溶液中由于 Cu^{2+} 变为 Cu，使得 SO_4^{2-} 增多而带负电。溶液不能保持电中性，将阻止电子继续从锌片流向铜片。由于盐桥的存在，使阴离子 Cl^- 向 $ZnSO_4$ 溶液扩散和迁移，阳离子 K^+ 向 $CuSO_4$ 溶液扩散和迁移，分别中和过剩电荷，保持溶液的电中性，使锌的溶解和铜析出过程可以继续进行。

上述装置的反应就是金属锌置换铜离子的反应。只是此反应中电子的转移不是直接由还原剂锌给氧化剂铜离子的，而是通过外电路进行转移，电子进行有规则的定向移动，从而产生电流，实现了由化学能到电能的转变。类似这种借助于自发的氧化还原反应产生电流的装置，都叫做原电池。

氧化还原反应是由氧化和还原两个"半反应"组成，原电池也是由能发生氧化和还原反应的两个"半电池"组成，半电池也可称为电极。如 Cu-Zn 原电池就是由锌半电池（锌和锌盐溶液）和铜半电池（铜和铜盐溶液）组成，分别在两个半电池中发生的氧化和还原反应叫做半电池反应或者电极反应，把发生氧化反应的电极作为正极，发生还原反应的电极作为负极。半电池反应如下。

正极（Cu） $Cu^{2+}+2e \longrightarrow Cu(s)$ 氧化反应

负极（Zn） $Zn(s)-2e \longrightarrow Zn^{2+}$ 还原反应

两个半电池反应合并构成原电池总反应，也称为电池反应。电池反应为：

$$Zn(s)+Cu^{2+} \longrightarrow Zn^{2+}+Cu(s)$$

原电池的装置可以用简单点的符号来表示，称为电池符号。如 Cu-Zn 原电池可表示为：

$$(-)Zn \mid Zn^{2+}(c_1) \parallel Cu^{2+}(c_2) \mid Cu(+)$$

书写电池符号规定：将发生氧化反应的负极写在左边，发生还原反应的正极写在右边；用"｜"表示电极与电解质溶液之间的界面；用"‖"表示盐桥；c 表示溶液浓度，当溶液浓度为 1mol/L 时，可以不写。

从理论上讲，任何一个能自发进行的氧化还原反应都能构成原电池。

 **例题 4-14** 将下列氧化还原反应设计成原电池，并写出它的电池符号。

$$Sn^{2+}+2Fe^{3+} \longrightarrow Sn^{4+}+2Fe^{2+}$$

解 氧化还原反应的总反应就是原电池的电池反应，而电池反应是由两个半电池反应（电极反应）构成。上述反应中 Sn^{2+} 失去电子给 Fe^{3+}，电子的方向从 Sn^{4+}/Sn^{2+} 半电池流入 Fe^{3+}/Fe^{2+} 半电池。两个半电池反应为：

正极（氧化反应） $Fe^{3+}+e \longrightarrow Fe^{2+}$

负极（还原反应） $Sn^{2+}-2e \longrightarrow Sn^{4+}$

在两个半电池中插入铂片作导体（铂和石墨不参加氧化和还原反应，仅仅只起导电作用），再用盐桥、导线等连接起来成为原电池。原电池符号为：

$$(-)Pt \mid Sn^{4+}(c_1),Sn^{2+}(c_1') \parallel Fe^{3+}(c_2),Fe^{2+}(c_2') \mid Pt(+)$$

在电池符号中，同一半电池中两种物质的离子式或分子式用","分开。

三、电极电势

 问题 4-16 能否利用物理学的知识设计一个装置，来通过实验测定原电池的电动势。

查阅相关资料，了解测定原理并动手测定一种或几种原电池的电动势。

接通原电池的外电路，两极间有电流通过，表明两个电极之间存在电势差，即正极的电极电势高些，负极的电极电势低些，电流的方向从电势高的正极流向电势低的负极。如同水的流动，是由地势高处流向地势低处一样。如果两个电极的电极电势是已知的，两者之差即为原电池的电动势，可是通过上述实验可知，只能测定原电池的电池电动势，每个电极的电极电势还不能直接测得。考虑到电池电动势是两个电极的电极电势之差，为了得到每个电极的电极电势数值，要规定一个统一的标准。这个标准就是标准氢电极。

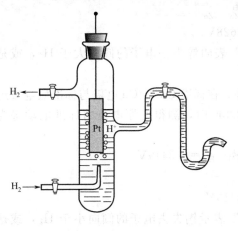

图 4-2　标准氢电极

1. 标准氢电极

到目前为止都无法测定出电极电势的绝对值，通常所说的电对的电极电势都是相对电极电势值。那么电对的电极电势是怎么测出来的呢？为了测量各种电对的电极电势相对值，必须选定一个电对的电势作为参比标准，将其他电对的电势与它比较，从而求出各电对的电势相对值，犹如海拔高度是把海的平均水平面作为比较标准一样。通常选用标准氢电极为标准电极，装置见图4-2，并规定其标准电极电势为零。

（1）标准氢电极的组成

标准氢电极是将铂片镀上一层蓬松的铂黑，把它浸入 H^+ 浓度为 1mol/L 的稀硫酸溶液中，在 298K 时不断通入压力为 101.325kPa 的高纯氢气，使铂黑上吸附的氢气达到饱和。被铂黑吸附的 H_2 与溶液中的 H^+ 建立了如下平衡：

$$2H^+ + 2e \longrightarrow H_2$$

在 298K 时，由 101.325kPa 氢气饱和了的铂黑与氢离子浓度为 1mol/L 的酸溶液构成的电极叫做标准氢电极。规定标准氢电极的电极电势为零。表示为：

$$\varphi_{H^+/H_2}^{\ominus} = 0.0000V$$

（2）标准电极电势

电极电势的大小主要取决于物质的本性，但也与体系的温度、浓度、气体压力等外界因素有关。人们规定：测定时温度为 298K，纯气态物质的压力为 100kPa、液体和固体物质都是纯物质、溶液中组成电极的离子浓度为 1mol/L 时的状态作为电极的标准状态。在标准状态下的电极电势称为标准电极电势，用符号 $\varphi^{\ominus}$ 表示。例如：

$$Pt \mid H_2(101.325kPa) \mid H^+(1mol/L)$$

2. 标准电极电势的测定

标准电极电势的测定是将标准氢电极与其他各种标准状态下的电极组成原电池，测得这些电池的电动势，从而计算各种电极的标准电极电势。

例如测定 Zn^{2+}/Zn 电对的标准电极电势是将纯净的 Zn 片放在 1mol/L $ZnSO_4$ 溶液中，把它和标准氢电极用盐桥连接起来，组成一个原电池。

氢电极为正极，锌电极为负极。电池反应为：

$$Zn + 2H^+ \longrightarrow Zn^{2+} + H_2 \uparrow$$

原电池符号为：

$$(-)Zn \mid Zn^{2+}(1mol/L) \parallel H^+(1mol/L) \mid H_2(100kPa) \mid Pt(+)$$

在 298K 时，测得标准氢电极和标准锌电极所组成的原电池的标准电动势（$E^\ominus$）为 0.7628V，它等于正极的标准电极电势与负极的标准电极电势的差值，即：

$$E^\ominus = \varphi_+^\ominus - \varphi_-^\ominus = \varphi_{H^+/H_2}^\ominus - \varphi_{Zn^{2+}/Zn}^\ominus = 0.7628V$$
$$0.7628V = 0 - \varphi_{Zn^{2+}/Zn}^\ominus$$
$$\varphi_{Zn^{2+}/Zn}^\ominus = -0.7628V$$

Zn^{2+}/Zn 电对的标准电极电势带有负号。"$-$"表明锌失去电子的倾向大于 H_2，或是 Zn^{2+} 获得电子变成金属锌的倾向小于 H^+。

用同样的方法可测得 Cu^{2+}/Cu 电对的电极电势。在标准 Cu^{2+}/Cu 电极与标准氢电极组成原电池中，铜电极为正极，氢电极为负极。在 298K 时，测得此原电池的标准电动势为 0.3419V，即：

$$E^\ominus = \varphi_+^\ominus - \varphi_-^\ominus = \varphi_{Cu^{2+}/Cu}^\ominus - \varphi_{H^+/H_2}^\ominus = 0.3419V$$
$$0.3419V = \varphi_{Cu^{2+}/Cu}^\ominus - 0$$
$$\varphi_{Cu^{2+}/Cu}^\ominus = +0.3419V$$

Cu^{2+}/Cu 电对的标准电极电势带有正号。"$+$"表示铜失去电子的倾向小于 H_2，或是 Cu^{2+} 获得电子变成金属铜的倾向大于 H^+。

用上述的方法可以测定各种氧化还原电对的标准电极电势。但是对某些剧烈与水反应而不能直接测定的电极，如 Na^+/Na、F_2/F^- 等的电极则可以通过热力学数据用间接方法来计算标准电极电势。将各种氧化还原电对的标准电极电势的代数值按照由小到大的顺序排列的表，称为标准电极电势表。

为了能正确使用标准电极电势表，应注意以下几个问题。

① 电极电势表中每一电对的电极反应都以还原反应的形式统一书写：

$$氧化型 + ne \longrightarrow 还原型$$

如电极反应 $Cl_2 + 2e \longrightarrow 2Cl^-$ 和 $MnO_4^- + 8H^+ + 5e \longrightarrow Mn^{2+} + 4H_2O$ 中 Cl_2 和 MnO_4^- 是氧化型，而 Cl^- 和 Mn^{2+} 是还原型，它们之间是相互依存的。

② 电对 $\varphi^\ominus$ 值的正负号不因电极反应进行的方向而改变。如锌电极的电极反应为：

$$Zn^{2+} + 2e \longrightarrow Zn \qquad \varphi^\ominus = -0.7628V$$
$$Zn - 2e \longrightarrow Zn^{2+} \qquad \varphi^\ominus = -0.7628V$$

③ $\varphi^\ominus$ 代数值越大，电对中氧化型物质获得电子的倾向越大，氧化能力越强，是较强的氧化剂，而其对应的还原型物质就很难失去电子，还原能力减小，是较弱的还原剂。反之，$\varphi^\ominus$ 代数值越小，电对中还原型物质失去电子的倾向越大，还原能力越强，是较强的还原剂，而其对应的氧化型物质就很难得到电子，氧化能力减小，是较弱的氧化剂。因此，对同一电对而言，氧化型的氧化能力越强，其还原型的还原能力越弱；反之亦然。这种关系与共轭酸碱对之间的关系类似。

④ 同一种物质在某一电对中是氧化型，在另一电对中可以是还原型。例如 Fe^{2+} 在 Fe^{2+}/Fe 电对中是氧化型，$Fe^{2+} + 2e \longrightarrow Fe(\varphi^\ominus = -0.44V)$；而在电对 Fe^{3+}/Fe^{2+} 电对中是还原型，$Fe^{3+} + e \longrightarrow Fe^{2+}(\varphi^\ominus = +0.77V)$。所以在讨论 Fe^{2+} 的氧化和还原性质时，要会查阅和理解相关 Fe^{2+} 的电极电势。如果是讨论 Fe^{2+} 作为还原剂而被氧化为 Fe^{3+}，则必须用与还原型的 Fe^{2+} 相对应的电对的 $\varphi^\ominus$ 值，即 $\varphi^\ominus = +0.77V$；若讨论 Fe^{2+} 是作为氧化剂而被还原为单质 Fe，则必须用与氧化型的 Fe^{2+} 相对应的电对的 $\varphi^\ominus$ 值，即 $\varphi^\ominus = -0.44V$。因此，用电极电势值判断氧化型氧化能力和还原型还原能力强弱程度时要注意：比较还原能

力必须用还原型物质所对应的 $\varphi^{\ominus}$ 值，比较氧化能力必须用氧化型物质所对应的 $\varphi^{\ominus}$ 值。

⑤ $\varphi^{\ominus}$ 值没有加和性，因此与电极反应中物质的化学计量系数无关。例如，$Cl_2 + 2e \longrightarrow$ $2Cl^-$，$\varphi^{\ominus} = +1.36V$，也可书写成 $\frac{1}{2}Cl_2 + e \longrightarrow Cl^-$，其 $\varphi^{\ominus}$ 值不变，仍然是 $\varphi^{\ominus} = +1.36V$。

⑥ 电极电势值往往与溶液的酸碱性有关，因此标准电极电势表又分为酸表和碱表，或是在表中直接注明酸碱介质的情况。$\varphi_a^{\ominus}$ 表示酸性介质中的电极电势值，$\varphi_b^{\ominus}$ 表示碱性介质中的电极电势值。在电极反应中，H^+ 无论在反应物还是生成物中，都查酸表，OH^- 无论在反应物还是生成物中，都查碱表。

3. 电极电势的计算

电极电势的大小主要与电极的本性有关，此外还与温度、溶液浓度及气体的分压有关。化学手册中的标准电极电势值是在 298K 时，各物质溶液的浓度均为 1mol/L，气体压力为 100kPa 条件的这个标准状态时所测定的数据。但实际电极不可能总处于标准状态。因此有必要得到实际反应条件下的电极电势。1889 年，德国化学家能斯特（H. W. Nerst）通过热力学理论推导出电极电势与反应温度、反应中各物质的浓度或气体物质的压力之间的定量关系式，称为能斯特方程。若任意给定的电极反应式为：

$$a(氧化型) + ne \longrightarrow b(还原型)$$

则能斯特方程为：
$$\varphi = \varphi^{\ominus} + \frac{RT}{nF}\ln\frac{c^a(氧化型)}{c^b(还原型)} \tag{4-21a}$$

式中　　　　　　φ——非标准状态下的电极电势；

$\varphi^{\ominus}$——电极的标准电极电势；

R——气体常数，8.314J/(mol·K)；

T——热力学温度，K；

F——法拉第常数，96487C/mol；

n——电极反应中转移的电子数；

$c(氧化型)$，$c(还原型)$——氧化型和还原型的浓度。

若将相关常数代入式（4-21a），自然对数换成常用对数，温度在常温 25℃时，能斯特方程可以表示为：

$$\varphi = \varphi^{\ominus} + \frac{0.0592}{n}\lg\frac{c^a(氧化型)}{c^b(还原型)} \tag{4-21b}$$

应用能斯特方程时应注意如下事项。

① 若组成电对的物质为固体或纯液体时，则它们的浓度不列入方程中。
$$Br_2(l) + 2e \longrightarrow 2Br^-$$
$$\varphi_{Br_2/Br^-} = \varphi_{Br_2/Br^-}^{\ominus} + \frac{0.0592}{2}\lg\frac{1}{c_{Br^-}^{'2}} = \varphi_{Br_2/Br^-}^{\ominus} - 0.0592\lg c'(Br^-)$$

② 有气体参加电极反应时，用其分压代替浓度项。例如：
$$Cl_2(g) + 2e \longrightarrow 2Cl^-$$
$$\varphi_{Cl_2/Cl^-} = \varphi_{Cl_2/Cl^-}^{\ominus} + \frac{0.0592}{2}\lg\frac{p'(Cl_2)}{c'^2(Cl^-)}$$

③ 如果在电极反应中，除了氧化型、还原型物质外，还有其他参加电极反应的其他物质如 H^+、OH^- 存在，要把这些物质的浓度也表示在能斯特方程中。例如：
$$Cr_2O_7^{2-} + 14H^+ + 6e \longrightarrow 2Cr^{3+} + 7H_2O$$
$$\varphi_{Cr_2O_7^{2-}/Cr^{3+}} = \varphi_{Cr_2O_7^{2-}/Cr^{3+}}^{\ominus} + \frac{0.0592}{6}\lg\frac{c'(Cr_2O_7^{2-})c'^{14}(H^+)}{c'^2(Cr^{3+})}$$

例题 4-15 已知 $Fe^{3+}+e \longrightarrow Fe^{2+}$，$\varphi^{\ominus}=0.771V$。试求：

Fe^{3+} 浓度不变，当 $c(Fe^{2+})=0.001mol/L$ 时电对的电极电势；

Fe^{2+} 浓度不变，当 $c(Fe^{3+})=0.001mol/L$ 时电对的电极电势。

解 ① Fe^{3+} 浓度不变，即 $c(Fe^{3+})=1.00mol/L$

将 $c(Fe^{3+})=1.00mol/L$，$c(Fe^{2+})=0.001mol/L$ 代入能斯特方程得

$$\varphi_{Fe^{3+}/Fe^{2+}}=\varphi^{\ominus}_{Fe^{3+}/Fe^{2+}}+\frac{0.0592}{1}\lg\frac{c'(Fe^{3+})}{c'(Fe^{2+})}=0.771+0.0592\lg\frac{1.00}{0.001}=0.95(V)$$

② 同理，将 $c(Fe^{2+})=1.00mol/L$，$c(Fe^{3+})=0.001mol/L$ 代入能斯特方程得

$$\varphi_{Fe^{3+}/Fe^{2+}}=\varphi^{\ominus}_{Fe^{3+}/Fe^{2+}}+\frac{0.0592}{1}\lg\frac{c'(Fe^{3+})}{c'(Fe^{2+})}=0.771+0.0592\lg\frac{0.001}{1.00}=0.59(V)$$

由计算结果可知，当减小 Fe^{2+} 浓度（还原型物质浓度）时，电极电势值将会增大；当减小 Fe^{3+} 浓度（氧化型物质浓度）时，电极电势值将会减小。这一结果也可以用平衡移动原理加以解释。

在 $Fe^{3+}+e \longrightarrow Fe^{2+}$ 的氧化-还原平衡体系中，当 Fe^{2+} 浓度（还原型物质浓度）减小，平衡向右移动，表明 Fe^{3+} 得电子趋势越来越大，氧化能力增强，电极电势值将增大；当 Fe^{3+} 浓度（氧化型物质浓度）减小，平衡向左移动，表明 Fe^{2+} 失电子的趋势越来越大，还原能力增强，电极电势值将减小。由此得到，电对中氧化型物质的浓度减小（增大）时，其电极电势值减小（增大）；电对中还原性物质的浓度增大（减小）时，其电极电势值减小（增大）。

在有 H^+ 或 OH^- 参加电极反应的电极电极中，酸度的改变也会使电极电势值发生改变。

例题 4-16 已知 $MnO_4^-+8H^++5e \longrightarrow Mn^{2+}+4H_2O$，$\varphi^{\ominus}=1.51V$，氧化型物质和还原型物质的浓度均为 $1mol/L$，若在溶液中加入 Na_2CO_3 溶液，使溶液的 $pH=2$，求此时的电极电势为多少？

解 已知 $c(MnO_4^-)=c(Mn^{2+})=1.00mol/L$，$c(H^+)=1.0\times10^{-2}mol/L$，则

$$\varphi_{MnO_4^-/Mn^{2+}}=\varphi^{\ominus}_{MnO_4^-/Mn^{2+}}+\frac{0.0592}{5}\lg\frac{c'(MnO_4^-)c'^8(H^+)}{c'(Mn^{2+})}$$

$$=1.51+\frac{0.0592}{5}\lg(1.0\times10^{-2})^8=1.32(V)$$

由计算可知，MnO_4^- 的氧化性随着酸度的降低明显减弱。所以，溶液介质酸碱性强弱对 MnO_4^- 的氧化能力有影响。

4. 电极电势的应用

(1) 判断氧化剂和还原剂的相对强弱

根据标准电极电势值的大小，可以判断氧化剂和还原剂的相对强弱。

例题 4-17 根据标准电极电势，在下列电对中找出最强的氧化剂和最强的还原剂，并列出各氧化型物质的氧化能力和还原物质的还原能力强弱的次序：

$$ClO_3^-/Cl^-,NO_3^-/NO,Fe^{3+}/Fe^{2+},Sn^{4+}/Sn^{2+}$$

解 根据电极电势表查出各电对的电极电势为：

$$ClO_3^-+6H^++6e \longrightarrow Cl^-+3H_2O \qquad \varphi^{\ominus}=1.45V$$
$$NO_3^-+4H^++3e \longrightarrow NO+2H_2O \qquad \varphi^{\ominus}=0.96V$$
$$Fe^{3+}+e \longrightarrow Fe^{2+} \qquad \varphi^{\ominus}=0.771V$$
$$Sn^{4+}+2e \longrightarrow Sn^{2+} \qquad \varphi^{\ominus}=0.151V$$

电对 ClO_3^-/Cl^- 的 $\varphi^\ominus$ 值最大，说明氧化型物质 ClO_3^- 是最强的氧化剂；电对 Sn^{4+}/Sn^{2+} 的 $\varphi^\ominus$ 最小，说明还原型物质 Sn^{2+} 是最强的还原剂。

各氧化型物质氧化能力的顺序为：$ClO_3^->NO_3^->Fe^{3+}>Sn^{4+}$

各还原型物质还原能力的顺序为：$Sn^{2+}>Fe^{2+}>NO>Cl^-$

（2）判断氧化还原反应进行的方向

利用标准电极电势判断氧化还原反应方向，就是把氧化还原反应组装成原电池，根据原电池电动势是否大于零，判断氧化还原反应能否自发进行。具体的步骤如下：

① 根据氧化还原方程式中氧化数的变化，确定氧化剂和还原剂；

② 根据电极电势表，查出氧化剂电对和还原剂电对的标准电极电势；

③ 根据原电池原理，失电子的还原剂电对作负极，得电子的氧化剂作正极，并计算原电池的电动势；

④ 如果 $E>0$，则反应自发正向（向右）进行，如果 $E<0$，则反应自发逆向（向左）进行。

例题 4-18 判断反应 $2Fe^{3+}+Cu\longrightarrow 2Fe^{2+}+Cu^{2+}$ 在标准状态下自发进行的方向。

解 根据氧化数的变化，Fe^{3+} 是氧化剂，Cu 是还原剂。由 Fe^{3+}/Fe^{2+} 和 Cu^{2+}/Cu 组成原电池，电极反应为：

正极　　　　　$Fe^{3+}+e\longrightarrow Fe^{2+}$　　　$\varphi^\ominus_{Fe^{3+}/Fe^{2+}}=0.771V$

负极　　　　　$Cu-2e\longrightarrow Cu^{2+}$　　　$\varphi^\ominus_{Cu^{2+}/Cu}=0.342V$

$$E^\ominus=\varphi^\ominus_{Fe^{3+}/Fe^{2+}}-\varphi^\ominus_{Cu^{2+}/Cu}=0.771V-0.337V=0.434V$$

$E^\ominus>0$，反应能自发向右进行。

例题 4-19 判断当 $c(Sn^{2+})=1mol/L$，$c(Pb^{2+})=0.1mol/L$ 时，下列反应能否自发向右进行？

$$Pb^{2+}+Sn\rightleftharpoons Pb+Sn^{2+}$$

已知，$\varphi^\ominus_{Sn^{2+}/Sn}=-0.136V$，$\varphi^\ominus_{Pb^{2+}/Pb}=-0.126V$。

解 从反应式可以看出，Pb^{2+} 得电子，发生还原反应，做原电池的正极；Sn 失去电子，发生氧化反应，做原电池的负极。根据能斯特方程可知

$$E=E^\ominus-\frac{0.0592}{2}\lg\frac{c'(Sn^{2+})}{c'(Pb^{2+})}$$
$$=\varphi^\ominus_{Pb^{2+}/Pb}-\varphi^\ominus_{Sn^{2+}/Sn}-\frac{0.0592}{2}\lg\frac{c'(Sn^{2+})}{c'(Pb^{2+})}$$
$$=-0.126+0.136-\frac{0.0592}{2}\lg\frac{1}{0.1}$$
$$=-0.02(V)<0$$

所以反应 $Pb^{2+}+Sn\rightleftharpoons Pb+Sn^{2+}$ 在该条件下不能自发向右进行，而是自发逆向进行。

例题 4-18 是利用标准电池电动势判断氧化还原反应自发进行的方向，而例题 4-19 是利用电池电动势判断氧化还原反应方向。严格来讲，如果是非标准状态下，是要用电池电动势判断氧化还原反应方向的。电动势越大，反应自发正向进行的趋势越大；反之，电动势越小，反应自发进行的趋势就越小。但是在实际应用中往往忽略了浓度变化对电池电动势的影响，而是直接用标准电极电势相减得到电池电动势值，判断反应方向。因为从例题 4-19 可以看出，当两种离子浓度相差十倍时，电池电动势相差 0.0296V；若相差 100 倍时，电池电动势相差 0.0592V。因此离子浓度对电池电动势的影响不够明显。利用标准电池电动势判断

氧化还原反应自发方向的一般规则是：当 $E^\ominus > 0.2V$ 时，反应正向进行比较完全；$E^\ominus < 0.2V$ 时，反应逆向进行较完全；当 $-0.2V < E^\ominus < 0.2V$ 时，反应可能正向进行也可能逆向进行，此时可通过控制反应条件使反应方向发生改变。

例题 4-20 试判断反应 $MnO_2 + HCl(浓) \longrightarrow MnCl_2 + Cl_2 + H_2O$ 在 25℃时的标准状态（100kPa，离子浓度均为 1mol/L）下能否自发向右进行？实验室中为什么能用 MnO_2 和浓 HCl 制取 Cl_2？

解 查表可知：

正极 $MnO_2 + 4H^+ + 2e \longrightarrow Mn^{2+} + 2H_2O$ $\varphi^\ominus_{MnO_2/Mn^{2+}} = 1.23V$

负极 $2Cl^- - 2e \longrightarrow Cl_2$ $\varphi^\ominus_{Cl_2/Cl^-} = 1.36V$

$$E^\ominus = \varphi^\ominus_{MnO_2/Mn^{2+}} - \varphi^\ominus_{Cl_2/Cl^-} = 1.23V - 1.36V = -0.13V < 0$$

反应不能自发向右进行。

在实验室制取 Cl_2 时，用 12mol/L 的浓盐酸与 MnO_2 反应。根据能斯特方程分别计算上述两电对的电极电势。假定 $c(Mn^{2+}) = 1.0mol/L$，$p(Cl_2) = 100kPa$。则 $c'(Mn^{2+}) = 1.0$，$p'(Cl_2) = 1$。

$$\varphi_{MnO_2/Mn^{2+}} = \varphi^\ominus_{MnO_2/Mn^{2+}} + \frac{0.0592}{2} \lg \frac{c'(H^+)}{c'(Mn^{2+})} = 1.23 + \frac{0.0592}{2} \lg \frac{12^4}{1} = 1.36(V)$$

$$\varphi_{Cl_2/Cl^-} = \varphi^\ominus_{Cl_2/Cl^-} + \frac{0.0592}{2} \lg \frac{p'(Cl_2)}{c'^2(Cl^-)} = 1.36 + \frac{0.0592}{2} \lg \frac{1}{12^2} = -1.30(V)$$

$$E = \varphi_{MnO_2/Mn^{2+}} - \varphi_{Cl_2/Cl^-} = 1.36V - 1.30V = 0.06V > 0$$

因此，实验室可用 MnO_2 和浓 HCl 制取 Cl_2。在实际操作时，还采取加热的方法，以便能加快反应速率，并使 Cl_2 尽快逸出，以减小压力。

（3）判断氧化还原反应进行的程度

任意一个化学反应完成的程度都可以用平衡常数的大小来衡量，氧化还原反应的平衡常数可根据两个电对的电极电势求得。在 298K 时，任一氧化还原反应的平衡常数和对应电对的 $\varphi^\ominus$ 值的关系可以依据能斯特公式推导得出：

$$\lg K^\ominus = \frac{n(\varphi^\ominus_{氧化剂} - \varphi^\ominus_{还原剂})}{0.0592} \tag{4-22}$$

式中，n 是两电对得失电子的最小公倍数。

由式（4-22）可知，氧化还原反应的平衡常数 $K^\ominus$ 值的大小是由氧化剂和还原剂的标准电极电势差来决定的，电势差越大，$K^\ominus$ 值就越大，反应就越完全。

例题 4-21 试估计反应：$Zn + Cu^{2+} \longrightarrow Zn^{2+} + Cu$ 在 298K 下进行的程度。

解 根据式（4-22）得

$$\lg K^\ominus = \frac{n(\varphi^\ominus_{Cu^{2+}/Cu} - \varphi^\ominus_{Zn^{2+}/Zn})}{0.0592}$$

查标准电极电势表可知：$\varphi^\ominus_{Cu^{2+}/Cu} = 0.337V$，$\varphi^\ominus_{Zn^{2+}/Zn} = -0.7628V$

由于 $n = 2$

$$\lg K^\ominus = \frac{n(\varphi^\ominus_{Cu^{2+}/Cu} - \varphi^\ominus_{Zn^{2+}/Zn})}{0.0592} = \frac{2(0.337 + 0.7628)}{0.0592} = 37.213$$

$$K^\ominus = 1.63 \times 10^{37}$$

$K^\ominus$ 很大，说明反应向右进行得很完全。

以上讨论说明由电极电势可以判断氧化还原反应进行的方向和程度，但不能判断反应速率的快慢。一般情况下，氧化还原反应的速率比酸碱反应和沉淀反应的速率要小一些。特别是有结构复杂的含氧酸根参与反应，更是如此。有时氧化剂与还原剂的电极电势之差已足够大，反应应该很完全，但是由于反应速率很小，实际上却见不到反应发生。例如，MnO_4^- 与 Ag 在酸性溶液中的反应：

$$MnO_4^- + 5Ag + 8H^+ \Longrightarrow Mn^{2+} + 5Ag^+ + 4H_2O$$

$$E^\ominus = \varphi^\ominus_{MnO_4^-/Mn^{2+}} - \varphi^\ominus_{Ag^+/Ag} = 1.51V - 0.799V = 0.711V > 0.2$$

虽然上述反应理应发生，但是实际上却很难。如果在溶液中加入少量的 Fe^{3+} 后，MnO_4^- 离子的紫红色很快褪去，是因为 Fe^{3+} 起了催化作用。因此工业生产上选择化学反应时，不但要考虑反应进行的方向和程度，还要考虑反应的速率问题。

 四、电解

问题 4-17　在 3 个 100mL 的小烧杯中分别加入 2mol/L 的 NaCl、CH_3COOH、蔗糖水溶液。分别在每个溶液中插入 2 片金属片，外电路连接 1 节电池和小灯泡 1 个，闭合电路，分别观察比较灯泡是否发光以及发光的强度如何。判断哪个溶液能够导电，思考为什么会导电。

1. 电解质溶液

电解质溶液是指溶于溶剂时能形成带相反电荷的离子，从而具有导电能力的物质。电解质在溶剂中解离成正、负离子的现象称为解离。根据电解质解离度的大小，电解质被分为强电解质和弱电解质。强电解质在溶液中几乎全部解离成正、负离子，如 HCl、NaCl、K_2SO_4 等在水中是强电解质。弱电解质的分子在溶液中部分解离为正、负离子，正、负离子与未解离的电解质分子间存在解离平衡，如 NH_3、CO_2、CH_3COOH 等在水中为弱电解质。

电解质溶液与分子溶液不同，正、负离子间的静电作用力属于长程力，即使是很稀的电解质溶液也偏离理想溶液很远。

2. 电解过程

问题 4-18　工业生产中通过电解氯化钠溶液生产氢氧化钠、氢气和氯气等产品。你知道电解发生的化学反应吗？

为了使电解质溶液能够导电，在溶液中插入 2 片金属导体（或石墨棒）作为电极，通电时把它们和电源的两极联起来，电流通过溶液，使两极表面发生化学反应，即发生了电解过程，如图 4-3 所示。

和电源负极相连的电极称为阴极，与电源正极相连的电极称为阳极。阳极发生氧化反应，给出电子；阴极发生还原反应，接受电子。例如，用惰性电极加一定的外电压电解 $CuCl_2$ 溶液，在外电压作用下，溶液中的 Cu^{2+} 向阴极移动，而 Cl^- 向阳极移动。在两极上分别发生如下反应：

阴极反应　　　　　　　　　　$Cu^{2+} + 2e \longrightarrow Cu$
阳极反应　　　　　　　　　　$2Cl^- \longrightarrow Cl_2 + 2e$
在电解池中发生的总反应　$Cu^{2+} + 2Cl^- \longrightarrow Cu + Cl_2$

（1）**法拉第定律**

法拉第（Faraday）归纳了多次实验的结果，于 1833 年总结出了著名的电解定律，称为法拉第定律。其基本内容是：电解过程

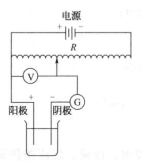
图 4-3　电解池

中在两个电极上发生化学变化的物质的物质的量与通入的电量成正比。

法拉第定律的数学表达式为：

$$n_i = \frac{Q}{ZF} \tag{4-23a}$$

式中　i——参加电极反应的物质；

Q——通过电解池的电量，C（库仑）；

F——法拉第常数，C/mol；

Z——电极反应中得失电子数；

n_i——发生电极反应物质的物质的量，mol。

式（4-23a）又可表示为：

$$Q = n_i ZF \tag{4-23b}$$

$$Q = It = \frac{m_i}{M_i}ZF \tag{4-23c}$$

式中　m_i——发生电极反应物质的质量，g 或 kg；

M_i——发生电极反应物质的摩尔质量，kg/mol；

I——通过电解池的电流强度，A；

t——通电时间，s。

在使用法拉第定律时要注意基本单元的选取。确定了所取粒子的基本单元，就可使式中的 M_B 和 Z 的取值对应起来。

例如，电解 $Au(NO_3)_3$ 溶液，通入一定的电量，在阴极上析出 $Au(s)$ 的质量，随基本单元的选取不同计算如下：

① $$Au^{3+} + 3e \longrightarrow Au(s)$$

所选取粒子的基本单元为 Au（s），其摩尔质量为 $M(Au) = 197.0$ g/mol，$Z=3$。

② $$\frac{1}{3}Au^{3+} + e \longrightarrow \frac{1}{3}Au(s)$$

所取粒子的基本单元为 Au（s），其摩尔质量为 $(1/3) \times 197.0$ g/mol，$Z=1$。

用两种不同的方法代入法拉第定律中计算，析出 Au(s) 的质量是相同的。

 例题 4-22　用铂电极电解 $CuCl_2$ 水溶液，以强度为 20A 的电流通电 20min，试计算：

① 在阴极上析出多少克铜？已知 $M(Cu) = 63.546$ g/mol。

② 温度为 298K，压力为 100kPa 时，在阳极上析出 Cl_2 的体积。

解　①阴极反应：$Cu^{2+} + 2e \longrightarrow Cu$

根据法拉第定律 $$It = \frac{m_i}{M_i}ZF$$

得 $$m(Cu) = \frac{ItM(Cu)}{ZF} = \frac{63.546 \times 20 \times 20 \times 60}{2 \times 96500} = 7.902(g)$$

② 阳极反应：$2Cl^- \longrightarrow Cl_2 + 2e$

析出 Cl_2 的物质的量为 $$n(Cl_2) = \frac{It}{2F} = \frac{20 \times 20 \times 60}{2 \times 96500} = 0.1244(mol)$$

$$V(Cl_2) = \frac{nRT}{p} = \frac{0.1244 \times 8.314 \times 298}{100 \times 10^3} = 3.082 \times 10^{-3}(m^3)$$

（2）电流效率

法拉第定律是自然科学中最准确的定律之一，它不因物质的种类、性质、反应条件而变，而且实验越精确，所得数据与法拉第定律越吻合。法拉第定律不仅适用于电解池，也适用于原电池中的电极反应。它对电化学的发展起到了奠基的作用。

但是，在实际电解时，由于电极上常发生副反应等因素影响，而使实际发生电化学反应的物质的量都小于按法拉第定律计算的理论值；而实际消耗的电量，往往又比理论上计算的电量多。因此，引入电流效率这一概念：

$$\eta = \frac{m_{实际}}{m_{理论}} \times 100\% \tag{4-24}$$

或
$$\eta = \frac{Q_{理论}}{Q_{实际}} \times 100\% \tag{4-25}$$

因此在实际应用中要考虑到电流效率。

在阴极上发生的是还原反应，凡能在阴极上获得电子的还原反应都能进行。如金属离子还原成金属或 H^+ 还原成 H_2。

(3) 电解时电极上物质析出顺序

电解时，若在阴极上有多种反应可以发生时，析出电势越高的越易进行。如果电解液中含有多种金属离子，则析出电势越高的离子，越易获得电子而优先还原成金属。依据这一点，控制阴极电势就可以将几种金属依次分离。但是，若要分离得完全，相邻两种离子的析出电势通常必须相差 0.2V 以上，否则分离不完全。

从另一方面看，若要使两种金属在阴极上同时析出，只要控制两种金属的析出电势达到相同即可，电解法制造合金就是利用这一原理进行的。例如 Sn^{2+} 和 Pb^{2+} 浓度相同时它们的析出电势相近。只要对浓度稍加调整很容易在阴极上析出铅锡合金。又如 Cu^{2+} 与 Zn^{2+} 的析出电势大约相差 1V，在溶液中加入 CN^- 使其成为配离子，这两种配离子的析出电势比较接近，若进一步控制温度、电流相对密度和 CN^- 的浓度，即可得到组成不同的黄铜合金。

因为溶液的 pH 直接影响了氢的析出电势，因此为使金属离子能在氢之前析出，必须控制溶液的 pH。

在阳极上发生的是氧化反应。若在阳极上有多种反应可能发生时，析出电势越低的反应越优先进行。

若阳极是惰性电极（如 Pt），电解时的阳极反应只能是负离子放电，即 OH^-、Cl^-、Br^-、I^- 等氧化为 O_2、Cl_2、Br_2 和 I_2。如果阳极材料是 Zn 等较为活泼的金属，则电解时的电极反应既可能是电极金属的溶解，也可能是 OH^- 等负离子的放电。此时，析出（或溶解）的先后顺序按析出电势的高低判断。一般的含氧酸根离子，如 SO_4^{2-}、NO_3^-、PO_4^{3-} 等，因析出电势很高，在水溶液中不可能在阳极放电。

五、金属的腐蚀和防腐

当金属和周围介质接触时，由于发生化学作用或电化学作用而引起材料性能的退化与破坏，叫做金属的腐蚀。全世界每年因金属的腐蚀而损耗的金属约 1 亿吨，占年总产量的 20%～40%。有人估计，世界上每年冶金产品的 1/3 将由于腐蚀而报废，其中有 2/3 可再生，其余的因不可再生而散落在地球表面，这是直接的损失。因腐蚀而引起的设备损坏、质量下降、环境污染、有用物质的渗漏以及爆炸、火灾等间接损失更是无法估量的。因此，了解腐蚀发生的原因以及金属保护的知识是十分必要的。如能充分利用防腐知识对金属加以保护，有约 1/4 的损失是完全可以避免的。

1. 金属的腐蚀

 问题 4-19　钢铁制件在潮湿的空气中很容易生锈，地下的金属管道会受腐蚀而穿孔，

铝制品在潮湿的空气中使用后表面会产生一层白色的粉末。这些现象均属于金属腐蚀，你能分析被腐蚀的原理吗？

根据金属腐蚀过程的特点，可将腐蚀分为化学腐蚀和电化学腐蚀两大类。

（1）金属的化学腐蚀

单纯由化学作用引起的腐蚀叫化学腐蚀。金属在干燥的气体或无导电性溶液中的腐蚀，都是化学腐蚀。例如，金属和干燥气体（O_2、Cl_2、SO_2、H_2S 等）接触时，在金属表面上会生成相应的化合物（如氧化物、氯化物、硫化物等）。温度对化学腐蚀的影响很大。如轧钢过程中形成的高温水蒸气对钢铁的腐蚀特别严重，其反应为：

$$Fe + H_2O(g) \longrightarrow FeO + H_2$$
$$2Fe + 3H_2O(g) \longrightarrow Fe_2O_3 + 3H_2$$
$$3Fe + 4H_2O(g) \longrightarrow Fe_3O_4 + 4H_2$$

在生成由 FeO、Fe_2O_3 和 Fe_3O_4 组成的氧化物的同时，还会发生脱碳现象。这主要是由于钢铁中的渗碳体（Fe_3C）与气体介质作用而脱碳：

$$Fe_3C + O_2 \longrightarrow 3Fe + CO_2$$
$$Fe_3C + CO_2 \longrightarrow 3Fe + 2CO$$
$$Fe_3C + H_2O \longrightarrow 3Fe + CO + H_2$$

这样，钢铁表面由于上述反应而使得硬度减小，性能变坏。

（2）金属的电化学腐蚀

当金属与潮湿空气或电解质溶液接触时，因形成微电池而发生电化学作用而引起的腐蚀，叫电化学腐蚀。电化学腐蚀情况最为严重的，如金属的生锈，锅炉壁和管道受锅炉水的腐蚀，船壳和码头台架在海水中的腐蚀等。

当两种金属或两种不同的金属制成的物体相接触，同时又与其他介质（如潮湿空气、其他潮湿气体、水或电解质溶液等）相接触时，就形成了一个原电池，进行原电池的电化学作用。例如在一个铜板上有一个铁的铆钉。长期暴露在潮湿的空气中，表面上会形成一层薄薄的水膜，它

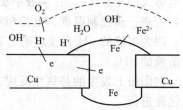

图 4-4　电化学腐蚀示意图

能溶解 CO_2、SO_2、$NaCl$ 等，而在这一薄层水膜中形成电解质溶液，从而形成了原电池。如图 4-4 所示。其中铁是负极，发生氧化反应：

$$Fe(s) \longrightarrow Fe^{2+} + 2e$$

Fe^{2+} 进入水膜中。而释放的电子进入铜板，铜是正极，可能发生两种不同的反应。

析氢腐蚀：氢离子还原成 H_2（g）而析出。

$$2H^+ + 2e \longrightarrow H_2(g) \tag{4-26}$$

$$\varphi_{H^+/H_2} = \frac{0.0592}{2} \lg \frac{p'(H_2)}{c'^2(H^+)}$$

吸氧腐蚀：大气中的 O_2 也会溶解在水中，在阴极上得到电子，而发生还原反应。

$$O_2(g) + 4H^+ + 4e \longrightarrow 2H_2O \tag{4-27}$$

$$\varphi_{O_2/OH^-} = \varphi^{\ominus}_{O_2/OH^-} - \frac{0.0592}{4} \lg \frac{1}{p'(O_2)c'^4(H^+)}$$

$\varphi^{\ominus}_{O_2/OH^-} = 1.229V$，在空气中 $p(O_2) \approx 21kPa$，显然 φ_{O_2/OH^-} 比 φ_{H^+/H_2} 大得多，即吸氧腐蚀比析氢腐蚀易发生，也就是说当有 O_2 存在时 Fe 的腐蚀就更严重。

两种金属紧密接触，形成了微电池，由于电池反应不断进行，Fe 变成 Fe^{2+} 而进入溶液

中，多余的电子移向铜极上被 O_2 及 H^+ 消耗掉，生成 H_2O。Fe^{2+} 与溶液中的 OH^- 结合生成 $Fe(OH)_2$，然后又与潮湿空气中的水分和氧发生作用，最后生成铁锈（铁锈是铁的各种氧化物和氢氧化物的混合物）。

$$Fe^{2+}+2OH^- \longrightarrow Fe(OH)_2$$
$$4Fe(OH)_2+2H_2O+O_2 \longrightarrow 4Fe(OH)_3$$

实际上，工业上使用的金属往往含有一些杂质。若与潮湿介质相接触，杂质与金属之间会形成若干个细小的原电池，称为微电池（或腐蚀电池），而引起金属的腐蚀。腐蚀电池的电动势大小影响腐蚀的倾向和速率。当两种金属一旦构成微电池之后，有电流通过电极，电极就要发生极化作用，而极化作用的结果是要改变腐蚀电池的电动势，从而改变腐蚀的速率。

在金属表面上形成浓差电池也能产生电化学腐蚀。在金属表面各处，由于氧气分布不均匀，形成了浓差电池致使金属被腐蚀。如钢管埋在地下时，土地有沙土部分和黏土部分，沙土部分易渗入氧气而黏土部分不易渗入。这样，埋在沙土部分的钢管接触到的氧气浓度（或分压）就比黏土部分的那段钢管接触到的氧气浓度（或分压）要大。这样，沙土部分的钢管作正极，黏土部分的钢管作负极而被腐蚀。

2. 金属的防腐

问题 4-20　在海上航行的轮船，最初采用的都是在船体外侧贴上锌块来防腐。这种防腐的道理何在？请你进一步了解金属防腐的实例。

根据金属腐蚀的电化学机理，可采用以下一些防腐方法。

（1）正确选材

纯金属的耐腐蚀性一般比含有杂质或少量其他元素的金属好。选材时还应该考虑介质的种类、所处条件（如空气的湿度、溶液的浓度、温度等）。例如对接触还原性或非氧化性的酸和水溶液的材料，通常使用镍、铜及其合金。对于氧化性极强的环境，用钛和钴的合金。

此外，设计金属构件时，应注意避免两种电势差较大的金属直接接触。当必须把这些金属装配在一起时，应使用隔离层。

（2）覆盖保护层

① 非金属涂层　在材料的表面涂覆耐腐蚀的涂料、搪瓷、玻璃、高分子材料（如聚酯等）非金属保护层，使金属与腐蚀介质隔开。

② 金属镀层　一般采用电镀方法，将耐腐蚀性较好的一种金属或合金镀在被保护的金属（或钢铁）表面上。例如，铁上镀锌（锌的电极电势低于铁）是一种阳极镀层；铁上镀锡（锡的电极电势高于铁）是一种阴极镀层。两种镀层的作用都是将铁与腐蚀介质隔开。但若镀层不完整（有缺损）时，镀层与铁就构成自发的腐蚀电池。镀锌时锌是负极，它因氧化而被腐蚀，而铁只传递电子给介质的 H^+，铁并不腐蚀。镀锡时铁是负极，若镀层有破损，则铁的腐蚀比不镀锡时还要加速。

在金属需要贵金属保护时，采用激光电镀是一种新方法。其效率比无激光照射的电镀高 1000 倍。

③ 加缓蚀剂　在腐蚀性介质中加入能减小腐蚀速率的物质可以防止金属被腐蚀。这种能减小腐蚀速率的物质称为缓蚀剂。缓蚀剂可以是无机盐类（如硅酸盐、正磷酸盐、亚硝酸盐等），也可以是有机物。缓蚀剂的用量一般很小，但防腐成效显著，在工业上得到广泛采用。

（3）电化学保护法

① 牺牲阳极保护法　将较活泼的金属和连接在被保护的金属上，形成原电池时，较活

泼的金属将作为负极（阳极）而溶解，而被保护的金属成了正极（它只传递电子给介质），就可以避免腐蚀。例如海上航行的船舶，船底四周镶嵌锌块。此时，船体是正极受保护，锌块是负极而受腐蚀。

这种方法称为牺牲阳极保护法，一般牺牲阳极的材料有铝合金、镁合金和锌合金等。

② 外加电流保护 将被保护的金属与外加直流电源的负极相连，正极接到石墨（或废铁）上，让腐蚀介质作为电解液，这样就构成了一个电解池，被保护的金属成了阴极，石墨（或废铁）成了阳极。例如埋在地下的管道，直流电源的负极接在管道上，正极接在不溶性的石墨上，让潮湿的土壤层作电解液。当直流电持续不断地通过时有：

阴极 $\qquad\qquad\qquad\qquad 2H^+ + 2e \longrightarrow H_2(g)$

阳极 $\qquad\qquad\qquad\qquad 2OH^- \longrightarrow H_2O + \frac{1}{2}O_2(g) + 2e$

这种使管道免受腐蚀的方法叫做阴极保护。如果阳极是废铁，则阳极反应是：

$$Fe \longrightarrow Fe^{2+} + 2e$$

废铁作为阴极做出了牺牲。

③ 阳极保护法 把被保护的金属接到外加电源的正极上，使其表面生成耐腐蚀的钝化膜以达到保护金属的目的。此法只适用于易钝化金属的保护。在强腐蚀的酸性介质中应用较多。

金属防腐的方法很多，可以根据具体情况来选用不同的方法。

拓展思考

1. 在环境化学中如何评价水体的氧化还原性？

2. 如果工作中遇到有两种化学物质是否能够发生化学反应的初步判断问题时，你要采取怎样的办法确定？

3. 有些氧化还原反应是能够自发进行的，例如，锌片和硫酸铜。这样的氧化还原反应可以通过设计成原电池对外做功。是不是所有的氧化还原反应都可以设计成原电池对外做功？

4. 比较两种金属的金属性最简单的方法是怎样的？

5. 原电池的电池电动势等于两个电极的电极电势之差，这个电动势是由哪些因素决定的？

第四节
配位反应

学习目标

1. 了解配合物的形成和简单结构。

2. 能够规范命名配合物。

3. 理解配位平衡，根据配合物的稳定常数判断配合物的稳定性。

4. 理解配位平衡与其他平衡的关系。

5. 理解配位平衡的有关应用原理。

配位反应也是化学反应中一类很重要的反应，在对金属离子的化学方法分析检验、金属冶金电镀、化学制药等方面应用很广。

一、配合物

问题 4-21 在试管中加入 5mL 0.1mol/L $CuSO_4$ 溶液，再加入 2mol/L $NH_3 \cdot H_2O$，开始有浅蓝色的 $Cu(OH)_2$ 沉淀生成。继续加入过量氨水，沉淀溶解，变成深蓝色溶液。将此溶液分成两份，在编号是①的试管里加入数滴 0.1mol/L $BaCl_2$ 溶液，在编号为②的试管中加入少量 1mol/L 的 NaOH 溶液，观察这两支试管的现象，观察到的现象见表 4-8。

表 4-8   观察到的现象（四）

编号	现　　象
1	有白色的 $BaSO_4$ 沉淀生成
2	溶液没有发生变化，无现象发生

实验证明，在深蓝色溶液里加入过量氨水后，还有 SO_4^{2-} 单独存在于溶液中，而 Cu^{2+} 却减少到不足以与 OH^- 结合为 $Cu(OH)_2$ 沉淀的程度，即 $c'(Cu^{2+})c'^2(OH^-) < K_{sp}^{\ominus}[Cu(OH)_2]$，说明溶液中游离的 Cu^{2+} 浓度很小。这是因为 $CuSO_4$ 溶液与过量氨水发生如下反应：

$$CuSO_4 + NH_3 \Longrightarrow [Cu(NH_3)_4]SO_4$$

生成了深蓝色的 $[Cu(NH_3)_4]SO_4$ 溶液，若在此溶液中加入酒精，可以得到深蓝色晶体。经用 X 射线结构分析，在 $[Cu(NH_3)_4]SO_4$ 晶体中含有 SO_4^{2-} 和一种叫做铜氨配离子的复杂离子——$[Cu(NH_3)_4]^{2+}$，这种离子无论在晶体和溶液中都很稳定。它是由 NH_3 分子内 N 原子上的孤电子对（ $:NH_3$ ）进入 Cu^{2+} 的空轨道，以配位键结合而成的。在 $[Cu(NH_3)_4]^{2+}$ 中有四个这样的配位键。

取一支试管，加入 10 滴 0.1mol/L $K_3[Fe(CN)_6]$ 溶液，再滴加 3 滴 0.1mol/L KSCN 溶液，观察有何现象？

通过观察，溶液中没有任何现象发生。是因为 Fe^{3+} 与 CN^- 以配位键形式结合成一种很稳定的离子 $[Fe(CN)_3]^{3-}$，使得溶液中单独的 Fe^{3+} 浓度很小，以至加入 KSCN 溶液也没有血红色的 $Fe(SCN)_3$ 生成。

我们把 $[Cu(NH_3)_4]^{2+}$ 和 $[Fe(CN)_3]^{3-}$ 叫做配离子。它是由一个正离子（或原子）和一定数目的中性分子（或负离子）以配位键结合形成的，在溶液或晶体中能稳定存在的复杂离子，含有配离子的化合物叫做配位化合物。如 $[Cu(NH_3)_4]SO_4$、$K_3[Fe(CN)_6]$ 都叫做配位化合物。此外，又如 $Fe(CO)_5$、$[CoCl_3(NH_3)_3]$ 等也是配合物，它们也是由一个阳离子（或原子）和一定数目的中性分子（或阴离子）以配位键结合形成的不带电荷的复杂分子，叫做配分子。

1. 配合物的组成

配合物中用方括号括起来的部分称为配合物的内界，内界之外的其他部分称为配合物的外界。

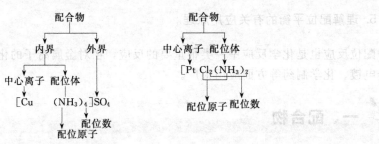

（1）中心离子或中心原子

中心离子或中心原子是配合物的形成体，是配合物的核心，它必须具有空的价电子原子轨道，用于接受配体提供的孤电子对，同时还具备高电荷、半径小的特点，才能与配体形成配位键。常见的形成体有 Cu^{2}、Zn^{2+}、Ag^+、Hg^{2+}、Fe^{3+}、Co^{3+}、Cr^{3+}、Ni^{2+} 等过渡（元素周期表中，处于长周期和副族、第Ⅷ族）金属离子或原子，非过渡元素的高价态离子也可作为形成体，如 $Na[AlF_6]$ 中的 Al^{3+}、$H_2[SiF_6]$ 中的 Si^{4+} 等。

（2）配位体

在配离子（或配分子）内与中心离子（或原子）结合的负离子或中性分子叫配位体。它的特征是能提供孤对电子，因此具有孤电子的分子或阴离子都可以作为配位体，提供配位体的物质叫配位剂，如 NH_3、H_2O、CO、CN^-、OH^- 等。配位体中具有孤电子对的直接与中心离子结合的原子称为配位原子，经常作为配位原子的主要是一些非金属元素如 N、O、S 等元素的原子，C 和卤素原子也是较常见的配位原子。常见配位体见表4-9。

表 4-9　常见配位体

配位原子	分子配位体	离子配位体
X(卤素)		F^-、Cl^-、I^-
O	H_2O、ROH	OH^-、CO_3^{2-}、$C_2O_4^{2-}$、$RCOO^-$、NO_2^-（亚硝酸根）
S		SCN^-（硫氰酸根）、$S_2O_3^{2-}$（硫代硫酸根）
N	NH_3、NO（亚硝酰）	NCS^-（异硫氰酸根）、NO_3^-、NO_2^-（硝基）
C	CO（羰基）	CN^-

（3）配位数

直接与中心离子或原子配位的配位原子的总数，称为配位数。即配位数＝配位体数×每个配位体的配位原子数。

一般中心离子的配位数为2～9，常见配位数是2、4、6。配位数的多少，决定于中心离子和配位体的电荷、半径核外电子排布以及形成配合物时的条件，特别是温度和浓度。某些中心离子的常见配位数见表4-10。

表 4-10　某些中心离子的常见配位数

中心离子	Ag^+、Cu^+	Zn^{2+}、Cu^{2+}、Hg^{2+}、Ni^{2+}、Pt^{2+}	Fe^{3+}、Co^{3+}、Fe^{2+}、Co^{2+}、Pt^{4+}
常见配位数	2	4	6

（4）配离子的电荷

配离子的电荷等于中心离子电荷数与配位体总电荷的代数和。例如，在 $Na_2[Zn(CN)_4]$ 中配离子的电荷为：

$$+2+4\times(-1)=-2 \qquad 配离子[Zn(CN)_4]^{2-}$$

$[Ag(NH_3)_2]Cl$ 中配离子的电荷为：

$$+1+2\times0=+1$$　　　　　　　　配离子为$[Ag(NH_3)_2]^+$

根据配合物外界离子的电荷可以确定配离子的电荷，从而进一步确定中心离子的氧化数。如：

配合物	配离子	中心离子的电荷数	中心离子氧化数
$K_4[Fe(CN)_6]$	$[Fe(CN)_6]^{4-}$	Fe^{2+}	$+2$
$K_3[Fe(CN)_6]$	$[Fe(CN)_6]^{3-}$	Fe^{3+}	$+3$

2. 配合物的命名

配合物与简单无机化合物类似，有酸、碱、盐之分。因此，在命名时原则上与一般无机化合物相同，所不同的是对配离子的命名。

若内界为配阴离子，外界为氢离子，叫某酸，如 $H_2[PtCl_6]$ 叫做六氯合铂（Ⅳ）酸，其盐 $K_2[PtCl_6]$ 就叫六氯合铂（Ⅳ）酸钾。

若内界为配位阳离子，外界为氢氧根，叫氢氧化某，如 $[Zn(NH_3)_4](OH)_2$ 叫做氢氧化四氨合锌（Ⅱ）。

若外界是简单阴离子叫某化某，是复杂酸根离子的叫某酸某，如 $[Ag(NH_3)_2]Cl$ 叫氯化二氨合银（Ⅰ），$[Cu(NH_3)_4]SO_4$ 叫硫酸四氨合铜（Ⅱ）。

配合物命名的关键是内界即配离子的命名，它的命名一般按照如下顺序。

先无机后有机，先阴离子后中性集团，先少后多。

内界的命名次序是：配位体数-配位体名称-"合"-中心离子（原子）名称（氧化数）。

配位体数用中文数字一、二、三、四、……表示；中心离子或原子氧化数是在其名称后加括号用罗马数字注明。

$K[PtCl_3NH_3]$	三氯·一氨合铂（Ⅱ）酸钾
$[CoCl_2(NH_3)_3H_2O]Cl$	氯化二氯·三氨·一水合钴（Ⅲ）
$[Co(NCS)(NH_3)_5]SO_4$	硫酸异硫氰酸根·五氨合钴（Ⅲ）
$[Co(NH_3)_5H_2O]Cl_3$	三氯化五氨·一水合钴（Ⅲ）

 二、配位平衡

配合物的配离子和外界是以离子键结合的，与强电解质相似，可以认为配合物在水溶液中全部解离为配离子和外界离子。而配离子是中心离子和配位体以配位键结合，在水溶液中的解离和弱电解质相似，仅部分发生解离。配离子在水溶液中的解离程度，能够说明配合物在水溶液中的稳定性。

1. 配合物的稳定常数

问题 4-22 在试管中制取 10mL 的 $[Cu(NH_3)_4]SO_4$ 溶液，分装两支试管。在编号是①的试管中滴加 1mol/L NaOH 溶液数滴，编号是②的试管中滴加 0.1mol/L Na_2S 溶液数滴，观察两支试管中的现象，见表 4-11。

表 4-11　观察到的现象（五）

编号	现象
1	溶液没有发生变化,无现象发生
2	有黑色的 CuS 沉淀生成

实验证明，在 $[Cu(NH_3)_4]SO_4$ 溶液中加入少量 NaOH 溶液，不能产生沉淀说明在 $[Cu(NH_3)_4]SO_4$ 溶液中似乎"没有"Cu^{2+}，或者 Cu^{2+} 浓度较小不足以产生沉淀：

$$c(Cu^{2+})c(OH^-)^2 < K_{sp}^{\ominus}[Cu(OH)_2] \qquad K_{sp}^{\ominus}[Cu(OH)_2] = 2.2 \times 10^{-20}$$

在相同的 $[Cu(NH_3)_4]SO_4$ 溶液中加入少量 Na_2S 溶液后，有沉淀生成，说明溶液中有少量的 Cu^{2+}，其浓度可以使 CuS 沉淀生成：

$$c(Cu^{2+})c(S^{2-}) > K_{sp}^{\ominus}(CuS) \qquad K_{sp}^{\ominus}(CuS) = 6.32.2 \times 10^{-36}$$

有黑色的 CuS 沉淀生成，说明溶液中有极少量的 Cu^{2+} 存在，换句话说 Cu^{2+} 并没有完全被配位。这说明在水溶液中，配离子或多或少地发生解离。因此可以认为，溶液中既存在 Cu^{2+} 和 NH_3 分子的配位反应，又存在 $[Cu(NH_3)_4]^{2+}$ 的解离反应，配位与解离反应达到平衡，这种平衡称为配位平衡：

$$Cu^{2+} + 4NH_3 \underset{解离}{\overset{配位}{\rightleftharpoons}} [Cu(NH_3)_4]^{2+}$$

依据化学平衡的一般原理，其平衡常数表达式为：

$$K_{稳}^{\ominus} = \frac{c'[Cu(NH_3)_4^{2+}]}{c'(Cu^{2+})c'^4(NH_3)}$$

平衡常数 $K_{稳}^{\ominus}$ 叫做配离子的稳定常数。不同的配离子有不同的稳定常数。配位体数相同的配离子，$K_{稳}^{\ominus}$ 值越大，说明生成配离子的倾向越大，而解离的倾向就越小，即配离子越稳定。一些常见配合物的稳定常数分类列入表 4-12 中。

表 4-12　一些常见配合物的稳定常数

配离子	$K_{稳}^{\ominus}$	配离子	$K_{稳}^{\ominus}$	配离子	$K_{稳}^{\ominus}$
1：2		$[Cu(CN)_4]^{3-}$	2.0×10^{30}	1：6	
$[Ag(NH_3)_2]^+$	1.6×10^7	$[Zn(NH_3)_4]^{2+}$	2.9×10^8	$[Co(NH_3)_6]^{2+}$	1.3×10^5
$[Ag(SCN)_2]^-$	2.4×10^8	$[Zn(CN)_4]^{2-}$	5.0×10^{16}	$[Cd(NH_3)_6]^{2+}$	1.4×10^5
$[Ag(S_2O_3)_2]^{3-}$	2.9×10^{13}	$[Cd(SCN)_4]^{2-}$	3.8×10^2	$[Ni(NH_3)_6]^{2+}$	5.5×10^8
$[Ag(CN)_2]^-$	1.0×10^{21}	$[CdCl_4]^{2-}$	4.5×10^1	$[AlF_6]^{3-}$	6.9×10^{19}
$[Cu(NH_3)_2]^+$	7.2×10^{10}	$[Cd(CN)_4]^{2-}$	6.0×10^{18}	$[FeF_6]^{3-}$	2.0×10^{14}
$[Au(CN)_2]^-$	2.0×10^{38}	$[HgCl_4]^{2-}$	1.2×10^{15}	$[Fe(SCN)_6]^{3-}$	1.5×10^3
1：4		$[HgI_4]^{2-}$	6.8×10^{29}	$[Fe(CN)_6]^{4-}$	1.0×10^{24}
$[Cu(NH_3)_4]^{2+}$	4.8×10^{12}	$[Hg(CN)_4]^{2-}$	9.3×10^{38}	$[Fe(CN)_6]^{3-}$	1.0×10^{31}

例如，配离子 $[Ag(NH_3)_2]^+$ 的稳定常数 $K_{稳}^{\ominus}([Ag(NH_3)_2]^+) = 1.6 \times 10^7$，配离子 $[Cu(NH_3)_4]^{2+}$ 的 $K_{稳}^{\ominus}([Cu(NH_3)_4]^{2+}) = 4.8 \times 10^{12}$，虽然 $K_{稳}^{\ominus}([Ag(NH_3)_2]^+) < K_{稳}^{\ominus}([Cu(NH_3)_4]^{2+})$，但不能认为 $[Cu(NH_3)_4]^{2+}$ 比 $[Ag(NH_3)_2]^+$ 稳定。因为 $[Cu(NH_3)_4]^{2+}$ 和 $[Ag(NH_3)_2]^+$ 的配离子类型不同，前者是 1：4 型，后者是 1：2。对于相同类型的配离子可以通过 $K_{稳}^{\ominus}$ 的大小进行比较，不同类型的只有通过计算来比较它们的稳定性。

2. 配位平衡的移动

配位平衡和其他化学平衡一样，是一种相对的平衡状态，它同溶液的酸碱度、沉淀反应、氧化还原反应等有密切的关系，下面将分别加以讨论。

（1）配位平衡与溶液酸碱性的关系

问题 4-23　在试管中加入 1mL 0.1mol/L 的 $FeCl_3$ 溶液，再滴加 1mol/L 的 NH_4F 至溶液呈无色，得到 $[FeF_6]^{3-}$ 溶液。此溶液分成两份，一份加入 2mol/L 的 H_2SO_4 溶液，另

一份加 1mol/L 的 NaOH 溶液，观察现象，见表 4-13。

表 4-13　观察到的现象（六）

溶液	加入试剂	现　象
$[FeF_6]^{3-}$ 溶液	2mol/L H_2SO_4	随着 H_2SO_4 的不断加入，溶液颜色由无色变成棕黄色
	1mol/L NaOH	溶液慢慢出现浑浊，然后有棕红色的沉淀生成

实验证明，改变溶液的酸碱度，对配离子的稳定性造成了影响。这是因为在 $[FeF_6]^{3-}$ 溶液中存在着如下平衡：

$$[FeF_6]^{3-} \rightleftharpoons Fe^{3+} + 6F^-$$

当往溶液中加入足够的酸时，由于 H^+ 与 $[FeF_6]^{3-}$ 解离出的 F^- 结合为弱电解质 HF，使得 F^- 浓度减小，促使 $[FeF_6]^{3-}$ 进一步解离而转化为 Fe^{3+}，溶液颜色就变成了棕黄色。我们把溶液酸度增加时，配合物稳定性减小，解离度增大的现象称为配位体的酸效应。单从配位体考虑，溶液的酸度增强，配合物的稳定性则减弱。如果配位体是强酸根，如 $[CdCl_4]^{2-}$、$[CuBr_4]^{2-}$ 等，溶液酸度增加，不会影响其稳定性。

棕红色的沉淀就是 $Fe(OH)_3$ 沉淀，是因为 Fe^{3+} 发生了水解反应，其水解方程式为：

$$Fe^{3+} + 3H_2O \rightleftharpoons Fe(OH)_3 + 3H^+$$

当往溶液中加入 NaOH 时，降低了溶液的酸度，促使 Fe^{3+} 水解平衡向右移动，有 $Fe(OH)_3$ 沉淀生成，随着水解的进行，Fe^{3+} 浓度降低，使配位平衡向右移动，配离子的稳定性减小。将上述两个反应式相加可得：

$$[FeF_6]^{3-} + 3H_2O \rightleftharpoons Fe(OH)_3\downarrow + 3H^+ + 6F^-$$

一般形成配合物的金属离子大多数都是过渡金属离子，这些离子都有明显的水解作用。单从金属离子考虑，溶液的酸度大些，中心离子不容易发生水解反应，配合物的稳定性则增强。

从以上讨论可以看出，酸度对配位平衡的影响是多方面的，既要考虑酸效应，同时也要考虑中心离子的水解反应。因此，每个配离子都有其在溶液中稳定存在的酸碱度即 pH。

（2）配位平衡与沉淀平衡的关系

问题 4-24　在试管中加入 1mL 0.1mol/L $AgNO_3$ 溶液，加入几滴 0.1mol/L KBr 溶液，有淡黄色的 AgBr 沉淀生成；再加入 2mL 0.2mol/L $Na_2S_2O_3$ 溶液后，淡黄色沉淀溶解而生成了无色的 $[Ag(S_2O_3)_2]^{3-}$ 配离子溶液；继续加入数滴 0.1mol/L KI 溶液，请观察现象并分析原因。

AgBr 沉淀在 $Na_2S_2O_3$ 溶液中溶解，其方程式如下：

$$AgBr + 2S_2O_3^{2-} \rightleftharpoons [Ag(S_2O_3)_2]^{3-} + Br^-$$

该平衡的平衡常数为：

$$K^\ominus = \frac{c'([Ag(S_2O_3)_2^{3-}])c'(Br^-)}{c'^2(S_2O_3^{2-})} = \frac{c'([Ag(S_2O_3)_2^{3-}])c'(Br^-)c'(Ag^+)}{c'^2(S_2O_3^{2-})c'(Ag^+)}$$

$$= K_\text{稳}^\ominus K_{sp}^\ominus(AgBr) = 2.9\times10^{13}\times5.0\times10^{-13} = 14.5$$

由于上述平衡的 $K^\ominus = 14.5$，$E^\ominus = 0.059\lg K^\ominus > 0.2$ 说明 AgBr 沉淀能溶解在 $Na_2S_2O_3$ 溶液中转化成 $[Ag(S_2O_3)_2]^{3-}$ 溶液。同理也可计算配离子 $[Ag(S_2O_3)_2]^{3-}$ 转化成 AgI 沉淀的平衡常数。

$$[Ag(S_2O_3)_2]^{3-} + I^- \rightleftharpoons AgI + 2S_2O_3^{2-}$$

$$K^{\ominus} = \frac{c'^2(S_2O_3^{2-})}{c'(Ag[(S_2O_3)_2]^{3-})c'(I^-)} = \frac{c'^2(S_2O_3^{2-})c'(Ag^+)}{c'([Ag(S_2O_3)_2^{3-}])c'(I^-)c(Ag^+)}$$

$$= \frac{1}{K^{\ominus}_{稳}K^{\ominus}_{sp}(AgI)} = \frac{1}{2.9\times10^{13}\times9.3\times10^{-17}} = 3.7\times10^2$$

该反应的平衡常数还是比较大的，说明 $[Ag(S_2O_3)_2]^{3-}$ 是能转化为 AgI 沉淀的。

从上面讨论可知，配位平衡和沉淀反应之间的关系，其实就是沉淀剂与配位剂共同争夺金属阳离子的过程。加入沉淀剂时生成沉淀的 $K^{\ominus}_{sp}$ 越小，配离子转化为沉淀的反应就愈接近完全，剩在溶液中的金属离子浓度就会减小，因此转化是向着溶液金属离子浓度减小的方向进行。

（3）配位平衡与其他配位反应的关系

问题 4-25 在试管中加入 2mL 0.1mol/L FeCl$_3$ 溶液，然后滴加数滴 0.1mol/L 的 KSCN 溶液，溶液颜色变成血红色，再加入米粒大小的 NH$_4$F 固体振荡，观察现象并分析原因。

以上现象发生的反应方程式如下：

$$Fe^{3+} + 6SCN^- \rightleftharpoons [Fe(SCN)_6]^{3-}$$
$$\text{（血红色）}$$

$$[Fe(SCN)_6]^{3-} + 6F^- \rightleftharpoons [FeF_6]^{3-} + 6SCN^-$$
$$\text{（血红色）} \qquad \text{（无色）}$$
$$K^{\ominus}_{稳} = 1.5\times10^3 \qquad K^{\ominus}_{稳} = 2.0\times10^{14}$$

当加入 NH$_4$F 固体时，由于 Fe^{3+} 与 F$^-$ 结合为更稳定的 $[FeF_6]^{3-}$，破坏了 $[Fe(SCN)_6]^{3-}$ 的解离平衡，使 $[Fe(SCN)_6]^{3-}$ 不断转化为 $[FeF_6]^{3-}$。

该转化反应的平衡常数为：

$$K^{\ominus} = \frac{c'^6(SCN^-)c'(FeF_6^{3-})}{c'^6(F^-)c'([Fe(SCN)_6^{3-}])} = \frac{c'^6(SCN^-)c'([FeF_6^{3-}])c'(Fe^{3+})}{c'^6(F^-)c'([Fe(SCN)_6^{3-}])c'(Fe^{3+})}$$

$$= \frac{K^{\ominus}_{稳}(FeF_6^{3-})}{K^{\ominus}_{稳}[Fe(SCN)_6^{3-}]} = \frac{2.0\times10^{14}}{1.5\times10^3} = 1.33\times10^{11}$$

由于转化反应的平衡常数很大，说明转化反应进行得很完全。通过以上讨论可知，同类型配化物之间进行转化的条件是：当两种配合物的稳定常数相差越大时，配位反应总是由稳定性较差的配离子转化为稳定性较强的配离子，也可以说是转化反应的平衡常数越大，转化就越完全。

（4）配位平衡与氧化反应的关系

问题 4-26 在编号为 1 的试管中加入 1mL 0.1mol/L FeCl$_3$ 溶液，滴加 0.1mol/L KI 溶液至棕色，加入少量 CCl$_4$，振荡后观察 CCl$_4$ 层的颜色；在编号为 2 的试管中，加入 1mL 0.1mol/L FeCl$_3$ 溶液，滴加 1mol/L NH$_4$F 溶液至无色，再滴加 0.1mol/L KI 和少量 CCl$_4$，振荡，观察 CCl$_4$ 层中的颜色。见表 4-14。

表 4-14 观察到的现象（七）

编号	CCl$_4$ 层中的颜色
1	CCl$_4$ 层颜色由无色变成棕红色
2	CCl$_4$ 层仍然是无色

1号试管产生现象的原因是因为 Fe^{3+} 具有氧化性，将 I^- 氧化成了单质碘。又因为 I_2 在 CCl_4 中的溶解度比在水溶液里的大，所以 CCl_4 层颜色显棕红色。该反应的方程式为：

$$2Fe^{3+} + 2I^- \longrightarrow 2Fe^{2+} + I_2$$

2号试管没有发生反应，是因为加入 NH_4F 溶液后，Fe^{3+} 与 F^- 形成了配合物 $[FeF_6]^-$，使得 Fe^{3+}/Fe^{2+} 电对的电极电势减小，Fe^{3+} 的氧化性降低，不足以将 I^- 氧化为单质碘。

由实验可知，配合物的形成使金属离子的电极电势发生了变化，氧化能力和还原能力也随之而变。电极电势的变化是通过形成配合物而使得离子浓度发生变化来达到的。

金属的基本电极反应如下：

$$M^{n+} + ne \Longrightarrow M$$

根据能斯特方程式：$\varphi = \varphi^\ominus + \dfrac{0.059}{n}\lg c'(M^{n+})$

当 $c(M^{n+}) = 1mol/L$ 时，$\varphi = \varphi^\ominus$；当加入配位剂 L 时，则 M^{n+} 形成配离子：

$M^{n+} + xL^- \Longrightarrow ML_x^{(n-x)+}$，由于 $ML_x^{(n-x)+}$ 的形成，使 M^{n+} 的浓度降低，导致 $\dfrac{0.059}{n}\lg c'(M^{n+})$ 项变为负值，使 φ 值变小。

例题 4-23 已知 $\varphi^\ominus_{Au^+/Au} = 1.68V$，$K^\ominus_{稳} = 2.0 \times 10^{38}$，计算 $[Au(CN)_2]^- + e \Longrightarrow Au + 2CN^-$ 的 $\varphi^\ominus$ 值。

解
$$Au^+ + 2CN^- \Longrightarrow [Au(CN)_2]^-$$

$$K^\ominus_{稳} = \frac{c([Au(CN)_2]^-)}{c(Au^+)c^2(CN^-)} = 2.0 \times 10^{38}$$

标准状态时，$c([Au(CN)_2]^-) = 1mol/L$，$c(NH_3) = 1mol/L$

$$c'(Au^+) = \frac{1}{K^\ominus_{稳}} = \frac{1}{2.0 \times 10^{38}} = 5 \times 10^{-39}$$

故 $\varphi_{[Au(CN)_2]^-/Au} = \varphi^\ominus_{[Au(CN)_2]^-/Au} + \dfrac{0.0592}{n}\lg c'(Au^+) = 1.68 + 0.0592\lg(5 \times 10^{-39}) = -0.59(V)$

由计算可知，Au^+/Au 电对的电极电势是 1.68V，金不容易被氧化，但形成 $[Au(CN)_2]^-$ 后，$[Au(CN)_2]^-/Au$ 电对的电极电势是 -0.59V，金的还原性增强，易被氧化。在工业上将运用此原理处理含有 Ag、Au 等贵重金属的矿粉，使 Ag、Au 易失去电子被氧化形成配合物进入溶液中，然后加以富集提取。

三、配合物的有关应用

配位化合物的应用极为普遍，它已渗透到自然科学的很多领域，无论是在基础理论研究或是实际应用方面都具有十分重要的意义。下面做一些简要介绍。

1. 在分析化学方面的应用

在分析化学中，常根据金属离子生成的配合物的颜色或溶解度的变化，来鉴定某种离子的存在。例如 Fe^{3+} 与 SCN^- 生成血红色 $[Fe(SCN)_6]^{3-}$ 配离子的反应，是鉴定溶液中 Fe^{3+} 的特征反应。当溶液中 Fe^{3+} 的浓度低至约为 $2 \times 10^{-4}mol/L$ 时，所形成的配离子仍然能观察到红色。可根据红色的深浅程度来测定溶液中 Fe^{3+} 的含量。又如丁二酮肟是 Ni^{2+} 的特效试剂，在严格的 pH 和氨的浓度下，它与 Ni^{2+} 反应生成鲜红色的螯合物沉淀。

2. 在湿法冶金方面的应用

所谓湿法冶金，就是用水直接从矿石中将金属以配位化合物的形式浸取出来，然后再将金属从配合物中还原出来。例如，将黄金含量较低的矿石用 NaCN 溶液浸渍，并通入空气，可以将矿石中的金全部浸出，再以 Zn 还原成单质金。反应如下：

$$2Au+4CN^-+H_2O \longrightarrow 2[Au(CN)_2]^-+2OH^-$$

$$Zn+2[Au(CN)_2]^- \longrightarrow 2Au+[Zn(CN)_4]^{2-}$$

3. 在电镀工业方面的应用

在电镀工业中，电镀液通常不用简单盐溶液而是用相应配合物的盐溶液。因为简单盐溶液的金属离子浓度较大，使镀层粗糙，厚薄不均，溶液脱落；而配合物的盐溶液离子浓度小，金属在镀件上慢慢析出，可以得到光滑、致密、牢固的镀层。可使用的配位剂有 KCN、酒石酸、柠檬酸钠等。但同时这种方法要向环境排放含氰废液等，造成水体污染，所以在被新的方法取代。

用过的电镀液中含有剧毒物质 CN^-，可在电镀液中加入 $FeSO_4$ 与 CN^- 配位，形成无毒的 $[Fe(CN)_6]^{3-}$ 排放。目前电镀工业中尽量采用无毒电镀液。

4. 在生物化学方面的应用

金属配合物在生物化学中的应用非常广泛。人体中许多酶的作用与其结构中含有配位的金属离子有关。例如，植物体内起光合作用的是以镁为中心原子的大环配合物叶绿素，它能将太阳能转变成化学能。血红蛋白是生物体在呼吸过程中转送氧的物质，是氧的载体，它是 Fe^{2+} 的卟啉配合物。生物体吸入 CO 时，CO 与血红蛋白中的 Fe^{2+} 生成更稳定的配合物，从而失去输送氧气的功能。当空气中的 CO 浓度达到 O_2 浓度的 0.5% 时，血红蛋白中的氧就可能被 CO 取代，生物体会因为得不到氧而窒息，这就是煤气中毒的原因。

当生物体内因 Pb、Hg 等重金属离子或 U、Th、Pu 等放射性元素中毒时，可将 EDTA 的钙配合物注入体内与 Pb^{2+}、Hg^{2+} 形成更稳定的螯合物，随尿液从体内排出。

◆ 拓展思考

1. 向含有 $[Ag(NH_3)_2]^+$ 的溶液中分别加入：稀硝酸、氨水和硫化钠溶液，则配位平衡移动的方向如何？

2. 氰化钾是剧毒化学品，它对人体的致命性伤害机理如何？

3. 请查找配位化合物在电镀工业的无氰电镀中的具体应用实例。

4. 请查阅 EDTA 是何种物质，在化学实验室，它经常被如何使用？原理如何？

5. 你知道螯合物吗？请阅读有机化学等书籍了解螯合物的特点。

自 测 题

一、选择题

1. 酸碱质子理论认为，酸碱反应的实质是（　　）。

A. H^+ 和 OH^- 生成 H_2O 　　　　B. 质子的得失和转移

C. 电子的得失和转移 　　　　　　D. 以上都不对

2. H_2CO_3 的共轭碱为（　　）。

    A. 碳酸盐　　　　　　B. 碳酸氢钠　　　　　C. 碳酸根离子　　　　D. 碳酸氢根离子

3. 目前对人类环境造成危害的酸雨主要是由下列的（　　　）造成的。

    A. CO_2　　　　　B. SO_2　　　　　C. H_2S　　　　　D. CO

4. 王水指的是下列哪种物质的混合物（　　　）。

    A. 浓盐酸和浓硫酸　　　　　　　　　B. 浓磷酸和浓硝酸

    C. 浓盐酸和浓硝酸　　　　　　　　　D. 浓硝酸和浓硫酸

5. 已知 $K_b^{\ominus}(NH_3)=1.8\times10^{-5}$，则其共轭酸的 $K_a^{\ominus}$ 值为（　　　）。

    A. 1.8×10^{-9}　　　B. 1.8×10^{-10}　　　C. 5.6×10^{-10}　　　D. 5.6×10^{-5}

6. 物质的量浓度相同的下列阴离子的水溶液，（　　　）碱性最强。

    A. CN^- $(K_{HCN}^{\ominus}=6.2\times10^{-10})$　　　　　B. $S^{2-}(K_{HS^-}^{\ominus}=7.1\times10^{-15}, K_{H_2S}^{\ominus}=1.3\times10^{-7})$

    C. $HCOO^-(K_{HCOOH}^{\ominus}=1.7\times10^{-4})$　　　　D. $CH_3COO^-(K_{HAc}^{\ominus}=1.8\times10^{-5})$

7. 物质的量浓度相同的下列物质的水溶液，其 pH 最高的是（　　　）。

    A. Na_2CO_3　　　B. $NaAc$　　　C. NH_4Cl　　　D. $NaCl$

8. 人体血液的 pH 总是维持在 $7.35\sim7.45$，这是由于（　　　）。

    A. 人体内含有大量水分　　　　　　　B. 血液中的 HCO_3^- 和 H_2CO_3 起缓冲作用

    C. 血液中含有一定量的 Na^+　　　　　D. 血液中含有一定量的 O_2

9. 为除去锅炉水垢中的硫酸钙，常采用的方法是用（　　　）来处理。

    A. 加热　　　　　　B. 浓盐酸　　　　　C. 碳酸钠溶液　　　D. 氯化钡溶液

10. 已知 H_3PO_4 的三级离解常数分别是 $K_{a1}^{\ominus}=6.9\times10^{-3}$，$K_{a2}^{\ominus}=6.2\times10^{-8}$，$K_{a3}^{\ominus}=4.8\times10^{-13}$，则 Na_2HPO_4 溶液中 $c(H^+)$ 为（　　　）mol/L。

    A. 2.07×10^{-5}　　　B. 1.73×10^{-10}　　　C. 5.75×10^{-8}　　　D. 1.73×10^{-8}

11. 下列溶液中，不具备缓冲能力的是（　　　）。

    A. NaH_2PO_4-Na_2HPO_4　　　　　　B. NH_4Cl-$NH_3\cdot H_2O$

    C. $HCOOH$-HAc　　　　　　　　　D. HAc-$NaAc$

12. 向 1L 0.1mol/L HAc 溶液中加入一些 NaAc 晶体并使其溶解，则（　　　）。

    A. HAc 的解离度增大　　　　　　　　B. HAc 的解离度减小

    C. 溶液的 pH 减小　　　　　　　　　D. 溶液的 pH 增大

13. 设 $NH_3\cdot H_2O$ 的浓度为 c，若将其稀释一倍，则溶液的 $c(OH^-)$ 为（　　　）。

    A. $\frac{1}{2}\sqrt{K_b^{\ominus}c}$　　　B. $\sqrt{K_b^{\ominus}\frac{c}{2}}$　　　C. $\sqrt{K_b^{\ominus}c}$　　　D. 不变

14. 欲配制 pH＝9.00 的缓冲溶液，最好选用（　　　）。

    A. $NaHCO_3$-Na_2CO_3　　　　　　　B. NH_4Cl-$NH_3\cdot H_2O$

    C. NaH_2PO_4-Na_2HPO_4　　　　　　D. HAc-$NaAc$

15. 下列溶液中（　　　）的酸性最强。

    A. 0.1mol/L HAc　$K_a^{\ominus}=1.75\times10^{-5}$

    B. 0.1mol/L HCOOH　$K_a^{\ominus}=1.77\times10^{-4}$

    C. 0.1mol/L $ClCH_2COOH$　$K_a^{\ominus}=1.4\times10^{-3}$

    D. 0.1mol/L HCN　$K_a^{\ominus}=1.6\times10^{-9}$

16. $CaCO_3$ 在下列溶液中，溶解度最大的是（　　　）。

    A. H_2O　　　　　B. Na_2CO_3 溶液　　　C. $CaCl_2$ 溶液　　　D. NH_4Cl 溶液

17. 下列难溶盐的饱和溶液中，Ag^+ 浓度最大的是（　　　）。

A. $AgCl(K_{sp}^{\ominus}=1.56\times10^{-10})$ B. $Ag_2CO_3(K_{sp}^{\ominus}=8.1\times10^{-12})$

C. $Ag_2CrO_4(K_{sp}^{\ominus}=9.0\times10^{-12})$ D. $AgS(K_{sp}^{\ominus}=6.3\times10^{-50})$

18. 在 Sn^{2+}、Fe^{3+} 的混合溶液中，欲使 Sn^{2+} 氧化为 Sn^{4+} 而 Fe^{2+} 不被氧化，应选择的氧化剂是（　　）。已知：$\varphi_{Fe^{3+}/Fe^{2+}}^{\ominus}=0.77V$，$\varphi_{Sn^{4+}/Sn^{2+}}^{\ominus}=0.14V$。

A. $KIO_3(\varphi_{IO_3^-/I_2}^{\ominus}=1.20V)$ B. $H_2O_2(\varphi_{H_2O_2/OH^-}^{\ominus}=0.88V)$

C. $HgCl_2(\varphi_{HgCl_2/Hg_2Cl_2}^{\ominus}=0.63V)$ D. $SO_3^{2-}(\varphi_{SO_3^{2-}/S}^{\ominus}=-0.66V)$

19. 已知 $\varphi_{Cr_2O_7^{2-}/Cr^{3+}}^{\ominus}>\varphi_{Fe^{3+}/Fe^{2+}}^{\ominus}>\varphi_{Cu^{2+}/Cu}^{\ominus}>\varphi_{Fe^{2+}/Fe}^{\ominus}$，则上述各电对的物质中最强的氧化剂和最强的还原剂为（　　）。

A. $Cr_2O_7^{2-}$，Fe B. $Cr_2O_7^{2-}$，Fe^{2+}

C. Fe^{3+}，Cu D. Fe^{3+}，Fe

20. 在含有 Cl^-、Br^-、I^- 的混合溶液中，欲使 I^- 氧化成 I_2 而 Cl^-、Br^- 不被氧化，应选择下列氧化剂中的（　　）。已知：$\varphi_{MnO_4^-/Mn^{2+}}^{\ominus}=1.51V$，$\varphi_{Fe^{3+}/Fe^{2+}}^{\ominus}=0.77V$，$\varphi_{Cr_2O_7^{2-}/Cr^{3+}}^{\ominus}=1.33V$，$\varphi_{Cl_2/Cl^-}^{\ominus}=1.36V$，$\varphi_{Br_2/Br^-}^{\ominus}=1.08V$，$\varphi_{I_2/I^-}^{\ominus}=0.535V$。

A. $KMnO_4$ B. $FeCl_3$ C. $K_2Cr_2O_7$ D. $FeCl_2$

二、判断题

（　　）1. 用 $ZnCl_2$ 浓溶液清除金属表面的氧化物，利用的是它的碱性。

（　　）2. 工业上制取氯气和氢氧化钠，通常采用电解饱和食盐水的方法。

（　　）3. 酸碱的强弱是由其离解常数的大小决定的。

（　　）4. 硫化氢气体不能用浓硫酸干燥。

（　　）5. NaAc 溶解于水中，溶液的 pH 大于 7。

（　　）6. 在 $BaSO_4$ 饱和溶液中加入少量 Na_2SO_4 将会使得 $BaSO_4$ 溶解度增大。

（　　）7. 将 0.1mol/L 的 HAc 溶液稀释一倍，则溶液中的 $c(H^+)$ 将变为原来的一半。

（　　）8. 根据稀释定律可知，一元弱电解质溶液的浓度越小，则离解度越大，因此离解出的各离子浓度就越大。

（　　）9. 设盐酸的浓度是乙酸的 2 倍，则前者的 H^+ 浓度也是后者的 2 倍。

（　　）10. 稀释可以使乙酸的解离度增大，因而可使其酸性增强。

三、计算题

1. 计算 0.1mol/L 下列各溶液的 pH。

(1) HAc   (2) $NH_3\cdot H_2O$ (3) NaAc   (4) NH_4Ac

2. 在 100mL 0.1mol/L 氨水中加入 1.07g 氯化铵，溶液的 pH 为多少？在此溶液中再加入 100mL 水，pH 有何变化？

3. 现有等浓度的盐酸和氨水，①两种溶液以 2:1 的体积混合；②两种溶液以 1:2 的体积混合。分别计算两种情况下溶液的 pH。

4. 欲配制 pH=10.0 的缓冲溶液 1L，用 16mol/L 氨水 420mL，还需加 NH_4Cl 多少克？

5. 计算 0.1mol/L H_2S 水溶液的 pH 和 S^{2-} 的浓度各为多少？

6. 取 0.01mol/L 甲酸（HCOOH）溶液 50mL，加水稀释至 100mL，求稀释前后溶液中的 H^+ 浓度、pH 和解离度。从计算结果中能得出什么结论？

7. 实验测得在 pH=9.25 的 NH_4Cl-NH_3 混合溶液中，NH_4^+ 与 NH_3 的浓度相等，求氨的解离常数。

8. 已知 $Mg(OH)_2$ 的 $K_{sp}^{\ominus}=1.2\times10^{-11}$，在 0.050mol/L 的 $MgCl_2$ 溶液中加入等体积的 0.50mol/L 氨水，有无 $Mg(OH)_2$ 沉淀生成？

9. 某溶液中含有 Pb^{2+} 和 Ba^{2+} 的浓度分别为 0.01mol/L 和 0.1mol/L，当逐滴加入 K_2SO_4 溶液（认为溶液体积不变）时，哪种离子先沉淀？Pb^{2+} 和 Ba^{2+} 有无分离的可能？

10. 在 100mL 0.20mol/L $MnCl_2$ 溶液中，加入等体积的含有 NH_4Cl 的氨水溶液，已知氨水浓度为 0.01mol/L，在此氨水溶液中需含多少克 NH_4Cl，才不至于在与 $MnCl_2$ 混合时产生 $Mn(OH)_2$ 沉淀？

11. 已知下列电池：$Cd\mid Cd^{2+}(c=1mol/L)\|I^-(c=1mol/L)\mid I_2(s)$，Pt，写出电池反应，并计算 25℃时的 E。

12. 已知：$Pb^{2+}+2e\Longrightarrow Pb$，$\varphi_{Pb^{2+}/Pb}^{\ominus}=-0.126V$；$Sn^{2+}+2e\Longrightarrow Sn$，$\varphi_{Sn^{2+}/Sn}^{\ominus}=-0.136V$，判断当 $c(Pb^{2+})=0.1mol/L$、$c(Sn^{2+})=1.0mol/L$ 时，反应 $Pb^{2+}+Sn\Longrightarrow Pb+Sn^{2+}$ 进行的方向。

13. 计算反应 $H_2(100kPa)+I_2(s)\longrightarrow 2HI(c=1mol/L)$，在 298K 时的 E，并判断反应方向。

14. 写出下列电池的反应式：
$$Zn\mid Zn^{2+}(c=0.001mol/L)\|I^-(c=0.1mol/L)\mid I_2,Pt$$
并计算 298K 时的 E，并判断该电池设计是否合理。

15. 已知下列电池在 298K 时的 $E^{\ominus}=1.2399V$，$Fe\mid Fe^{2+}(2.0mol/L)\|Ag^+(0.1mol/L)\mid Ag$，写出电池反应式并计算 298K 时的 E。

▄▄▄ 新 视 野

新电池切勿过充

对于新买的锂离子电池的"激活"问题，众多的说法是：充电时间一定要超过12h，反复做三次，以便激活电池。这种"前三次充电要充12h以上"的说法，明显是从镍电池（如镍镉和镍氢）延续下来的说法。所以这种说法，可以说一开始就是误传。锂电池和镍电池的充放电特性有非常大的区别，而且可以非常明确地告诉大家，所有严肃的正式技术资料都强调过充和过放电会对锂电池、特别是液体锂离子电池造成巨大的伤害。因而充电最好按照标准时间和标准方法充电，特别是不要进行超过12h的超长充电。

那么电池需要激活吗？答案是肯定的，需要激活！但是，这个过程是由生产厂家完成的，与用户无关，用户也没有能力完成。锂电池真正的激活过程是这样的：锂离子电池壳灌输电解液-封口-化成，就是恒压充电，然后放电，如此进行几个循环，使电极充分浸润电解液充分活化，直至容量达到要求为止，这个就是激活过程——分容，也就是说出厂后锂离子电池到用户手上已经是激活过的了。另外，其中有些电池的激活过程需要电池处于开口状态，激活以后再封口，除非您拥有了电芯生产设备，否则如何完成？

可是为什么有些产品的说明书上写着，建议用户前三次使用，要对手机进行完全的充放电呢？难道这不是激活吗？其实事实是这样的，在电池出厂，然后销售，再到用户的手中，会经历一段时间，一个月或者几个月，这样一来，电池的电极材料就会"钝化"，此时容量低于正常值，使用时间亦随之缩短。但锂电池很容易激活，只要经过3～5次正常的充放电循环就可激活电池，恢复正常容量。由于锂电池本身的特性，决定了它几乎没有记忆效应。因此用户新锂电池在激活过程中，是不需要特别的方法和设备的。

1. 长充、深充的危险

长充可能导致过充。锂电池或充电器在电池充满后都会自动停充，并不存在镍电充电器所谓的持续十几小时的"涓流充电"。也就是说，如果你的锂电池在充满后，放在充电器上也是白充。而我们谁都无法保证电池的充放电保护电路的特性永不变化和质量的万无一失，所以你的电池将长期处在危险的边缘徘徊。这也是我们反对长充电的另一个理由。

在对某些机器上，充电超过一定的时间后，如果不去取下充电器，这时系统不仅不停止充电，还将开始放电-充电循环。也许这种做法的厂商自有其目的，但显然对电池的寿命而言是不利的。同时，长充电需要很长的时间，往往需要在夜间进行，而以我国电网的情况看，许多地方夜间的电压都比较高，而且波动较大。前面已经说过，锂电池是很娇贵的，它比镍电在充放电方面耐波动的能力差得多，于是这又带来附加的危险。

锂离子电池只能充放电500次吗？

相信绝大部分消费者都听说过，锂电池的寿命是"500次"，500次充放电，超过这个次数，电池就"寿终正寝"了，许多朋友为了能够延长电池的寿命，每次都在电池电量完全耗尽时才进行充电，这样对电池的寿命真的有延长作用吗？答案是否定的。锂电池的寿命是"500次"，指的不是充电的次数，而是一个充放电的周期。

一个充电周期意味着电池的所有电量由满用到空，再由空充到满的过程，这并不等同于充一次电。比如说，一块锂电在第一天只用了一半的电量，然后又为它充满电。如果第二天还如此，即用一半就充，总共两次充电下来，这只能算作一个充电周期，而不是两个。因此，通常可能要经过好几次充电才完成一个周期。每完成一个充电周期，电池容量就会减少一点。不过，这个电量减少幅度非常小，高品质的电池充过多次周期后，仍然会保留原始容量的80%，很多锂电池供电产品在经过两三年后仍然照常使用。

而所谓500次，是指厂商在恒定的放电深度（如80%）实现了625次左右的可充次数，达到了500个充电周期。

锂电池的老化速率是由温度和充电状态而决定的。下面说明了两种参数下电池容量的降低。

温度	充电40%	充电100%
0℃	一年后容量98%	一年后容量94%
25℃	一年后容量96%	一年后容量80%

| 40℃ | 一年后容量85% | 一年后容量65% |
| 60℃ | 一年后容量75% | 三个月后容量60% |

由此可见，高充电状态和增加的温度加快了电池容量的下降。

如果可能的话，尽量将电池充到40%放置于阴凉地方。这样可以在长时间的保存期内使电池自身的保护电路运作。如果充满电后将电池置于高温下，这样会对电池造成极大的损害（因此当我们使用固定电源的时候，此时电池处于满充状态，温度一般是在25～30℃之间，这样就会损害电池，引起其容量下降）。

过高和过低的电量状态对锂电池的寿命有不利影响。大多数售卖电器或电池上标识的可反复充电次数，都是以放电80%为基准测试得出的。实验表明，对于一些笔记本电脑的锂电池，经常让电池电压超过标准电压0.1V，即从4.1V上升到4.2V，那么电池的寿命会减半，再提高0.1V，则寿命减为原来的1/3；给电池充电充得越满，电池的损耗也会越大。长期低电量或者无电量的状态则会使电池内部对电子移动的阻力越来越大，于是导致电池容量变小。锂电池最好是处于电量的中间状态，那样的话电池寿命最长。

由上可以总结出以下几点可延长锂电池容量和寿命的注意事项。

① 如果长期用外接电源为笔记本电脑供电，或者电池电量已经超过80%，马上取下电池。平时充电不需将电池充满，充至80%左右即可。调整操作系统的电源选项，将电量警报调至20%以上，平时电池电量最低不要低于20%。

② 手机等小型电子设备，充好电就应立刻断开电源线（包括充电功能的USB接口），一直连接会损害电池。要经常充电，但不必非得把电池充满。

③ 无论是对笔记本还是手机等，都一定不要让电池耗尽（自动关机）。

④ 如果要外出旅行，可把电池充满，但在条件允许的情况下随时为电器充电。

⑤ 使用更为智能省电的操作系统。

第一，锂离子电池在人们的生活中随处可见，各种便携式电子产品、车载GPS等，锂离子电池成为维持这些工具运转的重要部件。保持锂离子电池适度充电、放电可延长电池寿命。锂离子电池电量维持在10%～90%有利于保护电池。这意味着，给手机、笔记本电脑等数码产品的电池充电时，无需达到最大值。

配有锂离子电池的数码产品暴露在日照下或者存放在炎热的汽车内，最好将这些产品处于关闭状态，原因是如果运行温度超过60℃，锂离子电池会加速老化。锂电池充电温度范围：0～45℃，锂电池放电温度范围0～60℃。

第二，如果手机电池每天都需充电，原因可能是这块电池存在缺陷，或者是它该"退休"了。

对笔记本所有者而言，如果长时间插上插头，最好取下电池（电脑在使用过程中产生的高热量对笔记本电池不利）。

第三，通常情况下，50%电量最利于锂离子电池保存。

2. 充电的正确做法

归结起来，对锂电池在使用中的充放电问题最重要的提示是：

① 按照标准的时间和程序充电，即使是新锂电池，前三次也要如此进行；

② 当出现机器电量过低提示时，应该尽量及时开始充电（不要等到自动关机）；

③ 锂电池的激活并不需要特别的方法，在机器正常使用中锂电池会自然激活。如果你执意要用流传的"前三次 12h 长充电"激活方法，实际上也不会有效果。

因此，所有追求 12h 超长充电和把单电芯锂电池用到自动关机的做法，都是错误的。如果你以前是按照错误的说法做的，请你及时改正，也许为时还不晚。

3. 建议

每块手机电池的寿命的确是恒定的，由它的充电循环次数决定，一般为 400～600 次。但用户的使用习惯也会对电池产生较大的影响。不良的使用习惯，比如过度充电、过度放电、高温放置环境等，都会对电池造成不可逆伤害，令电池折寿，有时还可能存在安全隐患。另外，通过关闭闲置程序，合理省电，把每一滴电量都用到刀刃上，在有限的电量里做更有意义的事情。

摘自《移动设备电池白皮书》

第五章
化学基本原理

摘 要

　　热作为能量的一种传递形式，经常被分为显热、潜热和化学反应热效应。显热可以通过物质的热容和温度变化计算出来；潜热一般只是相变热，利用相变焓计算；化学反应热效应利用物质的标准生成焓来计算。

　　化学反应自发方向由参加反应物质的本质决定，化学反应自发方向可以用熵变或吉布斯函数变化值来判断，在恒温恒压条件下化学反应总是往吉布斯函数减小的方向进行。

　　化学反应速率用单位时间参加反应物质的浓度变化来表示，浓度、温度、催化剂等外界因素变化都将影响化学反应速率。浓度的影响体现在质量作用定律即反应速率与反应物浓度的若干次方成正比，可以通过该规律计算一定时间段的转化率、半衰期等。温度的影响利用阿伦尼乌斯方程可以计算不同温度的速率常数而得。催化剂能改变化学反应途径，降低反应活化能，从而极快反应进行。

　　化学反应平衡是有条件的，当温度发生变化时平衡常数也发生变化，平衡发生移动；当温度不变，浓度、压力等发生变化时，虽然平衡常数不发生变化，但平衡也会发生移动。基本规律是当增大影响平衡的某一条件量时，平衡将向削弱该条件的方向移动。因此工业生产中往往采取增大某种反应物或移去产物、增大压力或加入惰性介质等方法提高某种原料的转化率和产品的产率。一定条件下，化学反应达到平衡即达到了该条件下的限度。在达到化学平衡条件下原料转化率和产物产率是该条件下最大的，但工业生产中往往并不会等到化学反应达到平衡即分离产物。在工业生产中要综合考虑反应速率和反应平衡等各种因素。

　　化学反应能否自发进行，化学反应放热还是吸热，放多少热；化学反应进行的速率怎样，产物的利用率和产物的产率如何等等这些问题都是化学化工工作者所关心的问题。这些问题将直接影响化工生产的经济效益、设备投入和安全环保等问题。本章将在前述各章的基础上，介绍热量计算、化学反应方向和限度以及化学反应速率和化学平衡移动等化学基本原理。

第一节
化学反应与能量

学习目标

1. 理解化学反应与能量的关系，能够对化学反应的等容热效应和等压热效应进行换算。

2. 了解化石燃料煤炭、石油、天然气的使用开采现状，增强环保意识。

3. 了解常见的化学电源的放电原理及其简单构造。

4. 能够借助工具书等计算一般化学反应的热效应。

生活中，天然气燃烧放热可供家庭炒菜、烧水；乙炔气体燃烧可切割金属；化学实验室加热常用酒精灯或煤气灯；汽车行驶要汽油燃烧；还有铅酸蓄电池等许许多多的化学电源等。这些都是利用化学反应放出的能量为人类服务的实例。在化工生产中非常关注化学反应放出的能量，一方面利用化学反应进行生产的同时要将反应热及时"取走"，以保证化学反应顺利进行和安全；另一方面要提供能量，使化学反应连续进行。

 一、化学反应热效应

问题 5-1 生活中保温饭盒常见，它们保温的道理是利用真空夹层防止热的散失。我们能不能尝试利用化学反应设计一种能保持饭菜、热饮和保持冷饮的饭盒。

1. 化学反应热效应

化学反应的热效应是当产物的温度达到与反应物的温度相同时，化学反应所吸收或放出的热。化学反应热效应通常也称为反应热。

之所以强调产物的温度与反应物的温度相同，是为了避免化学反应温度升高或降低所引起的热量变化混入到反应热中。只有这样，反应热才真正是化学反应引起的能量变化。

有些化学反应热效应是可以测定的，如图 5-1 就是一个氧弹式量热计。通过物质在氧弹中燃烧，使物质在量热计中做绝热变化，测定温度升高值可以测定化学反应在体积恒定条件下的放热情况。

在实际化工生产中大多数反应是在等容或等压条件下进行的。例如在相对封闭的容器中进行的化学反应所放出的热是等容反应热，和上述的氧弹量热计测的化学反应热一样；在敞口容器中进行的化学反应所放出或吸收的热是等压反应热。

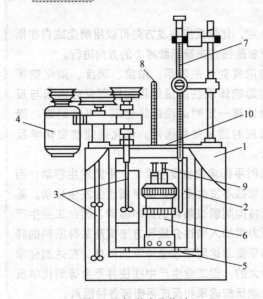

图 5-1 氧弹式量热计

1—外壳（夹层装水）；2—量热容器（即内桶）；
3—搅拌器；4—搅拌电动机；5—绝热支柱；
6—氧弹；7—贝克曼温度计；8—普通温度计；
9—电极；10—定时电振动装置

（1）等容反应热

在等容过程中，化学反应的热效应称为等容反应热，通常用符号 Q_V 表示。

等容反应热在量值上等于化学反应系统热力学能的改变，即

$$Q_V = \Delta U \qquad (5\text{-}1)$$

一个化学反应的热力学能的改变 ΔU 表示在一定温度和一定体积下，产物的总内能与反应物的总内能之差，即

$$\Delta U = \sum U_{产物} - \sum U_{反应物} \qquad (5\text{-}2)$$

热力学能也称为内能，是系统内部所有微观粒子的能量总和，用符号 U 表示，单位为 J

（焦耳）或 kJ（千焦耳）。系统的内能包括：内部分子的平动能、转动能、振动能、分子间相互作用的势能、电子运动能、原子核能等。其绝对值是无法测定的。

（2）等压反应热

在等压过程中，化学反应的热效应称为等压反应热，通常用符号 Q_p 表示。

等压反应热在量值上等于等压过程中化学反应系统焓的改变，即

$$Q_p = \Delta H \tag{5-3}$$

一个化学反应的焓的改变 ΔH 表示在一定温度和一定压力下，产物的总焓与反应物的总焓之差，即

$$\Delta H = \sum H_{产物} - \sum H_{反应物} \tag{5-4}$$

焓是物质的热力学能与压力和体积乘积之和，即 $H = U + pV$。焓的绝对值也无法测定。

通常反应热如不特别注明，都是指等压热效应，即反应是在等压下进行的。由于反应种类繁多，反应条件千变万化，人们不可能对所有的反应热都逐个测定，另外通常测定反应热大多是在刚性的量热计中进行的，因此测得的反应热为等容反应热，而实际工作中等压反应热应用更为广泛，我们需要知道等容热效应 Q_V 与等压热效应 Q_p 之间的关系，可以根据其关系对二者进行换算。

（3）等压反应热和等容反应热的关系

对于化学反应，忽略物理变化过程中的热效应以及压力对凝聚相的影响，并且假定气体为理想气体，Q_p 和 Q_V 满足如下关系式：

$$Q_p = Q_V + \Delta n(RT) \tag{5-5a}$$

或

$$\Delta_r H = \Delta_r U + \Delta n(RT) \tag{5-5b}$$

式中　Δn——反应前后气体物质的量的差值；

　　　$\Delta_r H$——化学反应焓变；

　　　$\Delta_r U$——化学反应热力学能变化。

由式(5-5a) 可以看出，当 $\Delta n = 0$ 时，即反应物与生成物中气体的物质的量相等或反应物与生成物均无气体时，等压反应热与等容反应热近似相等，即

$$Q_p \approx Q_V \tag{5-6}$$

▶ 例题 5-1　用弹式量热计测得 298K 时，燃烧 1mol 正庚烷的等容反应热 $Q_V = -4807.12 \text{kJ/mol}$，求其 Q_p 值。

解　$C_7H_{16}(l) + 11O_2(g) \longrightarrow 7CO_2(g) + 8H_2O$

　　$\Delta n = 7 - 11 = -4$

　　$Q_p = Q_V + \Delta n(RT)$

　　　　$= -4807.12 + (-4) \times 8.314 \times 298 \times 10^{-3}$

　　　　$= -4817.03(\text{kJ/mol})$

一些化学反应的 Q_p 可以采用例题 5-1 的方法由等容反应热 Q_V 求得。从例题 5-1 可以看到，即使是有体积改变的气相反应，Q_p 和 Q_V 的数值也十分接近。

2. 化学反应热效应计算

化工生产多数是利用化学反应的发生进行生产，因此在生产过程中一定要考虑化学反应放热和吸热的问题，同时也要考虑物料在升温和降温过程中所发生的热传递。无论是化学变化还是物料温度变化，都有可能是在恒压条件下进行的，也可能在恒容条件下进行。化工生产中经常要进行热量衡算，这种热量衡算包括化学反应热效应和物料随温度变化而引起的热

传递等。为了解决这一问题，首先要借助"热容"来计算物料随温度的变化产生的热；然后是借助"标准摩尔生成焓"和"标准摩尔燃烧焓"来计算化学反应热效应。

（1）热容

在高中物理中，计算一定质量的铁由于温度升高吸收的热，常用到铁的比热容。铁的比热容就是热容的一种。

对于没有相变和化学变化并且不做非体积功的单组分均相封闭系统，热容定义为：系统升高单位温度所吸收的热量；热容通常用 C 表示，单位为 J/K。

将 1mol 物质的系统升高单位温度所吸收的热量，定义为摩尔热容。

将定容、定压条件下的热容分别称为定容热容和定压热容，用符号分别表示为 C_V 和 C_p，摩尔热容用 $C_{V,m}$ 和 $C_{p,m}$ 表示。

实际气体、液体及固体的热容都与温度和压力有关，一般情况下，固体、液体和理想气体的热容随温度的变化不大，其热容可按常数处理。实际气体的热容与温度的关系可以用经验公式计算，读者如果感兴趣可以参看其他物理化学等书籍。

化工工程计算中为了计算便捷，常常采用平均摩尔定压热容，用符号表示为 $\overline{C}_{p,m}$。

对于理想气体混合物，其摩尔热容可按混合物中各气体的摩尔分数计算：

$$C_{p,m(mix)} = \sum_B y(B)C_{p,m}(B) \tag{5-7}$$

例如，水煤气主要成分是 H_2、CO、N_2、CO_2、CH_4，其体积分数（等于摩尔分数）分别为 50%、38%、6.0%、5.0%、1.0%。则水煤气的摩尔热容为：

$$C_{p,m(mix)}=50\%C_{p,m}(H_2)+38\%C_{p,m}(CO)+6.0\%C_{p,m}(N_2)+5.0\%C_{p,m}(CO_2)+1.0\%C_{p,m}(CH_4)$$

有了热容的数据，就可以进行热量计算了。在这里我们主要讨论三种热：系统发生化学反应时吸收或放出的热，称为化学反应热；系统发生相变化时吸收或放出的热，称为相变热或潜热；系统不发生化学反应和相变，仅状态变化吸收或放出的热，称为显热。

（2）显热计算

问题 5-2 化工生产中往往需要将反应釜中反应所释放出的热通过冷凝管带走，如果某反应每小时放热 10^3 kJ，则估算一下需要每小时有多少水（假设，入口温度 25℃，出口温度 80℃）冷却。

在没有化学变化、相变化时，系统温度升高或降低，系统与环境间通过对流、辐射和传导途径交换的这部分热量，称为显热。例如，物体在加热或冷却过程中，温度升高或降低而不改变其原有相态所需吸收或放出的热量就是显热。显热能使人们有明显的冷热变化感觉，即变化前后有一定的温差。

① 恒容变温过程　当系统在恒容条件下发生温度变化时，吸收或放出的热称为恒容热。当恒容热容为常数时可用下式计算：

$$Q_V=C_{V,m}(T_2-T_1) \tag{5-8}$$

当系统恒容变化过程中没有电功等其他功时，系统吸收或放出的热全部用来增加或减少系统的内能。

$$Q_V=\Delta U$$

② 恒压变温过程　当系统在恒压条件下发生温度变化时，吸收或放出的热称为恒压热。当恒压热容为常数时可用下式计算：

$$Q_p=C_{p,m}(T_2-T_1) \tag{5-9}$$

当系统恒压变化过程中没有电功等其他功时，系统吸收或放出的热全部用来增加或减少系统的焓。

$$Q_V = \Delta H$$

（3）潜热计算

 问题 5-3 如果水从 25℃ 升温到 125℃，又如何计算吸收的热？

潜热是相变过程中单位质量物质吸收或放出的热量，有时称相变潜热。物质三态变化都是相变，因此汽化热、熔解热、升华热都是相变潜热。在不同的相变温度下，相变潜热有不同的值。

① 相变化前已指出系统中物理性质和化学性质完全相同的均匀部分称为相，有几个部分则为几相。在一定条件下，物质从一相变为另一相的过程，称为相变化，简称相变。在相平衡温度、相平衡压力下进行的相变为可逆相变，否则为不可逆相变。这里主要讨论纯物质的相变过程。

一般情况下，物质在发生相变过程时由于分子间距离发生变化、氢键发生断裂或生成等，即使热动能不变（等温），仍会伴随着热量的吸收和释放，这种热称为相变热。相变热通常也称为潜热。

通常，纯物质的相变化是在恒定压力和无非体积功的条件下进行，在此条件下的相变热为恒压热，由 $Q_p = \Delta H$，可见相变热在量值上等于相变焓。

对于任意纯物质 B 在恒定的压力和无非体积功的条件下由 α 相变为 β 相，即：B(α) → B(β)，其相变焓可表示为 $\Delta_\alpha^\beta H$，摩尔相变焓可表示为 $\Delta_\alpha^\beta H_m$，下标 α 表示相变的始态，上标 β 表示相变的终态。

对于熔化、蒸发、升华及晶型转变这四种过程，习惯上以符号 fus、vap、sub 和 trs 来表示，对于不同晶型的转变要注明晶型转变方向，如它们的摩尔相变焓可分别表示为 $\Delta_{fus} H_m$、$\Delta_{vap} H_m$、$\Delta_{sub} H_m$、$\Delta_{trs} H_m$（α→β）；其他过程则用相应始终态的物态来表示，如摩尔凝结焓表示为 $\Delta_g^l H_m$、摩尔凝华焓表示为 $\Delta_g^s H_m$、摩尔凝固焓表示为 $\Delta_l^s H_m$。

② 潜热计算可逆相变过程的相变热计算公式为：

$$Q_p = \Delta_\alpha^\beta H = n\Delta_\alpha^\beta H_m \tag{5-10}$$

式(5-10) 中的 $\Delta_\alpha^\beta H_m$ 的数值可以通过查阅化学手册得到。通常所查到的数据是 1 个大气压下发生可逆相变过程的相变焓，可逆过程压力为温度的函数，所以相变焓也是温度的函数。因此使用上式计算可逆相变热时应注意这些数据的条件。

（4）化学反应热效应计算

问题 5-4 有些化学反应的热效应可以通过实验测得，但是不是所有的化学反应热效应都能够测得，如何寻找计算化学反应热效应的方法？

分析：如果知道参加反应物质的内部能量，根据能量守恒原理，产物能量与反应物能量之差就是化学反应热效应；可是物质的内能包括分子运动的动能、电子的势能等多种能量，很难测定和计算；如果绝对值无法知道，能够得到统一标准的相对值也可以计算化学反应热效应。

恒容条件下的化学反应热效应等于产物的内能与反应物内能之差；恒压条件下的化学反应热效应等于产物的焓与反应物的焓之差。但是无论是内能还是焓，其绝对值是无法测定和计算的，因此只有向上述分析一样，利用内能和焓的相对值之差计算化学反应热效应。也就是说，若参加反应的反应物和产物都有相对于同一标准的相对值，那么产物和反应物的相对值之差就是化学反应的热效应。这个相对值就是标准摩尔生成焓和标准摩尔燃烧焓。

① 利用标准摩尔生成焓计算化学反应热　在标准压力 $p^{\ominus}$ 及反应温度下，由最稳定单质生成 1mol 化合物的反应焓变称为该化合物的标准摩尔生成焓，以 $\Delta_f H_m^{\ominus}$ （B，相态，T）表示。一般化合物的标准摩尔生成焓值可以在化学手册中查得。

需要指出的是，为了方便地进行热化学的计算，常选用某一状态作为标准状态，简称标准态，标准态是化学热力学研究方法中经常使用的一种手段，可作为计算或比较的基础。正如测量某一物质所处的高度一样，由于我们根本就不知道零点的具体位置，因此也就无法知道该物质的绝对高度。但我们可以人为地选择一个为大家所接受的参考点作为零点，进而测量其相对高度。对于热化学的状态量来说，重要的问题就是要为它们选择一个基线，标准态就相当于这样的基线。对于化学反应来说，当反应物和生成物都处于标准态时，此时热力学状态量的变化值就具有绝对值的含义了。

目前，采用 IUPAC（国际纯粹与应用化学会）推荐的 100kPa 作为标准压力，并用上标符号"$\ominus$"表示标准态。因此，处于标准态的物理量，在物理量相应符号右上角均有"$\ominus$"的标志，如标准态的压力用符号 $p^{\ominus}$ 来表示。

例如，在 298.15K 及标准压力下：

$$C(石墨)+O_2(g)\longrightarrow CO_2(g) \qquad Q_p=-393.5kJ/mol$$

则 CO_2 （g） 在 298.15K 的标准摩尔生成焓：

$$\Delta_f H_m^{\ominus}(CO_2, g, 298.15K)=-393.5kJ/mol$$

由标准摩尔生成焓的定义可知"稳定单质的标准摩尔生成焓为零"。可见，标准摩尔生成焓是参加反应的物质相对于稳定单质的焓的相对值，对于一个化学反应，生成反应物和生成产物的单质是相同的，因此反应物和产物的标准摩尔生产焓是相对统一标准的，可以利用化合物的标准摩尔生成焓来计算化学反应的标准摩尔反应焓。即产物的标准摩尔生成焓总和与反应物标准摩尔生产焓的总和之差，就是化学反应的恒压热效应。

$$Q_p = \sum_B \nu_B \Delta_f H_m^{\ominus}(B) \tag{5-11}$$

式(5-11) 中 ν_B 表示反应方程式中的计量系数，对生成物 ν_B 取正值，对反应物 ν_B 取负值。根据式(5-11)，只要知道各种化合物的标准摩尔生成焓，就可以计算各种反应的标准摩尔反应焓。

例题 5-2　查阅化学手册中标准摩尔生成焓数据计算下列反应在标准态的恒压热效应 Q_p。

$$CH_4(g)+2O_2(g)\longrightarrow CO_2(g)+2H_2O(l)$$

解　查表得：　　$\Delta_f H_m^{\ominus}(CH_4, g, 298.15K)=-74.8kJ/mol$

$$\Delta_f H_m^{\ominus}(CO_2, g, 298.15K)=-393.5kJ/mol$$

$$\Delta_f H_m^{\ominus}(H_2O, l, 298.15k)=-285.8kJ/mol$$

反应焓变为：

$$\Delta_r H_m^{\ominus} = \sum_B \nu_B \Delta_f H_m^{\ominus}(B)$$

$$=[-393.5-2\times285.8-(-74.8)-0]$$

$$=-890.3(kJ/mol)$$

$$Q=\Delta_r H_m^{\ominus}=-890.3kJ/mol$$

所以按上述反应式进行 1mol 反应放热 890.3kJ。

使用标准摩尔生成焓计算反应的标准摩尔反应焓变时应注意如下问题。

a. 稳定单质是指给定条件下最稳定的状态，如稀有气体稳定单质为单原子气体，氢、氧、氮、氟、氯的稳定状态为双原子气体，溴、汞的稳定状态为液态 Br_2 (l) 和液态 Hg (l)，其余元素的稳定单质均为固态。但碳的稳定状态为石墨，磷的稳定状态为白磷，硫的稳定状态为正交硫。

b. 一个化合物的生成焓并不是这个化合物焓的绝对值，它是相对于合成它的单质的相对焓变。

c. 利用式(5-11) 计算反应的 $\Delta_r H_m^{\ominus}$ 是基于形成反应式的反应物和产物含有相同种类和数量的单质。例如，反应 $3C_2H_2(g) \longrightarrow C_6H_6(g)$ 形成 $3C_2H_2(g)$ 和形成 $C_6H_6(g)$ 有共同的起点，都是 $6C(s)+3H_2(g)$。对于放射性元素蜕变的反应由于反应物和产物没有共同的起点，所以不能用式(5-11) 计算反应的 $\Delta_r H_m^{\ominus}$。

d. 标准摩尔生成焓没有规定温度，但目前文献中给出的数据是 298.15K 时的数值。

② 利用标准燃烧焓计算化学反应热效应绝大多数有机物都是可燃的，对有机物除了标准摩尔生成焓之外，还定义了标准摩尔燃烧焓。在标准压力 $p^{\ominus}$ 及反应温度下，1mol 可燃物质被氧气完全氧化时，反应的焓变称为物质的标准摩尔燃烧焓，以 $\Delta_c H_m^{\ominus}$ (B，相态，T) 表示。

例如，在 298.15K 及标准压力下：

$$C_2H_5OH(l)+3O_2(g) \longrightarrow 2CO_2(g)+3H_2O(l)$$

$$\Delta_r H_m^{\ominus}(298.15K)=-1366.8kJ/mol$$

则 $C_2H_5OH(l)$ 在 298.15K 的标准摩尔燃烧焓

$$\Delta_c H_m^{\ominus}(C_2H_5OH, l, 298.15K)=-1366.8kJ/mol$$

由燃烧焓的定义可知"完全燃烧产物的标准摩尔燃烧焓为零"，因此可以利用物质的标准摩尔燃烧焓来计算化学反应的热效应。

$$\Delta_r H_m^{\ominus}=-\sum_B \nu_B \Delta_c H_m^{\ominus}(B) \tag{5-12}$$

式(5-12) 中 ν_B 表示反应方程式中的计量系数，对生成物 ν_B 取正值，对反应物 ν_B 取负值。根据式(5-12)，就可以计算各种有机反应的反应热。

一般有机物的标准燃烧焓值可以从化学手册查得。

▶ 例题 5-3 利用标准摩尔燃烧焓计算在标准压力 $p^{\ominus}$、298.15K 时下述反应的反应热。

$$2C(石墨)+3H_2(g)+\frac{1}{2}O_2(g) \longrightarrow C_2H_5OH(l)$$

解 由定义知 $\Delta_c H_m^{\ominus}$ (C，石墨，298.15K)$=\Delta_f H_m^{\ominus}$ (CO_2，g，298.15K)

$$\Delta_c H_m^{\ominus}(H_2, g, 298.15K)=\Delta_f H_m^{\ominus}(H_2O, l, 298.15K)$$

查表得：$\Delta_f H_m^{\ominus}$ (CO_2，g，298.15K)$=-393.5kJ/mol$

$$\Delta_f H_m^{\ominus}(H_2O, l, 298.15K)=-285.8kJ/mol$$

$$\Delta_c H_m^{\ominus}(C_2H_5OH, l, 298.15K)=-1366.8kJ/mol$$

所以 $2C(石墨)+3H_2(g)+\frac{1}{2}O_2(g) \longrightarrow C_2H_5OH(l)$ 的标准摩尔焓变为：

$$\Delta_r H_m^{\ominus}=-\sum_B \nu_B \Delta_c H_m^{\ominus}(B)$$

$$=-[(-2)\times(-393.5)+(-3)\times(-285.8)+0+(-1366.8)]$$

$$=-277.6(kJ/mol)$$

$$Q=\Delta_r H_m^\ominus=-277.6\text{kJ/mol}$$

所以该反应放热 277.6kJ/mol。

使用标准摩尔燃烧焓计算化学反应热时应注意如下事项。

a. 完全氧化指的是物质中的碳氧化成 $CO_2(g)$，氢氧化成 $H_2O(l)$，硫氧化成 $SO_2(g)$，氮氧化成 $N_2(g)$，其他元素的规定见有关热化学方面的专著。

b. 对于由稳定单质直接完全燃烧生成产物的反应，反应的标准摩尔焓变＝反应物的标准摩尔燃烧焓＝产物的标准摩尔生成焓。例如，$p^\ominus$ 时反应：

$$C(石墨)+O_2(g)\longrightarrow CO_2(g)$$

反应的标准摩尔焓变、石墨的标准摩尔燃烧焓、$CO_2(g)$ 的标准摩尔生成焓三者之间存在如下关系：

$$\Delta_c H_m^\ominus(C，石墨，T)=\Delta_f H_m^\ominus(CO_2，g，T)=\Delta_r H_m^\ominus(T)$$

再如反应：

$$H_2(g)+\frac{1}{2}O_2(g)\longrightarrow H_2O(l)$$

存在如下关系：$\Delta_c H_m^\ominus(H_2，g，T)=\Delta_f H_m^\ominus(H_2O，l，T)=\Delta_r H_m^\ominus(T)$。

c. 利用式(5-12) 计算反应的 $\Delta_r H_m^\ominus$ 是基于化学反应方程式中反应物和产物的燃烧产物相同。例如反应：

$$3C_2H_2(g)\longrightarrow C_6H_6(g)$$

$3C_2H_2(g)$ 和 $C_6H_6(g)$ 的燃烧产物均为 $6CO_2(g)+3H_2O(l)$。

d. 最高价态氧化物如 CO_2、H_2O、SO_3 等不能再继续氧化，所以它们的燃烧焓等于零。

e. 可燃物的燃烧焓并不是这个物质的焓的绝对值，它是相对于完全燃烧后的产物的相对焓变。

f. 标准摩尔燃烧焓没有规定温度，298.15K 时的数据可由文献获得。

此外，如果知道各化学反应方程式之间的关系，还可以利用盖斯定律由已知热化学方程式求其他化学反应的热效应。

3. 高温下化学反应热效应计算

 问题 5-5 能否计算硫铁矿在沸腾炉中 900℃下，被氧化成二氧化硫的反应热效应？

$$4FeS_2+11O_2\longrightarrow 2Fe_2O_3+8SO_2$$

利用标准摩尔生成焓和标准摩尔燃烧焓计算化学反应热效应只能得到 298.15K 时的数据。工业生产中所遇到的化学反应大多是在高温下进行的，那么高温条件下反应热效应又如何求？

$$Q_{p,T}=Q_{p,298.15}+\Delta C_{p,m}(T-298.15) \tag{5-13}$$

对于任意一个化学反应 $dD+eE\longrightarrow fF+gG$，式中：

$$\Delta C_p=[fC_{p,m}(F)dT+gC_{p,m}(G)dT+\cdots]-[dC_{p,m}(D)dT+eC_{p,m}(E)dT+\cdots]$$
$$=\sum_B \nu_B C_{p,m}(B)$$

ν_B 表示反应方程式中的计量系数，对生成物 ν_B 取正值，对反应物 ν_B 取负值。

相同压力下，计算出 298.15K 下的化学反应摩尔反应焓，就可以求另一温度下该反应的摩尔反应焓。在应用时应注意：若在 298.15K～T_2 这一温度范围内，反应物和产物中有一种或几种物质发生相变化，则应分段计算。

由式(5-13) 可看出，化学反应的热效应随温度的变化是由于生成物和反应物的热容不同所引起的。

若 $\Delta C_p < 0$，即生成物的热容小于反应物的热容，则温度升高，恒压反应热减小；

若 $\Delta C_p > 0$，即生成物的热容大于反应物的热容，则温度升高，恒压反应热增大；

若 $\Delta C_p = 0$，即生成物的热容等于反应物的热容，则反应热将不随温度而改变。

值得一提的是，前面所述的化学反应热效应指的是发生 1mol 反应的化学反应热效应。例如，$C_2H_5OH(l) + 3O_2(g) \longrightarrow 2CO_2(g) + 3H_2O(l)$，$\Delta_r H_m^{\ominus} = -1366.8kJ/mol$ 是指 1mol 的 C_2H_5OH 与 3mol 的氧气完全反应生成 2mol CO_2 和 3mol 液态 H_2O，要放出 1366.8kJ 的热。所以化学反应热效应的单位均为 kJ/mol。在实际生产中要根据投料量等条件计算反应热效应。

二、化石燃料

化石燃料亦称矿石燃料，是一种碳氢化合物或其衍生物，其包括的天然资源为煤炭、石油和天然气等。

1. 煤炭与洁净煤技术

 问题 5-6 煤制甲醇的主要化学反应有哪些？请查阅相关资料了解。

煤炭是 18 世纪以来人类使用的主要能源之一，所以煤炭也被人们誉为黑色的金子、工业的食粮。

（1）煤的化学组成

构成煤炭有机质的元素主要有碳、氢、氧、氮和硫等，此外，还有极少量的磷、氟、氯和砷等金非属和金属元素。煤化程度越深，碳的含量越高，氢和氧的含量越低，泥煤、褐煤、烟煤和无烟煤的含碳量范围大致如表 5-1 所示。

表 5-1 各种煤的含碳量范围

煤的种类	泥煤	褐煤	烟煤	无烟煤
含碳量/%	约 50	50～70	70～85	85～95

煤中的无机物质含量很少，主要有水分和矿物质，它们的存在降低了煤的质量和利用价值。矿物质是煤炭的主要杂质，如硫化物、硫酸盐、碳酸盐等，其中大部分属于有害成分。

煤的化学组成虽然各有差别，目前公认的平均组成如表 5-2 所示。

表 5-2 煤的平均化学组成

元素	C	H	O	N	S
含量/%	85.0	5.0	7.6	0.7	1.7

将其折算成原子比，可用 $C_{135}H_{96}O_9NS$ 代表，可见碳、氢、氧是煤炭有机质的主体，占 95% 以上，其中碳和氢是煤炭燃烧过程中产生热量的元素，氧是助燃元素，氮和硫形成氧化物会污染空气。科学家经过大量论证，认为煤炭中含有大量的环状芳烃且夹着含 N 和含 S 的杂环，它们通过各种桥键缩合交联在一起。所以煤可以成为环芳烃的重要来源。

煤化过程需要千万年或万万年的时间，无法在短期内重演，所以把煤看作是不可再生能源。煤炭作为非再生能源，按现在的开采速率估计，只能用几百年。煤炭在开采和燃烧过程（煤炭可以直接燃烧，但这样只利用了煤炭应有价值的一半）所产生的矸石、烟尘（主要有害物质为二氧化硫）将严重污染环境，危害动、植物生长及人类健康。所以，综合、合理、有效开发利用煤炭资源，并着重把煤转变为洁净燃料，是人们努力的方向。

（2）洁净煤技术

洁净煤技术（clean coal technology，CCT）一词源于美国，是指从煤炭开发到利用的全过程中旨在减少污染排放和提高利用效率的煤炭加工、燃烧、转换和污染控制新技术的总称，是当前世界各国解决环境问题的主导技术之一，也是高新技术国际竞争的一个重要领域。洁净煤技术包括两个方面：一是直接烧煤洁净技术，二是煤转化为洁净燃料技术。

直接烧煤洁净技术是在直接烧煤的情况下，需要采用的技术。

① 燃烧前的净化加工技术，主要是洗选、型煤加工和水煤浆技术。原煤洗选采用筛分、物理选煤、化学选煤和细菌脱硫方法，可以除去或减少灰分、矸石、硫等杂质；型煤加工是把散煤加工成型煤，由于成型时加入石灰固硫剂，可减少二氧化硫排放，减少烟尘，还可节煤；水煤浆是由大约 65% 的煤、34% 的水和 1% 的添加剂通过物理加工得到的一种低污染、高效率、可管道输送的煤基流体燃料，可以代替石油，缓解石油短缺问题。

② 燃烧中的净化燃烧技术，主要是流化床燃烧技术和先进燃烧器技术。流化床又叫沸腾床，有泡床和循环床两种，由于燃烧温度低可减少氮氧化物排放量，煤中添加石灰可减少二氧化硫排放量，炉渣可以综合利用，能烧劣质煤，这些都是它的优点；先进燃烧器技术是指改进锅炉、窑炉结构与燃烧技术，减少二氧化硫和氮氧化物的排放技术。

③ 燃烧后的净化处理技术，主要是消烟除尘和脱硫脱氮技术。消烟除尘技术很多，静电除尘器效率最高，可达 99% 以上，电厂一般都采用。脱硫有干法和湿法两种，干法是用浆状石灰喷雾与烟气中二氧化硫反应，生成干燥颗粒硫酸钙，用集尘器收集；湿法是用石灰水淋洗烟尘，生成浆状亚硫酸排放。它们脱硫效率可达 90%。

煤转化为洁净燃料技术，主要有以下四种。

① 煤的气化技术，有常压气化和加压气化两种，它是在常压或加压条件下，保持一定温度，通过气化剂（空气、氧气和蒸汽）与煤炭反应生成煤气。煤气中主要成分是一氧化碳、氢气、甲烷等可燃气体。用空气和蒸汽作气化剂，煤气热值低；用氧气作气化剂，煤气热值高。煤在气化中可脱硫除氮，排去灰渣，因此，煤气就是洁净燃料了。

② 煤的液化技术，有间接液化和直接液化两种。间接液化是先将煤气化，然后在一定温度、压力和催化剂的作用下合成，如煤制甲醇，可替代汽油，目前在一些缺油富煤的国家中，还有少数采用这种方法。直接液化是把煤通过加热先裂解，使大分子变小，然后在催化剂作用下加氢可以得到多种液体燃料，或煤炭与渣油混合成油煤浆反应生成液体燃料，最近几十年来，美国、日本、德国等都致力于这方面的研究，近年来我国也已经开展了这方面的工作。

③ 煤气化联合循环发电技术，先把煤制成煤气，再用燃气轮机发电，排出高温废气烧锅炉，再用蒸汽轮机发电，整个发电效率可达 45%。我国正在开发研究中。

④ 燃煤磁流体发电技术，当燃煤得到高温等离子气体高速切割强磁场，就直接产生直流电，然后把直流电转换成交流电。发电效率可达 $50\% \sim 60\%$。我国正在开发研究这种技术。

世界各国都十分重视洁净煤技术的开发和应用。经过许多年的发展，国外的煤炭气化、液化以及发电技术已经日趋成熟。通过实施洁净煤技术，煤矿企业在经济上增加盈利，环境由此得到改善，使经济增长和保护环境协调发展。我国富煤、缺油、少气的能源蕴藏结构决定了我国经济社会发展对煤炭的高度依赖，在未来相当长一段时期内，煤炭仍将占据我国一次能源的主导地位，但绝大多数的煤都是直接烧掉，既浪费资源，又污染环境，大力发展洁净煤技术有更重要意义。

2. 石油

问题 5-7　石油化工是现代社会的一大经济支柱，请查阅相关资料或调查了解，世界石油分布和开采情况，我国石油化工行业的主要产品是哪些？

石油有工业的血液之美誉。自 20 世纪 50 年代起，在世界能源消费结构中，石油跃居首位。石油是国家现代化建设的战略物资，许多国际争端往往与石油资源有关。石油是远古海洋或湖泊中的动植物遗体在地下经过漫长的复杂变化而形成棕黑色黏稠液态混合物。未经处理的石油叫原油。

（1）石油的化学组成

组成石油的化学元素主要是碳（83%～87%）、氢（11%～14%），其余为硫（0.06%～0.8%）、氮（0.02%～1.7%）、氧（0.08%～1.82%）及微量金属元素（镍、钒、铁、锑等）。由碳和氢化合形成的各种烷烃、环烷烃、芳香烃等碳氢化合物构成石油的主要组成部分，占95%～99%，含硫、氧、氮的化合物对石油产品有害，在石油加工中应尽量除去。不过不同油田的石油，成分和外貌区分很大。石油的性质因产地而异，密度为 0.8～1.0g/cm³，黏度范围很宽，凝固点差别很大（30～-60℃），沸点范围为常温～500℃以上，可溶于多种有机溶剂，不溶于水，但可与水形成乳状液。

（2）石油炼制

石油中所含化合物种类繁多，需要经过多步炼制才能使用。主要过程有分馏、裂化、重整、精制等。

碳氢化合物的沸点随碳原子数增加而升高，加热时，沸点低的先汽化，经过冷凝先分离出来；温度升高时，沸点较高的再汽化再冷凝，借此可以把沸点不同的化合物分离，这种方法叫分馏，所得产品叫馏分。分馏过程是在分馏塔中进行的，分馏塔里有精心设计的层层塔板，塔板间有一定的温度差，以此得到不同的馏分。分馏先在常压下进行，获得低沸点的馏分，然后减压下获得高沸点的馏分。每个馏分中还含有多种化合物。表 5-3 列举了石油分馏主要产品概况。

表 5-3　石油分馏主要产品及用途

分类	温度范围/℃	馏分名称	馏分所含碳原子数	主要用途
气体		石油气	$C_1 \sim C_4$	化工原料,气体燃料
轻油	30～180	溶剂油 汽油	$C_5 \sim C_6$ $C_6 \sim C_{10}$	溶剂 汽车、飞机用液体燃料
	180～280	煤油	$C_{10} \sim C_{16}$	液体燃料,溶剂
	280～350	柴油	$C_{17} \sim C_{20}$	重型卡车、拖拉机、轮船用燃料,各种柴油机用燃料
重油	350～500	润滑油 凡士林	$C_{18} \sim C_{30}$	机械、纺织等工业用的各种润滑油,化妆品、医药业用的凡士林
		石蜡	$C_{20} \sim C_{30}$	蜡烛,肥皂
		沥青	$C_{30} \sim C_{40}$	建筑业,铺路
	＞500	渣油	$＞C_{40}$	做电极,金属铸造燃料

通常，社会需要大量的分子量小的各类烃类，采用催化裂化的办法，可以使碳原子数多

的化合物裂解成各种小分子的烃类，裂解产物的种类和数量随催化剂和反应条件不同而不同，从 $C_1\sim C_{10}$ 都有，既有饱和烃又有不饱和烃，经分馏后分别使用。

催化重整是石油工业中另外一个重要过程。例如，在一定的温度压力下，汽油中的直链烃在催化剂表面上进行结构的重新调整，转化为带支链的烷烃异构体，这就能有效提高汽油的辛烷值。

加氢精制是提高油品质量的过程。蒸馏和裂解所得的汽油、煤油、柴油中都混有少量含 N 或含 S 的杂环化合物，燃烧过程中会生成含 N 或含 O 的酸性氧化物，进而污染空气，利用催化剂在一定条件下使 H_2 和这些杂环化合物反应生成 NH_3 或 H_2S，将其分离，进而提高油品的质量。

（3）石油加工产品

经过上述加工提炼，得到的产品大致可分为四大类：石油燃料，润滑油和润滑脂，蜡、沥青和石油焦，溶剂和石油化工产品。

石油燃料是用量最大的油品，今天 90% 的运输能量是依靠石油获得的，石油运输方便、能量密度高，因此是最重要的运输驱动能源。

润滑油和润滑脂被用来减少机件之间的摩擦，保护机件以延长它们的使用寿命并节省动力。它们的数量只占全部石油产品的 5% 左右，但其品种繁多。

蜡、沥青和石油焦是从生产燃料和润滑油时进一步加工得来的，其产量约为所加工原油的百分之几。

石油也是许多化学工业产品如溶剂、化肥、杀虫剂和塑料等的原料。

综上所述，石油经过分馏、裂化、重整、精制等步骤，获得了各种燃料和化工产品。有的可以直接使用，有的还可以进一步深加工。所以炼油厂总是和几个化工厂组成石油化工联合企业。

3. 天然气与可燃冰

问题 5-8　人们常说天然气比煤气的"热值"高，意思是相同量的天然气和煤气燃烧后，天然气放热比煤气放热多。能否利用前面学习的化学反应热效应的知识，计算并比较天然气和煤气的热效应。

（1）天然气的化学组成

天然气是一种多组分的混合气体，主要成分是烷烃，其中甲烷占绝大多数，另有少量的乙烷、丙烷和丁烷，它和石油伴生，但一半埋藏部位较深，在一些煤田附近也常常发现天然气的存在，因此天然气的成因比石油广泛。天然气在燃烧过程中产生的 CO_2 和 H_2O 都是无毒物质，产生的有害物质如 SO_2 很少，并且放出的热量高，相对于煤炭、石油等能源具有使用安全、热值高、洁净等优势。

全球蕴藏的常规石油天然气资源消耗巨大，预计在四五十年之后就会枯竭。能源危机让人们忧心忡忡，而可燃冰就像是上天赐予人类的珍宝，它年复一年地积累，形成延伸数千乃至数万里的矿床。

（2）可燃冰

可燃冰是一种新型高效能源——天然气水合物，是水和天然气在高压和低温条件下混合时产生的一种固态物质，因其外观像冰且遇火即可燃烧，升温减压就可释放出大量的甲烷气体，故将这种天然气水合物称为可燃冰、气冰或固体瓦斯。可燃冰成分与人们平时所使用的天然气成分相近，但更为纯净。据了解，全球可燃冰的储量是现有天然气、石油储量的两倍，具有广阔的开发前景。2007 年，我国在南海北部的首次采样成功，成为继美国、日本、印度之后第 4 个通过国家级研发计划采到可燃冰实物样品的国家，标志着我国可燃冰调查研究水平已步入世界先进行列。据测算，我国南海可燃冰的资源量为 700 亿吨油当量，约相当于我国目前陆上石油、天然气资源量总数的 1/2。

可燃冰在给人类带来新的能源前景的同时，对人类生存环境也提出了严峻的挑战。

可燃冰的开采会改变它赖以储存的温度压力条件，从而引起可燃冰的分解，因此，在可燃冰的开采过程中如果不能有效实现对温度压力条件的控制，就可能引发一系列环境问题。全球海底可燃冰中的甲烷总量约为地球大气中甲烷总量的 3000 倍，CH_4 的温室效应约为 CO_2 的 20 倍，若有不慎，让海底天然气水合物中的甲烷气逃逸到大气中去，将产生无法想象的后果；而且固结在海底沉积物中的可燃冰，一旦条件变化，使甲烷气从水合物中释出，还会改变沉积物的物理性质，极大地降低海底沉积物的工程力学特性，使海底软化，出现大规模的海底滑坡，毁坏海底工程设施（如海底输电或通讯电缆和海洋石油钻井平台等）。

为了获取这种清洁能源，世界许多国家都在研究天然可燃冰的开采方法。科学家们认为，一旦开采技术获得突破性进展，那么可燃冰立刻会成为 21 世纪的主要能源。

三、化学电源

问题 5-9　现代手机用的电池是什么电池？其基本结构、充放电原理怎样？在航空航天上使用何种电池？

如今，化学电源已经不是什么新名词了。继锌锰干电池等一次性电池和铅酸蓄电池等充电电池之后，现在的锂电池等性能更好的电池不断被制造出来。

化学电池使用面广，品种繁多，按照其使用特点大体可分为三类：①干电池，亦称为一次电池，特点是电池的活性物质进行一次电化学反应放电后不能再次使用；②蓄电池，亦称为二次电池，特点是电池的活性物质进行电化学反应放电后利用外加电源充电使其活性再生；③燃料电池，亦称为连续电池，一般以燃料作为负极，氧气作为正极。按电池中电解质的性质分为：锂电池、碱性电池、酸性电池、中性电池。化学电源是将化学能转化为电能的装置，那么化学电源是如何将化学能转变为电能的呢？

下面就生活中常见的化学电源做一简要介绍。

1. 锌锰电池

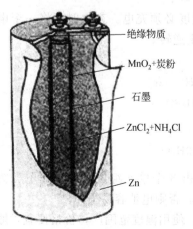

图 5-2　锌锰干电池结构示意图

绝缘物质
MnO_2+炭粉
石墨
$ZnCl_2$+NH_4Cl
Zn

日常生活中收音机、手电筒里使用的都是锌锰电池，其电压一般为 1.5V，电容量随体积大小而异（分 1 号、2 号、3 号、4 号、5 号等），其结构如图 5-2 所示，锌皮作为负极在电池的外壳，石墨棒作为正极在电池中央外层被 MnO_2、炭黑及 NH_4Cl 溶液混合压紧的团块所包围。两个电极之间的电解液是由 NH_4Cl、$ZnCl_2$、淀粉和一定量水组成的糊状物。锌筒上口加沥青密封，防止电解液渗出。电池书面表达式为：

$$Zn\,|\,ZnCl_2,NH_4Cl\,|\,MnO_2\,|\,C$$

这种电池使用已有 100 多年的历史，但是它的电极反应的产物仍然没有被彻底搞清楚，一般认为它的电极反应和电池反应如下。

锌负极：

$$Zn + 2NH_4Cl \longrightarrow Zn(NH_3)_2Cl_2 + 2H^+ + 2e$$

锰正极：

$$2MnO_2 + 2H^+ + 2e \longrightarrow 2MnOOH$$

电池反应：

$$Zn + 2NH_4Cl + 2MnO_2 \longrightarrow Zn(NH_3)_2Cl_2 + 2MnOOH$$

在使用过程中，电子由锌极流向锰极，锌皮逐渐消耗，MnO_2 也不断被还原，电压慢慢降低，最后电池失效。这种电池是一次性消费品，但锌皮不可能完全消耗掉，所以旧电池可以回收锌。锌既然是消耗性的外壳，在使用中就会变薄以致穿孔，这就要求在锌皮外加有密封包装。

锌锰电池制作容易，成本低，工作温度范围广，缺点是电池能量密度低，使用一段时间后锌筒易被腐蚀而导致电解液外泄腐蚀设备。

2. 铅蓄电池

铅蓄电池是工业上和实验室中常用的二次电池。汽车的启动电源常用铅蓄电池，其结构如图 5-3 所示，其负极或阳极为海绵状的金属铅，正极或阴极为表面涂有二氧化铅的铅板，正负极交替排列，形成一串联电池组，电解质是密度为 $1.28g/cm^3$ 的稀硫酸，因此又称为酸

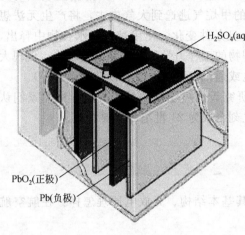

图 5-3　铅蓄电池结构示意图

性蓄电池。电池书面表达式为：

$$Pb \mid H_2SO_4(\rho = 1.28g/cm^3) \mid PbO_2$$

放电时，电极反应为负极（阳极）：

$$Pb + SO_4^{2-} \longrightarrow PbSO_4 + 2e$$

正极（阴极）：

$$PbO_2 + SO_4^{2-} + 4H^+ + 2e \longrightarrow PbSO_4 + 2H_2O$$

放电反应：

$$PbO_2 + Pb + 2H_2SO_4 \longrightarrow 2PbSO_4 + 2H_2O$$

放电之后，正负两极都生成一层 $PbSO_4$，到了一定程度必须充电。充电时，将一个电压略高于蓄电池的直流电源与它相连，使上述放电反应发生逆转。

负极（阴极）：　　　　$PbSO_4 + 2e \longrightarrow Pb + SO_4^{2-}$

正极（阳极）：　　$PbSO_4 + 2H_2O \longrightarrow PbO_2 + SO_4^{2-} + 4H^+ + 2e$

充电反应：　　$2PbSO_4 + 2H_2O \longrightarrow PbO_2 + Pb + 2H_2SO_4$

放电反应与充电反应合并写为：

$$PbO_2 + Pb + 2H_2SO_4 \underset{充电}{\overset{放电}{\rightleftharpoons}} 2PbSO_4 + 2H_2O$$

铅蓄电池每个单元电压约为 2V，汽车用的电瓶一般由 3 个单元组成，即工作电压为 6.0V 左右。放电时，单元电压降到 1.8V 时需要及时充电，否则电池容易损坏。

铅蓄电池具有充、放电可逆性好，电压高，电压稳定，使用温度范围广，价格便宜，原料丰富等优点。因此在工业上应用很广，如用作汽车和柴油车的启动电源，搬运车辆、坑

道、矿山车辆等的动力电源,变电站的备用电源等。缺点是比较笨重,防震性差,易溢出酸雾,维护不便等。

3. 碱性蓄电池

蓄电池的充、放电反应是在碱性条件下进行的电池,叫碱性电池。商品电池中有镉-镍(Cd-Ni)和铁-镍(Fe-Ni)两类。它们的体积、电压都和干电池差不多,携带方便,能经受剧烈震动,比较经得起放电,保藏维护要求不高,低温性能好(尤其是镉-镍蓄电池),使用寿命比铅蓄电池长得多,使用恰当可反复充放电上千次。缺点是结构复杂,制造费用较高,镉-镍蓄电池中镉又会严重污染环境和危害人体健康。

以下是这两种碱性蓄电池的书面表达式及电池反应。

镉-镍蓄电池电池表达式:

$$Cd(s)\ |\ KOH(w=0.20)\ |\ NiOOH(s)$$

电池反应为:

$$Cd(s)+2NiOOH(s)+2H_2O \underset{放电}{\overset{充电}{\rightleftharpoons}} Cd(OH)_2(s)+2Ni(OH)_2(s)$$

铁-镍蓄电池电池表达式:

$$Fe(s)\ |\ KOH(w=0.22)\ |\ NiOOH(s)$$

电池反应为:

$$Fe(s)+2NiOOH(s)+2H_2O \underset{放电}{\overset{充电}{\rightleftharpoons}} Fe(OH)_2(s)+2Ni(OH)_2(s)$$

4. 银-锌电池

银-锌电池所用的电极材料为 Ag_2O_2 和 Zn,可以做成一次电池,也可以做成二次电池。

日常生活中常用的银-锌电池为一次电池,如电子手表、液晶显示的计算器、小型的助听器等用的电池,因其体积很小,故有"纽扣"电池之称。电压约为 1.5V,放电电流为微安或毫安级,使用寿命一般为 1～1.5 年。

电极反应和电池反应为:

负极(阴极) $\qquad 2Zn+4OH^- \longrightarrow 2Zn(OH)_2+4e$

正极(阳极) $\qquad Ag_2O_2+2H_2O+4e \rightleftharpoons 2Ag+4OH$

充电反应 $\qquad 2Zn+Ag_2O_2+2H_2O \longrightarrow 2Zn(OH)_2+2Ag$

利用上述反应,也可以制作二次电池,称为银-锌蓄电池。其单位质量、单位容积所蓄电能高,能大电流放电,能经受机械震动,所以特别适合火箭、导弹和人造卫星及宇宙航船等的要求,但设备费用昂贵,充放电次数约为 100～150 次,使用寿命短,尚需进一步研究。

5. 燃料电池

燃料电池是很有发展前途的新的动力电源,负极由惰性电极和燃料组成,燃料可以为煤、煤气、氢气、甲烷、乙烷、天然气及其他碳氢化合物等;正极由惰性电极和氧气或空气组成。和一般电池的主要区别在于一般电池的活性物质是预先放在电池内,因而电池容量取决于储存的活性物质的量;而燃料电池的活性物质(燃料和氧化剂)是在反应的同时源源不断地输入的,同时将反应产物不断排出电池。因此,这类电池实际上只是一个能量转换装置。

以最为常用的氢-氧碱性燃料电池为例,电池书面表达式为:

$$Ni\ |\ H_2(g)\ |\ KOH\ |\ O_2(g)\ |\ Ni$$

电极反应和电池反应为:

负极(阳极) $\qquad H_2+2OH^- \longrightarrow 2H_2O+2e$

正极（阴极） $\frac{1}{2}O_2 + 2H_2O + 2e \longrightarrow 2OH^-$

电池反应 $H_2 + \frac{1}{2}O_2 \longrightarrow H_2O$

该电池的电压可达 1.12V，具有转换效率高、容量大、比能量高、功率范围广、不用充电等优点，但由于电极成本高、气体净化要求高、系统比较复杂，仅限于一些特殊用途，如飞船、潜艇、军事、电视中转站、灯塔和浮标等方面。

6. 锂电池

锂电池（lithium battery）是指电化学体系中含有锂（包括金属锂、锂合金和锂离子、锂聚合物）的电池。锂电池大致可分为两类：锂金属电池和锂离子电池。锂金属电池通常是不可充电的，且内含金属态的锂。锂离子电池不含有金属态的锂，并且是可以充电的。由于锂金属的化学特性非常活泼，使得锂金属的加工、保存、使用，对环境要求非常高，所以锂电池生产要在特殊的环境条件下进行。但是由于锂电池的很多优点，锂电池被广泛地应用在电子仪表、数码和家电产品上。但是，锂电池多数是二次电池，也有一次性电池。少数的二次电池的寿命和安全性比较差。

一般锂一次性电池有如下几种。

（1）锂有机电解质溶液电池

① Li/SO₂ 电池。电池结构为 （－）Li｜LiBr 乙腈,碳酸丙烯酯｜SO₂，C（＋）。

电池反应： $2Li + 2SO_2 \longrightarrow Li_2S_2O_4$

② Li/MnO₂ 电池。电池结构为 （－）Li｜碳酸丙烯酯-二甲氧基乙烷｜MnO₂，C（＋）。

电池反应： $Li + MnO_2 \longrightarrow MnOOLi$

③ Li/Ag₂CrO₄ 电池。电池结构为 （－）Li｜碳酸丙烯酯｜Ag₂CrO₄，C（＋）。

电池反应： $2Li + Ag_2CrO_4 \longrightarrow 2Ag + Li_2CrO_4$

（2）锂非水无机电解质溶液电池

锂电池采用的非水无机电解质主要有 $SOCl_2$（亚硫酰氯）和 SO_2Cl_2（硫酰氯）。这些化合物既充当溶剂又充当正极活性物质。是目前实际应用电池系列中比能量最高的一种电池。比 Li/SO₂ 有机电解质电池还要优越。

① Li/SOCl₂ 的电池结构为：

$$(-)Li ｜ LiAlCl_4\text{-}SOCl_2 ｜ C(+)$$

电池反应为：

$$4Li + 2SOCl_2 \longrightarrow 4LiCl + S + SO_2$$
$$8Li + 3SOCl_2 \longrightarrow 6LiCl + 2S + Li_2SO_3$$

硫和二氧化硫溶解在过量的亚硫酰氯电解液中，在放电期间产生中等程度的压力，同时硫还可以与硫反应放热，可能造成放热失控。因此这种电池的安全性始终是个大问题，目前采用添加卤素的办法阻止放电产物 S 的产生有一定的效果。

② Li/SO₂Cl₂ 的电池结构为：

$$(-)Li ｜ LiAlCl_4\text{-} SO_2Cl_2 ｜ C(+)$$

电池反应为： $2Li + SO_2Cl_2 \longrightarrow 2LiCl + SO_2$

这个反应没有 S 产生，正极阻塞减轻，安全性提高了。这种电池生成 LiCl 保护膜，但是没有 Li/SOCl₂ 电池的保护膜坚实，目前正在改进。

后来，日本索尼公司发明了以碳材料为负极，以含锂的化合物作正极的锂电池，在充放电过程中，没有金属锂存在，只有锂离子，这就是锂离子电池。当对电池进行充电时，电池的正极上有锂离子生成，生成的锂离子经过电解液运动到负极。而作为负极的碳呈层状结构，它有很多微孔，达到负极的锂离子就嵌入到碳层的微孔中，嵌入的锂离子越多，充电容量越高。同样，当对电池进行放电时（即我们使用电池的过程），嵌在负极碳层中的锂离子脱出，又运动回正极。回正极的锂离子越多，放电容量越高。我们通常所说的电池容量指的就是放电容量。在充放电过程中，锂离子处于从正极→负极→正极的运动状态。就像一把摇椅，摇椅的两端为电池的两极，而锂离子就像运动员一样在摇椅两端来回奔跑。所以又叫摇椅式电池。

随着数码产品如手机、笔记本电脑等产品的广泛使用，锂离子电池以优异的性能在这类产品中得到广泛应用，并在近年逐步向其他产品应用领域发展。

▦ 拓展思考

1. 工业生产中化学反应热是不容忽视的，请查阅资料探讨化学反应热的综合利用实例。

2. 煤直接燃烧会给环境带来何种污染？请调查现如今煤储量和开采利用情况如何。

3. 什么是辛烷值？以前汽油中添加四乙基铅有什么作用？无铅汽油是用什么物质代替四乙基铅的？

4. 电池回收是为了保护环境，各种电池对环境会构成哪些危害？回收后的电池要怎样处理？

5. 请查阅太阳能电池的相关资料，指出其与干电池、蓄电池、燃料电池的异同。

第二节
化学反应速率

▦ 学习目标

1. 了解化学反应速率的表示方法；理解浓度对化学反应速率的影响——质量作用定律。

2. 了解一级反应等简单级数反应特点，能够计算简单级数反应转化率、半衰期等。

3. 能够判断外界因素发生变化时化学反应速率的变化。

4. 理解催化剂的特点及其对化学反应速率的影响。

5. 培养严肃认真的学习态度，进一步提高分析问题、解决问题的能力。

化学反应速率是化工生产中的关键参数，反应速率太快的反应容易产生爆炸等情况，不利于生产；反应速率太慢的反应又达不到生产要求，影响效益。因此化工生产中经常会采取改变温度、浓度或加入催化剂等措施，促使反应速率提高和反应物利用率的提高。本节将介绍影响化学反应速率的因素以及各种因素对化学反应速率的影响情况。

 一、化学反应速率

▶ 问题 5-10　分析下述化学反应的反应速率：氢气和氯气的混合气体见光就发生爆炸反应；氢氧化钠溶液与盐酸溶液在几秒钟内中和反应完全；氢气和氮气在常温常压下很难合成氨气；化石燃料的形成需要经过几十万年的时间才形成等。

上述化学变化快慢的标志是什么？如果说要用一个量表示化学反应速率，该用什么量？

如何定量地表示化学反应速率，历史上曾出现过各种方法，目前，国际上普遍采用以反

应进度随时间的变化率来定义反应速率，用符号 $\dot{\xi}$ 表示，即

$$\dot{\xi} = \frac{d\xi}{dt} \tag{5-14}$$

式中的 $d\xi$ 称为反应进度，$d\xi = \frac{dn_B}{\nu_B}$ 即反应物 B 的物质的量变化值与反应式中计量系数之比。由于它能体现反应进行的程度而得名。

本书中仅讨论恒容系统。对于体积 V 一定时，反应速率定义为单位体积反应进度随时间的变化率，用符号 r 表示，即

$$r = \frac{1}{V} \times \frac{d\xi}{dt} \tag{5-15}$$

将 $d\xi = \frac{dn_B}{\nu_B}$ 代入，得：

$$r = \frac{1}{\nu_B} \times \frac{dc_B}{dt} \tag{5-16}$$

r 的单位为 $mol/(m^3 \cdot s)$。由反应进度概念可知，反应速率与化学计量方程式书写有关，与选取的物质无关，数值为正值。

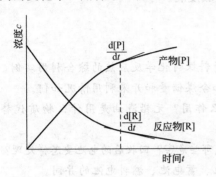

图 5-4　反应物和产物浓度与时间的关系

化学反应速率可由实验来测定。具体来说就是在不同时刻测定反应系统中反应物和产物的浓度，以浓度对时间作图得到 $c\text{-}t$ 曲线，如图 5-4 所示。然后由曲线上某时刻切线的斜率来确定瞬时反应速率。

化学反应速率的快慢，首先决定于反应物的本性。例如，无机物的反应一般比有机物的反应快；无机物之间反应时，以离子形式进行的反应比以分子形式进行的反应要快。除了物质的本性外，反应速率还与浓度、温度、催化剂等有关。

  二、浓度对化学反应速率的影响

问题 5-11　我们来做如下的对比实验，观察反应速率。

$$(NH_4)_2S_2O_8(\text{过二硫酸铵}) + 3KI \longrightarrow (NH_4)_2SO_4 + K_2SO_4 + KI_3$$

在溶液混合前加入一定量的 $Na_2S_2O_3$ 和淀粉溶液，反应生成的 I_3^- 会立即因为发生 $2S_2O_3^{2-} + KI_3 \longrightarrow S_4O_6^{2-} + 3I^- + K^+$ 反应而不会使淀粉变蓝。当溶液变成蓝色时，标志反应达到限度了。因此观察记录溶液从混合到变成蓝色的时间即可判断反应快慢。请设计记录表格和实验浓度等，得出浓度对化学反应速率的影响的结论。

对于常见的化学反应来说，增加反应物的浓度可以增大反应速率。这个现象可以用碰撞理论来定性解释。在温度一定的条件下，对某一反应来说，反应物中的活化分子的百分数是一定的，当增加反应物浓度时，单位体积活化分子数目增加，从而增加了单位时间内反应物分子有效碰撞频率，导致反应速率增大。此外也可以通过化学反应速率方程来定量分析浓度对反应速率的影响。

1. 基元反应和非基元反应

常见的化学反应方程式，仅表示反应进行时反应物与产物之间数量的变化关系。从微观的角度考察反应实际进行的具体步骤并非一定按照化学计量方程式所表示的那样，由反应物

直接作用生成产物，例如 HCl 的气相合成反应为：

$$H_2 + Cl_2 \longrightarrow 2HCl \tag{5-17}$$

这是一个化学计量方程式，也可以写成：

$$\frac{1}{2}H_2 + \frac{1}{2}Cl_2 \longrightarrow HCl \tag{5-18}$$

但该反应微观上并非由一个氢气分子和一个氯气分子直接作用生成两个氯化氢分子，更不可能是 $\frac{1}{2}$ 个氢气分子和 $\frac{1}{2}$ 个氯气分子之间的反应，而是经历了如下一系列具体步骤即反应机理或反应历程来完成的。

$$Cl_2 + M \longrightarrow 2Cl \cdot + M \tag{5-19}$$

$$Cl \cdot + H_2 \longrightarrow HCl + H \cdot \tag{5-20}$$

$$H \cdot + Cl_2 \longrightarrow HCl + Cl \cdot \tag{5-21}$$

$$Cl \cdot + Cl \cdot + M \longrightarrow Cl_2 + M \tag{5-22}$$

上述反应式中 M 指反应器壁或其他分子（如惰性分子），在反应历程中，M 并不参加反应，只是通过与反应物分子发生碰撞时起传递能量的作用。

基元反应又称简单反应，是指反应物微粒（分子、离子、原子或自由基等）经过一步碰撞直接生成产物微粒的反应。例如上述反应式（5-19）～式（5-22）均为基元反应。和化学计量方程式不同的是，基元反应的系数不能乘以任意正整数或分数，否则不是基元反应。

通常所写的化学反应方程式从宏观上被称为总反应，如上述反应式（5-17）和式（5-18）为总反应。如果总反应只包含一个基元反应（步骤）的即为基元反应或简单反应；如果总反应包含两个或两个以上基元反应（步骤）的即为复合反应或非基元反应，如反应式（5-17）和式（5-18）为非基元反应或复合反应。组成宏观总反应的基元反应的集合，称为"反应机理"或"反应历程"，如反应式（5-19）～式（5-22）表示反应式（5-17）或反应式（5-18）的反应机理。

在基元反应中反应物的粒子数目称为基元反应的反应分子数。根据反应分子数目可把基元反应分为单分子反应、双分子反应、三分子反应。四分子以上的反应，由理论分析可知其概率甚微，实际上至今也未发现。绝大多数基元反应都是双分子反应。

需要强调的是，反应分子数是微观概念，只有基元反应才有反应分子数之说，非基元反应不能谈反应分子数。对于基元反应根据其化学反应计量式即可断定其反应分子数，例如基元反应式（5-19）～式（5-21），反应分子数为 2，基元反应式（5-22），反应分子数为 3。反应分子数的数值只能是 1、2、3 正整数，不可能出现为零、分数或负数。对于一个指定的基元反应，其反应分子数是确定不变的。

2. 化学反应的速率方程

大量实验事实表明，基元反应的反应速率与基元反应中各反应物浓度的幂次方乘积成正比，各反应物浓度幂次方的指数等于基元反应式中该反应物的化学计量数，这个规律称为质量作用定律。

对于任意基元反应　　　　　　　　　$aA + bB + \cdots \longrightarrow$ 产物

根据质量作用定律可以直接写出其速率方程。

$$r = kc_A^a c_B^b \cdots \tag{5-23}$$

对于任意非基元反应　　　　　　　　$aA + bB + \cdots \longrightarrow$ 产物

其速率方程可由实验给出：

$$r=kc_A^a c_B^\beta \cdots \tag{5-24}$$

式(5-23)与式(5-24)形式相同，不同的是非基元反应中各反应物浓度幂次方的指数不一定等于总反应式中该反应物的化学计量数，如式(5-24)中 c_A 的指数 α 不一定等于计量系数 a，其浓度幂次方可以是其他复杂的方次关系。为了方便定量化描述，引入反应级数的概念。

在化学反应的速率方程中，各物质浓度项指数的代数和称为该反应的反应级数，用 n 表示。如速率方程为

$$r=kc_A^a c_B^\beta \cdots$$

则反应级数为 $\qquad\qquad n=\alpha+\beta+\cdots \tag{5-25}$

式中，α，β，…为参加反应的各组分 A，B，…对应的分级数。

反应级数 n 可以为整数、分数、零或负数等各种不同的形式，有时甚至无法用简单数字来表示，具体由实验来确定。

应当指出，反应分子数和反应级数是不同范畴的概念，不能混为一谈。反应分子数是对微观的基元反应来说的，而反应级数是就宏观的总反应而言的。对于复合反应，说其反应分子数是没有意义的。例如复合反应中有零级、分数级或负数级反应，但反应分子数是不可有零分子、分数分子或负数分子反应的。尽管在通常情况下二者常具有相同的数值，但其意义是有区别的。对于一个指定的基元反应而言，反应分子数有定值，但其反应级数由于反应的条件不同而可能不同。

反应还指出，简单反应可以直接应用质量作用定律，但速率公式与质量作用定律吻合的总反应不一定就是简单反应。判断一个总反应是否是简单反应，除其速率公式必须符合质量作用定律之外，还必须有其他方面的论证。如反应 $H_2+I_2 \longrightarrow 2HI$，其速率方程为 $r=kc_{H_2}c_{I_2}$，与质量作用定律吻合，为二级反应，但就微观反应步骤而言包含两步，所以为复合反应。

3. 化学反应的速率常数

前面所提到速率方程中比例系数 k 称为速率常数，数值上等于单位浓度时的反应速率，故又称比速率常数。不同的反应有不同的速率常数，速率常数与浓度无关，但与反应温度及所用的催化剂有关。速率常数 k 的量纲为 ［浓度］$^{1-n}$/［时间］，其单位与反应级数 n 有关，因此从速率常数的单位可以判断反应的级数。

速率常数 k 是重要的动力学参数，k 值的大小直接体现反应进行的难易程度。

4. 简单级数反应的速率公式及计算

速率方程表示反应物浓度 c 与反应时间 t 的函数关系式，一般有微分形式、积分形式。反应速率只与反应物浓度有关，反应级数无论是 α，β，…还是 n 都只是零或正整数的反应称为简单级数反应。这里主要讨论具有简单级数反应的速率方程及其动力学特征。

应当说明的是，简单反应都是简单级数反应，但简单级数反应不一定是简单反应。不论是基元反应还是非基元反应，只要该反应具有简单的级数，它就具有该级数反应的所有特征。

（1）零级反应

零级反应的速率与反应物的浓度无关。零级反应常见于表面催化反应和酶催化反应、光化学反应以及一些纯液体或纯固体的分解反应。

设有零级反应：

$$A \xrightarrow{k_0} P$$

$$t=0 \qquad c_A^0=a \qquad c_P^0=0$$

$$t=t \qquad c_A=a-x \qquad c_P=x$$

以产物表示其速率方程的微分式为：

$$r=\frac{dx}{dt}=k_0 \tag{5-26}$$

上式移项积分，得：

$$x=k_0 t \tag{5-27}$$

将某一时刻反应物 A 消耗掉的分数称为该时刻 A 的转化率，用 y 表示，则：

$$y=\frac{x}{a} \tag{5-28}$$

通常将反应物的浓度消耗一半（即转化率为 50%）所需要的时间定义为半衰期，并以符号 $t_{1/2}$ 表示。当 $y=50\%$ 时，$x=\frac{a}{2}$，代入速率方程，得零级反应的半衰期。

$$t_{1/2}=\frac{a}{2k_0} \tag{5-29}$$

综合以上各式分析，零级反应动力学特征主要有：

① 产物浓度 x 与反应时间 t 呈线性关系，斜率为 k_0；

② 零级反应的半衰期与反应物初始浓度成正比；

③ 零级反应的反应速率与反应物浓度无关，在一定条件下为恒速反应；

④ 零级反应完成所需要的时间为 $2t_{1/2}$；

⑤ 速率系数 k_0 的单位为［浓度］/［时间］。

（2）一级反应

一级反应的速率与反应物浓度的一次方成正比。

设有一级反应：

$$A \xrightarrow{k_1} P$$

$$t=0 \qquad c_A^0=a \qquad c_P^0=0$$

$$t=t \qquad c_A=a-x \qquad c_P=x$$

以产物表示其速率方程的微分式为：

$$r=\frac{dx}{dt}=k_1(a-x) \tag{5-30}$$

将上式积分，得一级反应的积分式：

$$\ln \frac{a}{a-x}=k_1 t \tag{5-31a}$$

如果将式(5-28a) 写为指数形式，为：

$$(a-x)=a e^{-k_1 t} \tag{5-31b}$$

或对数形式为：

$$\ln(a-x)=-k_1 t+\ln a \tag{5-31c}$$

将 $x=\frac{a}{2}$ 代入速率方程，得一级反应的半衰期：

$$t_{1/2}=\frac{\ln 2}{k_1}=\frac{0.693}{k_1} \tag{5-32}$$

由以上关系式，可以总结出一级反应的动力学特征如下。

① 对于一级反应，$\ln(a-x)$-t 成直线关系，直线的斜率为 $-k_1$。

② 一级反应的半衰期与反应物 A 的初始浓度无关，与反应速率常数 k_1 成反比。在指定条件下，由于 k_1 有定值，所以半衰期为一常数。也就是说反应物的浓度从 a 变到 $a/2$，从 $a/2$ 变到 $a/4$，…，所需要的时间均相同。

③ 由 $(a-x)=ae^{-k_1t}$ 知反应物的浓度 c_A 随时间 t 成指数性下降，当 $t\to\infty$，$(a-x)\to 0$，所以一级反应需要无限长的时间才能反应完全。

④ 速率系数 k_1 的单位为 [时间]$^{-1}$。

这些动力学特征也可作为一级反应判定的依据。

放射性元素的蜕变反应是典型的一级反应。常见的一级反应还有单分子基元反应、一些物质的热分解反应（如五氧化二氮的分解）、分子重排反应（如顺丁烯二酸转化为反丁烯二酸）和蔗糖的水解反应。

蔗糖的水解反应本质上为二级反应，由于在溶液中水量很多，在反应过程中，水的浓度可看作为一常数，反应表现为一级反应的特征，故称该反应为"准一级反应"。

例题 5-4 有一药物溶液每毫升含药 500 单位，40 天后变为每毫升含 300 单位，设其药物分解为一级反应，求药物分解至原有浓度的一半时需要多少天？

解 由一级反应速率公式的定积分式 $\ln\dfrac{a}{a-x}=k_1t$ 得：

$$k_1=\frac{1}{t}\ln\frac{a}{a-x}=\frac{1}{40}\ln\frac{500}{300}=0.0128(\mathrm{d^{-1}})$$

根据一级反应半衰期公式 $t_{1/2}=\dfrac{0.693}{k_1}$ 得：

$$t_{1/2}=\frac{0.693}{k_1}=\frac{0.693}{0.0128}=54.3(\mathrm{d})$$

即药物分解至原浓度一半时，所需的时间为 54.3d。

反应速率与反应物浓度的二次方成正比的反应，称为二级反应。二级反应是最常遇到的反应，如乙酸乙酯的皂化反应，氢气与碘蒸气化合成碘化氢及碘化氢气体的热分解，乙烯、丙烯等的气相二聚合作用均为二级反应。按照零级和一级反应处理问题的方法，也可以找到二级反应的化学反应速率方程和二级反应的特点，在此就不一一赘述。

综上所述，浓度对反应速率的影响由反应速率方程 $r=kc_A^{\alpha}c_B^{\beta}\cdots$ 可以看出如下事项。

对于非零级反应的简单级数反应，反应级数 n 的大小可用来衡量浓度对速率的影响，n 越大则反应速率浓度的影响越大；当其他条件不变时，增加反应物的浓度，可以增大反应的速率，如简单级数一级反应、二级反应、三级反应等；这是因为其他条件不变时，一则反应速率常数为定值，二则浓度的指数为正整数，所以增加浓度会提高反应速率。

对于零级反应来讲，由于反应速率与反应物浓度无关，所以改变反应物浓度并不会影响反应速率，此外对于一些纯液体或固体的分解反应为零级反应，从另一个角度来分析，它们的浓度本身是一个常数，即使增加这些物质的量，浓度依然不变，当然也不会影响反应的速率，但对于固体物质来讲反应速率与固体的表面积大小是有关系的。

对于其他非简单级数反应来讲，由于反应速率公式中 $r=kc_A^{\alpha}c_B^{\beta}\cdots$，各反应物的级数 α，β，…可以为整数、分数、零或负数等各种不同的形式，有时甚至无法用简单数字来表示，因此不同反应物浓度增加对反应速率的影响也不尽相同，有的表现为反应速率增大，有的表现为不变，有的还表现为下降，具体要由实验来确定。

三、温度对化学反应速率的影响

问题 5-12 利用问题 5-11 还可以设计温度发生变化时，反应的速率比较。请设计比较反应在 30℃、40℃、50℃时的速率情况。考虑：如果是酶催化反应（例如人体消化反应），反应与温度的关系怎样？

随着化学反应类型的不同，温度对化学反应速率的影响也是不同的。总反应是许多简单反应的综合，因此总反应的速率与温度的关系是比较复杂的。当反应浓度一定时，实验表明总反应的速率与温度的关系可用总反应的速率常数与温度的关系表示，如图 5-5 所示。

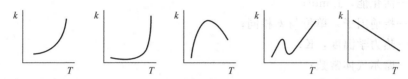

图 5-5　温度对反应速率影响的几种类型

第一种类型是最常见的，反应速率随反应温度的升高而逐渐变快，反应速率常数与温度之间成指数关系，符合阿伦尼乌斯公式。第二种类型总反应中含有爆炸型的反应，在低温时，反应速率较慢，基本上符合阿伦尼乌斯公式，但当温度达到某一临界值时，反应速度迅速增大，以致引起爆炸。第三种类型常在一些受吸附控制的多相催化反应（例如加氢反应）中出现，当温度不太高的情况下，反应速率随温度的升高而加速，但达到了一定温度以后再升高温度，将使反应速率下降。这可能是由于温度高对催化剂有不利的影响所致。由酶催化的反应也多属于这种类型。第四种类型是在碳的氢化反应中观察到的，当温度升高时可能由于副反应使问题复杂化。当温度升高时，反应速率升高很快。第五种类型是反常的，NO 氧化成 NO_2 属于此类，这是由于该反应是由多步完成的，前一步反应的平衡常数对反应的速率有影响。这里仅讨论最为常见的第一种类型的反应。

温度是影响化学反应的重要因素之一。由前面介绍的反应类型可知温度对反应速率的影响比较复杂。但对于第一种类型的反应来说，化学反应都随着温度的升高而反应速率加快。那么温度和反应速度之间有什么定量的关系呢？

1. 范特霍夫经验规则

1884 年荷兰学者范特霍夫根据实验结果归纳出一条经验规则：对一般反应来说，在反应物浓度相同的情况下，温度每升高 10K，反应速率一般增加 2～4 倍。即：

$$\frac{r_{(T+10K)}}{r_{(T)}} = \frac{k_{(T+10K)}}{k_{(T)}} \approx 2 \sim 4 \tag{5-33}$$

如果不需要精确的数据或手边的数据不全，则可以根据这个规则大略地估计出温度对反应速率的影响。

研究表明，温度升高时，分子热运动加快，分子间的碰撞频率增加，反应速率加快。但是计算表明，温度升高 10K，分子的碰撞频率仅增加 2% 左右。这与范特霍夫规则相差很大。事实上，反应速率增加 2～4 倍的原因不仅仅是分子之间的碰撞次数增大，更为重要的是由于温度升高可以使更多的分子变为活化分子，活化分子的百分数增大，使得有效碰撞的百分数增加，使反应速率以几何级数的比值增加。

2. 阿伦尼乌斯经验公式

1889 年阿伦尼乌斯总结了大量实验事实，给出了反应速率常数 k 与反应温度 T 间的定量关系式。

指数式 $$k = A e^{-\frac{E_a}{RT}} \tag{5-34}$$

微分式 $$\frac{\mathrm{d}\ln k}{\mathrm{d}T} = \frac{E_a}{RT^2} \tag{5-35}$$

对数式 $$\ln k = -\frac{E_a}{RT} + \ln A \tag{5-36a}$$

$$\ln \frac{k_2}{k_1} = -\frac{E_a}{R}\left(\frac{1}{T_2} - \frac{1}{T_1}\right) \tag{5-36b}$$

式中　E_a——活化能，J/mol；

　　　A——指前因子，单位与 k 相同；

　　　T——热力学温度，K；

　　　R——摩尔气体常数；

　　　e——自然对数的底。

在浓度相同的情况下，可以用速率常数来衡量反应速率。从式（5-34）可以看出，反应速率常数 k 与反应温度 T 间成指数关系，所以，即使温度 T 做微小变化也会导致反应速率常数 k 值发生较大的变化，尤其是活化能 E_a 较大时更是如此。

例题 5-5 均戊酮二酸在水溶液中的分解反应为一级反应，已知 10℃ 和 60℃ 的半衰期分别为 6.418s 和 12.65s。求：①反应活化能；②30℃时，反应进行 1000s 时戊酮二酸的转化率。

解 ① 因为反应半衰期与速率常数成反比：

$$\frac{k(60)}{k(10)} = \frac{t_{1/2}(10)}{t_{1/2}(60)}$$

根据阿伦尼乌斯方程有：

$$\ln \frac{t_{1/2}(10)}{t_{1/2}(60)} = \frac{E_a}{R} \frac{T_2 - T_1}{T_1 T_2}$$

$$E_a = \frac{T_2 T_1}{T_2 - T_1} R \ln \frac{t_{1/2}(10)}{t_{1/2}(60)}$$

$$= \frac{283.2 \times 333.2}{333.2 - 283.2} \times 8.314 \times \ln \frac{6418}{12.65}$$

$$= 97.7 (\mathrm{kJ/mol})$$

② 按一级反应半衰期的公式有：

$$k(10) = \frac{0.693}{t_{1/2}(10)} = \frac{0.693}{6418} = 1.08 \times 10^{-4} (\mathrm{s}^{-1})$$

$$\ln \frac{k(30)}{1.08 \times 10^{-4}} = \frac{97700}{8.314}\left(\frac{1}{303.2} - \frac{1}{283.2}\right)$$

$$k(30) = 1.67 \times 10^{-3} (\mathrm{s}^{-1})$$

$$\ln \frac{1}{1-y} = k(30)t$$

$$\ln \frac{1}{1-y} = 1.67 \times 10^{-3} \times 1000$$

$$y=0.812$$

用阿伦尼乌斯公式讨论速率与温度的关系时，可以认为在温度变化范围不大的情况下活化能 E_a 和指前因子 A 均为常数。据阿伦尼乌斯公式的对数式，如果以 $\ln k$ 对 $1/T$ 作图，速率常数的自然对数与温度的关系满足线性关系，其斜率为 $-E_a/R$，结果如图 5-6 所示，图中的三条曲线代表 Ⅰ、Ⅱ、Ⅲ 三个不同的反应，各反应的活化能的次序依次为 E_a（Ⅲ）$>E_a$（Ⅱ）$>E_a$（Ⅰ）。

从图 5-6 可以看出，对一给定的反应来说，在低温范围内反应的速率随温度变化更为敏感。例如反应 Ⅱ，在温度由 376K（$1/T=2.7$）增加到 463K（$1/T=2.2$），即增加 87K，$\ln k$ 增加一倍。而在高温范围内，若要 $\ln k$ 增加一倍，温度要由 1000K（$1/T=1.0$）增加到 2000K（$1/T=0.5$）才行。

图 5-6 也表明，对于不同的反应来说，活化能较大的反应，其反应速率随温度升高增加得较快，所以升高温度更有利于活化能较大的反应进行。例如当温度从 1000K 增加到 2000K

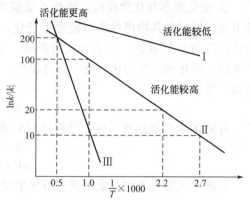

图 5-6　温度与反应速率常数的关系

时，活化能较小的反应 Ⅱ，$\ln k$ 值从 100 增加到 200，扩大了 2 倍；而活化能较大的反应 Ⅲ，$\ln k$ 值却从 10 变到了 200，扩大了 20 倍。若同一反应物可以同时发生两种反应，则高温有利于活化能高的反应进行，低温有利于活化能低的反应进行。

四、催化剂对化学反应速率的影响

> 问题 5-13　请搜集下列工业生产使用什么催化剂：合成氨，二氧化硫氧化制硫酸，石油烃裂解，乙烯聚合等。使用的催化剂做成何种形状（网状、粉末、柱状等）？

如前所述，提高反应物的浓度或升高反应温度可以提高反应速率。但是对于某些化学反应来说，反应速率仍然较慢。如果采用催化剂，则可以有效提高反应速率。例如，过氧化氢是很不稳定的化合物，在没有催化剂作用时也能分解，但分解速率很慢。当加入 MnO_2 时过氧化氢分解速率加快。对于该反应，MnO_2 为催化剂，那么什么是催化剂呢？

催化剂是一种能改变化学反应速率、而它本身的化学组成和质量在反应前后均保持不变的物质。催化剂改变反应速率的作用称为催化作用。有催化剂参与的反应称为催化反应。催化反应在化工工业中应用很广泛，此外生命系统中的化学反应大多是催化反应。

催化反应一般分为三大类：均相催化、复相催化、酶催化。在均相催化反应中，催化剂与反应物处于同一相，如酸对酯类水解的催化；在复相催化反应中催化剂和反应物不在同一相中，例如氨的合成、氨的氧化、二氧化硫的氧化均是非常重要的气-固催化反应，催化剂为固相，反应物为气相，反应在两相界面进行。

1. 催化剂的基本特征

① 催化剂不能改变反应的方向和限度　催化剂可以加快反应速率，但对于不能自动发生的反应，即使加入催化剂也不能起反应，这就说明催化剂不能改变反应的方向。此外化学反应平衡常数的大小标志化学反应的限度，取决于反应吉布斯自由能的变化 ΔG，催化剂不

能改变反应的 ΔG，所以同样不能改变化学反应的平衡常数，只能缩短反应到达平衡的时间。对于可逆反应，催化剂对正向反应和逆向反应的速率都应按相同的比例加速，即不能改变反应的平衡常数。由此可得出如下结论：在一定反应条件下，对正向反应是有效的催化剂对逆向反应也一定有效。这一规律在选择催化剂工作中得到应用，如合成氨的催化剂必定也是加速氨分解的催化剂，我们可在常压下用氨的分解实验来寻找合成氨的催化剂。

② 催化剂参与化学反应，改变了反应活化能　催化剂在反应前后虽然化学性质和数量都不变，但通常其物理性质可能发生变化，如 MnO_2 催化 $KClO_3$ 分解，MnO_2 由粒状变为粉状；Pt 催化氨氧化，Pt 表面变得粗糙。这说明催化剂是以某种形式参与了化学反应。一般来说，催化剂在参与化学反应的过程中，可与反应物生成中间物，再由中间物变成产物。例如，某反应：

$$A+B \longrightarrow AB$$

若催化剂 C 能加速反应，则催化剂 C 参与反应的形式通常为：

$$A+C \longrightarrow AC$$
$$AC+B \longrightarrow AB+C$$

上述反应历程表明，催化剂参与化学反应从而改变了化学反应的途径。同时也表明催化剂与反应物生成的中间产物是不稳定的，中间产物很容易和另外一种反应物形成最终的产物。

催化反应改变了原来化学反应的途径，致使反应的活化能显著降低。比较非催化和催化反应的活化能示意图，如图 5-7 所示，没有催化剂参与时反应要克服较高的活化能 E；有催化剂参与时，只需克服较低的活化能 E'。E' 称为表观活化能，为 E_1、E_2 和 E_{-1} 的代数和。因此，改变反应途径、降低反应活化能是催化剂加快反应速率的根本原因。

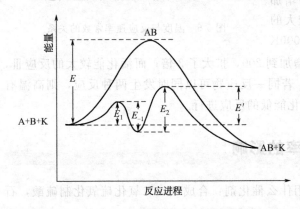

图 5-7　催化反应与非催化反应活化能与反应进程

③ 催化剂不能改变反应热效应　由于催化剂不能改变化学反应的始末态，所以反应热不因催化剂的加入而改变。这一特点可以方便地用来在较低温度下测定反应热。许多非催化反应常需在高温下进行反应热测定，在有适当催化剂时，则可在接近常温下进行测定，这显然比高温下测定要容易得多。

④ 催化剂具有特殊的选择性　催化剂的选择性体现在两个方面：第一，不同类型的反应需要选择不同的催化剂，如氧化反应的催化剂和脱氢反应的催化剂不同，此外同一类型的反应，其催化剂也不一定相同，如 SO_2 的氧化使用 V_2O_5 作催化剂，而乙烯的氧化使用金属 Ag 作催化剂。第二，对于同样的反应物，如果选用不同的催化剂可以得到不同的产物。例如，乙醇的分解选择不同的催化剂可以得到不同的产物。

$$C_2H_5OH \begin{cases} \xrightarrow[200\sim250℃]{Cu} CH_3CHO+H_2 \\ \xrightarrow[350\sim360℃]{Al_2O_3} C_2H_4+H_2O \\ \xrightarrow[400\sim450℃]{ZnO \cdot Cr_2O_3} CH_2CHCHCH_2+H_2O+H_2 \end{cases}$$

　　此外，催化剂的选择性也与反应条件有关。如乙醇脱水反应选择相同的催化剂 Al_2O_3，在 140℃时得到乙醚，而在 350～360℃得到乙烯。

　　上述反应热力学都是允许发生的，但是特定催化剂却只对特定反应有催化作用，并非对所有反应具有催化作用，这就是催化剂的选择性。

2. 催化反应

（1）均相催化反应

➤ 问题 5-14　在第一章中有合成乙酸乙酯的案例，请指出合成乙酸乙酯的反应中反应物、产物、催化剂分别是什么物质，存在状态如何。

　　均相催化反应有气相催化反应和液相催化反应两类。气相催化反应实际应用并不常见。液相催化反应最常见为酸碱催化反应。有的反应只受 H^+ 催化，有的反应只受 OH^- 催化，有的反应既受 H^+ 催化也受 OH^- 催化。例如：

$$H_2C\underset{\displaystyle O}{\overset{\displaystyle \qquad}{\diagdown\diagup}}CH_2 + H_2O \xrightarrow{H^+} H_2C-CH_2 \atop \qquad OH\ OH$$

$$H_2C\underset{\displaystyle O}{\overset{\displaystyle \diagdown\diagup}{}}CH\underset{\displaystyle Cl}{}CH_2 + H_2O \xrightarrow{OH^-} H_2C-CH-CH_2 + HCl \atop OH\ OH\quad OH$$

　　酸碱催化反应的共同特点是发生质子转移，因为质子容易接近极性分子带负电荷的一端，易引起靠近它的分子发生极化形成新键。所以，质子转移的过程通常活化能较低，从而加快了化学反应速率。不同之处是催化机理不同，酸催化反应进程中反应物先接受质子生成质子化物，再释放质子生成产物；碱催化反应进程中碱先接受反应物的质子，生成产物，然后碱再复原。

　　均相催化剂活性中心比较均一，选择性较高，副反应较少，易于用光谱、波谱、同位素示踪等方法来研究催化剂的作用，反应动力学一般不复杂。但是也存在催化剂回收困难和不利于连续操作等不足之处。

（2）复相催化反应

➤ 问题 5-15　合成氨的催化剂是铁催化剂，二氧化硫氧化成三氧化硫的催化剂是五氧化二钒，显然这不是均相催化反应。该反应起催化作用的主要是催化剂的表面。请查阅相关资料或调研了解化工生产中还有哪些催化反应是固体催化剂。

　　上述的合成氨等反应，参加反应的物质是气体，催化剂是固体，称为复相催化反应。复相催化反应不论是液体反应物还是气体反应物，都是在固体催化剂表面进行反应，其中气体在固体催化剂表面的反应在工业中尤为常见。常见的固体催化剂有：金属催化剂、半导体性氧化物或硫化物催化剂及绝缘性氧化物催化剂。

　　一般来说，复相催化反应由以下几个步骤构成。

　　① 反应物分子扩散到固体催化剂表面，这个过程经历两步，首先反应物分子由体相向固体催化剂外表面的扩散（外扩散），然后反应物分子由外表面扩散到固体催化剂内表面（内扩散）。

　　② 反应物分子吸附到固体催化剂的表面。

　　③ 被吸附的反应物分子在固体催化剂表面进行反应，生成产物。

　　④ 产物分子从催化剂表面脱附。

　　⑤ 脱附后的产物分子通过扩散离开固体催化剂表面。

这一步骤具体讲经历两步，首先产物分子由固体催化剂内表面向外表面扩散（内扩散），然后从外表面离开固体催化剂（外扩散）。

以上五个步骤是连串步骤，其中①、⑤是物理的扩散过程，②、④是吸附和脱附过程，③是固体表面反应过程。显然以上各步都影响催化反应的速率，若各步速率相差很大，则最慢的一步就决定了总反应速率。一般来说，步骤①、⑤不大可能是缓慢步骤；步骤②、④有可能是缓慢步骤；对于多数反应来说，步骤③是整个反应过程的速率控制步骤。对于具体反应要根据具体情况进行分析。如果扩散过程的速率最慢，则为扩散控制的气-固相催化反应，即可通过增大气体流速和减小催化剂颗粒，提高扩散速度使催化反应加快。如果表面反应最慢，则为表面反应控制的气-固相催化反应，即可通过提高催化剂活性使催化反应加快。由于表面反应、扩散以及吸附，它们各自遵循不同的规律，因而不同的控制步骤所得到的速率方程是不同的。

（3）酶催化反应

问题 5-16 淀粉会水解生成麦芽糖等，淀粉遇到碘水会变蓝色。请根据淀粉的这些性质利用生活中的土豆等含淀粉的物质实验，唾液对淀粉水解的催化作用。

酶催化可以看作介于均相与非均相催化反应之间的一种催化反应。既可以看成是反应物与酶形成了中间化合物，也可以看成是在酶的表面上首先吸附了反应物，然后再进行反应。

第三节
化学反应限度

学习目标

1. 理解化学平衡常数和化学反应的限度的关系。
2. 理解外界条件发生变化时化学反应接近限度的程度。
3. 理解工业上生产条件的综合选择。

化学反应限度是生产部门十分关心的问题，人们总是希望平衡能向着自己需要的方向进行。例如，对于生产产品的反应，希望实际达到的限度十分接近理论上的反应限度，尽量提高产率；而对于不希望发生的副反应来说，总是希望实际达到的限度远离理论上的反应限度。

一、化学反应平衡

化学反应速率讨论了化学反应进行的快慢问题，化学平衡主要讨论化学反应进行的限度问题。绝大多数反应不能进行到底，在反应物转变为产物的同时，生成物也会转变为反应物。掌握化学反应平衡理论，就可以正确认识反应进行的程度以及平衡移动的问题。此外，化学反应及其平衡规律直接影响到化工生产中物料衡算和热量衡算，是化工生产的核心。如何确定反应的最佳条件，获得反应物最佳转化率，提高主产物的收率并进行相关计算是生产技术人员应具有的技能。

1. 化学平衡

问题 5-17 高炉炼铁（如图 5-8）中高炉煤气中含有一定量的 CO 气体，有人提出增加高炉的高度来减少高炉煤气中的 CO，来提高 CO 的利用率。你认为是否可行，道理何在？

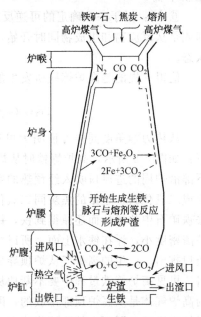

图 5-8　高炉炼铁示意图

实践证明，一切化学反应既可以正向进行，亦可以逆向进行，只不过在有些情况下，逆向反应程度极小，可以忽略不计，此时反应称为单向反应或不可逆反应，如酸碱中和反应，$KClO_3$ 的分解反应，燃烧反应等。但绝大多数反应不是这样的，如前面提到高炉炼铁的反应，在相同条件下，这种同时向正向和逆向进行的反应称为可逆反应或对峙反应。为了表示反应的可逆性，通常在反应方程式中用符号"$\rightleftharpoons$"表示。高炉炼铁反应的可逆性质可以表示为：

$$Fe_2O_3(s)+3CO(g) \underset{}{\overset{700℃}{\rightleftharpoons}} 2Fe(s)+3CO_2(g)$$

通常把按反应方程式从左向右进行的反应称为正反应，从右向左进行的反应称为逆反应。

反应的可逆性和不彻底性是一般化学反应的普遍特征。因此研究化学反应的限度，了解化学反应中一定量的反应物在一定条件下最多能生成多少产物，在理论上和实践上都有重要的意义。

例如，Fe_2O_3 固体颗粒和 CO 气体混合物在一定温度（700℃）下与密闭容器内反应，每隔一定时间取样分析，会发现反应物 CO 气体的分压逐渐减小，而生成物 CO_2 气体的分压逐渐增大。若保持温度不变，待反应进行到一定时间，取样分析发现混合气体中 CO 和 CO_2 各组分的分压不再随时间而改变，维持恒定，此时反应达到平衡状态，如图 5-9 所示。

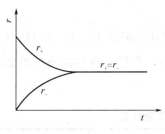

图 5-9　可逆反应反应速率
变化示意图

这一过程从动力学角度看，反应刚开始时，反应物浓度或分压最大，产物浓度为零，所以正反应速率 r_+ 较大，而 Fe 和 CO_2 反应的逆反应速率 r_- 为零。随着反应的进行，反应物浓度不断减小，产物浓度不断增大，所以正反应速率 r_+ 不断减小，逆反应速率 r_- 不断增大。当反应进行到一定程度，正、逆反应速率相等时，系统中各物质的浓度不再发生变化，反应就达到了极限，且处于动态平衡状态而并非完全停止。从微观角度讲则是因为在可逆反应中，反应物分子中的化学键断裂速率与生成物化学键的断裂速率相等所造成的平衡现象。一定条件下，密闭容器中，当可逆反应的正反应速率和逆反应速率相等时，反应系统所处的状态称为化学平衡。

化学平衡具有逆、等、动、定、变、同几个特征：

① 逆：化学平衡研究的对象是可逆反应，只有在恒温条件下，封闭系统进行的可逆反应才能建立化学平衡，这是建立平衡的前提。

② 等：平衡时，正逆反应速率相等，这是平衡建立的条件。

③ 动：平衡时，反应仍在进行，是动态平衡，反应进行到了最大限度。

④ 定：达到平衡状态时，各物质浓度都不随时间改变，这是建立平衡的标志。

⑤ 变：化学平衡跟所有的动态平衡一样，是有条件的，暂时的，相对的，当外界因素发生变化时，平衡状态就会被破坏，由平衡变为不平衡，再在新的条件下建立新平衡。

⑥ 同：对于一个确定的可逆反应，不管是从反应物开始反应，还是从生成物开始反应，抑或是从反应物和生成物同时开始，只要满足各组分物质浓度相当，都能够达到相同的平衡状态。

值得一提的是高炉炼铁所发生的反应：

$$Fe_2O_3(s) + 3CO(g) \xrightleftharpoons[]{700℃} 2Fe(s) + 3CO_2(g)$$

从热力学角度同样可证明为可逆反应，但该可逆反应并非达到化学反应平衡。分析如下：如图 5-8 所示，高炉炼铁时从炉顶装入铁矿石、焦炭、造渣用熔剂石灰石，从位于炉子下部沿炉周的进风口吹入经预热的空气，在高温条件下，焦炭中的碳同鼓入空气中的氧燃烧生成二氧化碳，过量的焦炭同二氧化碳进一步生成一氧化碳，一氧化碳在炉内上升过程中除去铁矿石中的氧从而还原得到铁，铁矿石中不被还原的杂质和石灰石等熔剂结合生成炉渣，炉渣密度小，浮在铁水上面，所以炼出的铁水从下面的出铁口放出，炉渣从出铁口上方的出渣口排出。产生的高炉气从炉顶导出，经除尘后，作为热风炉、加热炉、焦炉、锅炉等的燃料。可见高炉炼铁过程中要不断地从高炉下方的进风口鼓入热空气来维持焦炭的燃烧，生成的高炉气体是从高炉顶部排放的，因此，这一反应是在一个敞开的系统中进行的，而非封闭系统中进行，因而也就不可能建立化学平衡。反过来考虑，假如这一反应达到平衡，反应中生成的铁又会重新变为 Fe_2O_3，可以说 Fe 的净产量为零，高炉炼铁也就失去了它本来的意图。综上所述，高炉炼铁中 Fe_2O_3 与 CO 的反应为可逆反应，但并非达到反应限度，始终向正反应方向进行。

可逆反应达到平衡状态时，反应系统中各有关物质的浓度不再变化。为了进一步研究平衡状态时系统的特征，我们引入平衡常数的概念。

2. 平衡常数

问题 5-18 恒温 698.1K，在四个密闭容器中分别充入配比不同的 I_2、H_2 和 HI 气体混合物，表 5-4 中起始浓度一栏所示。各容器中反应达平衡后，取样分析各物质浓度如表 5-4 中平衡浓度一栏所示，分析平衡浓度一栏各物质的数据。

表 5-4 H_2（g）$+I_2$（g）$\xrightleftharpoons[]{698.1K}$ 2HI（g）的实验数据

编号	起始浓度/($\times 10^{-2}$ mol/L)			平衡浓度/($\times 10^{-3}$ mol/L)			$\dfrac{[HI]^2}{[H_2][I_2]}$（平衡时）
	H_2	I_2	HI	H_2	I_2	HI	
1	10.6663	11.9642	0	1.8318	3.1292	17.6710	54.4959
2	11.3367	7.5098	0	4.5647	0.7378	13.5440	54.4662
3	0	0	10.6918	1.1409	1.1409	8.4100	54.3478
4	0	0	4.4888	0.4789	0.4789	3.5310	54.3478

通过四组数据可以得出结论：恒温条件下，可逆反应无论是先从正反应开始还是先从逆反应开始，反应达平衡时，尽管各物质的浓度（或分压）在四个容器中并不一致，但生成物平衡浓度（或分压）的幂次方乘积与反应物平衡浓度（或分压）的幂次方乘积之比却是一个

定值（各物质浓度幂次方的指数等于反应式中该物质的化学计量系数）。

通过其他实验同样得出上述结论，对于任一可逆反应：

$$aA+bB+\cdots \rightleftharpoons eE+fF+\cdots$$

在一定温度下达到平衡状态时，反应系统中各物质的平衡浓度之间存在如下关系式：

$$K_c = \frac{c_E^e c_F^f}{c_A^a c_B^b} \tag{5-37a}$$

式中，K_c 为用浓度表示的经验平衡常数；a、b、e、f 表示反应方程式中相应物质的计量系数。

对于气体反应，经常用参加反应气体的分压力代替浓度表示平衡常数。

（1）标准平衡常数

在化学平衡中通常将 $p=100kPa$、浓度 $c=1mol/L$ 的状态定义为标准态即 $p=p^\ominus$，$c=c^\ominus$ 的状态。标准平衡常数也称为热力学平衡常数，以 $K^\ominus$ 来表示。对于标准平衡常数来讲，只是将平衡常数表达式中的各物质的平衡浓度换成相对平衡浓度 c_B'（$c_B/c^\ominus$）或将各物质的分压换成相对分压 p_B'（$p_B/p^\ominus$），因此有：

$$K^\ominus = \prod_B \left(\frac{c_B}{c^\ominus}\right)^{\nu_B} \tag{5-37b}$$

或

$$K^\ominus = \prod_B \left(\frac{p_B}{p^\ominus}\right)^{\nu_B} \tag{5-37c}$$

式中，相对浓度或相对压力量纲为一，故标准平衡常数 $K^\ominus$ 量纲为一，标准常数仅与温度有关。

由于平衡常数表达式中浓度采用的形式不同，平衡常数的表达式还有其他的形式。对于指定的反应，其标准平衡常数和各种形式的平衡常数之间存在确定的换算关系。

（2）复相反应平衡常数

前面讨论的反应，反应物和产物在同一相中，故这类反应称为均相反应。如果参加反应的物质不在同一相，则为复相反应。反应系统中纯固体、纯液体的浓度为1，故不必在经验平衡常数表达式中列出。

例如，$CaCO_3$ 在密闭容器中的反应，反应达平衡：

$$CaCO_3(s) \rightleftharpoons CaO(s) + CO_2(g)$$

$$K^\ominus = \frac{p(CO_2)}{p^\ominus} = p'(CO_2)$$

再如，CO_2 和 C 在密闭容器中的反应，反应达平衡：

$$CO_2(g) + C(s) \rightleftharpoons 2CO(g)$$

$$K^\ominus = \frac{p'^2(CO)}{p'(CO_2)}$$

书写经验平衡常数时，应注意以下几点。

① 对于复相反应中纯固体、纯液体以及稀溶液中水（若水参加反应，由于水的量很大，可认为浓度不变），不必在平衡常数和标准平衡常数表达式中列出，例如：

$$Cr_2O_7^{2-}(aq) + H_2O(l) \rightleftharpoons 2CrO_4^{2-}(aq) + 2H^+(aq)$$

$$K^\ominus = \frac{c'^2(CrO_4^{2-})c'^2(H^+)}{c'(Cr_2O_7^{2-})}$$

$$HAc + H_2O \rightleftharpoons H_3O^+ + Ac^-(g)$$

$$K^{\ominus}=\frac{c'(\mathrm{H_2O^+})c'(\mathrm{Ac^-})}{c'(\mathrm{HAc})}$$

② 平衡常数及标准平衡常数的表达式及其数值与化学反应式的写法有关。例如，合成氨反应：

$$\mathrm{N_2}+3\mathrm{H_2(g)}\Longrightarrow 2\mathrm{NH_3(g)}$$

$$K_1^{\ominus}=\frac{p'^2(\mathrm{NH_3})}{p'(\mathrm{N_2})p'^3(\mathrm{H_2})}$$

如将反应方程式写成：

$$\frac{1}{2}\mathrm{N_2}+\frac{3}{2}\mathrm{H_2(g)}\Longrightarrow \mathrm{NH_3(g)}$$

$$K_2^{\ominus}=\frac{p'(\mathrm{NH_3})}{p'^{1/2}(\mathrm{N_2})p'^{3/2}(\mathrm{H_2})}$$

显然 $K_1^{\ominus}$ 和 $K_2^{\ominus}$ 表达式不同，数值也就不同，它们之间有以下关系：

$$K_1^{\ominus}=(K_2^{\ominus})^2$$

当反应方程式中反应物、产物互换时，如：

$$2\mathrm{NH_3(g)}\Longrightarrow \mathrm{N_2(g)}+3\mathrm{H_2(g)}$$

$$K_3^{\ominus}=\frac{p'(\mathrm{N_2})p'^3(\mathrm{H_2})}{p'^2(\mathrm{NH_3})}$$

显然 $K_1^{\ominus}$ 和 $K_3^{\ominus}$ 之间有以下关系：

$$K_1^{\ominus}=\frac{1}{K_3^{\ominus}}$$

由此得出结论：反应方程式计量系数扩大 n 倍，标准平衡常数 $K^{\ominus}$ 变为 $(K^{\ominus})^n$；逆反应的平衡常数和标准平衡常数分别与正反应的平衡常数和标准平衡常数互为倒数。

③ 由盖斯定律化学方程式可以相加减，所得反应方程式的经验平衡常数可由原来反应方程式的经验平衡常数相乘除得到。例如：

$$2\mathrm{NO(g)}+\mathrm{O_2(g)}\Longrightarrow 2\mathrm{NO_2} \qquad K_1^{\ominus}=\frac{p'^2(\mathrm{NO_2})}{p'^2(\mathrm{NO})p'(\mathrm{O_2})}$$

$$2\mathrm{NO_2(g)}\Longrightarrow \mathrm{N_2O_4(g)} \qquad K_2^{\ominus}=\frac{p'(\mathrm{N_2O_4})}{p'^2(\mathrm{NO_2})}$$

$$2\mathrm{NO(g)}+\mathrm{O_2(g)}\Longrightarrow \mathrm{N_2O_4(g)} \qquad K_3^{\ominus}=\frac{p'(\mathrm{N_2O_4})}{p'^2(\mathrm{NO})p'(\mathrm{O_2})}$$

显然 $K_3^{\ominus}=K_1^{\ominus}K_2^{\ominus}$，可见方程式相加时平衡常数相乘或标准平衡常数相乘，方程式相减时平衡常数相除或标准平衡常数相除。

例题 5-6 已知下列反应在 1123K 时的标准平衡常数：

① $\mathrm{C(石墨)}+\mathrm{CO_2(g)}\Longrightarrow 2\mathrm{CO(g)}$ $\qquad K_1^{\ominus}=1.3\times10^{14}$

② $\mathrm{CO(g)}+\mathrm{Cl_2(g)}\Longrightarrow \mathrm{COCl_2(g)}$ $\qquad K_2^{\ominus}=6.0\times10^{-3}$

求反应③$2\mathrm{COCl_2(g)}\Longrightarrow \mathrm{C(石墨)}+\mathrm{CO_2(g)}+2\mathrm{Cl_2(g)}$ 在 1123K 时的标准平衡常数。

解 反应③与反应①和反应②之间的关系为：③＝－①－2×②

已知反应方程式计量系数扩大 n 倍，标准平衡常数 $K^{\ominus}$ 变为 $(K^{\ominus})^n$，又方程式相加时标准平衡常数相乘，方程式相减时标准平衡常数相除。故所求反应的标准平衡常数可表示为：

$$K^{\ominus}=\frac{1}{K_1^{\ominus}(K_2^{\ominus})^2}$$

代入数据得：

$$K^\ominus = \frac{1}{1.3 \times 10^{14} \times (6.0 \times 10^{-3})^2} = 2.1 \times 10^{-10}$$

3. 化学平衡组成的计算

问题 5-19　如果在 $500℃$、$300 \times 10^5 Pa$ 条件下，氮气和氢气合成氨气的反应平衡常数为 3.75×10^{-3}，若按照氮氢比 $1:3$ 的比例投料，请计算工业合成氨的氢气理论上转化率能够达到多少，氨气的产率能够达到多少？

化学反应达到平衡时，反应达到极限，此时反应物最大限度地转变为生成物。平衡常数具体体现了各物质平衡浓度的关系。据平衡常数可以求出化学反应达平衡时反应混合物的组成、某一反应物的平衡转化率（又称理论转化率）及欲达到一定转化率所需要的合理原料配比。

某一反应物的平衡转化率指的是反应平衡时该反应物转化为生成物的部分占该反应物起始总量的百分比，是理论上能达到的最大转化率，以 α 表示：

$$\alpha = \frac{某反应物已转化的量}{反应前该反应物的总量} \times 100\%$$

若反应前后体积不变，反应物的量可以用浓度表示，上式又可表示为：

$$\alpha = \frac{某反应物浓度的消耗值}{反应前该反应物起始浓度} \times 100\%$$

例题 5-7　反应 N_2O_4（g）$\rightleftharpoons 2NO_2$（g）在标准压力下达平衡时，有 $50\% N_2O_4$ 分解为 NO_2，求 $1000kPa$ 时反应的平衡常数 K_x 以及 N_2O_4 的转化率。

解　设 N_2O_4 的起始物质量为 $1mol$，反应消耗掉 x mol，则平衡时，组成为：

$$N_2O_4(g) \rightleftharpoons 2NO_2(g)$$

平衡时物质的量/mol　　　　　$1-x$　　　　$2x$

平衡时总物质的量/mol　　　$n_总 = 1-x+2x = 1+x$

$$K^\ominus = \frac{p'^2(NO_2)}{p'(N_2O_4)} = \frac{\left(\frac{2x}{1+x}\right)^2}{\frac{1-x}{1+x}} \times \frac{p}{p^\ominus} = \frac{4x^2}{1-x^2} \times \frac{p}{p^\ominus}$$

由题意知，压力为 $100kPa$ 时，N_2O_4 消耗掉的物质的量为 $x=0.5mol$，代入可得：

$$K^\ominus = \frac{4 \times (0.5)^2}{1-(0.5)^2} \times \frac{100}{100} = 1.33$$

温度不变，标准平衡常数不变，所以 $1000kPa$ 时有：

$$1.33 = \frac{4x^2}{1-x^2} \times \frac{p}{p^\ominus} = \frac{4x^2}{1-x^2} \times \frac{1000}{100}$$

解得　　　　　　　　　　　　　$x = 0.18$

转化率为　　　　　$\alpha = \frac{x}{1} \times 100\% = \frac{0.18}{1} \times 100\% = 18\%$

由式　　　　　　　　　$K^\ominus = K_x p'^{\sum\limits_B \nu_B}$

可得　　　$K^\ominus = K_x p'^{\sum\limits_B \nu_B} = 1.33 \times \left(\frac{1000}{100}\right)^{-1} = 0.133$

例题 5-8 抽空的容器中，将 NH_4I 固体迅速加热到 375℃，并维持温度不变，NH_4I 固体按照下式进行反应：

$$NH_4I(s) \Longrightarrow NH_3(g) + HI(g)$$

其分解压力为 36.7kPa。反应进行一段时间后，HI 进一步发生分解，分解反应为：

$$2HI(g) \Longrightarrow H_2(g) + I_2(g)$$

其标准平衡常数为 0.0150。反应最终的压力为多少？

解 从题意分析，这是一个典型的同时化学平衡问题，同时第一个反应又是一个复相反应，两个反应处于同一反应系统之中，它们之间必然会相互影响。设平衡后生成 NH_3 的量为 x，生成 HI 的量为 y，则平衡组成为：

$$NH_4I(s) \Longrightarrow NH_3(g) + HI(g)$$

平衡后 $\qquad\qquad\qquad\qquad\qquad x \qquad y$

$$2HI(g) \Longrightarrow H_2(g) + I_2(g)$$

平衡后 $\qquad\qquad\qquad y \quad \frac{1}{2}(x-y) \quad \frac{1}{2}(x-y)$

由题意知，反应起始只有 $NH_4I(s) \Longrightarrow NH_3(g) + HI(g)$ 的反应，且其分解压力为 36.7kPa，所以可以求出其标准平衡常数为：

$$K_1^{\ominus} = \left(\frac{1}{2}p'\right)^2 = \frac{1}{4} \times \left(\frac{36.7}{100}\right)^2 = 0.0337$$

平衡时系统气体总量为：

$$n_{总} = x + y + \frac{1}{2}(x-y) + \frac{1}{2}(x-y) = 2x$$

设平衡时最终压力为 p，同时化学平衡时由题知：

$$K_1^{\ominus} = p'(NH_3)p'(HI) = \frac{x}{2x} \times \frac{y}{2x}p'^2 = 0.0337$$

$$K_2^{\ominus} = \frac{p'(H_2)p'(I_2)}{p'(HI)} = \frac{\frac{1}{2}(x-y) \times \frac{1}{2}(x-y)}{y^2} = \frac{(x-y)^2}{y^2} = 0.0150$$

两式联立解得 $\qquad p = 40.96kPa$

所以反应的最终压力为 40.96kPa。

 二、化学反应的限度

从前面的学习可以知道，一定条件下化学反应达到平衡状态是化学反应进行的限度，在外界条件不发生变化的条件下，无论是反应物的转化率还是产物的产率都不再发生变化。从理论上讲，若想提高反应物的转化率或者产物的产率，必须想办法使标志着化学反应限度的化学反应平衡向生成物方向移动。而在实际生产上，很少有等到化学反应进行到平衡进行生产的，因为实际生产的产率与上述所说的平衡产率是不完全相同的，实际生产要考虑时间问题。

一定温度下，对于一个实际进行的化学反应，它的 $\Delta_r G_m$ 与标准状态下的 $\Delta_r G_m^{\ominus}$ 之间有什么关系？热力学研究证明，对于一般的可逆化学反应 $aA(g) + bB(g) \longrightarrow dD(g) + eE(g)$ 而言，在恒温恒压任意状态下有如下关系存在：

$$\Delta_r G_m = \Delta_r G_m^{\ominus} + RT\ln Q$$

上式称为化学反应等温方程式，式中 Q 为参加化学反应物质浓度商，简称反应商。该式的实质是通过反应商与对 $\Delta_r G_m^{\ominus}$ 的修正，而得到与反应商相对应的 $\Delta_r G_m$。上式也可以改写成：

$$\Delta_r G_m = -RT\ln K^{\ominus} + RT\ln Q$$

可见，$\Delta_r G_m^{\ominus}$ 和 $K^{\ominus}$ 一样，是化学反应限度的标志。若化学反应 $\Delta_r G_m^{\ominus}$ 越小，则 $K^{\ominus}$ 越大，反应就进行得越完全；反之，若 $\Delta_r G_m^{\ominus}$ 值越大，则 $K^{\ominus}$ 越小，反应进行的程度就越小。因此 $\Delta_r G_m^{\ominus}$ 反映了在标准态时化学反应进行完全的程度。

同时，利用 $K^{\ominus}$ 与 Q 比较，也可以判断化学反应的方向和限度：

$Q < K^{\ominus}$ 时，$\Delta_r G_m < 0$，化学反应正向自发进行；

$Q > K^{\ominus}$ 时，$\Delta_r G_m > 0$，化学反应逆向自发进行；

$Q = K^{\ominus}$ 时，$\Delta_r G_m = 0$，化学反应达到平衡状态。

 ## 三、化学反应平衡的移动

达到化学平衡是一定条件下化学反应的限度，但是化学平衡状态是在一定条件下的一种暂时的稳定状态，一旦外界因素（如温度、压力、浓度等）发生改变，这种平衡状态就会遭到破坏，其结果是在新的条件下建立起新的平衡状态。这种因外界条件改变，使可逆反应从原来的平衡状态转变到新的平衡状态的过程叫做化学平衡的移动。下面分别讨论影响平衡移动的几种因素。

1. 浓度变化引起化学平衡的移动

改变反应系统中某些物质的浓度时，能使 Q 值改变，因此改变浓度将影响平衡。当添加反应物或取出产物后，Q 值都会变小，而化学反应的平衡常数没有改变，因此会有 $Q < K^{\ominus}$，反应会进一步正向进行，生成更多的产物。这表明，添加反应物或取走产物，使平衡右移。这两种措施都可以使平衡右移，但具体做法及效果却不大相同。

（1）添加反应物

设有一均相化学反应 $A + B \longrightarrow C$ 已达到平衡，若反应物 A 和 B 以等物质的量投料，则两者的转化率相同。现在往平衡系统中添加 A，则反应进一步正向进行，达到新的平衡，结果是使产物 C 的量增多，反应物 B 的量减少。因此，在平衡系统中添加某种反应物后可提高其他反应物的转化率。这一点在生产中被广泛应用。任何一个生产过程，不仅要多出产品而且还要降低成本，人们总希望那些价格昂贵的原料转化率最大限度地提高，因此，一般生产过程都不按照理论比投料，而是让价廉易得的反应物过量，以提高那些昂贵的反应物的转化率。

 例题 5-9 763.8K，反应 $H_2(g) + I_2(g) \Longleftrightarrow 2HI(g)$ 的平衡常数 $K_c = 45.7$，计算：

① 反应中 H_2 和 I_2 的起始浓度若均为 1.00mol/L，反应达平衡时各物质的组成及 H_2 的转化率；

② 若平衡时，有 90% 的 H_2 转化为 HI，反应起始时 H_2 和 I_2 的组成情况。

解 ① 设平衡时 HI 的浓度为 x

$$H_2(g) + I_2(g) \Longleftrightarrow 2HI(g)$$

起始浓度 $\quad\quad\quad\quad\quad\quad 1.00 \quad 1.00 \quad\quad 0$

平衡浓度 $\quad\quad\quad\quad 1.00 - \dfrac{x}{2} \quad 1.00 - \dfrac{x}{2} \quad x$

反应的速率常数表达式为

$$K_c = \frac{c^2(\mathrm{HI})}{c(\mathrm{H_2})c(\mathrm{I_2})}$$

代入数据有

$$\frac{x^2}{\left(1.00-\dfrac{x}{2}\right)\left(1.00-\dfrac{x}{2}\right)} = 45.7$$

解得

$$x = 1.54\,\mathrm{mol/L}$$

所以平衡时各物质的组成以平衡浓度表示为：

$$c(\mathrm{H_2}) = c(\mathrm{I_2}) = 1.00 - \frac{1.54}{2} = 0.23(\mathrm{mol/L})$$

$$c(\mathrm{HI}) = 1.54\,\mathrm{mol/L}$$

$\mathrm{H_2}$ 转化率为

$$\alpha = \frac{c(\mathrm{H_2})(\text{起始浓度}) - c(\mathrm{H_2})(\text{平衡浓度})}{c(\mathrm{H_2})(\text{起始浓度})} \times 100\%$$

$$= \frac{1.00 - 0.23}{1.00} \times 100\%$$

$$= 77\%$$

② 由题意知平衡时 $\mathrm{H_2}$ 转化率为 90%，对比①中的转化率 77%，可知 $\mathrm{H_2}$ 和 $\mathrm{I_2}$ 的组成并非按照计量系数 1:1 组成，设起始时 $\mathrm{H_2}$ 和 $\mathrm{I_2}$ 的浓度分别为 x，y：

$$\mathrm{H_2(g)} + \mathrm{I_2(g)} \Longleftrightarrow 2\mathrm{HI(g)}$$

起始浓度 x y 0

平衡浓度 $x-0.90x$ $y-0.90x$ $1.8x$

反应温度不变，平衡常数不变，所以：

$$K_c = \frac{c^2(\mathrm{HI})}{c(\mathrm{H_2})c(\mathrm{I_2})} = \frac{(1.8x)^2}{(x-0.90x)(y-0.90x)} = 45.7$$

解得

$$\frac{x}{y} = \frac{1.0}{1.6}$$

所以起始时 $\mathrm{H_2}$ 和 $\mathrm{I_2}$ 的浓度比按照 1:1.6 混合时，$\mathrm{H_2}$ 的平衡转化率为 90%。

由此可见增加反应物 $\mathrm{I_2}$ 的浓度，有助于提高另一种反应物 $\mathrm{H_2}$ 的转化率，可使平衡向着生成产物 HI 的方向移动。

（2）取走产物

从平衡混合物中取走某种产物，可使反应正向进行。如果某种产物在平衡系统中单独存在，则可用人工方法容易地将该产物取走。例如，某容器内 $\mathrm{CaCO_3}$ 达到分解平衡，只需接一根管子就可以将 $\mathrm{CO_2}$ 取走。但是这种情况较少见，在气相反应和溶液反应中，都是产物与反应物均相混合，想单独取走某些产物是困难的。如果我们在系统中另外添加一个平衡常数很大的反应，这个反应恰能消耗掉前一个反应的某种产物（当然不能是我们所需要的产物），则前一个反应的平衡遭到破坏，反应将进一步正向进行。这种用一个进行程度很大的反应带动另一个进行程度较小的反应，使之平衡右移，从而获得更多产品的方法称为反应的偶合。例如，乙苯脱氢制取苯乙烯的反应：

$$\mathrm{C_8H_{10}(g)} \longrightarrow \mathrm{C_8H_8(g)} + \mathrm{H_2(g)}$$

在 298.15K 时，平衡常数为 2.7×10^{-15}，可见反应进行程度极小。而氢气和氧气合成水的反应：

$$H_2(g)+\frac{1}{2}O_2(g)\longrightarrow H_2O(g)$$

在 298.15K 时，平衡常数为 1.26×10^{46}，可见反应进行程度非常大。因此，只要在乙苯脱氢的反应系统中加入氧气就会发生反应偶合，两个反应合并为反应：

$$C_8H_{10}(g)+\frac{1}{2}O_2(g)\Longleftrightarrow C_8H_8(g)+H_2O(g)\qquad K^{\ominus}(298.15K)=2.8\times10^{25}$$

平衡常数达到 10^{25}，使得乙苯脱氢的反应进行得很"彻底"。

2. 总压变化引起化学平衡的移动

对于气相反应来讲，通常用分压力来代替浓度，同样有在恒温下增加反应物的分压或减小生成物的分压，平衡向正反应方向移动；减小反应物的分压或增大生成物的分压，平衡向逆反应方向移动。

问题 5-20　化工生产中，无论是加压还是减压都需要投入一定设备，提高成本的。在合成氨生产中，常常采用中压（$300\times10^5\,Pa$）法，为什么不在常压下进行？而石油烃裂解却要在减压条件下进行，道理何在？

事实上这个问题和前面提到的原料气 N_2 过量一样，同样是为了提高氨的产量。那么压力对化学平衡有什么样的影响呢？

我们都知道，增大压力对物质的体积是有影响的。对于液态和固态物质来讲，压力对它们的体积影响很小，因此在压力不太大的情况下常常认为压力对液相和固相反应的平衡系统基本上不发生影响。但对于有气体参加的反应（如气相反应和有气体参加的复相反应），不论是理想气体还是实际气体，压力的改变通常会影响平衡系统的组成。对于理想气体来说，标准平衡常数只是温度的函数，所以恒温条件下改变压力，并不会改变反应平衡常数，但实际气体由于逸度系数与温度、压力均有关系，所以改变压力除了会影响平衡组成外，还会改变其标准平衡常数。

下面以理想气体反应为例进一步说明。

$$K^{\ominus}=K_x\left(\frac{p}{p^{\ominus}}\right)^{\sum\limits_{B}\nu_B}\qquad(5-38)$$

由于恒温时，$K^{\ominus}$ 为定值，当 $\sum\limits_{B}\nu_B\neq0$ 时，改变压力，必然导致 K_x 发生变化，从而平衡系统的组成发生变化。下面分三种情况来讨论。

① 当 $\sum\limits_{B}\nu_B=0$ 时，即反应前后气体分子数不变的反应，$K^{\ominus}=K_x$，在此种情况下系统压力无论如何变化对化学平衡没有影响。

例如：$2HI(g)\Longleftrightarrow H_2(g)+I_2(g)$，这类反应 K_x 不随压力的改变而改变，因此平衡组成不受压力的影响。

② 当 $\sum\limits_{B}\nu_B>0$ 时，为气体分子数增多的反应，增大压力，K_x 必然减小，平衡向逆反应方向移动；减小压力，K_x 增大，平衡向正反应方向移动。

例如：$CO_2(g)+C(s)\Longleftrightarrow 2CO(g)$，这类反应的压力增大，平衡向左移动。

③ 当 $\sum\limits_{B}\nu_B<0$ 时，为气体分子数减小的反应，增大压力，K_x 必然增大，平衡向正反应方向移动；减小压力，K_x 减小，平衡向逆反应方向移动。

如前面提到的合成氨反应 $N_2 + 3H_2(g) \rightleftharpoons 2NH_3(g)$，$\sum\limits_{B} \nu_B < 0$，采用中压条件有利于正向进行，提高了氨的产量。

具体 $K_x \sum\limits_{B} \nu_B$ 与平衡移动的关系，读者可用前面介绍的反应商与平衡常数的关系来分析，在讨论平衡移动问题时，不论使用标准平衡常数还是使用经验平衡常数都是可以的。

例题 5-10 $1000K$，$C(s) + H_2O(g) \rightleftharpoons CO(g) + H_2(g)$ 在 $100kPa$ 时平衡转化率 $\alpha = 0.844$。计算：

① 该反应的标准平衡常数；

② 压力变为 $200kPa$ 时，反应的平衡转化率。

解 解法一

① 该反应为复合反应，所以可以不考虑 C 的浓度，由题意知平衡转化率应为 $H_2O(g)$ 的平衡转化率，设起始 $H_2O(g)$ 的物质的量为 $1mol$。

$$C(s) + H_2O(g) \rightleftharpoons CO(g) + H_2(g)$$

起始物质的量/mol	1	0	0
平衡物质的量/mol	$1-\alpha$	α	α 平衡总物质的量 $= 1+\alpha$
平衡分压/kPa	$\dfrac{1-\alpha}{1+\alpha}p$	$\dfrac{\alpha}{1+\alpha}p$	$\dfrac{\alpha}{1+\alpha}p$

标准平衡常数表示为：

$$K^{\ominus} = \frac{p'_{H_2} p'_{CO}}{p'_{H_2O}} = \frac{\left(\dfrac{\alpha}{1+\alpha}p'\right)^2}{\dfrac{1-\alpha}{1+\alpha}p'} = \frac{\alpha^2}{1-\alpha^2} \times \frac{p}{p^{\ominus}}$$

代入数据有：

$$K^{\ominus} = \frac{0.844^2}{1-0.844^2} \times \frac{100}{100} = 2.48$$

② 由①知：

$$K^{\ominus} = \frac{\alpha^2}{1-\alpha^2} \times \frac{p}{p^{\ominus}}$$

反应温度不变，平衡常数不变，代入数据：

$$K^{\ominus} = \frac{\alpha^2}{1-\alpha^2} \times \frac{200}{100} = 2.48$$

解得 $\alpha = 0.744$

解法二

$$C(s) + H_2O(g) \rightleftharpoons CO(g) + H_2(g)$$

起始物质的量/mol	1	0	0
平衡物质的量/mol	$1-\alpha$	α	α

平衡总物质的量 $= (1-\alpha) + \alpha + \alpha = 1+\alpha$

$$K^{\ominus} = K_n \left(\frac{p'}{n_{总}}\right)^{\sum\limits_{B} \nu_B} = \frac{\alpha^2}{1-\alpha}\left[\frac{p'}{(1-\alpha)}\right] = \frac{\alpha^2}{1-\alpha^2} \times \frac{p}{p^{\ominus}}$$

使用该公式计算时应注意，由于反应为复合反应，C 为纯固体，平衡常数表达式中不出现，所以式中的 $\sum\limits_{B} \nu_B$ 也不应将其考虑在内。

可见增大总压，对于该反应（$\sum\limits_{B}\nu_B>0$）来讲水蒸气的转化率降低，反应向逆反应方向移动。

以下步骤同方法一。

上面的计算表明，反应由于 $\sum\limits_{B}\nu_B>0$，增大压力时，H_2 的平衡转化率随之减小，平衡向逆方向移动。

综上所述，压力变化只是对那些反应前后气体分子数目有变化的反应有影响；在恒温下，增大压力，平衡向气体分子数目减少的方向移动，减小压力，平衡向气体分子数目增大的方向移动。

3. 加入惰性气体引起化学平衡的移动

问题 5-21　合成氨车间的原料气（氮气和氢气）是循环使用的，循环一定时间要对原料气"放空"处理，为什么？石油烃裂解反应要在反应物中人为加入大量的水蒸气，目的是什么？

惰性气体指的是不参加化学反应的气体。恒温条件下，惰性气体的存在并不影响平衡常数。

对于恒温恒压有气体参加的反应来讲，向反应平衡系统中加入惰性气体时，往往会改变系统达平衡时的组成。

$$K^{\ominus}=K_n(\frac{p'}{n_{总}})^{\sum\limits_{B}\nu_B}$$

分析：

$$N_2+3H_2(g)\Longleftrightarrow 2NH_3(g)$$

① 当 $\sum\limits_{B}\nu_B=0$ 时，$K^{\ominus}=K_n$，可见惰性气体的加入对平衡并无影响。

② 当 $\sum\limits_{B}\nu_B>0$ 时，惰性气体加入使得 $n_{总}$ 变大，所以 K_n 必然增大，故产物的量增多，反应物的量减少，平衡向正反应方向移动。

③ 当 $\sum\limits_{B}\nu_B<0$ 时，惰性气体加入使得 $n_{总}$ 变大，所以 K_n 必然减小，故产物的量减少，反应物的量增多，平衡向逆反应方向移动。例如，合成氨反应原料气中常常混有 Ar、CH_4 等气体，这些气体并不参加反应，为惰性气体。由上面提到的结论可知，惰性气体的存在不利于氨的合成。生产中由于原料气循环使用，所以惰性气体会积累，进而很大程度影响氨的产量，因此实际操作中要定期放空循环气。

例题 5-11　工业上用乙苯脱氢制苯乙烯：

$$C_6H_5CH_2CH_3(g)\Longleftrightarrow C_6H_5CH=CH_2(g)+H_2(g)$$

若原料气中乙苯和水蒸气的物质的量比为 1：10，求在 627℃ 和标准压力时乙苯的平衡转化率；若原料气中不添加水蒸气，乙苯的转化率又将如何？已知 $K^{\ominus}(900K)=1.49$。

解　设反应系统中乙苯的起始物质的量为 1mol，其消耗的物质的量为 x，水蒸气的物质的量为 n mol，平衡时系统组成为：

$$C_6H_5CH_2CH_3(g)\Longleftrightarrow C_6H_5CH=CH_2(g)+H_2(g)\qquad H_2O(g)$$

物质的量　　　　$1-x$　　　　　x　　　　　xn　　　　　n

平衡后总物质的量　$n_{总}=1-x+x+x+n=1+x+n$

$$K^{\ominus}=K_n(\frac{p'}{n_{总}})^{\sum\limits_{B}\nu_B}=\frac{x^2}{1-x}\left(\frac{p'}{n_{总}}\right)^{\sum\limits_{B}\nu_B}$$

由题意知 $\sum\limits_{B} \nu_B = 1$，$p = p^{\ominus}$，$K^{\ominus}$（900K）＝1.49 代入上式可变为：

$$K^{\ominus} = \frac{x^2}{1-x} \times \frac{1}{1+x+n} = 1.49$$

当 $n=10$ 时

$$\frac{x^2}{1-x} \times \frac{1}{11+x} = 1.49$$

解得 $x = 0.949$

转化率为 $\alpha = 0.949$

当 $n=0$ 时

$$\frac{x^2}{1-x} \times \frac{1}{1+x} = 1.49$$

解得 $x = 0.774$

转化率为 $\alpha = 0.774$

显然，加入水蒸气后乙苯的转化率明显从 0.774 提高到 0.949。

综上所述，惰性气体的加入只是对那些反应前后气体分子数目有变化的反应有影响；在恒温恒压下，充入惰性气体有利于平衡向气体分子数目增大的方向移动；惰性气体的加入对于反应系统来说实际起到了稀释作用，它和减小反应系统总压的效果是一样的。

4. 温度变化引起化学平衡的移动

前面所讨论的浓度（或分压）、总压、惰性气体对平衡移动都是通过改变反应商 Q 而得以实现的，由于建立在恒温条件下的，故只能改变平衡组成，并不能改变标准平衡常数。温度对化学平衡的影响却是从改变标准平衡常数 $K^{\ominus}$ 来实现的。

等压条件下，任意化学反应标准平衡常数 $K^{\ominus}$ 随温度的变化满足微分方程：

$$d\ln \frac{K^{\ominus}}{dT} = \frac{\Delta_r H_m^{\ominus}}{RT^2} \tag{5-39}$$

此式表明温度对标准平衡常数 $K^{\ominus}$ 的影响与等压条件下化学反应的标准摩尔反应焓变 $\Delta_r H_m^{\ominus}$ 有关。分析如下。

① 当 $\Delta_r H_m^{\ominus} > 0$ 时，反应为吸热反应，升高温度，标准平衡常数变大，平衡向正反应方向移动，反之，降低温度向逆反应方向移动。

② 当 $\Delta_r H_m^{\ominus} < 0$ 时，反应为放热反应，升高温度，标准平衡常数变小，平衡向逆反应方向移动，反之，升高温度向逆反应方向移动。

由化学反应的可逆性原理，当正反应为放热反应时，其逆反应必定为吸热反应，结合上述分析可以得出结论：升高温度时平衡向吸热反应方向移动；降低温度时平衡向放热反应方向移动。

式(5-39) 不但能定性地说明温度对标准平衡常数的影响，而且能通过积分定量计算标准平衡常数随温度的变化。

当温度变化范围不太大时，反应的 $\Delta_r H_m^{\ominus}$ 可以看作常数。

定积分可得：

$$\ln \frac{K^{\ominus}(T_2)}{K^{\ominus}(T_1)} = \frac{\Delta_r H_m^{\ominus}}{R} \left(\frac{1}{T_2} - \frac{1}{T_1} \right) \tag{5-40}$$

不定积分可得：

$$\ln K^{\ominus} = \frac{\Delta_r H_m^{\ominus}}{R} \times \frac{1}{T} + 常数 \tag{5-41}$$

式(5-40) 和式(5-41) 称为范特霍夫等压方程。

由式(5-41) 可见，如果由实验可以测定不同温度下的 $K^\ominus$，以 $\ln K^\ominus$-$\frac{1}{T}$ 作图可得直线，由效率可以确定化学反应热效应 $\Delta_r H_m^\ominus$。

例题 5-12 水蒸气通过灼热的煤层，生成水煤气的反应为：

$$C(s) + H_2O(g) \rightleftharpoons CO(g) + H_2(g)$$

在 1000K 及 1200K 时，标准平衡常数分别为 2.505 和 38.08，计算此温度范围内 $\Delta_r H_m^\ominus$ 以及 1100K 时的标准平衡常数。

解 据公式

$$\ln\frac{K^\ominus(T_2)}{K^\ominus(T_1)} = \frac{\Delta_r H_m^\ominus}{R}\left(\frac{1}{T_2} - \frac{1}{T_1}\right)$$

已知 $T_1 = 1000K$，$T_2 = 1200K$，$K^\ominus(T_1) = 2.505$，$K^\ominus(T_2) = 38.08$，代入上式得：

$$\ln\frac{38.08}{2.505} = \frac{\Delta_r H_m^\ominus}{8.314}\left(\frac{1}{1000} - \frac{1}{1200}\right)$$

解得 $\qquad \Delta_r H_m^\ominus = 1.35 \times 10^5 \, \text{J/mol}$

当温度为 1100K 时，分别和以上两个温度进行计算：

$$\ln\frac{K^\ominus(1100K)}{2.505} = \frac{1.35 \times 10^5}{8.314}\left(\frac{1}{1000} - \frac{1}{1100}\right)$$

解得 $\qquad K^\ominus(1) = 10.96$

$$\ln\frac{38.08}{K^\ominus(1100K)} = \frac{1.35 \times 10^5}{8.314}\left(\frac{1}{1100} - \frac{1}{1200}\right)$$

解得 $\qquad K^\ominus(2) = 11.13$

所以温度为 1100K，标准平衡常数的平均值为 $K^\ominus = \frac{10.96 + 11.13}{2} = 11.05$

综合浓度（或分压）、总压、惰性气体、温度对平衡的影响分析可得一条普遍规律：如果通过某一因素来改变化学平衡，则平衡向着减弱这个因素影响的方向移动。这就是吕·查德里原理。

此外，同时平衡和偶合反应均可以引起平衡的移动。例如同时平衡反应，例题 5-8 中的反应为同时平衡反应，可见由于 HI 分解反应的发生进而引起 $NH_4I(s) \rightleftharpoons NH_3(g) + HI(g)$ 平衡的移动。再如偶合反应（其特点为反应系统中某一物质对一个反应为产物，对另一个反应为反应物）。

乙苯脱氢，有如下两种方式：

反应① $\quad C_8H_{10}(g) \rightleftharpoons C_8H_8(g) + H_2(g) \qquad K^\ominus(298.15K) = 2.7 \times 10^{-15}$

反应② $\quad C_8H_{10}(g) + \frac{1}{2}O_2(g) \rightleftharpoons C_8H_8(g) + H_2O(g) \qquad K^\ominus(298.15K) = 2.8 \times 10^{25}$

由于反应①中 $K^\ominus \ll 1$，所以几乎观察不到苯乙烯的出现，而反应②中 $K^\ominus$ 很大很大，所以几乎完全反应生成苯乙烯，我们再结合下面反应分析：

反应③ $\quad H_2(g) + \frac{1}{2}O_2(g) \rightleftharpoons H_2O(g) \qquad K^\ominus(298.15K) = 1.26 \times 10^{40}$

反应②可以看作是反应①和反应③偶合的结果，可见由于反应③的存在引起反应①得以进行。因此偶合反应在工业生产合成路线设计中尤为重要。

对于化学反应中使用的催化剂而言，它只能影响化学反应速率，不影响化学平衡，只是缩短了平衡实现的时间。

对于浓度、压力盒温度对化学平衡的影响可归纳为：

在一个化学平衡系统中，增加反应物的浓度，化学平衡将向生成更多产物的方向移动；

增大气体反应系统的压力，化学平衡将向体积缩小的方向移动；

升高反应系统温度，化学平衡将向吸热的方向移动。

 ## 四、关于合成氨过程中反应限度的综合分析

化学反应速率和化学平衡原理是化学工作者从实践中总结出来的关于化学反应的规律性。这种规律性一经为人们掌握，便可应用于生产实际，指导新的化学工业的建立。现在以合成氨工业为例，来说明如何利用化学反应速率和化学平衡原理为工业生产选定条件。

由氢气和氮气合成氨的反应是一个典型的可逆反应，这个可逆反应的反应物和产物在25℃时的热力学数据如表5-5所示。

表 5-5　H₂ 和 N₂ 合成 NH₃ 在 25℃ 时的热力学数据

参数	$N_2(g)$	$H_2(g)$	$NH_3(g)$
$\Delta_f H_m^{\ominus}/(\text{kJ/mol})$	0.00	0.00	-46.0
$\Delta_f G_m^{\ominus}/(\text{kJ/mol})$	0.00	0.00	-16.7

利用这些数据可以计算出合成氨反应的平衡常数和热效应。

$$\Delta_r G_m^{\ominus} = -33.4\,\text{kJ/mol}$$

$$\Delta_r H_m^{\ominus} = -92.0\,\text{kJ/mol}$$

$$\ln K^{\ominus} = \frac{\Delta_r G_m^{\ominus}}{2.303RT} = 5.854$$

$$K^{\ominus}(298.15K) = 7.1 \times 10^5$$

也可以通过计算得出 500℃ 时 $K^{\ominus}(500.15K) = 0.219$

由此可见，温度升高，平衡常数迅速变小，这对生产极为不利。从这个角度看，这个反应在工业上似乎没有什么实际应用的价值。

但是，事实上并不使我们失望，因为工业生产中采用催化剂，它能使可逆反应在适宜的温度下加速地达到平衡点。例如，使用铂、铑或钌催化剂，在 400℃ 时反应很快就达到平衡。这时，氨在平衡混合物中浓度比较高。近代又发现许多廉价的催化剂。在 10^4 kPa 的条件下氨的产率同温度的关系如表 5-6 所示。

表 5-6　氨的产率同温度的关系

温度/℃	375	400	425	450	475	500
氨的体积分数/%	30.95	24.91	20.23	16.35	12.98	10.40

由于合成氨的反应是体积减小的反应，增大压力可以提高氨的产率。根据平衡常数可以计算不同压力下氨的体积分数：假设在 500K 时平衡系统的总压力为 10^4 kPa，$x(H_2)=0.1$，那么可以计算得出 $x(NH_3)=0.69$；如果把平衡系统的总压力增大到 5×10^4 kPa，$x(H_2)=0.1$，同样可以计算出 $x(NH_3)=0.89$。

根据实际计算，如果压力超过 2×10^5 kPa 时，不必用催化剂，反应就能顺利进行，而在 850℃ 和 4.5×10^5 kPa 时，氨的直接产率能达到 91%。但是由于设备上的限制，氨气在高压下能透过钢制的容器器壁，尽管是能耐高压的特种钒合金钢，也不能承受如此大压力。因此在工业上也只能采用有限的高压。表 5-7 是氨气在 450℃ 时氨的产率与总压力的关系。

表 5-7　NH₃ 在 450℃ 时产率与总压力的关系

压力/kPa	10³	5×10³	10⁴	3×10⁴	6×10⁴	10⁵
氨的产率/%	2.04	9.17	16.35	35.5	53.6	69.4

在实际生产中，总要把温度和压力条件统一起来，选择一定的温度和压力。目前在一般合成氨工业，反应温度是在 $400\sim500℃$，使用铁催化剂和在 $5\times10^4\sim7\times10^4$ kPa 下进行的。这个条件下反应很快达到平衡，并能得到较高的氨产率。

拓展思考

1. 合成氨是放热反应，按照平衡移动原理，加热不利于平衡向合成氨的方向移动。但是实际生产中要采取 $400\sim500℃$ 的高温下进行合成反应，为什么？

2. 石油烃裂解生产中要在原料气中加入水蒸气，工业合成氨生产中原料气在循环使用一定时期后要"放空"，其目的都是为了使平衡向正反应方向移动，提高产率，请调查了解实际生产中还有哪些反应是与此类似的。

3. 催化剂在生产中被称为"触媒"，在工业生产中起到关键性的作用。使用合适的催化剂能大大提高产品产率，催化剂能够使化学平衡向正反应方向移动吗？

4. 请结合实际谈谈如何利用化学平衡移动原理和化学反应速率理论来指导生产过程以获得最好的效益。

5. 在工业生产中，一般采取哪些措施促使产物产率和反应物转化率提高？

第四节
化学反应方向

学习目标

1. 理解熵与混乱度。
2. 了解熵和吉布斯函数对化学反应方向的判断。

对于一个化学反应，化学反应速率和化学反应平衡决定产率和转化率，而化学反应方向才是决定一个化学反应能否进行的关键。

问题 5-22　氢气在氧气中点燃可以迅速反应生成水，并且快到爆炸的程度，但是若想使水分解为氢气和氧气则需要通过电解等"借助外力"的方法实现。可见自然界的化学反应是有其自发进行的方向的，那么什么决定着化学反应进行的方向呢？

自然界发生的过程都具有一定的方向性。例如水总是自动地从高处流向低处，直到水位相等时为止，而水不会自动地从低处流向高处，除非借助于水泵。铁在潮湿的空气中容易生锈，而铁锈绝不会自发地还原为金属铁。像这种在一定条件下不需要外界做功，一经引发就能自动进行的过程，称为自发过程。如果是化学过程称为自发反应。若使非自发过程得以进行，外界必须做功。例如，想使水从低处输送到高处，可以借助水泵做功；常温下水虽然不能分解为氢气和氧气，但是可以通过电解的方法强行使水分解。值得一提的是，能自发进行的反应，并不意味着反应速率一定就大。事实上有些自发反应速率的确很大，而有些自发反应速率却很小。例如，氢气和氧气化合生成水的反应在室温下反应速率很小，容易被误认为是个非自发反应，事实上，只要点燃或加入微量铂绒，即可发生爆炸性反应。因此，绝对不能从反应速率大小判断反应的自发性。

能否从理论上判断一个具体的化学反应是否为自发反应呢？

一、化学反应的焓变

自然界发生的过程一般都是朝着能量降低的方向进行。很显然，能量越低，系统的状态就越稳定。放热反应进行过后系统能量降低了，因此是最容易进行的。化学反应能否自发进行也不例外。事实也确实如此，许多自发化学反应都是放热的。例如，氢气和氧气的混合物被引燃后会迅速反应而生成水，这个反应发生的同时放出大量的热，热量大到可以使产生的水蒸气爆炸性地膨胀。例如：

$$3Fe(s)+2O_2(g) \longrightarrow Fe_3O_4(s) \qquad \Delta_r H_m^\ominus = -1118.4kJ/mol$$

$$CH_4(g)+O_2(g) \longrightarrow CO_2(g)+2H_2O(l) \qquad \Delta_r H_m^\ominus = -890.36kJ/mol$$

因此，有人曾试图以反应的焓变作为反应自发性的判据。认为在等温、等压条件下，$\Delta_r H_m < 0$，化学反应自发进行；$\Delta_r H_m > 0$，化学反应不能自发进行。但是实践证明：把焓变作为化学反应方向自发进行的判断依据是不准确的。能量的释放并不是自发反应的唯一条件，有些吸热的变化过程也是自发的。例如，许多盐类（例如碘化钾）溶于水中要吸热，但它是自发的过程。那么在这个过程中能够压倒吸热的能量效应使过程自发进行的推动力是什么呢？是混乱度增大！试想，晶体溶解是溶质由非常有序的晶体状态在水中扩散，形成溶液，最终使溶质粒子处于一种比较无序的混乱状态；而对于溶剂分子也是和形成溶液前相比，混乱度增大了。

表示系统混乱程度的函数用熵。

二、化学反应的熵变

玻耳兹曼（Boltzmann）用统计方法得出熵与系统混乱度 Ω 之间的关系，称为玻耳兹曼关系式：

$$S = k\ln\Omega \qquad\qquad (5-42)$$

式中，k 是玻耳兹曼常数。熵是表示系统内部分子热运动混乱程度的物理量。此式表明，系统的熵值随着系统的混乱度增加而增大。

如有黑球白球若干，在一密闭容器内摇动混合后放入两个容器中，进行多次实验后，那么两个容器中都是黑色球或黑色球占多数的概率几乎没有，而黑白色球比例相同出现的概率多，这种黑白色球比例相同的情况是一种均匀的情况，也是最混乱的情况，出现的概率最大。推广一下，就是宏观状态的存在应该是均匀状态存在的概率大，即混乱程度大的状态是其存在状态。再如盘里有很多（例如 100 枚）硬币，用手颠盘子，出现所有硬币都是正面朝上情形的概率不能说没有，但实际上极小，以至于不可能。而正面和反面朝上的数量会相当。所以宏观状态总是朝混乱程度大的状态方向自发进行，即熵总是朝混乱度增大的方向自发进行。

在热力学中有两条重要的基本自然规律，控制着所有物质系统的变化方向：

一是物质系统倾向于取得较低的势能状态；

二是物质系统倾向于达到最大的混乱度。

拿一块一块的积木向上投掷，积木会自发的堆积成有序排列的模型，这种概率显然是太小了。但是这个过程的逆过程：把一组在桌上堆积好的有序排列的积木模型推下桌子使它跌得散乱却是轻而易举的。这说明系统从混乱状态向有秩序变化时不容易的，需要向系统做功。

 ## 三、化学反应的吉布斯函数变化

为了确定一个反应的自发性，美国著名化学家吉布斯提出了一个综合了系统焓变、熵变和温度三者关系的新的函数，称为吉布斯函数。其变化值称为吉布斯函数变化值，用符号 $\Delta_r G_m$ 表示。

$$\Delta_r G_m = \Delta_r H_m - T \Delta_r S_m$$

$\Delta_r G_m$ 可以作为等温等压条件下热化学反应方向的判据：

$$\Delta_r G_m \begin{cases} < \\ = \\ > \end{cases} \begin{array}{l} \text{自发过程，化学反应可正向进行} \\ 0\ \text{平衡状态} \\ \text{非自发过程，化学反应可逆向进行} \end{array}$$

也就是说，在一定条件下化学反应总是朝着吉布斯函数减小的方向进行。

前面介绍了化学反应的焓变、熵变和吉布斯函数变化。通过吉布斯函数变化值的计算可以判断化学反应自发方向。

（1）焓变计算

通过前面的学习可知，焓变即为恒压条件下的化学反应热效应。化学反应在 298.15K、100kPa 条件下的 $\Delta_r H_m$ 可以通过查找化学手册中标准摩尔反应生成焓来计算。

（2）熵变计算

物质的熵变同样等于参加化学反应物质的熵的代数和。每摩尔纯物质在标准态下的熵值称为标准熵。化学手册中可以查到纯物质的标准熵，因此可以计算化学反应的熵变。

$$\Delta_r S_m = \sum \nu_i S_m^{\ominus}(\text{生成物}) - \sum \nu_i S_m^{\ominus}(\text{反应物})$$

（3）吉布斯函数变的计算

物质的吉布斯函数的计算有两种方法：一是通过上述的计算得出焓变和熵变，然后计算出吉布斯函数变；另一种计算方法与焓变即算相似，通过化学手册查找物质的标准摩尔反应吉布斯函数，反应物与产物的标准摩尔反应吉布斯函数的代数和即为化学反应的吉布斯函数变。

$$\Delta_r G_m = \sum \nu_i \Delta_f G_m^{\ominus}(\text{生成物}) - \sum \nu_i \Delta_f G_m^{\ominus}(\text{反应物})$$

 例题 5-13 试计算下列反应在 25℃ 时的 $\Delta_r G_m^{\ominus}$。

$$H_2O(g) + CO(g) \longrightarrow CO_2(g) + H_2(g)$$

并判断此反应在此条件下能否自发进行。

解　查表得有关物质在 298.15K 时的数据如表 5-8 所示。

表 5-8　在 298.15K 时某些物质的数据

物质	$H_2(g)$	$CO_2(g)$	$H_2O(g)$	$CO(g)$
$\Delta_f H_m^{\ominus}/(kJ/mol)$	0	-393.5	-241.8	-110.5
$S_m^{\ominus}/[J/(K \cdot mol)]$	130.5	213.8	188.7	197.9
$\Delta_f G_m^{\ominus}/(kJ/mol)$	0	-394.384	-228.597	-137.269

①

$$\Delta_r H_m^{\ominus} = \Delta_f H_m^{\ominus}(CO_2,\ g) - \Delta_f H_m^{\ominus}(H_2O,\ g) - \Delta_f H_m^{\ominus}(CO,\ g)$$
$$= -393.5 - (-241.8) - (-110.5) = -41.2(kJ/mol)$$

$$\Delta_r S_m^{\ominus} = S_m^{\ominus}(CO_2,\ g) + S_m^{\ominus}(H_2,\ g) - S_m^{\ominus}(H_2O,\ g) - S_m^{\ominus}(CO,\ g)$$
$$= 213.8 + 130.5 - 188.7 - 197.9 = -42.3[J/(K \cdot mol)]$$

$$\Delta_r G_m^{\ominus} = \Delta_r H_m^{\ominus} - T\Delta_r S_m^{\ominus}$$
$$= -41.2 - 298.15 \times (-42.3) \times 10^{-3} = -28.59(kJ/mol)$$

②

$$\Delta_r G_m = \sum \nu_i \Delta_f G_m^{\ominus}\ (生成物) - \sum \nu_i \Delta_f G_m^{\ominus}\ (反应物)$$
$$= -394.384 - (-137.269 - 228.597)$$
$$= -28.518\ (kJ/mol)$$

所以此反应在此条件下可自发进行。

拓展思考

1. 请查阅乙苯脱氢反应制取苯乙烯的反应在实际生产中是在哪个温度下进行的。能否查阅化学手册计算该反应在上述温度下的热效应？

2. 熵是系统混乱度的量度，请通过其他书籍的阅读了解，熵有绝对值吗？

3. 化学反应在任何条件下都可以用吉布斯函数的变化值判断自发方向吗？

4. 请分析自然界的一些自发现象：水从高处流向低处，气体从高压流向低压，热从高温物体流向低温物体。自发进行的推动力如何，达到什么程度平衡，自发方向判据是什么，有没有对外做功的能力？

5. 蒸汽机做功的基本原理如何，从蒸汽机的热机效率你得到何种启发？

自 测 题

一、选择题

1. 298K 时 1mol 液体苯在弹式热量计中完全燃烧，生成水和二氧化碳气体，同时放热 3264kJ/mol，则其等压燃烧焓为（   ）。

    A. 3268kJ/mol   B. 3264kJ/mol   C. −3268kJ/mol   D. −3265kJ/mol

2. 凝固热在数值上与下列哪一种热相等（   ）。

    A. 升华热   B. 溶解热   C. 汽化热   D. 熔化热

3. 系统经历一循环过程以后，有（   ）。

    A. 系统和环境复原了   B. 系统复原了，环境不确定

    C. 系统和环境均未复原   D. 系统复原了，环境未复原

4. 已知在 298K 时，$H_2O(g)$ 的标准摩尔生成焓 $\Delta_f H_m^{\ominus}$ $(H_2O,\ g) = -241.82kJ/mol$，$H_2$ (g) 的标准摩尔燃烧焓 $\Delta_c H_m^{\ominus}$ $(H_2,\ g) = -285.83kJ/mol$，则在 298K 和标准压力下，水与水蒸气达到平衡时 $H_2O(l) \rightleftharpoons H_2O(g)$ 的相变焓为（   ）。

    A. −44.01kJ/mol   B. 44.01kJ/mol

    C. 241.82kJ/mol   D. 285.83kJ/mol

5. 液态苯在一绝热刚性的弹氧中燃烧，其化学反应为：

$$C_6H_6(l)+7.5O_2(g) \longrightarrow 6CO_2(g)+3H_2O(g)$$

则下面的表示正确的为（　　）。

A. $\Delta U=0$，$\Delta H<0$，$Q=0$　　　　　B. $\Delta U=0$，$\Delta H>0$，$Q=0$

C. $\Delta U=0$，$\Delta H=0$，$Q=0$　　　　　D. $\Delta U\neq0$，$\Delta H\neq0$，$Q=0$

6. 某反应的反应物反应掉 5/9 所需要时间是它反应掉 1/3 所需时间的 2 倍，则该反应为（　　）。

A. 零级反应　　　B. 一级反应　　　C. 二级反应　　　D. 三级反应

7. 在刚性密闭容器中，理想气体反应达到平衡 $A(g)$ ＋$B(g) \rightleftharpoons C(g)$，若在恒温下加入一定量的惰性气体，则平衡将（　　）。

A. 向右移动　　　B. 向左移动　　　C. 不移动　　　D. 无法确定

8. 气相反应 $2NO(g)+O_2(g) \rightleftharpoons 2NO_2(g)$ 是放热反应，当反应达到平衡时，可采用（　　）条件，使平衡向右移动。

A. 降低温度和降低压力　　　　　　　B. 降低温度和升高压力

C. 升高温度和降低压力　　　　　　　D. 升高温度和升高压力

9. 在乙苯脱氢制苯乙烯的实验中，下列不属于通入水蒸气的目的是（　　）。

A. 降低乙苯的分压，提高平衡转化率

B. 向脱氢反应提供部分热量

C. 参加化学反应

D. 洗涤催化剂表面的碳化物

10. 298K 时，反应 $N_2(g)+3H_2(g) \longrightarrow 2NH_3+922kJ \cdot mol$ 若温度升高，则（　　）。

A. 正反应速率增大，逆反应速率减小

B. 正、逆反应速率均增大

C. 正反应速率减小，逆反应速率增大

D. 正、逆反应速率均减小

二、判断题

（　　）1. 相变化过程由于温度不变，所以热力学能和焓都不变。

（　　）2. 一切自发过程的熵总是增大的。

（　　）3. 凡是系统的温度升高时一定要吸热，而温度不变时，系统既不吸热也不放热。

（　　）4. 根据热力学第一定律，能量不能无中生有，所以一个系统若要对外做功，必须从外界吸收热量。

（　　）5. 合成氨的反应是放热反应，所以有人认为，为增大产率，反应温度越低越好。

（　　）6. 平衡常数值改变了，平衡一定会移动；反之，平衡移动了，平衡常数值也一定改变。

（　　）7. 在乙苯脱氢制苯乙烯的实验中，通入水蒸气的目的是降低乙苯的分压，提高平衡转化率。

（　　）8. 一个化学反应进行完全所需的时间是半衰期的 2 倍。

（　　）9. 温度升高，正、逆反应的速率都会增大，因此平衡常数也不随温度而改变。

（　　）10. 标准平衡常数的数值不仅与方程式的书写有关，而且还与标准态的选择有关。

（　　）11. 一个已达平衡的化学反应，只有当标准平衡常数改变时，平衡才会移动。

（　　）12. 化学平衡的平衡组成与达到平衡的途径无关，且为静态平衡。

（　　）13. 合成氨反应中，使用催化剂可缩短化学反应时间，但不能提高原料的转化率。

（　　）14. 工业上对反应 $2SO_2 + O_2 \longrightarrow 2SO_3$ 反应使用催化剂的目的主要是扩大反应物的接触面。

（　　）15. 催化剂能大大缩短化学反应达到化学平衡的时间，同时也改变了化学反应的平衡状态。

三、计算题

1. 已知 $CO_2(g)$ 的 $C_{p,m} = \{26.75 + 42.258 \times 10^{-3} (T/K) - 14.25 \times 10^{-6} (T/K)^2\}$ J/(K·mol)，求：

（1）300~800K 间 $CO_2(g)$ 的 $\overline{C}_{p,m}$；

（2）1kg 常压下的 $CO_2(g)$ 从 300K 加热到 800K 所需的 Q。

2. 求下列反应在 473K 时的恒压反应热。

$$CO(g) + H_2O(g) \longrightarrow CO_2(g) + H_2(g)$$

已知 $CO(g)$、$H_2O(g)$、$CO_2(g)$、$H_2(g)$ 的标准摩尔生成焓和平均摩尔恒压热容分别如下：

	$CO(g)$	$H_2O(g)$	$CO_2(g)$	$H_2(g)$
$\Delta_f H_m^{\ominus}(298K)/(kJ/mol)$	−110.5	−241.8	−393.5	0
$\overline{C}_{p,m}/[J/(K·mol)]$	29.1	33.6	37.1	28.8

3. 1000K 时生成水煤气的反应为

$$C(s) + H_2O(g) \Longrightarrow CO(g) + H_2(g)$$

在 100kPa 时，$H_2O(g)$ 的平衡转化率 $\alpha = 0.844$。求：（1）上述反应的标准平衡常数；（2）200kPa 时的平衡转化率。

4. 298K 时，化学反应

$$N_2O_4(g) \Longrightarrow 2NO_2(g)$$

的标准平衡常数 $K^{\ominus} = 0.135$，求总压分别为 50.0kPa 及 25.0kPa 时 $N_2O_4(g)$ 的平衡转化率及平衡组成。

5. 已知 $FeO(s) + CO(g) \Longrightarrow Fe(s) + CO_2(g)$ 的 $K_c(1273K) = 0.5$。若起始浓度 $c(CO) = 0.05$mol/L，$c(CO_2) = 0.01$mol/L，求：

（1）反应物、生成物的平衡浓度各为多少？

（2）CO 的转化率是多少？

（3）增加 FeO 固体的量，对平衡有何影响？

6. 已知反应 $2SO_2(g) + O_2(g) \Longrightarrow 2SO_3(g)$ 的热力学平衡常数 $K^{\ominus}$ 在 1000K 时为 3.45。试计算：

（1）在 1000K 时，当 $p(SO_2) = 20$kPa，$p(O_2) = 10$kPa，$p(SO_3) = 100$kPa 时，上述反应的 $\Delta_r G_m$，并判断该反应自发进行的方向。

（2）若 $p(SO_2) = 20$kPa，$p(O_2) = 10$kPa，欲使反应能正向自发进行，SO_3 的分压要怎样控制？（上述反应可以按理想气体处理）

7. $n(H_2)/n(N_2) = 3$ 的 $H_2(g)$ 和 $N_2(g)$ 的混合气体，在 400℃和 1.013MPa 下达到如

下化学平衡：

$$N_2(g)+3H_2(g)\Longleftrightarrow 2NH_3(g)$$

气体组成为 $y(NH_3)=3.85\%$，设气体为理想气体，计算：

(1) 400℃时反应的 $K^{\ominus}$。

(2) 400℃时，若 $y(NH_3)=5\%$，则系统的总压为多少？

(3) 400℃时，若总压为 2MPa，则系统中 $y(NH_3)$ 为多少？

8. 质量数为 14 的碳，常用作考古测定的同位素。其半衰期为 5730 年，今在某出土文物样品中测得 ^{14}C 的含量只有 72%，求该样品距今有多少年？（已知同位素蜕变为一级反应）

9. N_2O_5 在 CCl_4 中分解为一级反应，已知在 45℃时 N_2O_5 的初始浓度为 2.33mol/L，经 319s 后 N_2O_5 的浓度为 1.91mol/L，求：（1）反应的速率常数；（2）反应的半衰期；（3）经过 0.5h 以后 N_2O_5 的浓度。

10. 某药物的有效成分分解掉 30% 即为失效。若在 276K 时，保存期为 2 年。如果将药物在 298K 时放置 14d，试通过计算说明此药物是否已失效。已知分解活化能 $E_a=130kJ/mol$，并设该药物分解百分数与浓度无关。

新视野

可燃冰开采需谨慎

有科学家推算，目前已发现的石油储备量还可用 40 年，天然气还可用 70 年，煤炭还可用 190 年。"可燃冰"的发现，无疑让陷入能源危机的人类看到新希望。2002 年，当 200 多位多国科学家联手努力，在加拿大试开采出 468m³ 天然气水合物时，西方媒体惊呼"这是新能源利用的曙光"、"天然气水合物开发利用史上的里程碑"。

这尚未开发的新兴能源似乎是上帝馈赠人类的一份礼物。但是，也正因为"可燃冰"的能量密度高，稍有不慎就可能对环境造成危害，因此有人把它喻为"潘多拉盒子"。

天然可燃冰呈固态，不像是油开采那样自喷流出。如果把它从海底一块块搬出，在从海底到地面的运送过程中，甲烷就会发挥殆尽，同时还会给大气造成巨大危害。如果开采不当，后果绝对是灾难性的。在导致全球气候变暖方面，甲烷所起的作用比二氧化碳要大得多，而可燃冰矿藏哪怕受到最小的破坏，都足以导致甲烷气体的大量泄漏，从而引起强烈的温室效应。陆缘海边的可燃冰开采起来十分困难，目前还没有成熟的勘探和开发的技术方法，一旦出现井喷事故，就会造成海水汽化，发生海啸翻船。可燃冰可能是引起地质灾害的主要因素之一。由于可燃冰作为沉积物的胶结物存在，它对沉积物的强度起着关键的作用，可燃冰的形成和分解能够影响沉积物的强度，进而诱发海底滑坡等地质灾害。美国地质调查所的调查表明，可燃冰能导致大陆斜坡发生滑坡，这对各种海底设施是一种极大的威胁。可燃冰作为未来新能源，同时也是一种"危险"的能源。可燃冰的开发利用就像一把"双刃剑"，需要小心谨慎。在考虑其资源价值的同时，必须充分注意到有关的开发利用将给人类带来的严重环境灾害！

——温度升高或压力降低时，"可燃冰"势必分解，特别在海底，它的瞬间释放极易引起海底滑坡和海啸。

——气候变暖。"可燃冰"主要成分是甲烷，甲烷比二氧化碳的温室效应强20倍，尽管它寿命短，但大量甲烷突然进入大气会加剧全球气候变暖。

——"可燃冰"在海底分解使大量甲烷气体进入海水，会导致深层海水缺氧，深海生物面临绝境，"历史上很多次大规模生物灭绝事件，在某个地质界限上突然间生物灭绝百分之七八十以上，现在看有可能跟"可燃冰"有关。

因此，全世界对海底"可燃冰"的研究都十分谨慎，只处于实验室研究阶段，在没有解决开发给自然环境造成的问题之前，不会贸然行动。"跟海底相比，陆地上可燃冰的安全性相对好些。"

尽管全球科学家都担心一些国家会不受控制地开采海底的冻结化学物质，但日本还是加入了美国和加拿大正在进行的甲烷水合物开采试验。一些研究者认为，事实上正是这种温室气体引发了全球气候急剧上升，加剧了恐龙的灭亡。

"甲烷水合物是导致全球历史上最大的物种灭绝的原因之一。"1987年以来一直从事冻结化学物质研究的东京大学科学家松本亮说，"充分运用我们的智慧、知识和技术，我们应该可以合理地使用这种新能源。"

摘自《化学通讯》2012年第1期

参 考 文 献

[1] 天津大学物理化学教研室.物理化学.第4版.北京：高等教育出版社,2001.
[2] 印永嘉,奚正楷,李大珍.物理化学简明教程.第3版.北京：高等教育出版社,1992.
[3] 高职高专化学教材编写组.物理化学.第2版.北京：高等教育出版社,2000.
[4] 韩德刚,高盘良.化学动力学基础.北京：北京大学出版社,1987.
[5] 傅献彩,沈文霞,姚天扬等.物理化学.第5版.北京：高等教育出版社,2005.
[6] 王正烈.物理化学.第2版.北京：化学工业出版社,2006.
[7] 许越.化学反应动力学.北京：化学工业出版社,2005.
[8] 范楼珍,王艳,方维海.物理化学.北京：北京师范大学出版社,2009.
[9] 李斌诗,张学红.基础化学.武汉：华中科技大学出版社,2009.
[10] 新世纪高职高专教材编审委员会.物理化学（理论篇）.大连：大连理工大学出版社,2007.
[11] 杨一平,吴晓明,王振琪.物理化学.第2版.北京：化学工业出版社,2010.
[12] 刘风云.物理化学.北京：化学工业出版社,2008.
[13] 天津大学无机化学教研室.无机化学.第2版.北京：高等教育出版社,2002.
[14] 武汉大学,吉林大学等校.无机化学.第3版.北京：高等教育出版社,1998.
[15] 吴旦.化学与现代社会.北京：科学出版社,2002.
[16] 牛盾.大学化学.北京：冶金工业出版社,2010.
[17] 申泮文.近代化学导论.第2版.北京：高等教育出版社,2008.
[18] 黄晓云.无机物化学分析.北京：化学工业出版社,2000.
[19] 吴红.化工单元操作.北京：化学工业出版社,2010.
[20] 徐甲强等.材料合成化学.哈尔滨：哈尔滨工业大学出版社,2001.
[21] 顾登平等.化学电源.北京：高等教育出版社,2010.
[22] 查全性.化学电源选论.北京：武汉大学出版社,2005.
[23] 虞继舜.煤化学.北京：冶金工业出版社,2000.
[24] 王炳申等.石油产品应用指南.北京：石油工业出版社,2002.

元素周期表

IUPAC 2013

氧化态(单质的氧化态为0，未列入；常见的为红色)

以 $^{12}C=12$ 为基准的原子量(注▲的是半衰期最长同位素的原子量)

说明示例（95号）：原子序数 95；元素符号(红色的为放射性元素) Am；元素名称(注▲的为人造元素) 镅；价层电子构型 $5f^77s^2$；素的原子量 243.06138(2)⁺

图例：s区元素　p区元素　ds区元素　d区元素　f区元素　稀有气体

周期 / 族	IA (1)	IIA (2)	IIIB (3)	IVB (4)	VB (5)	VIB (6)	VIIB (7)	VIIIB(VIII) (8)	(9)	(10)	IB (11)	IIB (12)	IIIA (13)	IVA (14)	VA (15)	VIA (16)	VIIA (17)	VIIIA(0) (18)
1	1 H 氢 $1s^1$ 1.008																	2 He 氦 $1s^2$ 4.002602(2)
2	3 Li 锂 $2s^1$ 6.94	4 Be 铍 $2s^2$ 9.0121831(5)											5 B 硼 $2s^22p^1$ 10.81	6 C 碳 $2s^22p^2$ 12.011	7 N 氮 $2s^22p^3$ 14.007	8 O 氧 $2s^22p^4$ 15.999	9 F 氟 $2s^22p^5$ 18.998403163(6)	10 Ne 氖 $2s^22p^6$ 20.1797(6)
3	11 Na 钠 $3s^1$ 22.98976928(2)	12 Mg 镁 $3s^2$ 24.305											13 Al 铝 $3s^23p^1$ 26.9815385(7)	14 Si 硅 $3s^23p^2$ 28.085	15 P 磷 $3s^23p^3$ 30.973761998(5)	16 S 硫 $3s^23p^4$ 32.06	17 Cl 氯 $3s^23p^5$ 35.45	18 Ar 氩 $3s^23p^6$ 39.948(1)
4	19 K 钾 $4s^1$ 39.0983(1)	20 Ca 钙 $4s^2$ 40.078(4)	21 Sc 钪 $3d^14s^2$ 44.955908(5)	22 Ti 钛 $3d^24s^2$ 47.867(1)	23 V 钒 $3d^34s^2$ 50.9415(1)	24 Cr 铬 $3d^54s^1$ 51.9961(6)	25 Mn 锰 $3d^54s^2$ 54.938044(3)	26 Fe 铁 $3d^64s^2$ 55.845(2)	27 Co 钴 $3d^74s^2$ 58.933194(4)	28 Ni 镍 $3d^84s^2$ 58.6934(4)	29 Cu 铜 $3d^{10}4s^1$ 63.546(3)	30 Zn 锌 $3d^{10}4s^2$ 65.38(2)	31 Ga 镓 $4s^24p^1$ 69.723(1)	32 Ge 锗 $4s^24p^2$ 72.630(8)	33 As 砷 $4s^24p^3$ 74.921595(6)	34 Se 硒 $4s^24p^4$ 78.971(8)	35 Br 溴 $4s^24p^5$ 79.904	36 Kr 氪 $4s^24p^6$ 83.798(2)
5	37 Rb 铷 $5s^1$ 85.4678(3)	38 Sr 锶 $5s^2$ 87.62(1)	39 Y 钇 $4d^15s^2$ 88.90584(2)	40 Zr 锆 $4d^25s^2$ 91.224(2)	41 Nb 铌 $4d^45s^1$ 92.90637(2)	42 Mo 钼 $4d^55s^1$ 95.95(1)	43 Tc 锝 $4d^55s^2$ 97.90721(3)⁺	44 Ru 钌 $4d^75s^1$ 101.07(2)	45 Rh 铑 $4d^85s^1$ 102.90550(2)	46 Pd 钯 $4d^{10}$ 106.42(1)	47 Ag 银 $4d^{10}5s^1$ 107.8682(2)	48 Cd 镉 $4d^{10}5s^2$ 112.414(4)	49 In 铟 $5s^25p^1$ 114.818(1)	50 Sn 锡 $5s^25p^2$ 118.710(7)	51 Sb 锑 $5s^25p^3$ 121.760(1)	52 Te 碲 $5s^25p^4$ 127.60(3)	53 I 碘 $5s^25p^5$ 126.90447(3)	54 Xe 氙 $5s^25p^6$ 131.293(6)
6	55 Cs 铯 $6s^1$ 132.90545196(6)	56 Ba 钡 $6s^2$ 137.327(7)	57~71 La~Lu 镧系	72 Hf 铪 $5d^26s^2$ 178.49(2)	73 Ta 钽 $5d^36s^2$ 180.94788(2)	74 W 钨 $5d^46s^2$ 183.84(1)	75 Re 铼 $5d^56s^2$ 186.207(1)	76 Os 锇 $5d^66s^2$ 190.23(3)	77 Ir 铱 $5d^76s^2$ 192.217(3)	78 Pt 铂 $5d^96s^1$ 195.084(9)	79 Au 金 $5d^{10}6s^1$ 196.966569(5)	80 Hg 汞 $5d^{10}6s^2$ 200.592(3)	81 Tl 铊 $6s^26p^1$ 204.38	82 Pb 铅 $6s^26p^2$ 207.2(1)	83 Bi 铋 $6s^26p^3$ 208.98040(1)	84 Po 钋 $6s^26p^4$ 208.98243(2)⁺	85 At 砹 $6s^26p^5$ 209.98715(5)⁺	86 Rn 氡 $6s^26p^6$ 222.01758(2)⁺
7	87 Fr 钫 $7s^1$ 223.0197(4)⁺	88 Ra 镭 $7s^2$ 226.02541(2)⁺	89~103 Ac~Lr 锕系	104 Rf 𬬻▲ $6d^27s^2$ 267.122(4)⁺	105 Db 𬭊▲ $6d^37s^2$ 270.131(4)⁺	106 Sg 𬭳▲ $6d^47s^2$ 269.129(3)⁺	107 Bh 𬭛▲ $6d^57s^2$ 270.133(2)⁺	108 Hs 𬭶▲ $6d^67s^2$ 270.134(2)⁺	109 Mt 鿏▲ $6d^77s^2$ 278.156(5)⁺	110 Ds 𫟼▲ 281.165(4)⁺	111 Rg 𬬭▲ 281.166(6)⁺	112 Cn 鿔▲ 285.177(4)⁺	113 Nh 鿭▲ 286.182(5)⁺	114 Fl 𫓧▲ 289.190(4)⁺	115 Mc 镆▲ 289.194(6)⁺	116 Lv 𫟷▲ 293.204(4)⁺	117 Ts 鿬▲ 293.208(6)⁺	118 Og 鿫▲ 294.214(5)⁺

电子层（由外向内）：K；L K；M L K；N M L K；O N M L K；P O N M L K；Q P O N M L K

镧系 ★

57 La 镧 $5d^16s^2$ 138.90547(7)	58 Ce 铈 $4f^15d^16s^2$ 140.116(1)	59 Pr 镨 $4f^36s^2$ 140.90766(2)	60 Nd 钕 $4f^46s^2$ 144.242(3)	61 Pm 钷 $4f^56s^2$ 144.91276(2)⁺	62 Sm 钐 $4f^66s^2$ 150.36(2)	63 Eu 铕 $4f^76s^2$ 151.964(1)	64 Gd 钆 $4f^75d^16s^2$ 157.25(3)	65 Tb 铽 $4f^96s^2$ 158.92535(2)	66 Dy 镝 $4f^{10}6s^2$ 162.500(1)	67 Ho 钬 $4f^{11}6s^2$ 164.93033(2)	68 Er 铒 $4f^{12}6s^2$ 167.259(3)	69 Tm 铥 $4f^{13}6s^2$ 168.93422(2)	70 Yb 镱 $4f^{14}6s^2$ 173.045(10)	71 Lu 镥 $4f^{14}5d^16s^2$ 174.9668(1)

锕系 ★

89 Ac 锕 $6d^17s^2$ 227.02775(2)⁺	90 Th 钍 $6d^27s^2$ 232.0377(4)	91 Pa 镤 $5f^26d^17s^2$ 231.03588(2)	92 U 铀 $5f^36d^17s^2$ 238.02891(3)	93 Np 镎 $5f^46d^17s^2$ 237.04817(2)⁺	94 Pu 钚▲ $5f^67s^2$ 244.06421(4)⁺	95 Am 镅▲ $5f^77s^2$ 243.06138(2)⁺	96 Cm 锔▲ $5f^76d^17s^2$ 247.07035(3)⁺	97 Bk 锫▲ $5f^97s^2$ 247.07031(4)⁺	98 Cf 锎▲ $5f^{10}7s^2$ 251.07959(3)⁺	99 Es 锿▲ $5f^{11}7s^2$ 252.0830(3)⁺	100 Fm 镄▲ $5f^{12}7s^2$ 257.09511(5)⁺	101 Md 钔▲ $5f^{13}7s^2$ 258.09843(3)⁺	102 No 锘▲ $5f^{14}7s^2$ 259.1010(7)⁺	103 Lr 铹▲ $5f^{14}6d^17s^2$ 262.110(2)⁺